Web前端技术丛书

HTML5+CSS3+JavaScript 网页设计实战（视频教学版）

常新峰 王金柱 编著

清華大學出版社
北京

内 容 简 介

本书由浅入深，系统、详尽地介绍了 HTML5、CSS3 和 JavaScript 相关技术及其在 Web 前端及移动应用开发领域的应用。书中提供了大量的代码示例，从基本原理到实战应用，几乎涉及了 Web 前端及移动应用开发的绝大部分内容。

本书分为四篇，共 17 章。第一篇为 HTML 和 HTML5 技术，涵盖的内容包括 HTML 网页基础、页面元素、文字与排版、网页图像、超链接、表格与表单和 HTML5 新特性等方面的内容；第二篇为 CSS3 技术，主要介绍了 CSS 与 CSS3 基础、CSS 样式、CSS 选择器、表格与列表美化等方面的内容；第三篇为 JavaScript 技术，详细讲解了 JavaScript 语言基础、JavaScript 语法、JavaScript 文档对象模型（DOM）和 JavaScript 事件编程等方面的内容；第四篇为项目实战，通过自适应 Web 主页和用户管理系统这两个实战项目，帮助读者掌握基于 HTML5 + CSS3 + JavaScript 技术开发 Web 前端应用的方法。

本书适合所有想全面深入学习 HTML5、CSS3 和 JavaScript 前端开发技术的人员阅读，也适合正在应用 HTML5 做移动项目开发的人员阅读，对于高等院校和培训机构相关专业的师生也是一本不可多得的参考书。

图书在版编目（CIP）数据

HTML5+CSS3+JavaScript 网页设计实战：视频教学版/常新峰，王金柱编著. — 北京：清华大学出版社，2018（2024.7 重印）

（Web 前端技术丛书）

ISBN 978-7-302-48812-5

I. ①H… II. ①常… ②王… III. ①超文本标记语言－程序设计②网页制作工具③JAVA 语言－程序设计 IV.①TP312②TP393.092

中国版本图书馆 CIP 数据核字（2017）第 273120 号

责任编辑：夏毓彦
封面设计：王 翔
责任校对：闫秀华
责任印制：丛怀宇

出版发行：清华大学出版社
网 址：https://www.tup.com.cn, https://www.wqxuetang.com
地 址：北京清华大学学研大厦 A 座 **邮 编**：100084
社 总 机：010-83470000 **邮 购**：010-62786544
投稿与读者服务：010-62776969，c-service@tup.tsinghua.edu.cn
质量反馈：010-62772015，zhiliang@tup.tsinghua.edu.cn

印 装 者：三河市龙大印装有限公司
经 销：全国新华书店
开 本：190mm×260mm **印 张**：29.5 **字 数**：755 千字
版 次：2018 年 1 月第 1 版 **印 次**：2024 年 7 月第 8 次印刷
定 价：79.00 元

产品编号：074034-01

前 言

一直以来，Web 前端技术都是互联网应用中最为关键的组成部分，代表着互联网未来的发展趋势。Web 前端技术涉及的知识面非常广泛，目前的发展速度非常之快，各种功能强大的开发框架层出不穷。但无论如何变化，HTML5、CSS3 和 JavaScript 则是 Web 前端开发中最为基础的编程语言，是一切 Web 前端技术的基石。

如今，随着 HTML5 技术的不断发展与成熟，移动应用开发领域也迎来了崭新的时代。早期需要设计人员花费大量精力开发的项目，使用 HTML5 技术则变得相对容易许多。同时，再将 HTML5 与 CSS3 和 JavaScript 技术相结合，三者融合可谓是相得益彰、开发效率真正算得上是事半功倍了。

目前图书市场上单独关于 HTML5、CSS3 和 JavaScript 技术开发的图书有不少，但真正将 HTML5、CSS3 和 JavaScript 三种技术相融合，并通过实际案例来指导读者提高应用开发水平的图书并不多。本书便是以实战为主旨，通过大量的代码实例与项目实例，让读者全面、深入、透彻地理解基于 HTML5 + CSS3 + JavaScript 技术整合开发的方法，提高实际开发水平和项目实战能力。

本书特色

- 内容丰富，覆盖面广。本书基本涵盖了基于 HTML5、CSS3 和 JavaScript 技术的所有常用知识点及开发工具。无论是初学者，还是有一定基础的 Web 开发从业人员，通过阅读本书都将受益匪浅。
- 注重实践，快速上手。本书不以枯燥乏味的理论知识作为讲解的重点，而是从实践出发，将必要的理论知识和大量的开发实例相结合，并将笔者多年的实际项目开发经验贯穿于全书的讲解中，让读者可以在较短的时间内理解和掌握所学的知识。
- 内容深入、专业。本书先从标准文档入手直击要害，深入浅出地讲解了 Web 技术的原理。然后结合移动 Web 开发的相关工具，介绍了实际的移动 Web 开发，让读者学有所用。
- 实例丰富，随学随用。本书提供了大量来源于真实 Web 开发项目的实例，并给出了丰富的程序代码及注释。读者通过研读这些例子，可以了解实际开发中编写代码的思路和技巧，而且还可以将这些代码直接复用，以提高自己的开发效率。

本书内容

第一篇　HTML 与 HTML5（第 1～7 章）

本篇涵盖的内容包括 HTML 网页基础、页面元素、文字与排版、网页图像、超链接、表格与表单和 HTML5 新特性等方面的内容。

第二篇　CSS 与 CSS3（第 8～11 章）

本篇主要介绍了 CSS 与 CSS3 基础、CSS 样式、CSS 选择器、表格与列表美化等方面的内容。

第三篇　JavaScript（第 12～15 章）

本篇详细讲解了 JavaScript 语言基础、JavaScript 语法、JavaScript 文档对象模型（DOM）和 JavaScript 事件编程等方面的内容。

第四篇　HTML5 + CSS3 + JavaScript 项目实战（第 16～17 章）

本篇通过自适应 Web 主页和用户管理系统这两个实战项目，帮助读者进一步了解掌握基于 HTML5 + CSS3 + JavaScript 技术开发 Web 前端应用的方法。

本书代码、课件与教学视频下载

本书代码、课件与教学视频下载地址请扫描右边二维码获得。

如果下载有问题，请联系 booksaga@163.com，邮件主题为“HTML5 + CSS3 + JavaScript 实战”。

本书读者

- 需要全面学习移动应用开发技术的人员
- HTML5、CSS3 和 JavaScript 初学者
- 有一定基础的 Web 开发人员
- Web 前端开发工程师
- 移动应用开发人员
- 浏览器开发人员
- 高等院校与培训机构相关专业的师生

本书第 1~10 章由平顶山学院的常新峰编写，第 11~17 章由华北电力学院的王金柱编写。其他创作人员还有王超、王晓华、林龙、薛燚、王刚、吴贵文、管书香、薛福辉。

编者

2017 年 10 月

目 录

第1章

网站与HTML网页

全书的开篇我们先向读者介绍最基本的网站与 HTML 网页。如今，基于 Web 应用的各种技术可谓是百花齐放、日新月异，但无论如何变化，网站与 HTML 网页永远是最最基础的技术之一。因此，对于初学者而言，掌握网站与 HTML 网页技术是学习 Web 开发的第一步。

1.1 什么是网站和网页

网站（Website）或称万维网，是指在因特网（Internet）上依据一定的规则所创建的、用于展示特定内容的、由相关网页及图片、动画、视频等多媒体元素的集合。换个角度来理解，网站其实就是一种沟通与交互的工具，通过网站可以发布相关的网络资讯，可以提供相关的网络服务，还可以实现人与人之间的多种沟通方式。

网页（Webpage）是构成网站的主体元素，一个网站通常由一个或多个网页所组成，且各个网页间均有相应的逻辑关系，网站其实是由网页组成的一个有机整体。通常我们讲的网页就是 HTML 网页，HTML 的英文全拼是 Hyper-Text Markup Language，即超文本标签语言或超文本链接标示语言。目前，随着 Web 技术的飞速发展，目前网页又有了静态网页和动态网页之分，而对于 HTML 网页更精确的定义则是静态网页。

目前，国内外的主流网站有很多，国外的譬如 Google（谷歌）、Amazon（亚马逊）、Facebook（脸书网）等都是互联网的巨无霸，国内的譬如百度（Baidu.com）、淘宝网（taobao.com）、新浪微博（weibo.com）等也都是业界翘楚。诸如以上这些级别的网站，其日访问量基本都是天文数字了，自然其所包含的技术含量也是业内最先进的，听起来是不是很激动人心呢？

1.2 网站的组成

在网站技术的早期，基本是由网址、网站空间与程序这三个基本部分组成的。但随着 Web 技术的不断进步，组成网站的元素也日益复杂，目前的主流网站基本是由网址、网站空间、

DNS 域名解＝析、程序、数据库和 Web 服务器等几大部分所组成的。当然以上这几大主要部分仅仅是笼统的划分，还有很多先进的技术在网站的组成中十分重要，完全可以独立成一个部分，可见如今的网站技术发展得太快了。下面对这几大部分一一进行详细的介绍。

1.2.1 网址

网址通常指因特网上网页的地址。网址在因特网中十分重要，如果要在网上从一台计算机访问另一台计算机，就必须知道对方的网址。而通常我们讲的网址实际上又包括两个内涵，即域名地址和 IP 地址。

1. 域名（Domain Name）

域名是由一串用点分隔的字母组成的因特网上某一个网站的名称，相当于网站的地址。一个标准的域名由三部分组成，包括网络名、域名主体和域名后缀。例如：万能的淘宝网域名“www.taobao.com”就是由三部分组成的，“www”代表万维网的网络名，“taobao”代表域名的主体，而最后的“com”则代表域名的后缀（“com”代表国际域名，是顶级域名），且每个部分之间使用点进行分隔。如果用户在浏览器中输入该地址，就会打开该网站，如图 1.1 所示。

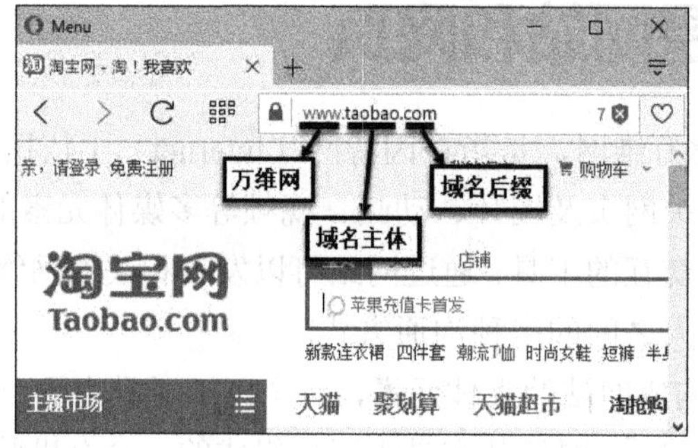

图 1.1 网站域名

另外，根据 DNS 协议的规定，域名中的标号都由英文字母和数字组成。每一个标号不超过 63 个字符，也不区分大小写字母。标号中除连字符（-）外不能使用其他的标点符号。级别最低的域名写在最左边，而级别最高的域名写在最右边。

2. IP 地址（IP Address）

IP 地址这个概念是从互联网协议（Internet Protocol）中来的，其作用是实现计算机网络相互连接通信的协议。IP 地址在互联网中是唯一的地址标识，其与域名的作用其实是一样的，都是用来标识网站地址的作用。

用户在访问某个网站时，在浏览器中一般都会输入域名地址，因为域名比较形象，方便记忆。但是，在实际寻址时都是转换为 IP 地址来操作的。关于 IP 地址的知识内容超出了本书的范畴，在这里只要知道 IP 地址的作用就可以了，感兴趣的读者可以找本计算机网络方面的书籍进行深入学习。

1.2.2　网站空间

网站空间（Website Host），简单来说可以理解为存放网站内容（包括网页、文件、数据库、图片、动画、多媒体资源等）的空间。一般意义上，网站空间通常也称为虚拟主机空间，大多数的中小企业网站都不会自己架设服务器，而是选择以虚拟主机空间作为放置网站内容的网站空间。但对于大型企业或专业网站来说，虚拟主机空间就不适用了，通常会购买单独的服务器作为网站空间，其安全性能很高，且网站访问速度也快，自然成本也会成倍地增长。

1.2.3　DNS 域名解析

DNS（Domain Name System，域名系统），是因特网上作为域名和 IP 地址相互映射的一个分布式数据库，能够使用户更方便地访问互联网，而不用去记住能够被机器直接读取的 IP 地址。

前面介绍网址的相关知识时，提到了域名地址与 IP 地址的概念，其实 DNS 系统就是为域名地址与 IP 地址而设计的。通过域名系统的分布式数据库，将域名地址转换成相对应的 IP 地址的过程，称之为域名解析。

DNS（域名系统）在互联网中扮演着非常重要的角色，可以不夸张地说，离开该系统互联网将会彻底乱套。早些时候，经常会听到黑客对于 DNS 系统的攻击，经常会导致网络宕机，那是因为当时的 DNS 系统还存在不少漏洞。不过，随着技术的不断进步，近些年关于 DNS 系统的攻击基本已经销声匿迹了。

1.2.4　网站程序

网站程序即建设与修改网站所使用的编程语言，如果在网页上右击，在弹出的菜单中选择“查看源文件”，新打开的页面中的内容就是网站程序，也可以称为网页源代码。

1.2.5　数据库

如果网站使用了数据库技术，通常就是我们说的动态网站了。数据库技术种类繁多，十分复杂。下面简单列举几个常用的网站程序与数据库相搭配的组合，即使读者不了解，但也大致听说过。

- ASP 语言与 Access 数据库
- ASP.Net 语言与 MSSQL 数据
- JSP 语言与 Oracle 数据库
- JSP 语言与 DB2 数据库
- PHP 语言与 MySQL 数据库

以上这些都是比较流行的搭配，当然使用起来也有一定的难度，读者在学习完本书的内容后，可以继续学习上面列举的程序语言和数据库知识。

1.2.6 Web 服务器

一个网站有了前面介绍的几大部分的内容，基本就算完成了。不过，还差非常关键的一部分才能让网站运行起来，那就是 Web 服务器。简单来讲，Web 服务器就是能够让网站顺利跑起来的程序，所以其本质上也是一个程序，只不过很复杂。一个完整的 Web 服务器，可以向浏览器显示网页文档，可以存储网站的内容，具有必要的安全性能，提供一定的防火墙功能，等等。下面简单列举几个流行的 Web 服务器，及其常规所搭配的编程语言：

- IIS 服务器与 ASP 和 ASP.Net 语言
- Tomcat 服务器与 JSP 语言
- Nginx 服务器与 PHP 语言

上面介绍的 IIS、Tomcat 和 Nginx 是目前非常流行的轻量级 Web 服务器，当然这三款 Web 服务器也全部支持 HTML 网页。

1.3 HTML 网页的组成

HTML 网页，就是我们常说的超文本标签语言网页。所谓“超文本”，就是指页面内可以包含图片、链接，甚至音乐、程序等非文字元素。

1.3.1 HTML 网页结构

通常，HTML 网页由一个<html>标签来开始，再由一个</html>标签来结束。在 HTML 网页内部由“头”（Head）和“主体”（Body）两部分所组成。其中，“头”部由一个<head>标签来开始，再由一个</head>标签来结束，用于提供关于网页的信息。“主体”部分由一个<body>标签来开始，再由一个</body>标签来结束，用于提供网页的具体内容。

下面是一个 HTML 网页的标准结构（源代码 ch01/ch01-html-structure.html 文件）。

【代码 1-1】

```
01 <!DOCTYPE html>
02 <html lang="en">
03 <head>
04     ......
05 </head>
06 <body>
07     ......
08 </body>
09 </html>
```

【代码解析】

第 01 行代码中的<!DOCTYPE>表示文档类型，一个文档类型标记是一种标准通用标记语言的文档类型声明，其目的是要告诉标准通用标记语言解析器，应该使用什么样的文档类型定义（DTD）来解析文档。

第 02 行代码使用<html>标签来开始一个 HTML，相对应的在第 09 行代码使用</html>标签来结束该 HTML 网页。

第 03～05 行代码为网页头部，使用<head>标签来开始，</head>标签来结束。

第 06～08 行代码为网页主体，使用<body>标签来开始，</body>标签来结束。

网页中没有定义任何文本或其他内容，仅仅是一个网页的框架结构，但也能在浏览器中运行，只不过会显示一个空白页面，如图 1.2 所示。

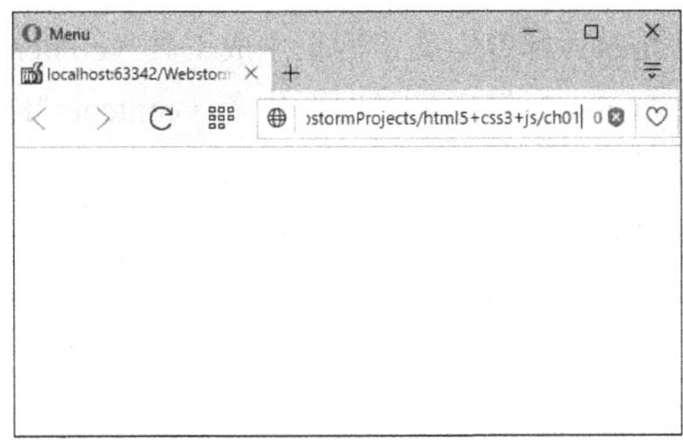

图 1.2　HTML 网页结构

1.3.2　HTML 网页头部

HTML 网页头部由<head></head>这 2 个标签来表示开始和结尾。一般来讲，网页头部中包含的标签是页面的标题、序言、说明等内容，它本身不作为内容来显示，但影响网页显示的效果。

在 HTML 网页头部中最常用的标签是标题标签和 meta 标签，其中标题标签用于定义网页的标题，其内容显示在网页窗口的标题栏中。而 meta 标签可以被浏览器用作书签和收藏的清单。

另外，还可以在 HTML 网页头部设置文档标题和其他在网页中不显示的信息，例如：方向（direction）、语言代码（Language Code）、指定字典中的元信息，等等。

下面是 HTML 网页的头部定义（详见源代码 ch01/ch01-html-head.html 文件）。

【代码 1-2】

```
<!DOCTYPE HTML PUBLIC "-//W3C//DTD HTML 4.01 Transitional//EN"
        "http://www.w3.org/TR/html4/loose.dtd">
<html>
<head>
    <meta charset="UTF-8">
    <meta name="Generator" content="WebStorm">
    <meta name="Author" content="KING">
    <meta name="Keywords" content="HTML HEAD">
    <meta name="Description" content="HTML Page">
```

```
10     <title>HTML 网页 - 头部（Head）</title>
11 </head>
12 <body>
13 ......
14 </body>
15 </html>
```

【代码解析】

第 04～11 行代码为网页头部，使用<head>标签来开始，</head>标签来结束。

第 05 行代码中，使用<meta>标签定义了网页字符集（charset="UTF-8"）。

第 06 行代码中，使用<meta>标签定义了网页生成工具（content="WebStorm"）。

第 07 行代码中，使用<meta>标签定义了网页作者（content="KING"）。

第 08 行代码中，使用<meta>标签定义了网页关键字。

第 09 行代码中，使用<meta>标签定义了网页描述信息。

第 10 行代码中，使用<title></title>定义了网页窗口标题栏的标题。

网页运行后的效果如图 1.3 所示。

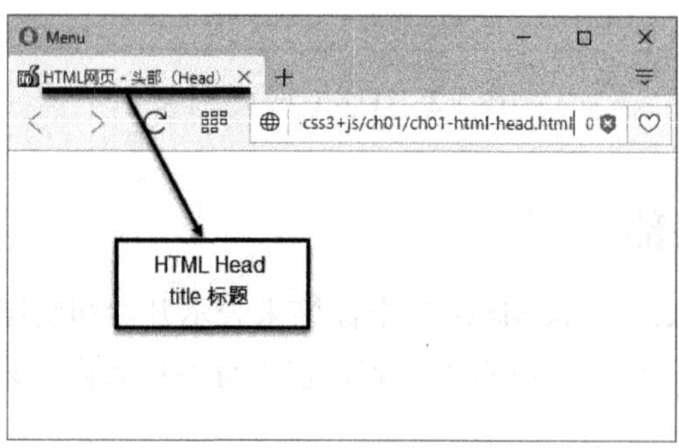

图 1.3　HTML 网页头部

1.3.3　HTML 网页主体

HTML 网页主体由<body></body>这 2 个标签来表示开始和结尾。一般来讲，网页主体部分用于显示网站的具体内容，其包含的 HTML 标签也很多。

下面是 HTML 网页主体部分的定义（详见源代码 ch01/ch01-html-body.html 文件）。

【代码 1-3】

```
<!DOCTYPE HTML PUBLIC "-//W3C//DTD HTML 4.01 Transitional//EN"
        "http://www.w3.org/TR/html4/loose.dtd">
<html>
<head>
    <meta charset="UTF-8">
    <meta name="Generator" content="WebStorm">
    <meta name="Author" content="KING">
    <meta name="Keywords" content="HTML HEAD">
```

```
09      <meta name="Description" content="HTML Page">
10      <title>>HTML 网页 - 主体（Body）</title>
11  </head>
12  <body>
13      <h1>HTML 网页 - 主体（Body）</h1>
14      <p>HTML 网页 - 主体（Body）</p>
15  </body>
16  </html>
```

【代码解析】

第 12～15 行代码为网页主体，使用<body>标签来开始，</body>标签来结束。

第 13～14 行代码定义了网页主体中的内容，这些内容将会显示在浏览器页面中。

网页运行后的效果如图 1.4 所示。

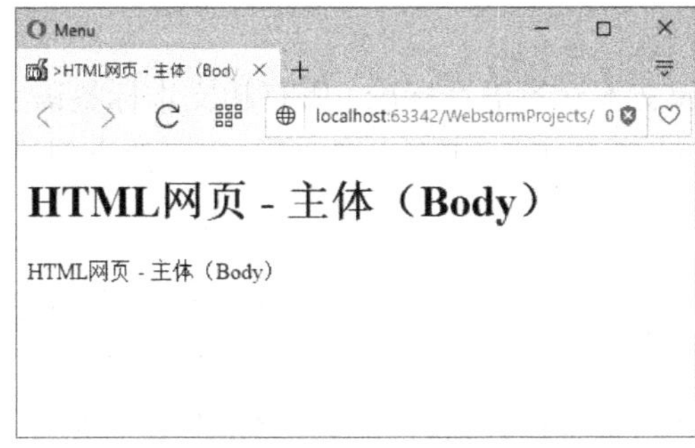

图 1.4　HTML 网页主体

1.3.4　HTML 网页要求

这里简单介绍在编辑 HTML 网页和使用有关标签时，需要遵循的一些约定或默认要求。

- HTML 网页的文件扩展名默认使用.htm 或.html（英文缩写扩展名），这样操作系统或程序才可以有效识别。另外，如果使用文本编辑器创建或修改 HTML 网页时，注意将默认的.txt 扩展名修改为.htm 或.html 扩展名，这一点经常会被初学者忽略，而导致不必要的错误。
- HTML 网页本质上也是文本文件，其列宽不受限制，多个标签也可写成一行，甚至整个源代码也可写成一行。习惯上，源代码要按照层次关系写成多行，此时浏览器会忽略文件中的回车符（但指定回车标签除外）。此外，对源代码中的空格通常也不按源程序中的效果进行显示，完整的空格可使用特殊符号（实体符）“ （注意此字母必须小写，方可空格）”表示非换行空格。表示文件路径时使用符号“/”分隔，文件名及路径描述可用双引号也可不用引号括起。
- 标签中的标签元素必须用尖括号括起来，带斜杠的元素表示该标签说明结束。大多数的标签必须成对使用，以表示作用的起始和结束。标签元素忽略大小写，即其作用相同。许多标签元素具有属性说明，可用参数对元素做进一步的限定，多个参数或属性项说明次序不限，其间用空格分隔即可。另外，一个标签元素的内容可以写成多行。

- 标签符号，包括尖括号、标签元素、属性项等必须使用半角的西文字符，而不能使用全角字符。
- HTML 网页中常用的图像文件的扩展名为 gif、jpg 和 png。
- HTML 网页中注释由符号"<!--"表示开始，由符号"-->"表示结束，例如：<!--注释内容-->。注释内容可插入在文本中任何位置。任何标签若在其最前插入惊叹号，即被标识为注释，浏览器中将不予显示。

1.3.5 HTML 网页标签

HTML 网页中定义了非常多的标签用于表示类型元素和类型属性，这些元素和属性可以呈现出非常丰富的网页内容。

1. 类型描述

为了说明文档使用的超文本标签语言标准，所有超文本标签语言文档应该以“文件类型声明”（外语全称加缩写<!DOCTYPE>）开头，引用一个文件类型描述或者必要情况下自定义一个文件类型描述。举例来说：

```
<!DOCTYPE HTML PUBLIC "-//W3C//DTD HTML 4.01 Transitional//EN"
        "http://www.w3.org/TR/html4/loose.dtd">
```

这个声明说明文档服从超文本标签语言 4.01 版本，且是必须要严格遵循的文件类型描述，这个标准是严格结构化的，使用层叠样式表（外语缩写：CSS）来做格式化。有时是否存在一个合适的文件类型描述会影响一个浏览器显示网页的方式。

除了超文本标签语言 4.01 版本的严格文件类型描述之外，超文本标签语言 4.01 版本也提供“过渡”和“框架集”文件类型描述。

- 过渡文件类型描述是向严格的文件类型描述过渡的缓冲。
- 框架集文件类型描述则针对包含框架元素的网页。

2. 标签元素

下面罗列一些常见的 HTML 标签元素：

- <html></html>表示创建一个超文本标签语言文档。
- <head></head>（头）用来设置文档标题和其他在网页中不显示的信息。
- <base>表示文档中不能被该站点辨识的其他所有链接源的 URL（统一资源定位器）。
- <meta>表示可以被浏览器用作书签和收藏的清单。
- <link> 定义一个链接和源文件之间的相互关系，比如：引用一个层叠样式表（英文缩写：css）。
- <script></script>是用于定义脚本语句的标签，比如：引用一个 JavaScript 脚本文件。
- <title></title>用于设置网页文档的标题。
- <body></body>表示网页文档主体，即网页文档的可见部分。

- <h1></h1>表示最大的标题（一号标题），以此类推，还包括二、三、四、五、六号标题。
- <pre></pre>表示预先格式化文本（英文全称：preformatted）。
- <u></u>表示下划线（英文全称：underline）。
- <b></b>表示加黑体字（英文全称：bold）。
- <i></i>表示斜体字（英文全称：italics）。
- <tt></tt>表示打字机风格的字体。
- <cite></cite>表示引用，通常是斜体。
- <em></em>表示强调文本（通常是斜体加黑体、英文全称：emphasize）。
- <strong></strong>表示加重文本（通常是斜体加黑体）。
- <font size="" color=""></font> 设置字体大小从 1 到 7，颜色使用名字或 RGB 格式的十六进制值。
- <font style ='font-size:100px'></font>表示字体样式大小等于 100 像素。
- <BASEFONT></BASEFONT>表示基准字体。
- <big></big>表示字体加大。
- <small></small>表示字体缩小。
- <del></del>表示字体加删除线。
- <CODE></CODE>表示程式码。
- <KBD></KBD>表示键盘字（英文全称：KeyBoard）。
- <samp></samp>表示范例（英文全称：sample）。
- <var></var>表示变量（英文全称：variable）。
- <BLOCKQUOTE></BLOCKQUOTE>表示向右缩排（向右缩进、块引用）。
- <dfn></dfn> 述语定义（英文全称：define）。
- <address></address>表示地址标签。
- 表示上标字（英文全称：superscript）。
- 表示下标字（英文全称：subscript）。
- <xmp></xmp>表示固定宽度字体（在文件中空白、换行、定位功能中有效）。
- <plaintext></plaintext>同样表示固定宽度字体，但不执行标签符号。
- <listing></listing>表示固定宽度小字体。
- <p></p>表示创建一个段落（英文全称：paragraphs）。
- <p align="">表示将段落按左（left）、中（center）、右（right）对齐。
-
表示定义新行。
- <dl></dl> 定义列表（英文全称：DefinitionList）。
- <dt>表示放在每个定义术语词前（定义术语、英文全称：DefinitionTerm）。
- <dd>表示放在每个定义之前（定义说明、英文全称：DefinitionDescription）。
- <ol></ol>表示创建一个标有序的列表，默认前面有数字，从数字“1”开始计数，依次叠加，也可以设置为字母或从任何自然数开始计数的列表项（英文全称：OrderedList）。
- <ul></ul>表示创建一个无序的列表，默认前面标有圆点，也可以自己设置为 none 或者其他形状，如空心圆、方块等（英文全称：UnorderedLists）。

- <li></li>表示放在每个列表项之前，若在<ol></ol>之间则每个列表项加上一个数字，若在<ul></ul>之间则每个列表项加上一个圆点。
- <div></div>表示用来排版大块的 HTML 段落，也可以成为“层”。div 标签非常重要，很多前端框架都是以该标签为基础而设计的。
- <MENU>表示选项清单。
- <DIR>表示目录清单。
- <nobr></nobr>表示强行不换行（英文全称：nobreaking）。
- <hr size='9' width='80%' color='ff0000'>表示水平线（英文全称：horizontal rule），可以设定大小、宽度和颜色。
- <center></center>表示水平居中。
- <table></table>表示表格标签。
- <a></a>表示超链接标签。

此外，还有一些标签不是很常用，在此就不再一一列举，感兴趣的读者可以参考 w3c 的官方文档去了解。

1.3.6 HTML 与 XHTML

介绍了这么多关于 HTML 的内容，读者可能还听说过 XHTML，那么二者之间有什么区别呢？

XHTML 指扩展超文本标签语言（Extensible Hyper-Text Markup Language），是更严格更纯净的 HTML 版本。严格来讲，XHTML 是一种基于 XML 的标签语言，与 HTML 很相像，但也有细微的差别。具体如下：

- 文档声明简化

```
<!--XHTML 中这样写：-->
<!DOCTYPE html PUBLIC "-//W3C//DTD XHTML 1.0 Transitional//EN" "http://www.w3.org/TR/xhtml1/DTD/xhtml1-transitional.dtd">
<!--HTML 5 中这样写：-->
<!DOCTYPE html>
```

- html 标签上不需要声明命名空间

```
<!--XHTML 中这样写：-->
<html xmlns="http://www.w3.org/1999/xhtml" lang="zh-CN">
<!--HTML 5 中这样写：-->
<html  lang="zh-CN">
```

- 字符集编码声明简化

```
<!--XHTML 中这样写：-->
<meta http-equiv="Content-Type" content="text/html; charset=UTF-8" />
<!--HTML 5 中这样写：-->
<meta charset="UTF-8" />
```

- Style 和 Script 标签 type 属性简化

```
<!--XHTML 中这样写：-->
<script type="text/javascript"></script>
<style type="text/css"></style>
<!--HTML 5 中这样写：-->
<script></script>
<style></style>
```

- Link 标签连接 ICON 图片时可指定尺寸

```
<!--XHTML 中这样写：-->
<link rel="shortcut icon" href="http://z3f.me/favicon.ico" type="image/x-icon" />
<!--HTML 5 中这样写：-->
<link rel="icon" href="http://z3f.me/favicon.gif" type="image/gif" sizes="16x16" />
```

除此以外，HTML 没有 XHTML 那样严格要求标签闭合问题。对 XHTML 不建议使用的 b 和 i 等标签进行重定义，使其拥有语义的特征，具体如下：

- b 元素现在描述为在普通文章中仅从文体上突出的不包含任何额外的重要性的一段文本。
- i 元素现在描述为在普通文章中突出不同意见或语气或其他的一段文本。
- u 元素现在描述为在普通文章中仅从文体上突出有语法问题或是中文专用名称的一段文本。

1.4 静态网页与动态网页

静态网页是相对于动态网页而言的，是指没有后台数据库、不含脚本程序、不可人机交互的网页。在网页中编写的是什么内容，则在浏览器中显示的就是什么内容、不会有任何改变。静态网页相对动态网页来讲非常简单，仅适用于一般更新较少的展示型网页，目前已经很少使用了。下面分别介绍静态网页和动态网页的显著特点，便于读者加深理解。

1. 静态网页的特点

- 静态网页每个网页都有一个固定的 URL 地址，且网页的 URL 地址一般以.htm、.html、.shtml 等常见形式为后缀，而且不含属性值。
- 静态网页内容一经发布到网站服务器上，无论是否有用户访问，每个静态网页的内容都是保存在网站服务器上的。换句话说，静态网页是实实在在保存在服务器上的文件，每个网页都是一个独立的文件。
- 静态网页的内容相对稳定，因此容易被搜索引擎检索。
- 静态网页没有数据库的支持，在网站制作和维护方面工作量较大，因此当网站信息量很大时完全依靠静态网页制作方式比较困难。

- 静态网页的交互性较差，在功能方面有较大的限制。

2. 动态网页的特点

- 动态网页以数据库技术为基础，可以大大降低网站维护的工作量。
- 采用动态网页技术的网站可以实现更多的功能，如用户注册、用户登录、在线调查、用户管理、订单管理等。
- 动态网页实际上并不是独立存在于服务器上的网页文件，只有当用户请求时服务器才返回一个完整的网页。
- 动态网页中 URL 地址的属性值对搜索引擎检索存在一定的问题，搜索引擎一般不可能从一个网站的数据库中访问全部网页，因此采用动态网页的网站在进行搜索引擎推广时需要做一定的技术处理才能适应搜索引擎的要求。
- 动态网页一般采用 ASP、ASP.Net、JAVA、JSP 或 PHP 等编程语言来实现，因为这些编程语言对数据库、脚本语言、服务器技术都有很好的支持，能够实现很复杂的功能。

1.5 Web 标准

Web 标准不是特指某一个标准，其实是一系列相关标准的集合。网页主要由三部分组成：结构（Structure）、表现（Presentation）和行为（Behavior）。对应的标准也分为三方面：结构化标准语言主要包括 XHTML 和 XML，表现标准语言主要包括 CSS，行为标准主要包括对象模型（如 W3C DOM）、ECMAScript 等。

关于 Web 标准的组成大致如图 1.5 所示。

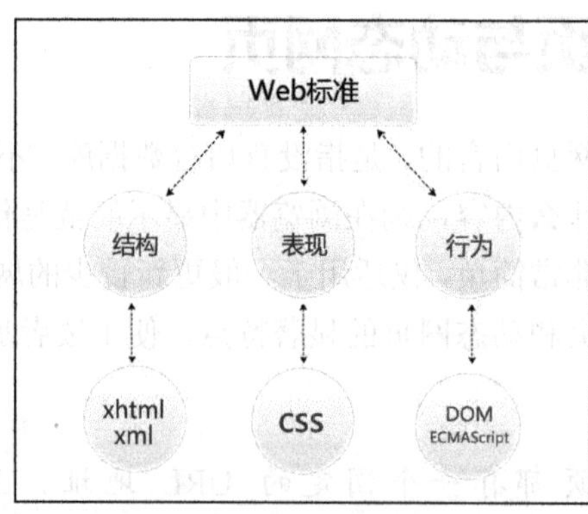

图 1.5　Web 标准组成

这些 Web 标准大部分由万维网联盟（外语缩写：W3C）起草和发布，也有一些是其他标准组织制订的标准，比如 ECMA（European Computer Manufacturers Association）的 ECMAScript 标准。

1.5.1　结构标准

结构标准包括可扩展标签语言和可扩展超文本标签语言，具体内容如下：

- 可扩展标签语言

可扩展标签语言（标准通用标签语言下的一个子集、外语缩写：XML）和 HTML 一样，XML 同样来源于标准通用标签语言，可扩展标签语言和标准通用标签语言都是能定义其他语言的语言。XML 最初设计的目的是弥补 HTML 的不足，以强大的扩展性满足网络信息发布的需要，后来逐渐用于网络数据的转换和描述。

- 可扩展超文本标签语言

可扩展超文本标签语言（外语全称：The Extensible Hyper-Text Markup Language、英文缩写：XHTML）。目前推荐遵循的是 W3C 于 2000 年 1 月 26 日推荐的 XML1.0。XML 虽然数据转换能力强大，完全可以替代 HTML，但面对成千上万已有的站点，直接采用 XML 还为时过早。因此，在 HTML4.0 的基础上，用 XML 的规则对其进行扩展，得到了 XHTML。简单地说，建立 XHTML 的目的就是实现 HTML 向 XML 的过渡。

1.5.2 表现标准

层叠样式表（英文缩写：CSS）目前推荐遵循的是万维网联盟（英文缩写：W3C）于 1998 年 5 月发布的 CSS2 版本。

W3C 创建 CSS 标准的目的是以 CSS 取代 HTML 表格式布局、帧和其他表现的语言。纯 CSS 布局与结构式 XHTML 相结合能帮助设计师分离外观与结构，使站点的访问及维护更加容易。

目前，CSS 已经更新到最新的 CSS3 版本，只不过还没有形成统一的、完整的最终版，但大部分浏览器已经可以支持 CSS3 的新特性了。

1.5.3 行为标准

行为标准包括文档对象模型和 ECMAScript 两部分内容，具体如下：

- 文档对象模型

文档对象模型（英文全称：Document Object Model，英文缩写：DOM）是根据 W3C DOM 规范（http://www.w3.org/DOM/）定义的。DOM 是一种与浏览器、平台和语言的标准接口，使得程序代码可以访问页面其他的标准组件。简单理解，DOM 给予 Web 设计人员和开发者一个标准的方法，让他们来访问他们站点中的数据、脚本和表现层对象。

- ECMAScript

ECMAScript 是 ECMA（European Computer Manufacturers Association）制定的标准脚本语言（JavaScript），目前推荐遵循的是 ECMAScript 262。

1.5.4 代码标准

XHTML 代码标准包括一系列关于代码的书写规范，具体如下：

（1）必须结束标签

以前在 HTML 网页中，设计人员可以打开许多标签，例如<p>和<li>，而不一定写对应的

</p>和</li>来关闭它们。但在 XHTML 中这是不合法的，XHTML 要求有严谨的结构，所有标签必须关闭。如果是单独不成对的标签，在标签最后加一个"/"来关闭它。例如：

```
<img height="" alt="" src="" width="" /><br/>
```

（2）小写元素和属性名

与 HTML 不一样，XHTML 对大小写是敏感的，<title>和<TITLE>是不同的标签，XHTML 要求所有的标签和属性的名字都必须使用小写。

（3）标签都必合理嵌套

同样因为 XHTML 要求有严谨的结构，因此所有的嵌套都必须按顺序，就是说一层一层的嵌套必须是严格对称。

（4）属性必须用引号括起来

在 HTML 网页中，设计人员可以不需要给属性值加引号，但是在 XHTML 中，它们必须被加引号。例如：

```
<height=200>
```

必须修改为：

```
<height="200">
```

（5）特殊符号用编码表示

- 任何小于号（<），不是标签的一部分，都必须被编码为<。
- 任何大于号（>），不是标签的一部分，都必须被编码为>。
- 任何与号（&），不是实体的一部分的，都必须被编码为&。

注：以上字符之间无空格。

（6）所有属性赋值

XHTML 规定所有属性都必须有一个值，没有值的就重复本身。例如：

```
<td nowrap>
<input type="checkbox" name="ck" value="mid" checked>
```

必须修改为：

```
<td nowrap="nowrap">
<input type="checkbox" name="ck" value="mid" checked="checked">
```

（7）在注释中不使用的符号

“--”符号只能发生在 XHTML 注释的开头和结束，也就是说，在内容中它们不再有效。例如，下面注释中的-------是无效的：

```
<!--这里是注释-----------这里是注释-->
```

1.5.5 标准测试

XHTML 代码标准测试内容包括如下内容：

- 页面校验地址：http://validator.w3.org/。
- CSS 文档校验：http://jigsaw.w3.org/css-validator/。
- XHTML 1.0 标准规格：The Extensible HyperText Markup Language。
- W3C 标准测试网址：http://validator.w3.org/。

测试时一定要有文件类别标明，还要有指定文件编码，例如：

```
<meta http-equiv="Content-Type" content="text/html; charset=utf-8" />>
```

只有这样才可以顺利进行测试动作，建立一个标准的页面。

1.5.6 HTML、CSS 与 JavaScript 三者的关系

一个网站一般由很多个 HTML 网页所组成，而一个 HTML 网页一般则由 HTML 标签、CSS 样式和 JavaScript 脚本语言所组成。

- HTML 网页是主体，装载各种 DOM 元素。
- CSS 样式用来装饰这些 DOM 元素。
- JavaScript 脚本语言则用来控制这些 DOM 元素，实现交互功能。

三者之间的关系可以说是既相互独立、又紧密联系的。可以打个比喻来描述，如果 HTML 是房间，那么 CSS 就是装饰，而 JavaScript 则是住在房间里的人。HTML 房间建好了就不会再改变了，但我们可以通过 CSS 装饰来美观房间，增强房间的效果。不过，只有 HTML 房间和 CSS 装饰还是静态的，房间里只有住了人，也就是只有加入 JavaScript，才会给房间带来活的生机。

关于 CSS 样式和 JavaScript 脚本语言的内容，我们会在后面的章节中进行详细的介绍，请读者耐心阅读下去。

1.6 HTML 5 介绍

本节开始介绍 HTML 5 技术的内容，具体包括 HTML 5 的发展历史、特点及使用方法。

1.6.1 HTML 5 的发展历史

HTML 5 是万维网的核心语言、标准通用标签语言下的一个应用超文本标签语言（HTML）的第五次重大修改版本。万维网联盟（W3C）于 2014 年 10 月 29 日宣布，经过接近 8 年的艰苦努力，该标准规范终于制定完成。

其实，HTML 5 的发展历程还是非常有意思的，可以说是一波三折。先说说万维网联盟

（W3C）这个组织。万维网联盟（W3C）是一个纯粹为了标准化而存在的非营利性组织，其初衷确实很美好，不涉及单独某一方的利益。但是，由于该组织太过于纯粹而忽略了各大浏览器厂商的利益，因此来自苹果的 Safari 浏览器团队、Mozilla 基金会以及 Opera 软件等浏览器厂商于 2004 年成立了 WHATWG 工作小组（Web Hypertext Application Technology Working Group），意为网页超文本技术工作小组。不难理解，他们意图回到超文本标签语言 HTML 上来。

WHATWG 动作很快，因为他们实力都很强，均是多年战斗在第一线的浏览器厂商。该组织成立后不久就提出了作为 HTML 5 草案前身的 Web Applications 1.0，那时候 HTML 5 还没有被正式提出。WHATWG 致力于 Web 表单和应用程序，而 W3C 专注于 XHTML 2.0，双方可谓是渐行渐远。

当然，这个世界最终还是靠实力说话的，看着自己被冷落的 W3C 在 2006 年 10 月决定停止 XHTML 的工作并与 WHATWG 合作。双方决定进行合作，来创建一个新版本的 HTML，并为其建立了一些规则，具体如下：

- 新特性应该基于 HTML、CSS、DOM 以及 JavaScript。
- 减少对外部插件的需求（比如 Flash）。
- 更优秀的错误处理。
- 更多取代脚本的标签。
- HTML 应该独立于设备。
- 开发进程应对公众透明。

以上这些规则就是 HTML 5 的最初雏形了。

2007 年，苹果、Mozilla 基金会以及 Opera 软件建议 W3C 接受 WHATWG 的 HTML 5，正式提出将新版 HTML 标准定义为 HTML 5，于是 HTML 5 就正式和大家见面了。

HTML 5 的第一份正式草案已于 2008 年 1 月 22 日公布。HTML 5 仍处于完善之中。然而，当时的大部分浏览器已经具备了某些 HTML 5 支持。随着浏览器 JavaScript 引擎大幅提速，以及人们对 HTML 5 预期逐步提高，HTML 5 的流行度出现了显著的上升，但最初的 HTML 5 并没有给人们真正更多的惊喜。不过随着每一次 Flash Player 爆出漏洞、安全、性能之类的负面新闻时，人们对 HTML 5 的关注度又大幅升高。

2010 年 1 月，YouTube 开始提供 HTML 5 视频播放器。

2010 年 8 月，Google 联合 Arcade Fire 推出了一个 HTML 5 互动电影：The Wilderness Downtown，此项目由著名作家兼导演 Chris Milk 创作。之所以叫做互动电影，是因为在开始时电影会问你小时候家住在哪里，而随后的电影剧情将在这里展开。电影使用了 Arcade Fire 刚刚推出的新专辑《The Suburbs》中的 We Used to Wait 作为主题音乐。在电影发表一年后，该电影在戛纳广告大奖赛中获得了网络组特别奖项。

2010 年 4 月，苹果 CEO 乔布斯发表公开信“Flash 之我见”。引发 Flash 和 HTML 5 阵营之间的空前口水仗，也刺激了浏览器厂商。

2012 年 1 月 10 日在拉斯维加斯正在举行的 CES 大会上，微软 CEO 鲍尔默宣布了基于 IE9 和 HTML 5 版的割绳子游戏，这是一款由微软及游戏开发商 ZeptoLab 共同推出，用于促进 IE9

的使用及网页的美化。

2012 年 12 月 17 日，万维网联盟（W3C）正式宣布凝结了大量开发人员心血的 HTML 5 规范已经正式定稿。根据万维网联盟（W3C）的发言稿称：“HTML 5 是开放的 Web 网络平台的奠基石。”

2013 年 5 月 6 日，HTML 5.1 正式草案公布。该规范定义了第五次重大版本，第一次要修订万维网的核心语言：超文本标签语言（HTML）。在这个版本中，新功能不断推出，以帮助 Web 应用程序的作者努力提高新元素互操作性。根据本次草案的发布内容，HTML 5 进行了多达近百项的修改，包括 HTML 和 XHTML 的标签，相关的 API、Canvas 等，同时 HTML 5 的图像<img>标签及<svg>标签也进行了改进，性能得到进一步提升。

2014 年 10 月 29 日，万维网联盟（W3C）终于正式宣布，经过几乎 8 年的艰辛努力，HTML 5 标准规范终于最终制定完成了，并已公开发布。

看过上面的 HTML 5 的发展历程，读者也许觉得足够写一本书或拍一部电影了，这当然是题外话。

不过，HTML 5 的正式发布确实将会给 Web 开发带来革命性的变化。目前，国外支持 HTML 5 的主流浏览器包括 Firefox（火狐浏览器）、IE9 及其更高版本、Chrome（谷歌浏览器）、Safari、Opera 等。国内支持 HTML 5 的浏览器包括傲游浏览器、360 浏览器、搜狗浏览器、QQ 浏览器、猎豹浏览器等，不过国内的很多浏览器的内核都是基于 Firefox、Chrome 或 IE 开发的。

另外，在移动设备上开发 HTML 5 应用只有两种方法，一种是全使用 HTML 5 的语法，一种就是仅使用 JavaScript 引擎。纯 HTML 5 移动应用运行缓慢并错漏百出，但优化后的效果会好转。尽管不是很多设计人员愿意去做这样的优化，但依然可以去尝试。

HTML 5 移动端应用的最大优势就是可以在网页上直接调试和修改。最初，移动端应用的开发人员可能需要花费非常大的力气才能达到 HTML 5 的界面效果，但需要不断地重复编码、调试和运行。但现在不同了，对于基于 HTML 5 标准的移动应用，开发人员可以轻松地进行调试修改。

1.6.2　HTML 5 的设计理念

HTML 5 的最终设计理念是为了在移动设备上支持多媒体，这也是区别于之前 HTML4 的主要理念。在桌面 Web 应用中，HTML4 已经能够很好地完成绝大部分工作了，但 HTML4 在移动应用上却显得能力不足，当然这也是由 HTML4 的规范所限制的。

HTML 5 新的语法特征可以很好地支持移动应用，例如：video、audio 和 canvas 标签。另外，HTML 5 规范还引进了新的功能特性，可以真正改变用户与网页的交互方式，具体包括：

- 新的解析规则增强了灵活性。
- 增加很多适应移动应用的新属性。
- 淘汰了过时的或冗余的属性。
- 增加了 HTML 5 文档间的拖放功能。
- 增加了离线编辑功能。
- 增强了信息传递功能。

- 具有详细的解析规则。
- 增加了多用途互联网邮件扩展（MIME）和协议处理程序注册功能。
- 增加了在 SQL 数据库中存储数据的通用标准（Web SQL）。

1.6.3 HTML 5 的新特性

HTML 5 具有很多 HTML4 所不具有的新的特性，具体包括：

- 语义特性

HTML 5 赋予了网页更好的意义和结构，更加丰富的标签，增加了对微数据与微格式等方面的支持，将真正形成以数据驱动的 Web 应用。

- 本地存储特性

基于 HTML 5 开发的网页应用拥有更短的启动时间和更快的联网速度，这全是因为 HTML 5 具有的 APP Cache 以及本地存储功能。

- 设备兼容特性

HTML 5 为网页应用开发人员提供了前所未有的数据与应用接入开放接口，基于这些接口可以让外部应用直接与浏览器内部的数据进行交互，例如：调用移动设备的摄像头和麦克风，等等。

- 网页多媒体特性

HTML 5 支持网页端的 Audio、Video 等多媒体功能，可与网站自带的影音多媒体功能互为助力。

- 三维、图形及特效特性

HTML 5 支持基于 SVG、Canvas、WebGL 及 CSS3 的 3D 功能，这些功能会在浏览器中呈现出惊人的视觉效果。

- 服务器推送特性

HTML 5 具有更有效的连接工作效率，使得诸如快速的网页游戏体验，优化的在线聊天功能得到了实现。HTML 5 拥有更有效的服务器推送技术，譬如 Server-Sent Event 和 Web Sockets 技术就是其中的两个特性，这两个特性能够帮助设计人员实现服务器将数据“推送”到客户端的功能。

- 异步加载特性

HTML 5 会通过 XMLHttpRequest2 等技术，解决以前的跨域问题，有效地避免了用户在浏览器加载过程中无法等待的 Loading 过程，帮助设计人员在开发的 Web 应用多样化的环境中更快速地工作。

- CSS3 特性

HTML 5 还对 CSS3 新特性提供了很好的支持，在不牺牲性能和语义结构的前提下，CSS3 中特殊风格和增强效果将会在浏览器中得到完美体现。

- Web 排版

HTML 5 较之以前的 Web 排版，支持全新的 Web 的开放字体格式（WOFF），该字体格式提供了更高的灵活性和控制性。

1.6.4　HTML 5 的新变革

HTML 5 规范提供了一些新的元素和属性，具体如下：

- 取消了一些过时的 HTML4 标签

诸如像纯粹为了显示效果的标签，如 u、font、center 和 strike 这些标签，已经被 CSS3 样式表所取代了。b 和 i 标签虽然保留了下来，但已经没有粗体或斜体样式功能了，仅仅就是为了标识一段文字。

- 借鉴 XHTML 的优点

HTML 5 借鉴了 XHTML2 的一些优点，包括一些用来改善文档结构的功能。增加了新的语义化的 HTML 标签来表示网页内容，例如：header（表示文档页眉）、footer（表示文档页脚）、dialog（表示对话框）等。我们知道，之前的开发人员在实现这些功能时一般都是使用 div 标签的。

- 全新的表单输入对象

HTML 5 增加了包括日期、URL、Email 地址等，全新的表单输入对象。同时，还引入了微数据对象来帮助机器识别标签内容的方法，语义化的标签使得 Web 处理变得更为简单。

- 全新的多媒体标签

HTML 5 规范中，多媒体对象将不再全部绑定在 object 或 embed 标签中，而是视频有视频的标签 video，音频有音频的标签 audio。

- Canvas 对象

HTML 5 规范提供了全新的 canvas 标签，用来在浏览器上直接绘制矢量图，这意味着设计人员可以摆脱 Flash 和 Silverlight，直接在浏览器中显示图形或动画。

- 本地数据库

HTML 5 提供了在浏览器中内嵌一个本地的 SQL 数据库的功能，以加速交互式搜索，缓存以及索引功能。同时，类似离线 Web 程序也将因此获益匪浅。

- 浏览器中的真正程序

HTML 5 将提供 API 实现浏览器内的编辑、拖放，以及各种图形用户界面的能力。内容修饰标签将被弃用，而是直接使用 CSS 样式。

1.6.5　HTML 5 的新标签

下面，总结 HTML 5 规范为设计人员带来了那些新的标签元素。

- 语义结构类（详见表 1-1）

表 1-1　HTML 5 语义结构类标签

标签	描述
<article>	定义页面内容之外的内容
<aside>	定义页面的侧边栏内容
<bdi>	允许设置一段文本，使其脱离其父元素的文本方向设置
<command>	定义命令按钮，比如单选按钮、复选框或按钮
<details>	用于描述文档或文档某个部分的细节
<dialog>	定义对话框
<figure>	规定独立的流内容（图像、图表、照片、代码等）
<figcaption>	用于定义<figure>标签的标题
<footer>	定义 section 或 document 的页脚
<header>	定义了文档的头部（页眉）区域
<mark>	定义带有记号的文本
<meter>	定义度量衡，仅用于已知最大和最小值的度量
<nav>	定义导航
<progress>	定义进度
<ruby>	定义 Ruby 注释
<rt>	定义字符（中文注音或字符）的解释或发音
<rp>	在 ruby 注释中使用，定义不支持 ruby 元素的浏览器所显示的内容
<section>	定义文档中的节（段）
<summary>	标签包含 details 元素的标题
<time>	定义日期或时间
<wbr>	规定在文本中的何处适合添加换行符

- 表单类（详见表 1-2）

表 1-2　HTML 5 表单类标签

标签	描述
<datalist>	定义选项列表，与 input 标签配合使用来定义 input 可能的值
<keygen>	规定用于表单的密钥对生成器字段
<output>	定义不同类型的输出，比如脚本的输出

- 多媒体类（详见表 1-3）

表 1-3　HTML 5 多媒体类标签

标签	描述
<audio>	定义音频内容
<video>	定义视频（video 或者 movie）
<source>	定义多媒体资源<video>和<audio>
<embed>	定义嵌入的内容，比如插件
<track>	为诸如<video>和<audio>标签之类的媒介规定外部文本轨道

- 矢量画布（详见表 1-4）

表 1-4　HTML 5 矢量画布标签

标签	描述
<canvas>	标签定义图形，比如图表和其他图像 该标签基于 JavaScript 脚本语言的绘图 API

1.6.6　HTML 5 的移动特性及未来

HTML 5 移动开发的出现让移动平台的竞争由系统平台转向了浏览器之间，移动端的 IE、Chrome、FireFox、Safari、Oprea 等浏览器，谁能达到在移动端对 HTML 5 更好的支持，谁就能在以后的移动应用领域占据更多的市场。

下面列举 HTML 5 适合移动应用开发的几大特性：

- 离线缓存为 HTML 5 开发移动应用提供了基础。
- 音频视频自由嵌入，多媒体形式更为灵活。
- 地理定位，随时随地分享位置。
- Canvas 绘图，提升移动平台的绘图能力。
- 专为移动平台定制的表单元素。
- 丰富的交互方式支持。
- 使用成本上的优势，更低的开发及维护成本。
- CSS3 视觉设计师的辅助利器。
- 实时通信。
- 档案以及硬件支持。
- 语意化。
- 双平台（iOS/Android）融合的 App 开发方式，提高工作效率。

可以预见，HTML 5 的移动特性将使得其成为未来前端设计领域的翘楚。未来将是移动应用的天下，从近些年智能手机和平板电脑的蓬勃发展就可以看出来，移动优先已经成为趋势。HTML 5 就是为移动应用而生的，虽然其还处在改进与完善的阶段，但笔者相信未来将会有更多的移动应用是基于 HTML 5 构建的。

1.7　如何创建一个 HTML 5 网页

本节开始一个实际案例，编写一个简单的 HTML 5 移动页面，让读者对移动网页技术有一个初步的了解；同时，通过这个案例让读者了解几款比较流行的 HTML 网页开发工具使用方法，以及调试方法。

1.7.1 HTML 5 代码的编写

下面编写一个简单的 HTML 5 代码，让读者直观地体会 HTML 5 移动应用的魅力（详见源代码 ch01/ch01-html-5.html 文件）。

【代码 1-4】

```
01 <html>
02 <canvas id="id-HTML 5-canvas"></canvas>
03 <script type="text/javascript">
04 console.log("get canvas id");
05 var canvas = document.getElementById('id-HTML 5-canvas');
06 console.log("get canvas context");
07 var context = canvas.getContext("2d");
08 console.log("set canvas context font");
09 context.fillStyle = '#666';
10 context.textBaseline='top';
11 context.font = 'normal 16px sans-serif';
12 context.fillText('--- HTML 5 + CSS3 + JavaScript ---', 0, 10);
13 context.font = 'italic 24px sans-serif';
14 context.fillText('HTML 5 App!', 0, 60);
15 context.font = 'bold 24px sans-serif';
16 context.fillText('HTML 5 App!', 0, 110);
17 </script>
18 </html>
```

【代码解析】

第 01～18 行代码使用<html>标签定义了一个 HTML 5 页面文档。

第 02 行代码定义了一个 HTML 5 的<canvas>标签，即一个矢量画布标签，可以支持设计人员的自定义图形。

第 03～17 行为脚本代码，通过 JavaScript 脚本语言实现在<canvas>标签上的图形操作，具体方法的含义读者可以参考后面关于 HTML 5 的内容，本章中就不做深入介绍了。

同时，第 04、06 和 08 行代码分别使用 console.log()方法在控制台输出调试信息。

1.7.2 使用文本编辑器开发

在编辑器的选择上，Web 前端开发自由度是非常高的，即使是文本文档编辑器也可以作为 Web 开发的工具。使用文本编辑器进行开发听起来有些夸张，但是确实是可行的。下面介绍开发过程。

（1）打开文本编辑器，输入【代码 1-4】，如图 1.6 所示。

（2）将源代码进行保存，如图 1.7 所示。

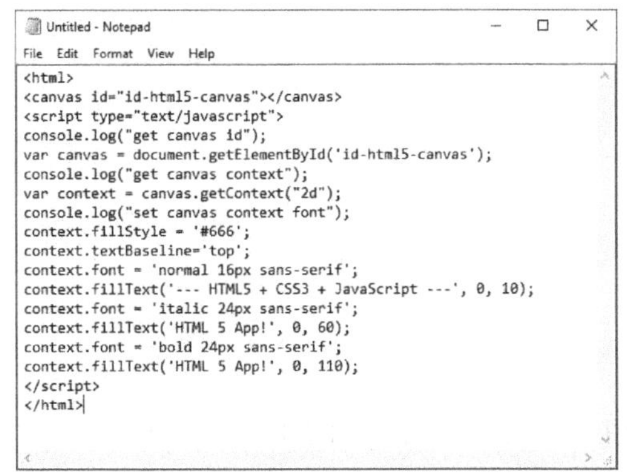

图 1.6　使用文本编辑器输入源代码

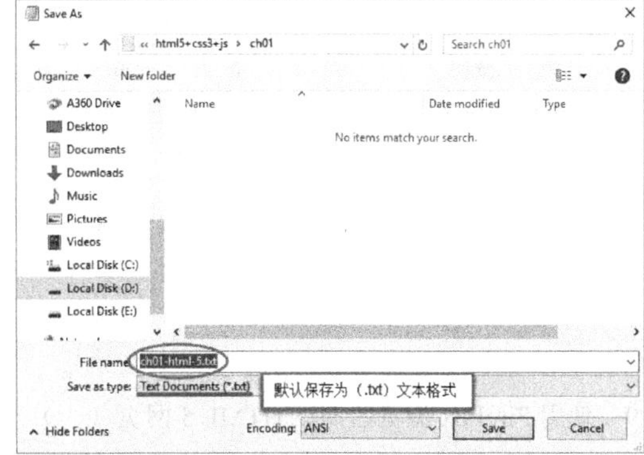

图 1.7　使用文本编辑器保存源代码

使用文本编辑器保存的文件默认为（.txt）文本格式，而不是 HTML 网页格式。不过没关系，可以手动更改为.html 格式，如图 1.8 所示。

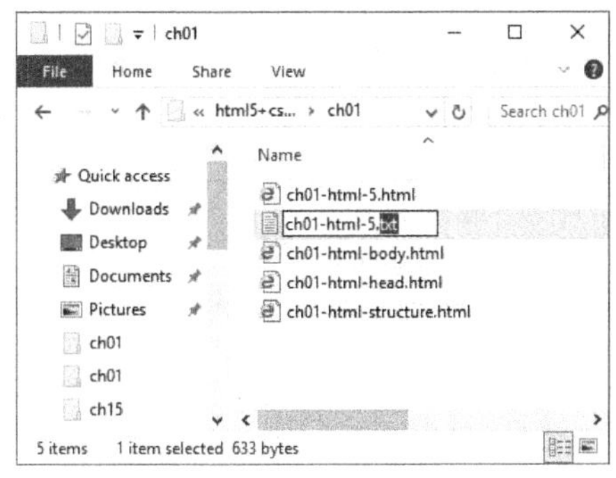

图 1.8　修改文件格式后缀

（3）调试 HTML 5 网页

文本编辑器是没有任何调试功能的，不过没关系，可以将刚刚保存好、并修改过文件后缀的 ch01-html-5.html 文件在浏览器中运行调试。这里选择运行网页的浏览器也是有一定技巧的，读者尽量选择具有 HTML、CSS 和 JavaScript 语言调试功能的浏览器。如今大部分主流浏览器都具有该功能。

下面先选用著名的 FireFox 浏览器运行 ch01-html-5.html 文件，如图 1.9 所示。FireFox 浏览器的强大之处在于其内置的 Web 调试器，在页面中单击右键，在弹出的菜单中选择“查看元素”项，调试页面如图 1.10 所示。在调试窗口中可以看到网页源代码，还可以看到样式、布局、DOM 和事件等窗口，这就是 FireFox 浏览器强大的调试界面。

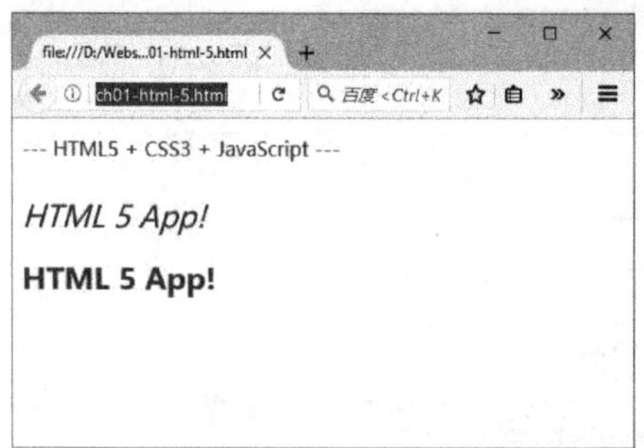

图 1.9　使用 FireFox 浏览器调试 HTML 5 网页（一）

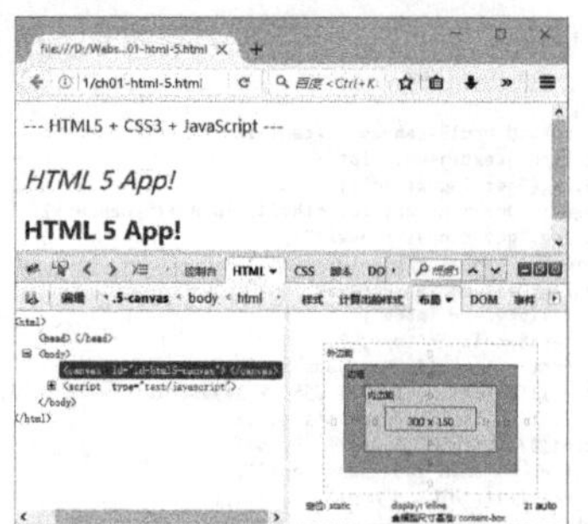

图 1.10　使用 FireFox 浏览器调试 HTML 网页（二）

1.7.3　使用 EditPlus 编辑器开发

诚然，文本编辑器的功能还是很低级的，一般不推荐设计人员使用。下面介绍一款比较高级，且非常流行的 EditPlus 编辑器工具来进行开发。

1. 下载并安装 EditPlus 工具

首先，需要下载并安装 EditPlus 编辑器工具（当前最新版为 4.2 版本），下载地址：http://www.editplus.com，如图 1.11 所示。

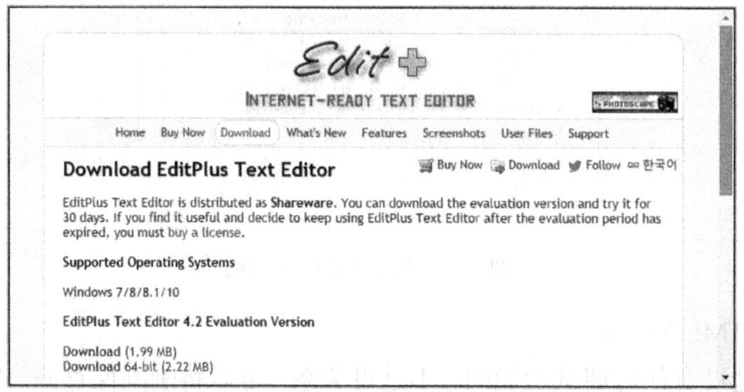

图 1.11　下载 EditPlus 工具

2. 用 EditPlus 工具编辑代码

打开 EditPlus 编辑器，新建一个 HTML 网页文档，命名为 ch01-html-5.html，并输入【代码 1-4】，如图 1.12 所示。EditPlus 编辑器的界面就显得漂亮多了，而且对于源代码有颜色区分与高亮显示，是一款专业的代码编辑器。

3. 调试 HTML 5 网页

EditPlus 编辑器有内置的浏览器，可以在 EditPlus 的工具条上直接选择打开浏览器按钮来运行网页，如图 1.13 和 1.14 所示。

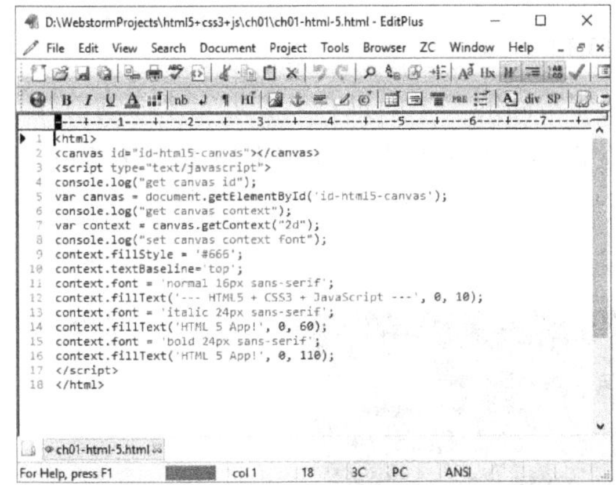

图 1.12　使用 EditPlus 编辑器输入源代码

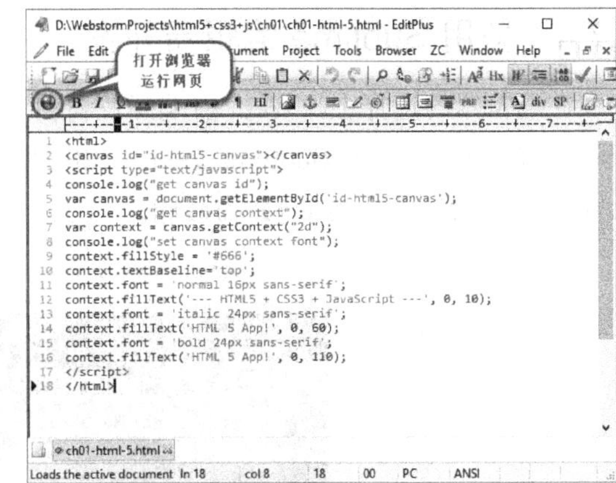

图 1.13　使用 EditPlus 编辑器运行 HTML 5 网页（一）

当然，EditPlus 内置的浏览器是基于 IE 的，调试功能不强。不过，EditPlus 工具的强大之处在于，其可以通过设定来调用外部浏览器。可以在主菜单中选择“Tools” | “Preferences”菜单项，如图 1.15 所示。在弹出的对话框中设定调用的外部浏览器，如图 1.16 所示。

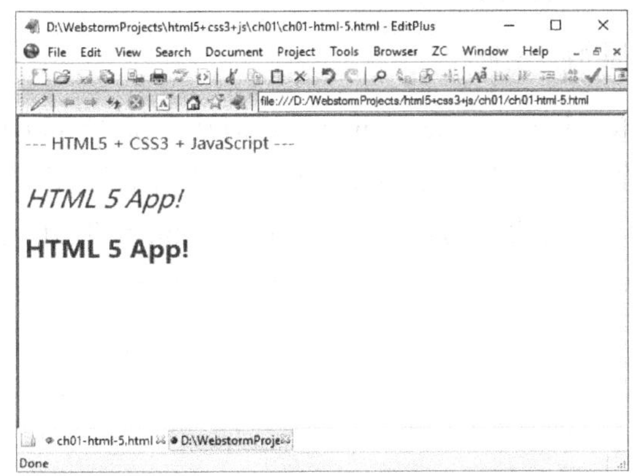

图 1.14　使用 EditPlus 编辑器运行 HTML 5 网页（二）

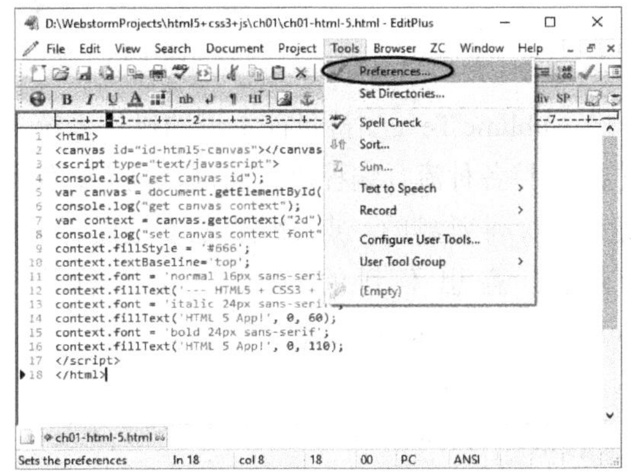

图 1.15　调用 EditPlus 工具外部浏览器（一）

经过以上两步的设定，如果再次在 EditPlus 工具条中单击浏览器按钮，就会调用刚刚设定好的外部浏览器来运行 HTML 5 网页了，具体如图 1.17 所示。

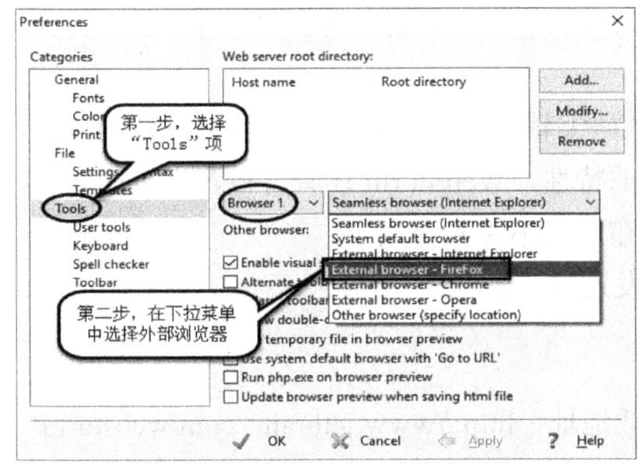

图 1.16　调用 EditPlus 工具外部浏览器（二）

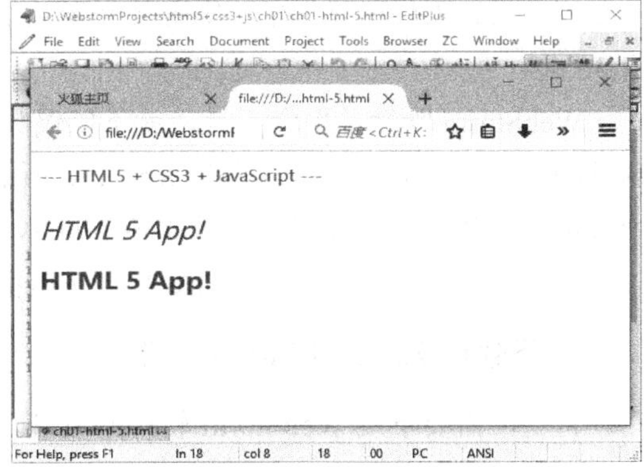

图 1.17　调用 EditPlus 工具外部浏览器（三）

1.7.4 使用 Sublime 编辑器开发

在编辑器的选择上，Web 前端开发自由度是非常高的，下面推荐一款近年来席卷前端设计界的编辑工具 —— Sublime Text，一款独具个性的高级编辑器，如图 1.18 是使用 Sublime Text 编辑器编写【代码 1-4】的截图。

```
<html>
<canvas id="id-html5-canvas"></canvas>
<script type="text/javascript">
console.log("get canvas id");
var canvas = document.getElementById('id-html5-canvas');
console.log("get canvas context");
var context = canvas.getContext("2d");
console.log("set canvas context font");
context.fillStyle = '#666';
context.textBaseline='top';
context.font = 'normal 16px sans-serif';
context.fillText('--- HTML5 + CSS3 + JavaScript ---', 0, 10);
context.font = 'italic 24px sans-serif';
context.fillText('HTML 5 App!', 0, 60);
context.font = 'bold 24px sans-serif';
context.fillText('HTML 5 App!', 0, 110);
</script>
</html>
```

图 1.18 使用 Sublime Text 编辑器

Sublime Text 支持目前主流的操作系统，如 Windows、Mac、Linux，同时还支持 32 和 64 位，支持各种流行编程语言的语法高亮、代码补全等。该款编辑器插件相当丰富，同时版本更新勤快。非常酷的一点是编辑器右边没有滚动条，取而代之的是代码缩略图。Sublime Text 还有更多意想不到的强大功能，读者可以自行下载体验，编辑器下载地址：http://www.sublimetext.com/3。

Sublime Text 是款收费软件，不过目前为止可以无限期地使用。

1.7.5 使用 WebStorm 平台开发

下面介绍一款重量级的开发平台 —— WebStorm，该开发平台是由 jetBrains 公司推出的、倍受广大设计人员所推崇的、集各种开发功能之大成的工具，当然也是收费软件，不过可以试用 30 天。

WebStorm 既然是平台工具，就不仅仅具有代码编辑器的功能，自然还具有源代码管理、调试和运行等强大功能，这也是平台工具所必有的特性。WebStorm 还具有很多先进的功能，读者可以下载安装，并根据软件手册测试体验，在此就不深入介绍了。

下面具体介绍使用 WebStorm 平台工具的开发过程。

1. 下载并安装 WebStorm 软件

首先，需要下载 WebStorm 软件并安装，下载地址：http://www.jetbrains.com/webstorm/，如图 1.19 所示。

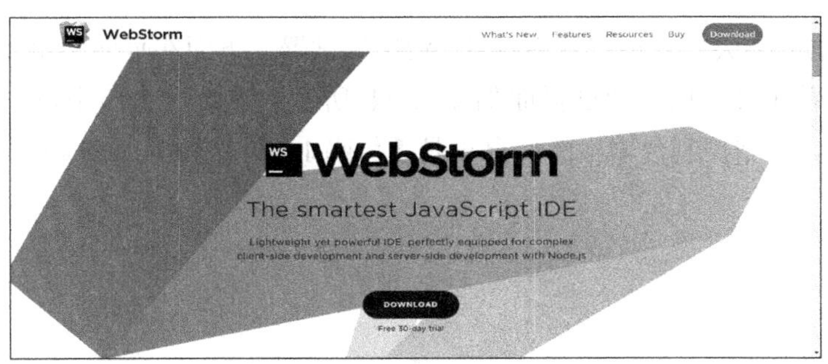

图 1.19　下载 WebStorm 软件

2. 使用 WebStorm 软件创建网页并编辑代码

打开 WebStorm 软件，新建一个源代码目录，并在该目录下新建一个 HTML 网页文档，命名为 ch01-html-5.html，并输入【代码 1-4】，如图 1.20 和 1.21 所示。

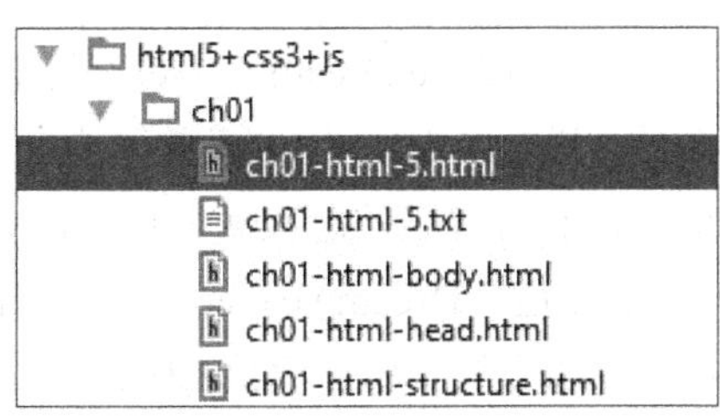

图 1.20　使用 WebStorm 创建 HTML 5 网页（一）

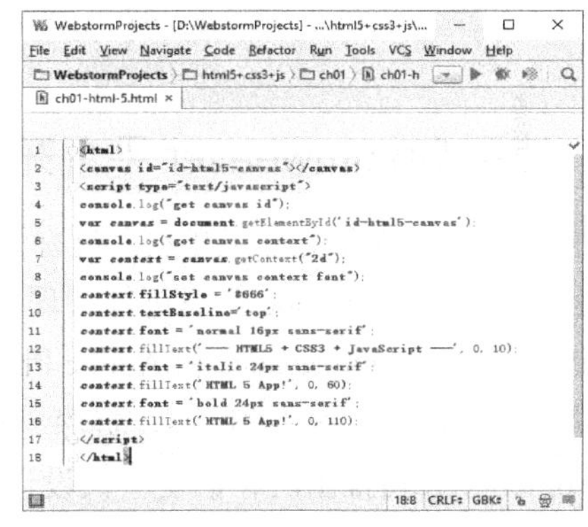

图 1.21　使用 WebStorm 创建 HTML 5 网页（二）

3. 调试 HTML 5 网页

WebStorm 软件可以在代码编辑页面中直接调用外部浏览器，当鼠标移动到页面右上角并停留，就会显示外部浏览器工具条，如图 1.22 所示。设计人员可以任选一款浏览器进行运行调试，这里笔者选择另一款调试功能也十分强大的 Opera 浏览器运行 ch01-html-5.html 网页，具体如图 1.23 所示。

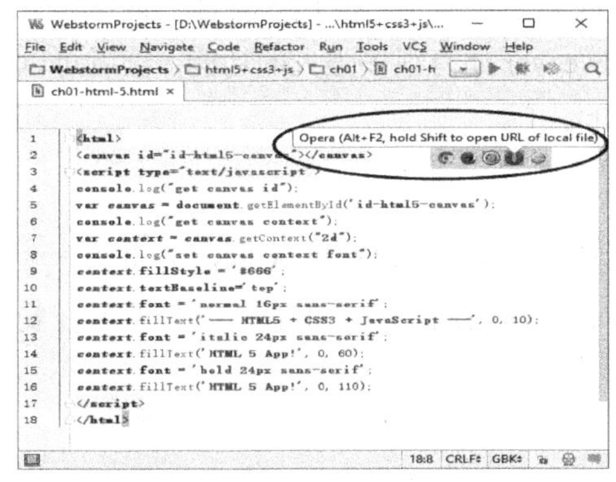

图 1.22　运行调试 HTML 5 网页（一）

图 1.23　运行调试 HTML 5 网页（二）

Opera 浏览器的强大之处在于其内置的 Web 调试器，下面在页面中单击右键，在弹出的菜单中选择“查看元素”项，调试页面如图 1.24 所示。在调试窗口中可以选择网页控制台（Console）窗口，看到控制台输出的信息正是【代码 1-4】中第 04、06 和 08 行代码定义的输出信息。

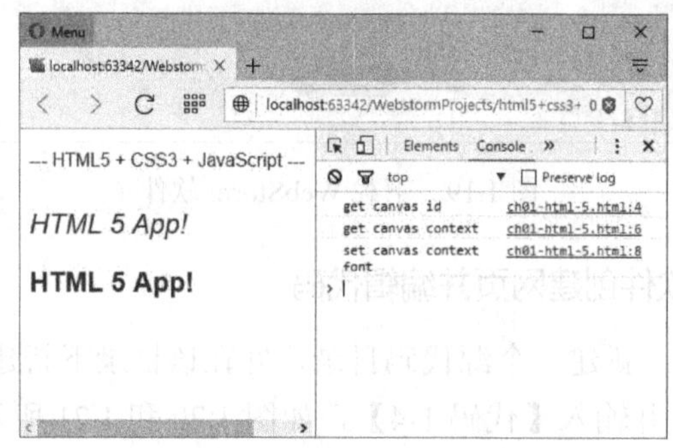

图 1.24　运行调试 HTML 5 网页（三）

1.7.6　使用 Dreamweaver 平台开发

下面再介绍一款深受前端开发人员喜爱的开发平台 —— Adobe Dreamweaver。目前，该开发平台是由著名的 Adobe 公司进行管理、维护与发布的。说起 Adobe 公司读者可能很熟悉，由该公司推出的 Adobe Reader 和 Adobe Photoshop 等软件是非常有名的。其实，Dreamweaver 一开始并不是 Adobe 公司的产品，资深一点的读者可能都知道，Dreamweaver 最初是由著名的 Macromedia 公司推出的、倍受广大设计人员所喜爱的前端开发平台。直到 2005 年 Adobe 公司收购了 Macromedia 公司，Macromedia Dreamweaver 才变更为 Adobe Dreamweaver。不过对于广大的设计人员来说，无论是 Macromedia Dreamweaver 也好，还是 Adobe Dreamweaver 也罢，随着 Dreamweaver 的不断改进与完善，其一直以来都是深受设计人员所信任和喜爱的前端开发平台。

Adobe Dreamweaver 作为平台级别的开发工具，几乎涵盖了全部前端设计语言的开发功能，这一点与前一小节介绍的 WebStorm 平台工具略有不同，WebStorm 还是更专注于 HTML 和 JavaScript 语言功能的开发。Adobe Dreamweaver 自然也包括对源代码管理、调试和运行等功能，这是平台工具所必有的特性。Adobe Dreamweaver 还有很多强大的功能，读者可以下载安装，并根据软件手册测试体验，在此就不深入介绍了。

1. 下载并安装 Adobe Dreamweaver 软件

首先，需要下载 Adobe Dreamweaver 软件并安装，读者可以通过 Adobe 公司的官方地址（http://www.adobe.com）获取 Adobe Dreamweaver 最新的测试版（正版需要付费），安装完毕后的大致界面如图 1.25 所示。

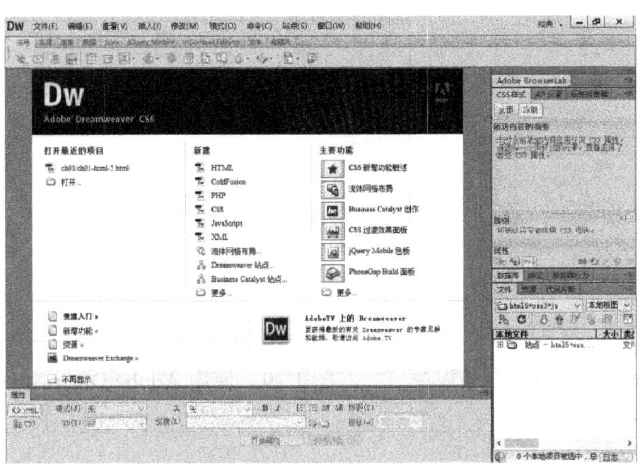

图 1.25 Adobe Dreamweaver 界面

2. 使用 Adobe Dreamweaver 工具创建站点

打开 Adobe Dreamweaver 软件，在菜单栏中选中“站点”|“新建站点”项，如图 1.26 所示。

3. 编辑站点

在弹出的对话框中，编辑新建站点，如图 1.27 所示。“站点名称”为你想定义的网站或工程的名称，“本地站点文件夹”为本地工程目录。

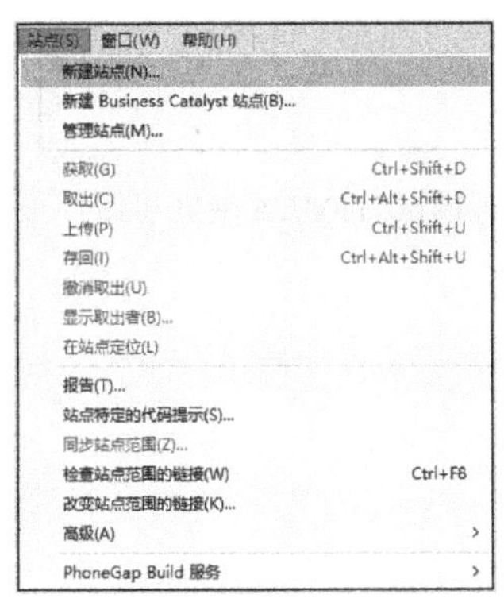

图 1.26 使用 Adobe Dreamweaver 新建站点

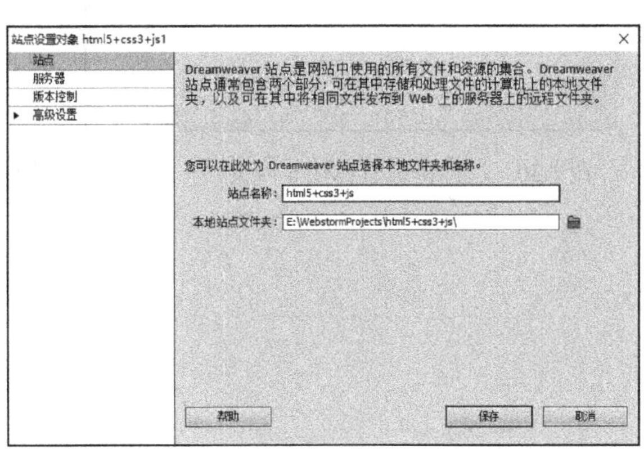

图 1.27 使用 Adobe Dreamweaver 编辑站点

4. 新建网页文件

经过以上几步的操作，站点就建立好了，在软件界面中专门有一个小视窗显示站点文件目录，如图 1.28 所示，并在该目录下新建一个 HTML 网页文档，命名为 ch01-html-5.html，并输入【代码 1-4】，如图 1.29 所示。

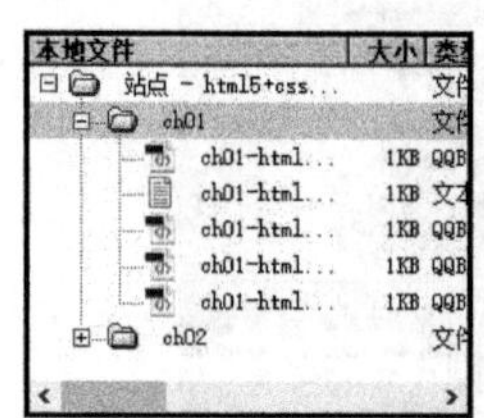

图 1.28　Adobe Dreamweaver 站点目录视窗

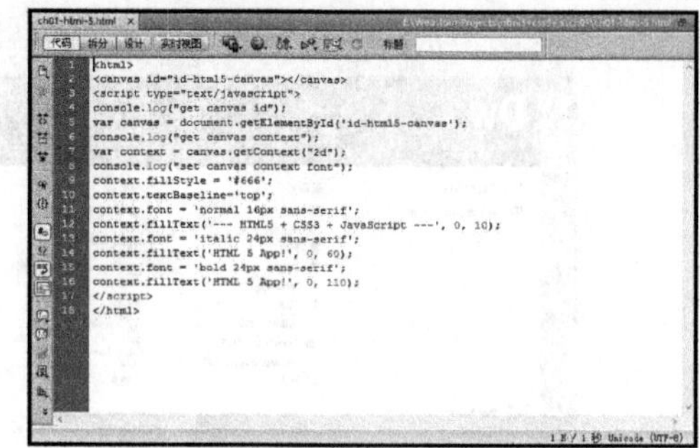

图 1.29　使用 Adobe Dreamweaver 创建 HTML 5 网页

5. 调试 HTML 5 网页

Adobe Dreamweaver 软件可以在代码编辑页面中直接调用外部浏览器，如图 1.30 所示。设计人员可以任选一款浏览器进行运行调试，这里笔者再次选择 Opera 浏览器运行 ch01-html-5.html 网页，具体如图 1.31 所示。

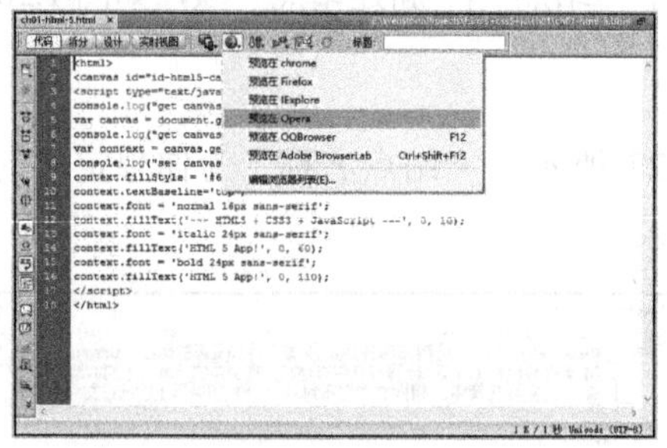

图 1.30　运行调试 HTML 5 网页（一）

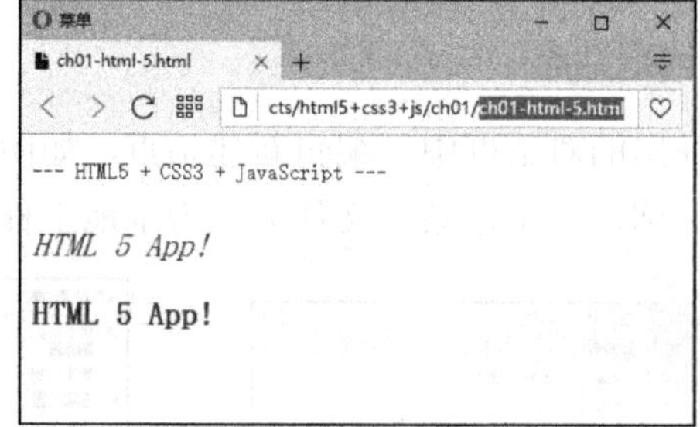

图 1.31　运行调试 HTML 5 网页（二）

第 2 章

HTML网页结构

总体上，标准的 HTML 网页有一个固定的结构，具体说就是必须包括一些固定的标签元素，譬如 DOCTYPE、html、head 和 body 这些标签元素是必不可少的。这些固定的标签元素构成了一个 HTML 网页的结构骨架，缺一不可。因此，本章主要向读者介绍 HTML 网页的总体结构，及重要标签元素的使用方法。

2.1 DOCTYPE 标签

本节先介绍 DOCTYPE 标签的概念及用法，为读者理解 HTML 网页技术做好一个开头。

2.1.1 概念及作用

DOCTYPE（Document Type，文档类型）标签是一种标准通用标记语言的文档类型声明，其存在的意义是要通知标准通用标记语言解析器，使用什么样的 DTD（文档类型定义，由 W3C 标准化组织定义）来解析文档。

在 HTML 网页中，DOCTYPE 指定页面所使用的 XHTML（或者 HTML）的版本。要想制作符合标准的页面，一个必不可少的关键组成部分就是 DOCTYPE 声明。只有确定了一个正确的 DOCTYPE，XHTML 里的标识和 CSS 才能正常生效。

2.1.2 使用规则

DOCTYPE 标签的声明写法需要遵循一定的规则，其指出解析程序应该用什么规则集合来解释文档中的标记。如果是 Web 文档，解析程序通常是浏览器或者校验器这样的一个程序，而规则集合则是 W3C 组织所发布的一个 DTD 中包含的规则。

根据 W3C 的官方解释，每个 DTD 都包括标记、attributes、properties 等内容，其用于标记 Web 文档的内容。此外，还包括一些规则，其规定了哪些标记能出现在其他哪些标记中。

```
<!DOCTYPE html>
```

2.1.3 DTD 类型

每个 Web 建议标准都有自己的文档类型定义 DTD，具体如下：

- HTML 4.01 版本
  HTML 4.01 版本中有 3 种 DTD 声明可以选择，分别是过渡的（Transitional）、严格的（Strict）和框架的（Frameset）。
- HTML 5 版本
  HTML 5 声明则非常简单，具体就是：<!DOCTYPE html>，现在主流浏览器都用这个声明了。因为 HTML 5 版本是不基于 SGML，因此就不需要对 DTD 进行引用了，但还是需要 DOCTYPE 标签来规范浏览器的行为（让浏览器按照其应该的方式来运行）。
- XHTML 1.0 版本
  XHTML 1.0 版本中同样也有 3 种 DTD 声明可以选择，分别也是过渡的（Transitional）、严格的（Strict）和框架的（Frameset）。

那么，对于 HTML 4.01 版本和 XHTML 1.0 版本来说，DTD 类型的过渡的、严格的和框架的写法具体是什么样子的呢？下面分别来介绍。

- 过渡的（Transitional）

```
"http://www.w3.org/TR/xhtml1/DTD/xhtml1-transitional.dtd"
```

- 严格的（Strict）

```
"http://www.w3.org/TR/xhtml1/DTD/xhtml1-strict.dtd"
```

- 框架的（Frameset）

```
"http://www.w3.org/TR/xhtml1/DTD/xhtml1-frameset.dtd"
```

诚然，设计时使用严格的 DTD 来编写页面是最理想的方式。但对于没有深入了解 Web 标准的网页设计初学者，使用过渡的 DTD 是比较合适的。因为这种 DTD 还允许使用表现层的标识、元素和属性，非常适合大多数的网页设计初学者。

2.2 HTML 标签

本节开始介绍 HTML 标签的概念及用法，为读者学习 HTML 网页技术做好一个基础。

2.2.1 概念及作用

HTML 标签元素用于通知浏览器这是一个 HTML 网页。一般来讲，<html>与</html>标签元素限定了 HTML 网页的开始标记和结束标记，标记之间的内容是 HTML 网页的头部和主体。HTML 网页中的内容通常需要放置在<html>标签元素中。在 HTML 网页的头部可以放置如标题、兼容性、语言、字符格式、关键字和描述等重要信息，而 HTML 网页需要向用户展示的具体内容可以统统放置在主体中。

2.2.2　使用方法

下面是一个使用 HTML 标签元素的 HTML 5 示例代码（详见源代码 ch02/ch02-html-html.html 文件）。

【代码 2-1】

```
01  <!DOCTYPE html>
02  <html lang="zh">
03  <head>
04      ......
05  </head>
06  <body>
07      ......
08  </body>
09  </html>
```

【代码解析】

第 02 行与第 09 行代码就是对<html>和</html>标签元素的使用，注意在<html>标签元素中添加了一个字段 lang="zh"，这是一个全局属性字段，lang 关键字代表 html 标签元素内容的语言，关键字"zh"代表中文，如果读者想定义英文可以使用"en"关键字。

【代码 2-1】事实上没有定义任何实际内容，在浏览器中运行后显示的是一个空白的页面，就连标题栏也显示的是网页的链接地址，如图 2.1 所示。

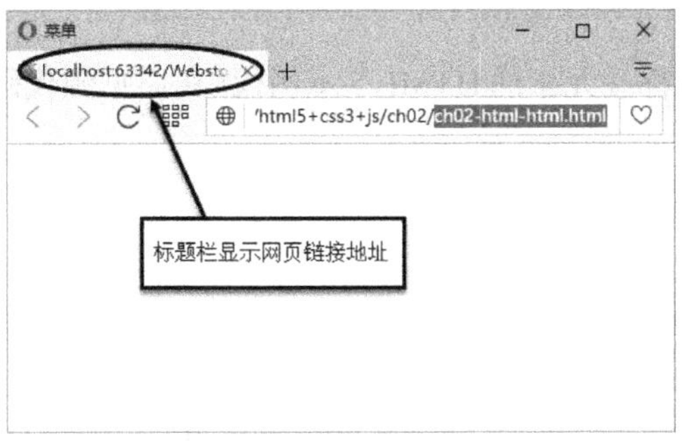

图 2.1　HTML 标签

2.3　head 标签

本节继续介绍 head 标签元素的概念及用法，其在 HTML 网页中有着非常重要的作用。

2.3.1 基本概念

head 标签元素用于定义 HTML 网页的头部，其是所有头部标签元素的容器。在 head 标签元素中，可以加入元信息（meta）描述、添加 CSS 层叠样式表（CSS）、引用外部 JavaScript 脚本文件（可选），定义 HTML 网页标题以及与其他文档关系等功能。另外，绝大部分在 HTML 网页头部定义的数据都不会在页面内容中进行显示。

2.3.2 功能作用

head 标签元素位于 HTML 网页的头部，是以<head>作为开始标记，并以</head>作为结束标记之间的内容。一般来讲，head 头部中包含 meta、base、link、script、title 等常用标签元素，这些标签元素的详细说明如下：

- meta 标签元素可以定义的内容十分广泛，譬如 HTML 网页介绍、HTML 网页关键字、HTML 网页编码、页面作者、自动跳转定义以及 robots 协议等内容，均可以放置在其中。
- base 标签元素是定义 HTML 网页默认打开方式的声明。
- link 标签元素用于定义目标文件链接，包括对外部层叠样式表（CSS）文件的引用、对外部脚本（JS）文件的引用以及对 favicon.ico 图标的引用等。
- script 标签元素既可以用于引入外部脚本（JS）文件，也可以定义嵌入 HTML 网页内部的脚本代码。
- style 标签元素则用于定义直接嵌入网页的层叠样式表（CSS）代码。
- title 标签元素用于定义 HTML 网页的唯一标题。

2.3.3 使用方法

下面是一个使用 head 标签元素的 HTML 5 示例代码（详见源代码 ch02/ch02-html-head.html 文件）。

【代码 2-2】

```
<!DOCTYPE html>
<html lang="zh">
<head>
    <meta http-equiv="Content-Type" content="text/html; charset=utf-8" />
    <meta http-equiv="Content-Language" content="zh-cn" />
    <meta name="author" content="king">
    <meta name="revised" content="king,01/15/2017">
    <meta name="generator" content="WebStorm 10.0.4">
    <meta name="description" content="HTML 5 文档 head 标签元素使用">
    <meta name="keywords" content="HTML 5, CSS, JavaScript">
    <link rel="stylesheet" type="text/css" href="css/style.css" >
    <style type="text/css">
        h1 {font: bold 20px/2.0em arial,verdana;}
```

```
14     </style>
15     <script type="text/javascript">
16        document.write("<h1>HTML 5 + CSS + JS --- head标签</h1>");
17     </script>
18     <title> HTML 5 之网页标题</title>
19  </head>
20  <body>
21     <!-- 添加文档主体内容 -->
22  </body>
23  </html>
```

【代码解析】

第 03～19 行代码就是使用 head 标签元素的方法。为了便于读者全面地了解 head 标签元素的使用方法，该代码段将 HTML 网页头部可能用到的标签元素尽可能地包含了进去。下面逐一对这些标签元素进行介绍。

第 04～10 行代码是对 meta 标签元素的使用，meta 是 HTML 网页头部的一个辅助性标签元素。meta 标签元素共有两个属性，分别是 http-equiv 属性和 name 属性。其中，http-equiv 属性相当于 HTTP 协议文件头的作用，通过该属性可以向浏览器回传数据信息，以帮助准确地显示网页内容，其属性值放置在与之对应的 content 属性中。而 name 属性主要用于描述网页，包括分类信息的内容以及便于搜索引擎 robots 协议查找的内容，其属性值同样放置在与之对应的 content 属性中。

第 04 行代码中 http-equiv 属性定义为"Content-Type"，Content-Type 表示设定的显示字符集，本示例代码中对应的 content 属性定义为"text/html; charset=utf-8"，表明本 HTML 网页设定的显示字符集为"utf-8"，为通用的 Unicode 编码格式（utf-8 编码支持中英文字符，相比于传统 gb2312 中文编码更通用）。

第 05 行代码中 http-equiv 属性定义为"Content-Language"，Content-Language 表示 HTML 网页所设定的页面语言，本示例代码中对应的 content 属性定义为"zh-cn"，表明本 HTML 网页设定的页面语言为简体中文，如果使用繁体中文则为"zh-tw"，而使用"en-us"则表示英语（美国）。

第 06 行代码中 name 属性定义为"author"，author 表示网页作者，本示例代码中对应的 content 属性定义为"king"。

第 07 行代码中 name 属性定义为"revised"，revised 表示网页最后一次更改的作者及时间，本示例代码中对应的 content 属性定义为"king,01/15/2017"。

第 08 行代码中 name 属性定义为"generator"，generator 表示创建和编辑网页使用的工具软件，本示例代码中对应的 content 属性定义为"WebStorm 10.0.4"。

第 09 行代码中 name 属性定义为"description"，description 表示对网页功能、内容的相关描述，是属于比较重要的一个 meta 属性，本示例代码中对应的 content 属性定义为"HTML 5 文档 head 标签元素使用"。

第 10 行代码中 name 属性定义为"keywords"，keywords 表示网页的关键词，本示例代码中对应的 content 属性定义为"HTML 5, CSS, JavaScript"。

第 11 行代码是对 link 标签元素的使用，link 用于定义文档与外部资源的关系，最常见的用法就是定义外部链接层叠样式表（CSS）。在本行代码中定义了保存在 css 目录下的外部样式表，文件名称为"style.css"。

第 12～14 行代码是对 style 标签元素的使用，script 用于定义直接嵌入网页的层叠样式表（CSS）代码。先不管这段代码具体实现了什么功能，只要知道第 13 行代码是对<h1>标签元素进行了样式定义就可以了。

第 15～17 行代码是对 script 标签元素的使用，script 用于引入外部 JavaScript 脚本文件或内部定义的 JavaScript 脚本代码。其中，第 16 行代码定义了一行脚本代码，用于在页面主体中输出一行文本信息。

第 18 行代码使用<title>标签元素定义了网页标题是“HTML 5 之网页标题”。

下面运行页面，如图 2.2 所示。

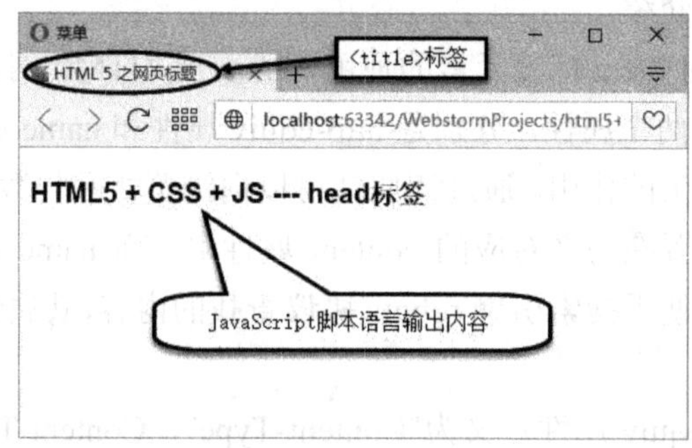

图 2.2　head 标签

2.4 refresh 重定向

本节介绍 refresh 重定向的概念及用法，其在 HTML 网页中有着非常特殊的作用。

2.4.1　基本概念

HTML 网页中的 refresh 用于对页面进行刷新与跳转（重定向）操作，其在 http-equiv 属性中进行定义，使用 content 属性表示刷新或跳转的开始时间与跳转的网址。

2.4.2　使用方法

下面是一个使用 refresh 进行重定向操作的 HTML 5 示例代码（详见源代码 ch02/ch02-html-head-refresh.html 文件）。

【代码 2-3】

```
01 <!DOCTYPE html>
02 <html lang="zh">
03 <head>
11     <meta http-equiv="refresh" content="1;url=http://www.google.cn" />
12     <link rel="stylesheet" type="text/css" href="css/style.css" >
13     <style type="text/css">
14         h1 {font: bold 20px/2.0em arial,verdana;}
15     </style>
16     <script type="text/javascript">
17         document.write("<h1>HTML 5 + CSS + JS --- refresh重定向</h1>");
18     </script>
19     <title>HTML 5 之重定向</title>
20 </head>
21 <body>
22     <!-- 添加文档主体内容 -->
23 </body>
24 </html>
```

【代码解析】

与【代码 2-2】类似，不同之处是第 11 行代码中 http-equiv 属性定义为"refresh"，也就是重定向功能。本行代码中对应的 content 属性定义为"1;url=http://www.google.cn"，其实现了两个功能，并使用分号进行分割。分号前面的数值 1 表示时间间隔为 1 秒，分号后面的 url 代表重定向链接地址，合在一起的含义就是在间隔 1 秒后刷新重新跳转到 www.google.cn 网址上。因为 Refresh 功能是在 HTML 网页头部中定义的，所以在该页面初次打开后就将计算时间间隔并执行重定向操作。

运行页面，效果如图 2.3 所示。经过大约 1 秒时间后，页面自动进行了跳转，效果如图 2.4 所示。

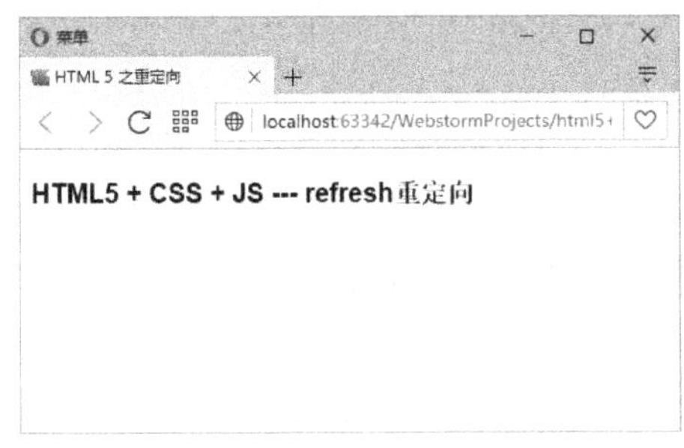

图 2.3　refresh 重定向（一）

图 2.4　refresh 重定向（二）

2.4.3　http-equiv 属性

http-equiv 还有几个属性可能读者了解不多，但也是非常重要的功能，在这里向读者简单介绍：

（1）Expires（期限）

- 功能描述：用于设定网页的过期时间，如果网页过期，则必须连接服务器进行重新传输。
- 使用方法：<meta http-equiv="expires" content="Sun,15 Jan 2017 08:08:08 GMT">。
- 注意事项：必须使用 GMT 格式时间。

（2）Pragma（cache 模式）

- 功能描述：禁止浏览器从本地计算机的缓存中访问 HTML 网页的内容。
- 使用方法：<meta http-equiv="Pragma" content="no-cache">。
- 注意事项：如果这样设定，用户将无法脱机浏览网页。

（3）Set-Cookie（cookie 过期设定）

- 功能描述：如果网页过期，则保存在本机的全部 cookie 将被自动删除。
- 使用方法：<meta http-equiv="Set-Cookie" content="cookie-value=xxx; expires= Sun,15 Jan 2017 08:08:08 GMT; path=/ ">。
- 注意事项：必须使用 GMT 格式时间。

（4）Window-target（显示窗口的设定）

- 功能描述：强制 HTML 网页在当前窗口以独立页面方式显示。
- 使用方法：<meta http-equiv="Window-target" content="_top">。
- 注意事项：用来防止外部页面在框架里调用本页面。

2.5 base 基址标签

本节介绍 base 基底网址标签的概念及用法，看一看该标签在 HTML 网页中能够实现什么样的功能。

2.5.1 基本概念及作用

HTML 网页中的<base>基底网址标签（简称基址标签）为页面上的所有链接规定的默认地址或默认目标。

通常情况下，浏览器会从当前页面的 URL 地址中提取相应的元素来填写相对 URL 中的空白。但是，如果使用<base>标签就可以改变这一方式。浏览器随后将不再使用当前页面的 URL 地址，而是使用<base>标签指定的基本 URL 地址来解析所有的相对 URL 地址。

<base>基底网址标签适用于大部分包含 URL 属性的标签元素，具体包括：<a>、<img>、<link>、<form>等标签中的 URL 属性。

2.5.2　常规用法

下面是一个使用<base>基底网址标签的常规用法，共包含两个 HTML 5 网页，具体网页目录结构如图 2.5 所示。

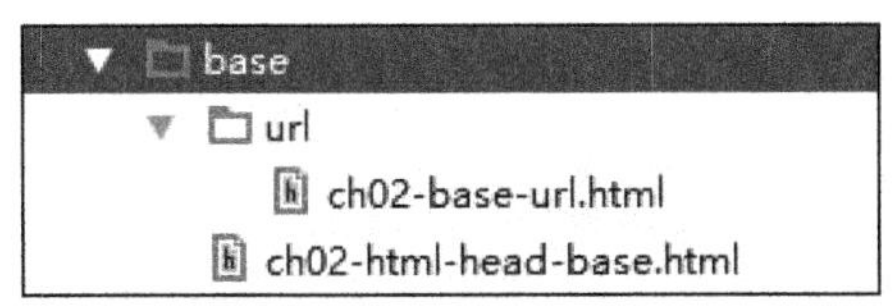

图 2.5　base 标签常规用法的网页目录结构

先看第一个 HTML 5 网页的代码示例（详见源代码 ch02/base/ch02-html-head-base.html 文件）：

【代码 2-4】

```
01 <!DOCTYPE html>
02 <html lang="zh">
03 <head>
11     <base href="./url/" target="_blank" />
12     <style type="text/css">
13         h1 {font: bold 20px/2.0em arial,verdana;}
14     </style>
15     <title>HTML 5 之网页标题</title>
16 </head>
17 <body>
18     <!-- 添加文档主体内容 -->
19     <h1>HTML 5 + CSS + JS --- base 标签</h1>
20     <p>当前网页：ch02-html-head-base.html</p>
21     <p>
22         链接到：<a href="ch02-base-url.html">/url/ch02-base-url.html</a> 新
网页.
23     </p>
24 </body>
25 </html>
```

【代码解析】

第 11 行代码对 base 标签元素的使用，其包含有两个属性，分别是 href 属性和 target 属性。其中，href 属性用于规定页面中所有相对链接的基准 URL 地址；而 target 属性用于指定在何处打开页面中所有的链接，其共有四个属性值："_blank"代表在新的窗口打开链接，"_self"代表自身窗口，一般可不用定义，"_parent"代表在父窗口或超链接引用框架的框架集中打开链接，"_top"则表示会清除所有被包含的框架并将文档载入整个浏览器窗口。在本行代码中，href 属性值定义为"./url/"（表示 URL 子目录），target 属性值定义为"_blank"。

第 22 行代码使用<a>标签元素链接到第二个 HTML 5 网页。我们注意到其 href 属性值为

"ch02-base-url.html"，但根据图 2.5 所示，该网页不在同一目录下，而是在 url 子目录下，那到底能不能链接到该网页呢？请读者继续往下看。

再看第二个 HTML 5 网页的代码示例（详见源代码 ch02/base/url/ch02-base-url.html 文件）。

【代码 2-5】

```
01  <!DOCTYPE html>
02  <html lang="zh-cn">
03  <head>
04      <meta http-equiv="Content-Type" content="text/html; charset=utf-8" />
05      <base href="../" target="_blank" />
06      <style type="text/css">
07          h1 {font: bold 20px/2.0em arial,verdana;}
08      </style>
09      <title>HTML 5 之网页标题</title>
10  </head>
11  <body>
12      <!-- 添加文档主体内容 -->
13      <h1>HTML 5 + CSS + JS --- base 标签</h1>
14      <p>当前网页：url/ch02-base-url.html</p>
15      <p>
16        返回到：<a
href="ch02-html-head-base.html">ch02-html-head-base.html</a>原网页.
17      </p>
18  </body>
19  </html>
```

【代码解析】

第 05 行代码使用 base 标签元素定义了一个基底网址，其 href 属性值定义为"../"（表示上一级目录），target 属性值定义为"_blank"。

第 16 行代码使用<a>标签元素链接返回到第一个 HTML 5 网页。我们注意到其 href 属性值为"ch02-html-head-base.html"，但根据图 2.5 所示，第一个网页与第二个网页不在同一目录下，是不是很有趣呢？请读者继续往下看。

运行【代码 2-4】定义的页面，初始效果如图 2.6 所示。然后，单击图 2.6 网页中定义的超链接，看看能不能链接到第二个网页（url/ch02-base-url.html），效果如图 2.7 所示。

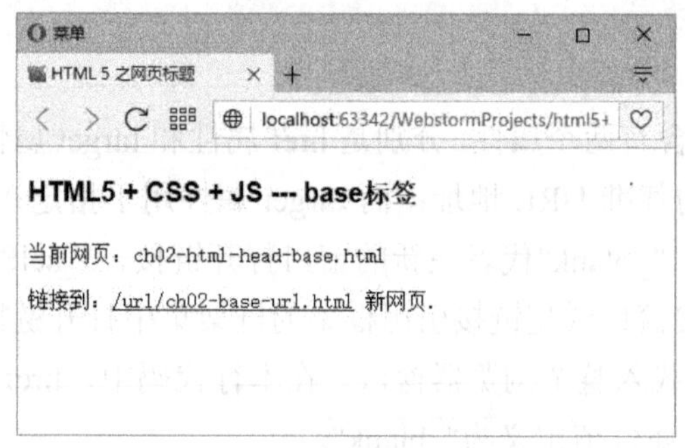

图 2.6　使用 base 基地网址标签（一）

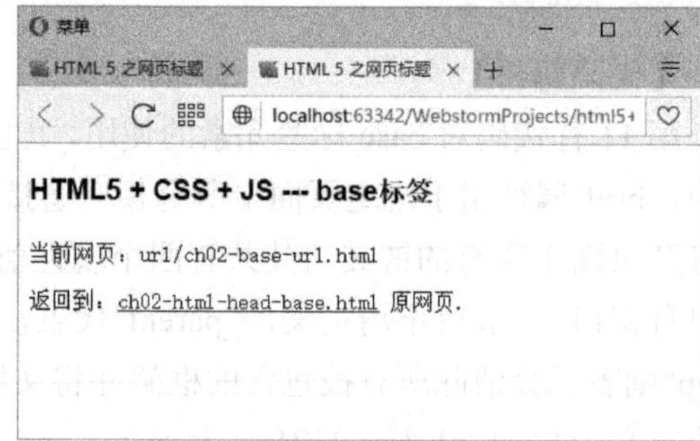

图 2.7　使用 base 基地网址标签（二）

第二个网页链接成功了，且是以打开一个新页面的方式链接到的。可见，【代码 2-4】中第 11 行代码定义的<base>基址标签起作用了。继续点击网页中定义的超链接，看看能不能返回到第一个网页（ch02-html-head-base.html），效果如图 2.8 所示。可见返回到第一个网页的链接也成功了，同样是以打开一个新页面的方式链接到的。由此可见，【代码 2-5】中第 05 行代码定义的<base>基址标签起到了同样的作用。

图 2.8　使用 base 基地网址标签（三）

2.5.3　特殊用法

下面是一个同时使用多个<base>基底网址标签的特殊用法，具体网页目录结构如图 2.9 所示。

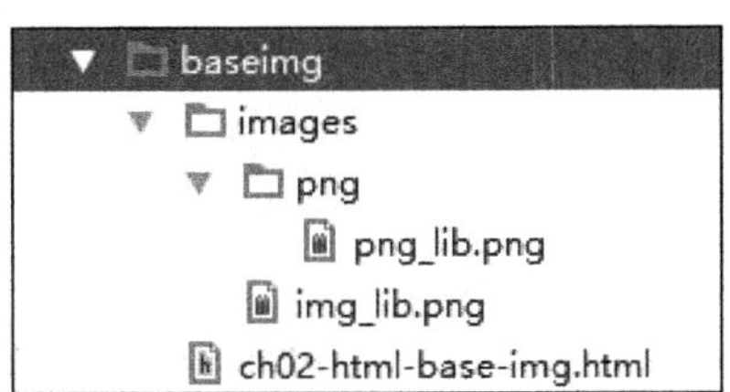

图 2.9　多个 base 标签用法的网页目录结构

先看 HTML 5 网页的代码（详见源代码 ch02/baseimg/ch02-html-base-img.html 文件）。

【代码 2-6】

```
<!DOCTYPE html>
<html lang="zh">
<head>
    <base href="./images/" />
    <base href="./images/png/" />
    <style type="text/css">
        h1 {font: bold 20px/2.0em arial,verdana;}
    </style>
    <title>HTML 5 之网页标题</title>
</head>
<body>
```

```
12      <!-- 添加文档主体内容 -->
13      <h1>HTML 5 + CSS + JS --- 使用多个 base 标签</h1>
14      <img src="img_lib.png" alt="img_lib.png" />
15      <img src="png_lib.png" alt="png_lib.png" />
16  </body>
17  </html>
```

【代码解析】

第 04～05 行代码是对多个 base 标签元素的使用。其中，在第 04 行代码中，href 属性值定义为"./images/"（表示 images 子目录）。在第 05 行代码中，href 属性值定义为"./images/png/"（表示 images 子目录下的 png 二级子目录）。

第 14～15 行代码使用<img>标签元素定义了一组网页图片，我们注意到其 src 属性值仅为图片名称，但根据图 2.9 所示，这两个图片不在同一目录下，而是分别在 images 子目录和 images/png 二级子目录下，那到底图片能不能正常显示呢？请读者继续往下看。

运行页面，初始效果如图 2.10 所示。可以看到，第 14 行代码定义的图片被正确显示出来了，而第 15 行代码定义的图片却无法正确显示（仅仅显示出图片文件名称）。

这是什么原因造成的呢？尝试将源代码文件中的第 04 行与第 05 行代码调换一下先后顺序，页面运行后的效果发生了变换，如图 2.11 所示。从图中显示的效果可以看到，第 14 行代码定义的图片没有显示出来（同样仅仅显示出图片文件名称），而第 15 行代码定义的图片却正确显示出来了。由此可见，如果使用多个 base 标签元素定义基址路径，仅仅最先定义的能生效，之后定义的会被浏览器全部忽略，读者使用时需要注意这一点。

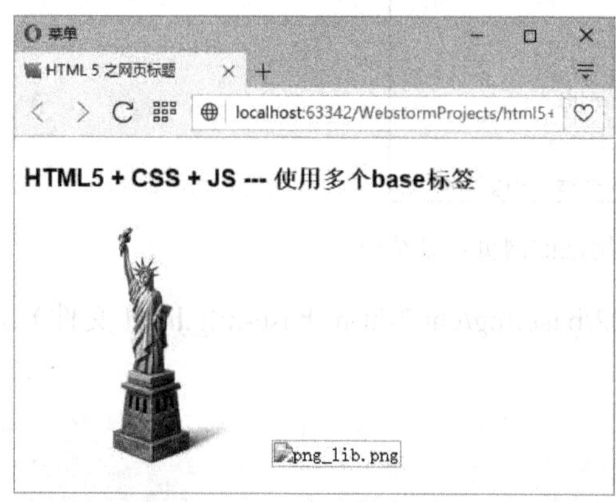

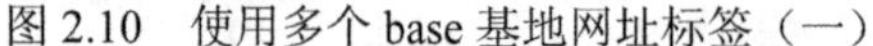
图 2.10　使用多个 base 基地网址标签（一）

图 2.11　使用多个 base 基地网址标签（二）

2.6 引用 CSS 样式文件

本节介绍引用 CSS（层叠样式表）文件的用法，看一看如何在 HTML 网页头部定义 CSS 样式文件。

2.6.1　概述

CSS 是英文名称 Cascading Style Sheets 的缩写，一般中文翻译为“层叠样式表”，是一种用来表现 HTML 网页样式的软件技术。

CSS 最初是作为 W3C 的一项标准推出的，从 CSS 1.0 版本开始，期间经过 CSS 2 和 CSS 2.1 版本的不断完善，目前的 CSS3 版本已经被广泛认可并使用。事实上，CSS 已经成为一种事实上的 Web 设计标准。

2.6.2　功能用法

使用 CSS 语言设计网页的优点是能够真正做到将网页内容与表现形式进行分离，这样设计人员的分工更为细化，工作效率也会明显提高。

具体来说，CSS 语言能够支持几乎全部字体风格与字号大小，能够对网页中的对象位置进行像素级别的精确定位，能够对网页对象的样式进行动态编辑，能够进行简单的人机交互设计，是目前基于网页内容展示最优秀的表现类设计语言。

在 HTML 网页上使用 CSS 语言的方法基本有三种形式，分别为外链式、嵌入式和内联式，下面具体介绍。

1. 外链式（Linking）

所谓外链式就是将外部 CSS 样式表文件链接到 HTML 网页中。一般如果页面需要很多样式的时候，外链式 CSS 是最合理的选择，使用外链式 CSS 可以通过修改一个 CSS 文件来改变整个页面或网站的样式风格。外链式 CSS 的基本使用方法如下：

```
<head>
  <link rel="stylesheet" type="text/css" href="style.css">
</head>
```

2. 嵌入式（Embedding）

所谓嵌入式就是在网页上创建嵌入的样式表。一般如果单个页面需要定制样式时，嵌入式 CSS 是很好的方法。设计人员可以在 HTML 网页头部通过<style>标签定义嵌入式 CSS。嵌入式 CSS 的基本使用方法如下：

```
<head>
  <style type="text/css">
    body {background-color: white}
    p {margin: 8px; padding: 8px}
  </style>
</head>
```

3. 内联式（Inline）

所谓内联式就是在单个页面元素中加入样式表。只有当页面中的个别元素需要单独的样式时，才推荐使用内联式 CSS。内联式 CSS 的基本使用方法如下：

```
<p style="color:black; margin:16px">
  This is a inline-css paragraph.
</p>
```

另外，目前应用 CSS 样式表最为推荐的方式是 DIV+CSS 布局方式。原因很容易理解，页面结构越简单、通过修改 CSS 改变页面风格也就越容易。对于大型站点来说，倘若页面中使用的标签元素种类繁多、结构复杂，那维护起来 CSS 简直就是一场灾难，可能需要手动修改很多页面。而如果整个站点都使用 DIV+CSS 进行布局，可能仅仅需要修改 CSS 样式表中的一段代码就可以完成对整个站点页面风格的修改。

2.6.3 简单示例

下面看一段使用 CSS 样式表创建 HTML 网页的简单示例代码（参见源代码 ch02/ch02-html-css.html 文件）。

【代码 2-7】

```
<!DOCTYPE html>
<html lang="zh-cn">
<head>
    <link rel="stylesheet" type="text/css" href="css/style.css" >
    <style type="text/css">
        /* body */
        body {
        }
        /* h1 */
        h1 {
            margin: 8px;   /* 设置外边距 */
            padding: 8px;   /* 设置内边距 */
            font: bold 24px/2.4em arial,verdana;   /* 设置字体 */
        }
        /* div */
        div {
            margin: 8px;   /* 设置外边距 */
            padding: 2px;   /* 设置内边距 */
        }
        /* h3 */
        h3 {
            margin: 8px;   /* 设置外边距 */
            padding: 2px;   /* 设置内边距 */
            font: italic 18px/1.8em arial,verdana;   /* 设置字体 */
        }
        /* p */
        p {
```

```
28            margin: 4px;    /* 设置外边距 */
29            padding: 2px;   /* 设置内边距 */
30            font: bold 12px/1.2em arial,verdana;    /* 设置字体 */
31        }
32    </style>
33    <title>HTML 5 之网页标题</title>
34 </head>
35 <body>
36    <!-- 添加文档主体内容 -->
37    <h1>HTML 5 + CSS + JS --- CSS 样式表</h1>
38    <div>
39        <h3>HTML 5 + CSS + JS --- CSS 样式表</h3>
40        <p>HTML 5 + CSS + JS --- CSS 样式表</p>
41    </div>
42 </body>
43 </html>
```

【代码解析】

第 04 行代码通过 link 标签元素引用了一个外部 CSS 样式文件（文件名称 style.css），该 CSS 样式文件的代码见下面的【代码 2-8】。

第 07～08 行代码定义了<body>标签元素的样式，但此处没有定义具体的样式代码，留在【代码 2-8】中进行了定义。

第 10～14 行代码定义了<h1>标签元素的样式，具体包括了外边距、内边距和字体的样式。

第 16～19 行代码定义了<div>标签元素的样式，具体包括了外边距和内边距的样式。

第 21～25 行代码定义了<h3>标签元素的样式，具体包括了外边距、内边距和字体的样式。

第 27～31 行代码定义了<p>标签元素的样式，具体包括了外边距、内边距和字体的样式。

下面是【代码 2-8】中定义的 CSS 样式（参见源代码目录 ch02/css/style.css 文件）。

【代码 2-8】

```
/*
* CSS - style.css
*/
/* body */
body {
    margin: 16px;    /* 设置页面边距 */
}
```

【代码 2-8】的 CSS 代码中，主要定义了<body>标签元素的外边距数值，其实也就是页面边距的尺寸大小。

运行测试网页，效果如图 2.12 所示。

图 2.12　CSS 样式表

2.7 引用 JavaScript 脚本文件

本节介绍引用 JavaScript 脚本文件的用法，了解如何在 HTML 网页中使用 JavaScript 代码。

2.7.1　概述

目前，HTML 网页设计几乎离不开 JavaScript 脚本语言的支持。JavaScript 是一种解释型编程语言，其解释器通常也被称为 JavaScript 引擎。目前，业内主流浏览器均内置了 JavaScript 引擎，且该引擎的性能优劣会直接影响到浏览器的性能，进而直观地体现到用户体验上。

在 HTML 网页中增加 JavaScript 脚本语言，可以使得信息和用户之间不仅只是一种显示和浏览的关系，而是实现了一种实时的、动态的、可交互式的表达能力，因此深受广大设计人员所青睐。

下面简单介绍在 HTML 网页中使用 JavaScript 脚本语言的几种方法，本小节的内容也为后面的章节做出了铺垫。

2.7.2　内嵌式 JavaScript 脚本

先来看内嵌式 JavaScript 脚本的语法，具体如下：

```
<script type="text/javascript">
......
</script>
```

如果读者想在 HTML 网页中嵌入脚本，一般需要遵循上面的写法，并将脚本语言写在两个 script 标签元素之间。

下面看一段使用内嵌式 JavaScript 脚本语言的 HTML 网页的示例代码（参见源代码 ch02/ch02-html-script-embed.html 文件）。

【代码 2-9】

```
<!DOCTYPE html>
```

```
<html lang="zh">
<head>
    <style type="text/css">
        div {
            margin: 2px;
            padding: 2px;
            width: auto;
            height: auto;
        }
    </style>
    <script type="text/javascript">
        document.write("<h5>write header js</h5>");
        document.close();
        document.getElementById("id-div-header").innerHTML += "<br><h3>insert header js</h3>";
    </script>
    <title>HTML 5 之网页标题</title>
</head>
<body>
    <!-- 添加文档主体内容 -->
    <h3>HTML 5 + CSS + JS --- 内嵌式脚本</h3>
    <div id="id-div-header">header js section: </div>
    <hr>
    <!-- 添加脚本 -->
    <script type="text/javascript">
        document.write("<div id='id-div-dynamic'>dynamic js section: </div>");
        document.close();
        document.getElementById("id-div-dynamic").innerHTML += "<br><h3>insert dynamic js</h3>";
    </script>
    <hr>
    <!-- 添加文档主体内容 -->
    <div id="id-div-body">body script section: </div>
    <!-- 添加脚本 -->
    <script type="text/javascript">
        document.getElementById("id-div-body").innerHTML += "<br><h3>insert body js</h3>";
    </script>
</body>
</html>
```

【代码解析】

先看第 12～16 行代码，这里是一段内嵌在 head 标签元素中的脚本代码。其中，第 13 行代码使用 document.write()方法尝试向 HTML 网页中写入一行文本，因为调用 document.write()方法将会打开一个页面输出流，所以在第 14 行代码必须使用 document.close()方法对其进行关闭（请读者注意，如果打开了输出流，操作完毕后就要关闭它）。第 15 行代码使用 document.getElementById()方法尝试在一个 div 标签元素（id 值为"id-div-header"，在第 22 行代码中定义）内插入一段文本。

然后看第 25～29 行代码，这里是一段内嵌在 body 标签元素中的脚本代码。其中，第 26 行代码使用 document.write()方法打来一个输出流尝试在 HTML 网页中动态创建了一个 div 标签元素（id 值为"id-div-dynamic"），并在第 27 行代码使用 document.close()方法关闭了该输出流。第 28 行代码使用 document.getElementById()方法尝试在这个动态创建的 div 标签元素内插入一段文本。

最后看第 34～36 行代码，这里同样是一段内嵌在 body 标签元素中的脚本代码。其中，第 35 行代码使用 document.getElementById()方法尝试在一个 div 标签元素（id 值为"id-div-body"，在第 32 行代码中定义）内插入一段文本。

下面运行测试网页，效果如图 2.13 所示。

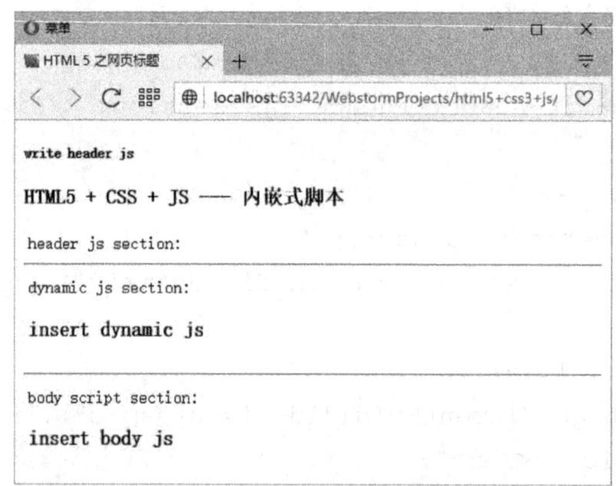

图 2.13　内嵌式 JavaScript 脚本

从图 2.13 中看到网页中输出的信息比较多，下面针对图中输出结果进行详细的解释：

页面中最先输出的是一行文本信息，通过查看【代码 2-9】知道是第 13 行代码中输出的，而页面中第二行输出的信息是第 21 行代码定义的，可见在 head 标签元素之间定义的第 13～15 行脚本代码最先被编译执行了，是先于 HTML 网页 DOM 树被解析之前就执行了，这完全是基于在 HTML 网页定义的 JavaScript 脚本语言编译执行的一项基本原则，即“按顺序载入，载入即执行”。

页面中输出的第三行信息是第 22 行代码定义的，而第 15 行脚本代码尝试在 div 标签元素（id 值为"id-div-header"）中插入文本信息的操作却没有显示，这是因为该标签元素是在第 22 行定义的，是在脚本之后定义的，相当于脚本执行操作时还没有被定义。

紧接着，页面输出的第一条横线是第 23 行代码定义的。

页面中第四行输出也是一行文本信息，通过查看【代码 2-9】知道是第 26 行脚本代码所输出的。

之后页面中第五行显示的文本信息，是第 28 行代码尝试动态插入到第 33 行代码创建的 div 标签元素（id 值为"id-div-dynamic"）之后的，说明插入文本的操作成功了。

然后，页面输出的第二条横线是第 30 行代码定义的。

页面中第六行显示的文本信息，是第 32 行代码定义的 div 标签元素（id 值为"id-div-body"）定义的。

之后页面中第七行显示的文本信息，则是第 35 行代码尝试动态插入在第 32 行代码定义的 div 标签元素（id 值为"id-div-body"）之后的，说明插入文本的操作成功了。

通过上面的分析，读者会对 HTML 网页中定义的 JavaScript 脚本语言的编译执行顺序有了一个初步了解，其实 JavaScript 脚本执行顺序需要遵循以下几个大的原则：

- 按顺序载入。
- 载入即执行。
- 执行时会阻塞后续内容。

所以，为了避免第 15 行的脚本代码没有被有效执行的情况出现，一般建议将自定义脚本放在 HTML 网页的最后，这样可以保证全部 HTML 网页 DOM 树载入后，再执行 JavaScript 脚本。

2.7.3　引入外部 JavaScript 脚本

这一小节介绍使用 script 标签引入外部 JavaScript 脚本的方法，这里先明确使用 script 标签载入外部脚本库的语法，看这行代码：

```
<script type="text/javascript" src="url.js"></script>
```

如果读者想在 HTML 网页中载入外部 JavaScript 脚本，一般需要遵循上面的写法，并建议放在 HTML 文档最后。

下面看一段引入外部 JavaScript 脚本的 HTML 网页的示例代码（参见源代码 ch02/ch02-html-script-src.html 文件）。

【代码 2-10】

```
<!DOCTYPE html>
<html lang="zh">
<head>
    <style type="text/css">
        div {
            margin: 16px;
            padding: 8px;
            width: auto;
            height: auto;
```

```
10          }
11      </style>
12      <title>HTML 5 之网页标题</title>
13  </head>
14  <body>
15      <!-- 添加文档主体内容 -->
16      <h3>HTML 5 + CSS + JS --- 引入外部 JavaScript 脚本</h3>
17      <hr>
18      <!-- 添加文档主体内容 -->
19      <div id="id-div-body">import body js: </div>
20  </body>
21  <script type="text/javascript" src="js/src.js"></script>
22  </html>
```

【代码解析】

第 21 行代码使用 script 标签元素载入了一个外部脚本，其中通过 src 属性定义了该脚本的路径为"js/src.js"，该路径是一个基于本 HTML 网页的相对路径，将其转换成绝对路径为"ch02/js/src.js"。

第 19 行代码通过 div 标签元素定义了一个层区域，其 id 值为"id-div-body"。

下面看引入的外部 JavaScript 脚本代码（参见源代码 ch02/js/src.js 文件）：

【代码 2-11】

```
document.getElementById("id-div-body").innerHTML += "<br><h3>import body js.</h3>";
```

在【代码 2-11】中，使用 document.getElementById()方法尝试在【代码 2-10】中第 26 行代码定义的 div 标签元素（id 值为"id-div-body"）内插入一段文本。

下面运行测试网页，效果如图 2.14 所示。可以看到，页面中第三行显示的文本（"import body js."）信息就是【代码 2-11】中执行的脚本代码所插入的。

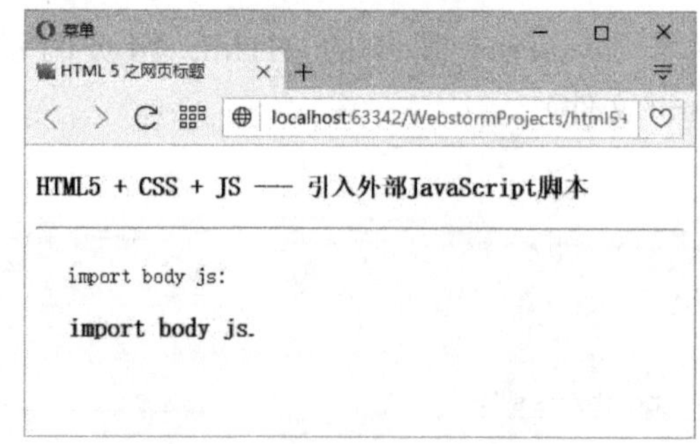

图 2.14　引入外部 JavaScript 脚本

2.8 HTML 网页注释

本节向读者介绍 HTML 网页中添加注释的使用方法。HTML 网页中被注释的内容是不会显示在浏览器中的，这样可以有效地避免页面中想隐藏的内容也被显示出来，这就是注释的功能所在。

在 HTML 网页中使用注释的优点有很多：比如，为代码添加注释，既可以方便自己后期修改维护，也可以方便其他程序员阅读理解并完善你写的代码。又比如：将暂时不需要执行的代码先注释起来，这样以后想重新恢复代码时就很简单。当然最关键的一点，一段优秀的代码配上合理必要的注释才算完美，这也是一个优秀程序员所必备的良好习惯之一。

如果读者想在 HTML 网页中使用注释，需要使用“<!-- -->”符号，并遵循下面的写法：

```
<!-- comment -->
```

只有上面这种符号对 HTML 网页代码起注释作用，而像“//”和“/* */”符号也会出现在 HTML 网页中，但只会对 JavaScript 脚本代码和 CSS 样式代码起作用。

下面看一段使用注释的 HTML 网页代码（参见源代码 ch02/ch02-html-comment.html 文件）。

【代码 2-12】

```
<!DOCTYPE html>
<html lang="zh">
<head>
    <!-- 添加文档头部内容 -->
    <meta http-equiv="Content-Type" content="text/html; charset=utf-8" />
    <meta http-equiv="Content-Language" content="zh-cn" />
    <meta name="author" content="king">
    <meta name="revised" content="king,01/15/2017">
    <meta name="generator" content="WebStorm 10.0.4">
    <meta name="description" content="HTML 5 网页注释">
    <meta name="keywords" content="HTML 5, CSS, JavaScript">
    <!-- 添加 CSS 样式代码 -->
    <style type="text/css">
        div {
            margin: 2px;
            padding: 2px;
            width: auto;
            height: auto;
            border: 1px solid #e0e0e0;
            background: #f0f0f0;
        }
        .classNormal {
```

```
23              font-style: normal; /* 定义字体风格 */
24          }
25          .classBold {
26              font-weight: bold;  /* 定义字体风格 */
27          }
28          .classItalic {
29              font-style: italic; /* 定义字体风格 */
30          }
31          .classLarge {
32              font-size: x-large; /* 定义字体风格 */
33          }
34      </style>
35      <script type="text/javascript">
36          function funcComment() {
37              alert("ok");    // TODO: 警告消息框
38          }
39      </script>
40      <title>HTML 5 之网页标题</title>
41  </head>
42  <body>
43      <!-- 添加网页标题 -->
44      <h3>HTML 5 + CSS + JS --- 网页注释</h3>
45      <hr>
46      <!-- 添加 div 层 -->
47      <div>
48          <!-- 添加 classNormal 字体风格 -->
49          <p class="classNormal">class font bold</p>
50          <!-- 添加 classBold 字体风格 -->
51          <p class="classBold">class font bold</p>
52          <!-- 添加 classItalic 字体风格 -->
53          <p class="classItalic">class font italic</p>
54          <!-- 添加 classLarge 字体风格 -->
55          <p class="classLarge">class font italic</p>
56          <!-- 添加 classNormal 字体风格
57          <p class="classNormal">class font bold</p>
58      </div>
59  </body>
60  </html>
```

【代码解析】

第 04 行代码的注释，说明了下面代码是用于添加头部内容。

第 12 行代码的注释，说明了下面一段定义 CSS 样式的代码。

第 23 行、第 26 行、第 29 行和第 32 行代码后面的 CSS 注释，使用的是“/* ... */”符号。

第 37 行脚本代码后面的 JavaScript 注释，使用的是“// TODO:”符号。

第 48 行、第 50 行、第 52 行、第 54 行和第 56 行代码的注释，说明了其后的代码添加了四种不同风格的 CSS 样式字体。

但第 56 行代码原本想完成与第 48 行、第 50 行、第 52 行和第 54 行代码同样的功能，但第 56 行注释代码中“-->”注释结尾符号没写完整，结果是将第 57～60 行代码全部注释掉了。

运行测试网页，效果如图 2.15 所示。由于第 56 行代码的错误，第 57 行代码的内容没有显示出来。同时，虽然第 57～60 行代码也被注释掉了，但并没有影响 HTML 网页的正常输出。

图 2.15　HTML 网页注释

2.9 浏览器对 HTML 属性的支持

对于 HTML 开发设计人员来讲，浏览器的兼容性是一个复杂又不可回避的问题。随着技术的进步，目前市面上的主流浏览器对 HTML 的支持已经很完善了，不像早期浏览器的兼容性那样，让开发设计人员伤透了脑筋。

本节介绍浏览器对 HTML 属性的支持问题，包括对最新的 HTML 5 属性的支持。HTML 5 是一个全新的标准，增加了很多新的特性，对多媒体的支持更全面。因此，浏览器对 HTML 5 属性的支持也是判断其兼容性的重要指标。

下面看一段判断浏览器是否支持 HTML 某个属性的代码（参见源代码 ch02/ch02-html-support-prop.html 文件）。

【代码 2-13】

```
<!doctype html>
<html lang="en">
<head>
    <style type="text/css">
        div {
            margin: 2px;
```

```
07            padding: 2px;
08            width: auto;
09            height: auto;
10            border: 1px solid #e0e0e0;
11            background: #f0f0f0;
12        }
13    </style>
14    <script type="text/javascript">
15        function isSupport(prop) {
16            return prop in document.createElement('div');
17        }
18    </script>
19    <title>HTML 5 之网页标题</title>
20 </head>
21 <body>
22    <!-- 添加文档内容 -->
23    <h1>HTML 之判断支持属性</h1>
24    <hr>
25    <!-- 添加文档内容 -->
26    <div id="id-div"></div>
27    <!-- 添加脚本代码 -->
28    <script type="text/javascript">
29        var prop = ["id", "name", "type", "style", "value", "title"];
30        for(var i in prop) {
31            isSupportProp(prop[i]);
32        }
33        function isSupportProp(v) {
34            if(isSupport(v)) {
35                document.getElementById("id-div").innerHTML +=
36                        "层(div)标签元素支持" + v + "属性" + "<br>";
37            } else {
38                document.getElementById("id-div").innerHTML +=
39                        "层(div)标签元素不支持" + v + "属性" + "<br>";
40            }
41        }
42    </script>
43 </body>
44 </html>
```

【代码解析】

第 14～18 行代码定义了一个 JavaScript 脚本函数 isSupport(prop)。其中，第 16 行代码通过 createElement()函数方法创建一个 div 标签元素，并使用 in 方法将对属性的判断结果进行返回。

第 29 行代码定义了一个包含 6 个常用的 HTML 属性的数组“prop”。

第 30～32 行代码通过 for 循环语句依次判断数组“prop”中的属性是否为 div 标签元素所支持，具体是通过 isSupportProp()函数方法来判断的。

第 33～42 行代码是 isSupportProp()函数方法的实现过程，在该函数方法内部通过调用第 14～18 行代码定义的 isSupport(prop)函数方法来实现判断。

运行测试网页，效果如图 2.16 所示。层（div）标签元素是支持“id”、“style”和“title”属性的，而“name”、“type”和“value”属性是不支持的。

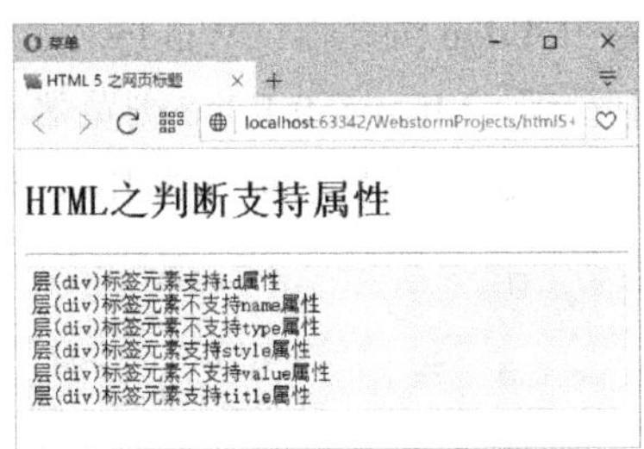

图 2.16　HTML 常用属性判断结果

下面看一段判断浏览器是否支持 HTML 5 属性的代码（参见源代码 ch02/ch02-html-support-HTML 5.html 文件）。

【代码 2-14】

```
<!doctype html>
<html lang="en">
<head>
    <script type="text/javascript">
        if(typeof(Worker) !== "undefined") {
            // Yes! Web worker support!
            alert("正在使用的浏览器支持 HTML 5 属性");
        }
        else {
            // Sorry! No Web Worker support!
            alert("正在使用的浏览器不支持 HTML 5 属性");
        }
    </script>
    <title>HTML 5 之网页标题</title>
</head>
<body>
    <!-- 添加文档内容 -->
    <h1>HTML 5 + CSS + JS --- 浏览器 HTML 5 属性支持</h1>
    <hr>
</body>
</html>
```

【代码解析】

在这段代码中，判断浏览器是否支持 HTML 5 属性主要是使用了 Web Worker 属性。第 05 行代码通过 typeof()方法判定 Worker 属性是否未定义（"undefined"），如果定义了则判定浏览器支持 HTML 5 属性。

下面使用最新版的 FireFox 浏览器（v.50.0.2 版）运行测试该页面，其效果如图 2.17 所示。可以看出，新版 FireFox 浏览器对 HTML 5 是支持的。

下面再使用最新版的 Microsoft Edge 浏览器（Windows 10 预览版自带）运行测试这个页面，其效果如图 2.18 所示。从中看到，Microsoft Edge 浏览器对 HTML 5 也是支持的。看来不支持 HTML 5 的浏览器只有早期 Windows XP 系统下的 IE6、IE7 和 IE8 浏览器了。

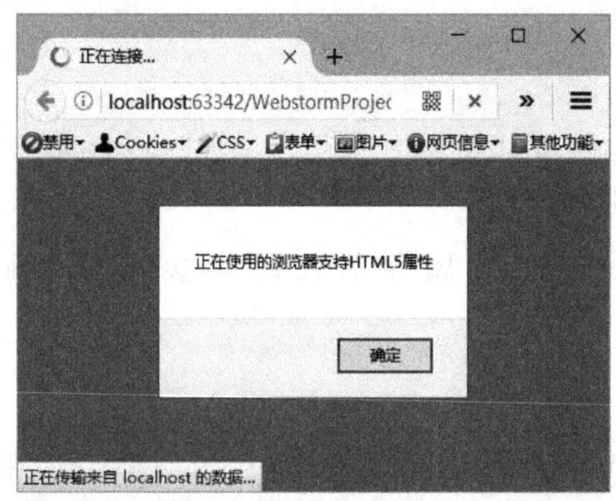

图 2.17　判断 FireFox 浏览器是否支持 HTML 5

图 2.18　判断 Microsoft Edge 浏览器是否支持 HTML 5

第 3 章

HTML网页文字与排版

本章介绍 HTML 网页文字与排版方面的内容，具体包括段落、文字、符号与编号、注释、特殊符号和超链接等内容，这些内容均是 HTML 最基本的元素。通过这些最基本的元素，就可以构建出一个功能完整的 HTML 网页。

3.1 段落排版

本节介绍 HTML 网页的段落排版，包括段落标签、对齐与缩进样式、分割线和段落标题等内容。

3.1.1 段落标签

在 HTML 网页中，段落是通过<p></p>标签元素来定义的。其实，HTML 网页中的段落与文章写作中的自然段是类似的。也可以这样认为，HTML 网页中的段落就是为实现文章中的自然段样式效果而设计的。因此，HTML 网页中的段落在新闻、报告、文章等情景应用中是一个非常重要的元素。

当我们在 HTML 网页中设计段落<p></p>标签元素时，浏览器页面会自动为每一个段落的前后添加空行。在使用过程中，建议设计人员不要漏掉段落的结束标签（可能经常会漏掉），以避免浏览器会出现无法正确解析 HTML 页面的问题。

下面是一个使用段落（<p></p>）标签元素的 HTML 示例代码（详见源代码 ch03/ch03-html-p.html 文件）。

【代码 3-1】

```
<!DOCTYPE html>
<html lang="zh-cn">
<head>
    <title>HTML5 之网页标题</title>
</head>
<body>
```

```
07      <!-- 添加文档主体内容 -->
08      <h3>HTML5 + CSS + JS --- HTML段落标签&lt;p&gt;</h3><br>
09      <!-- 添加文档主体内容 -->
10      <p>
11          HTML5 + CSS + JS --- HTML段落标签&lt;p&gt;
12          HTML5 + CSS + JS --- HTML段落标签&lt;p&gt;
13          HTML5 + CSS + JS --- HTML段落标签&lt;p&gt;
14      </p>
15      <!-- 添加文档主体内容 -->
16      <p style="font-style: italic;font-size: larger">
17          HTML5 + CSS + JS --- HTML段落标签&lt;p&gt;
18          HTML5 + CSS + JS --- HTML段落标签&lt;p&gt;
19          HTML5 + CSS + JS --- HTML段落标签&lt;p&gt;
20      </p>
21  </body>
22  </html>
```

【代码解析】

第 10～14 行代码使用<p>标签元素定义了第一个段落。

第 16～20 行代码使用<p>标签元素定义了第二个段落，不同之处是在<p>标签元素内使用 style 属性定义了字体样式（font-style: italic;font-size: larger），这样两个段落虽然内容一致，但显示出来的字体风格会有差异。

运行测试网页，效果如图 3.1 所示。

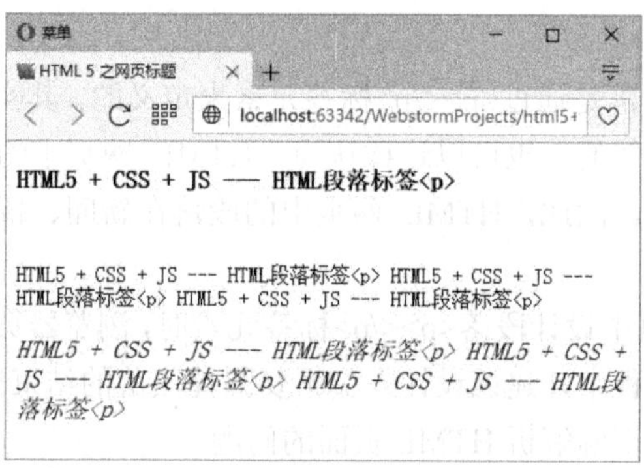

图 3.1　段落标签元素

3.1.2　对齐与缩进

在 HTML 网页中使用<p></p>标签元素展示自然段落时，很多情况下需要设定对齐（text-align）与缩进（text-intend）样式，这也是为了适应新闻、报告、文章等内容的格式要求。

下面是一个使用段落（<p></p>）标签元素设置对齐与缩进样式的 HTML 示例代码（详见源代码 ch03/ch03-html-p-align.html 文件）。

【代码 3-2】

```
01 <!DOCTYPE html>
02 <html lang="zh-cn">
03 <head>
04     <title>HTML 5 之网页标题</title>
05 </head>
06 <body>
07     <!-- 添加文档主体内容 -->
08     <h3>HTML5 + CSS + JS --- 段落对齐与缩进</h3><br>
09     <!-- 添加文档主体内容 -->
10     <p style="text-align: justify;text-indent: 2em;">
11         段落的对齐和缩进是排版最常用的方法，也是要求学生重点掌握的内容。
12         这部分内容有“段落对齐”、“段落缩进”等几个知识点。
13     </p>
14     <br>
15     <p style="text-align: left;text-indent: 0em;">
16         “段落对齐”中对齐方式有“左对齐”、“居中”、
17         “右对齐”、“两端对齐”、“分散对齐”几种。
18     </p>
19     <br>
20     <p style="text-align: right;text-indent: 4em;">
21         “段落缩进”主要包括“左缩进”、“右缩进”等几种，
22         使用“段落缩进”方法可以让自然段落更美观。
23     </p>
24 </body>
25 </html>
```

【代码解析】

第 10～13 行代码为第一个段落，在<p>标签元素内使用 style 属性定义了对齐与缩进样式（text-align: justify;text-indent: 2em;），其中“justify”表示两端对齐，而缩进的尺寸为两个相对字符长度（2em）。

第 15～18 行代码为第二个段落，在<p>标签元素内使用 style 属性定义了对齐与缩进样式（text-align: left;text-indent: 0em;），其中“left”表示左对齐，而缩进的尺寸为零个相对字符长度（0em）。

第 20～23 行代码为第三个段落，在<p>标签元素内使用 style 属性定义了对齐与缩进样式（text-align: right;text-indent: 4em;），其中“right”表示右对齐，而缩进的尺寸为 4 个相对字符长度（4em）。

运行测试网页，效果如图 3.2 所示。

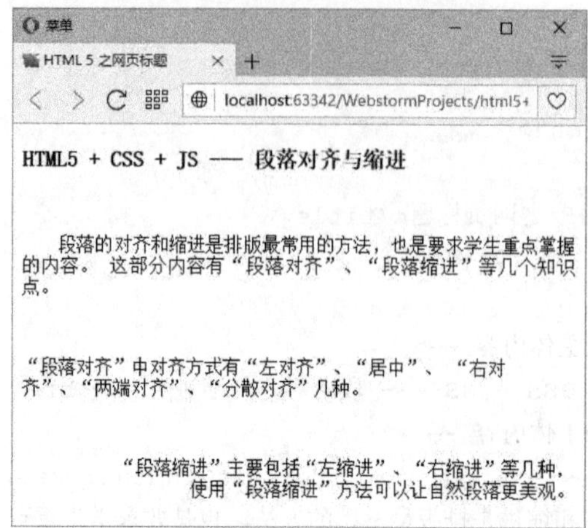

图 3.2　段落对齐与缩进

3.1.3　分割线

在 HTML 网页中使用<hr>分割线标签元素也是很常见的方法，譬如在网页底部通常用一根分割线将公司信息、作者信息、版权信息和注册备案信息分割开来，以示和网页主体部分的区分。

下面是一个使用分割线（<hr>）标签元素的 HTML 示例代码（详见源代码 ch03/ch03-html-p-hr.html 文件）。

【代码 3-3】

```
<!DOCTYPE html>
<html lang="zh-cn">
<head>
    <title>HTML5 之网页标题</title>
</head>
<body>
    <!-- 添加文档主体内容 -->
    <h3>HTML5 + CSS + JS --- 分割线&lt;hr&gt;</h3>
    <hr>
    <!-- 添加文档主体内容 -->
    <p>分割线风格：</p><br>
    <!-- 添加文档底部内容 -->
    <hr style="height:2px;border:dashed;"><br>
    <hr style="height:4px;border:double;"><br>
    <hr>
    <div style="text-align: center">
        <p class="copyright">HTML5 + CSS3 + JavaScript
            <a href="#" target="_blank" title="KING">by KING. &copy; 2017
</a>
```

```
19            </p>
20        </div>
21  </body>
22  </html>
```

【代码解析】

第 09 行代码为页面中的第一条分割线，是没有添加任何风格的原始样式分割线，主要用于将页面头部与正文部分进行区分。

第 13 行代码为页面中的第二条分割线，设置了分割线高度（2px）和虚线（dashed）边框样式。

第 14 行代码为页面中的第三条分割线，设置了分割线高度（4px）和双实线（double）边框样式。

第 15 行代码为页面中的最后一条分割线，同样是没有添加任何风格的原始样式分割线，主要用于将页面底部与正文部分进行区分。

运行测试网页，效果如图 3.3 所示。

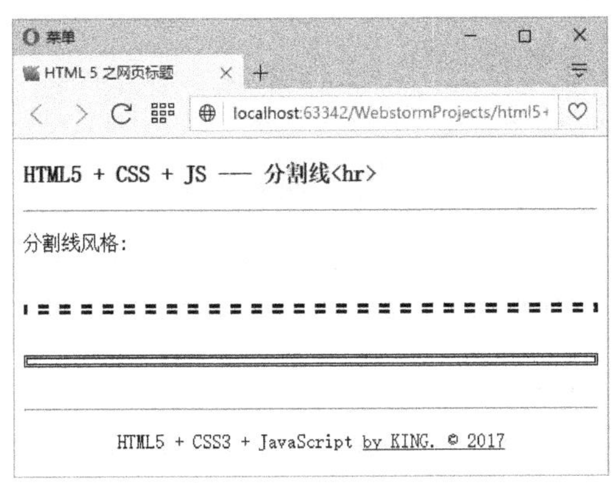

图 3.3　分割线

3.1.4　标题

在 HTML 网页中还有一种很常用的标题（<hx>）标签，注意在实际使用<hx>标签时，小写 x 使用数字 1～6 代替，分别代表不同的标题字体大小。在 HTML 网页中，只有段落<p>加上标题<hx>才会组成一篇美观的、完整的网页文章。

下面是一个使用标题（<hx>）标签元素的 HTML 示例代码（详见源代码 ch03/ch03-html-hx.html 文件）。

【代码 3-4】

```
<!DOCTYPE html>
<html lang="zh-cn">
<head>
    <title>HTML 5 之网页标题</title>
```

```
</head>
<body>
    <!-- 添加文档主体内容 -->
    <h1 style="text-align: center">文章一号标题</h1>
    <h2 style="text-align: center">文章二号标题</h2>
    <h3 style="text-align: center">文章三号标题</h3>
    <h4>文章四号标题</h4>
    <h5>段落五号标题</h5>
    <h6>段落六号标题</h6>
    <p style="text-align: justify;text-indent: 2em;">
        段落的对齐和缩进是排版最常用的方法，也是要求学生重点掌握的内容。
        这部分内容有“段落对齐”、“段落缩进”等几个知识点。
    </p>
</body>
</html>
```

运行测试网页，页面如图 3.4 所示。

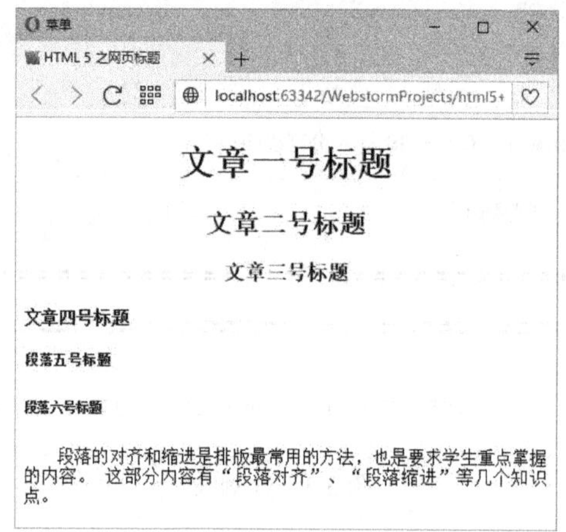

图 3.4　标题

3.2 文字排版

本节介绍 HTML 网页的文字排版，包括文字的字形和字体、上标、下标等内容。

3.2.1　字形字体

在 HTML 网页设计中，可以创建出风格多样的字形字体样式，具体是通过设置 CSS 层叠样式表的 font-family 属性就可以实现。

下面是一个使用 font-family 属性设计不同风格字形字体的 HTML 示例代码（详见源代码

ch03/ch03-html-family.html 文件）。

【代码 3-5】

```
01 <!DOCTYPE html>
02 <html lang="zh-cn">
03 <head>
04     <style type="text/css">
05         p {
06             text-align: justify;
07             text-indent: 2em;
08         }
09     </style>
10     <title>HTML5 之网页标题</title>
11 </head>
12 <body>
13     <!-- 添加文档主体内容 -->
14     <h3>HTML5 + CSS + JS --- 字形字体(font-family)</h3>
15     <!-- 添加文档主体内容 -->
16     <p style="font-family: '黑体';">
17         HTML5 + CSS + JS --- 字形字体(font-family: 黑体)
18     </p>
19     <br>
20     <p style="font-family: 'Microsoft YaHei';">
21         HTML5 + CSS + JS --- 字形字体(font-family; Microsoft YaHei)
22     </p>
23     <br>
24     <p style="font-family: 'Verdana';">
25         HTML5 + CSS + JS --- 字形字体(font-family: Verdana)
26     </p>
27 </body>
28 </html>
```

【代码解析】

第 16～18 行代码通过<p>标签元素定义了第一个段落。其中，第 16 行代码通过 style 属性定义了"font-family: '黑体';"字形字体样式。

第 20～22 行代码通过<p>标签元素定义了第二个段落。其中，第 20 行代码通过 style 属性定义了"font-family: 'Microsoft YaHei';"字形字体样式，该字形与“Serif”和“Sans-serif”一样为通用样式。

第 24～26 行代码通过<p>标签元素定义了第三个段落。其中，第 24 行代码通过 style 属性定义了"font-family: 'Verdana';"字形字体样式。

运行测试网页，效果如图 3.5 所示。

图 3.5　字形字体样式

在网页代码的头部建议将字符编码设置成“utf-8”编码，这样可以避免出现一些不必要的乱码现象。

3.2.2　上、下标字体

在 HTML 网页文字排版中，上标字体与下标字体也是比较常见的。譬如，在引用文献时上标字体肯定要用到，而定义数理化符号时下标字体也是必不可少的。HTML 规范中使用<sup>标签元素表示上标，<sub>标签元素表示下标。

下面是一个设置字体上下标的 HTML 示例代码（详见源代码 ch03/ch03-html-sup-sub.html 文件）。

【代码 3-6】

```
<!DOCTYPE html>
<html lang="zh-cn">
<head>
    <title>HTML 5 之网页标题</title>
</head>
<body>
    <!-- 添加文档主体内容 -->
    <h3>HTML5 + CSS + JS --- 上、下标字体</h3>
    <hr><br>
    <!-- 添加文档主体内容 -->
    <p style="text-align: justify;text-indent: 2em;">
        引用文献<sup>【5】</sup> 是上标字体。
    </p>
    <br>
    <p style="text-align: justify;text-indent: 2em;">
        CO<sub>2</sub> 是代表二氧化碳分子符号的。
    </p>
```

```
18 </body>
19 </html>
```

【代码解析】

第 12 行代码使用 sup 标签元素定义了上标标记【5】，用于表示引用文献的序号。

第 16 行代码使用 sub 标签元素定义了下标标记 2，用于表示二氧化碳分子符号中氧元素（O）的分子量。

运行测试网页，效果如图 3.6 所示。

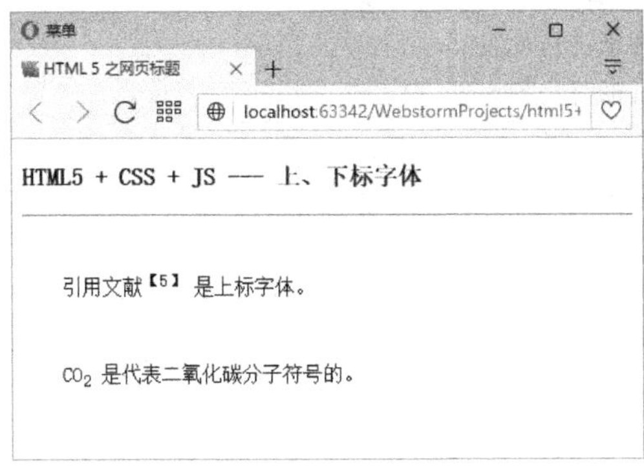

图 3.6　上、下标样式

3.3 项目符号与编号

本节介绍 HTML 网页的项目符号与编号，这在论文、报告和文献等文章格式中比较常见。

3.3.1　符号列表

符号列表在文档中是一种比较常见的表现形式，符号可以定义为多种样式，譬如：圆点符号、星型符号、箭头符号等。在 HTML 网页中，可以通过 ul-li 标签元素来实现无序的符号列表。

下面是一个设置不同风格符号列表的 HTML 示例代码（详见源代码 ch03/ch03-html-ul-li.html 文件）。

【代码 3-7】

```
<!DOCTYPE html>
<html lang="zh-cn">
<head>
    <title>HTML 5 之网页标题</title>
</head>
<body>
    <!-- 添加文档主体内容 -->
    <h3>HTML5 + CSS + JS --- 符号列表</h3>
```

```
09      <hr>
10      <!-- 添加文档主体内容 -->
11      <ul type="disc">
12          <li>圆点符号列表 1</li>
13          <li>圆点符号列表 2</li>
14          <li>圆点符号列表 3</li>
15      </ul>
16      <ul type="circle">
17          <li>空心圆形符号列表 1</li>
18          <li>空心圆形符号列表 2</li>
19          <li>空心圆形符号列表 3</li>
20      </ul>
21      <ul type="square">
22          <li>方形符号列表 1</li>
23          <li>方形符号列表 2</li>
24          <li>方形符号列表 3</li>
25      </ul>
26  </body>
27  </html>
```

【代码解析】

第 11～15 行代码使用 ul 标签元素定义了 type="disc"样式的符号列表，"disc"样式表示实心圆点，同时该样式也为 ul 标签元素的默认样式。

第 16～20 行代码使用 ul 标签元素定义了 type="circle"样式的符号列表，"circle"样式表示空心圆圈。

第 21～25 行代码使用 ul 标签元素定义了 type="square"样式的符号列表，"square"样式表示实心方形。

运行测试网页，效果如图 3.7 所示。

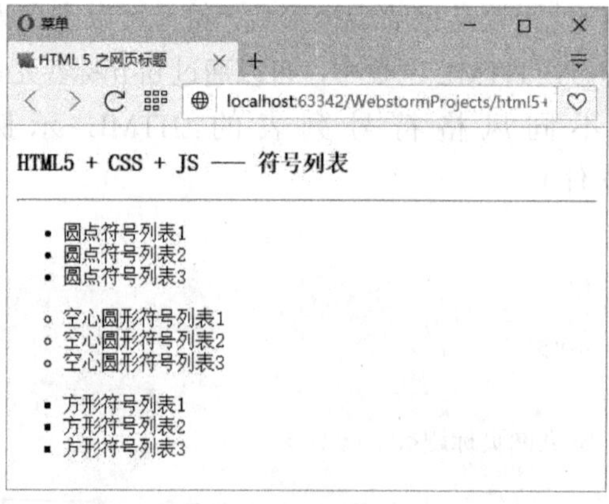

图 3.7　符号列表

3.3.2 编号列表

编号列表在文档中也是一种比较常见的表现形式，同时编号也可以定义为多种样式，譬如：阿拉伯数字、罗马数字、字母等。在 HTML 网页中，可以通过 ol-li 标签元素来实现有序的编号列表。

下面是一个设置不同风格编号列表的 HTML 示例代码（详见源代码 ch03/ch03-html-ol-li.html 文件）。

【代码 3-8】

```
<!DOCTYPE html>
<html lang="zh-cn">
<head>
    <title>HTML 5 之网页标题</title>
</head>
<body>
    <!-- 添加文档主体内容 -->
    <h3>HTML5 + CSS + JS --- 编号列表</h3>
    <hr>
    <!-- 添加文档主体内容 -->
    <ol type="1">
        <li>列表 1</li>
        <li>列表 2</li>
        <li>列表 3</li>
    </ol>
    <hr>
    <ol type="I">
        <li>列表 I</li>
        <ol type="i">
            <li>列表 i</li>
            <li>列表 ii</li>
        </ol>
        <li>列表 II</li>
    </ol>
    <hr>
    <ol type="A">
        <li>列表 A</li>
        <ol type="a">
            <li>列表 a</li>
            <li>列表 b</li>
            <li>列表 c</li>
        </ol>
        <li>列表 B</li>
        <li>列表 C</li>
```

```
35        </ol>
36    </body>
37    </html>
```

【代码解析】

第 11～15 行代码使用 ol 标签元素定义了 type="1"样式的编号列表，"1"样式表示阿拉伯数字。同时，该样式也是 ol 标签元素的默认样式。

第 17～24 行代码使用 ol 标签元素定义了 type="I"样式的编号列表，"I"样式表示大写罗马数字。同时，第 19～22 行代码定义了 type="i"样式的二级编号列表，"i"样式表示小写罗马数字。

第 26～35 行代码使用 ol 标签元素定义了 type="A"样式的编号列表，"A"样式表示大写字母。同时，第 28～32 行代码定义了 type="a"样式的二级编号列表，"a"样式表示小写字母。

运行测试网页，效果如图 3.8 所示。

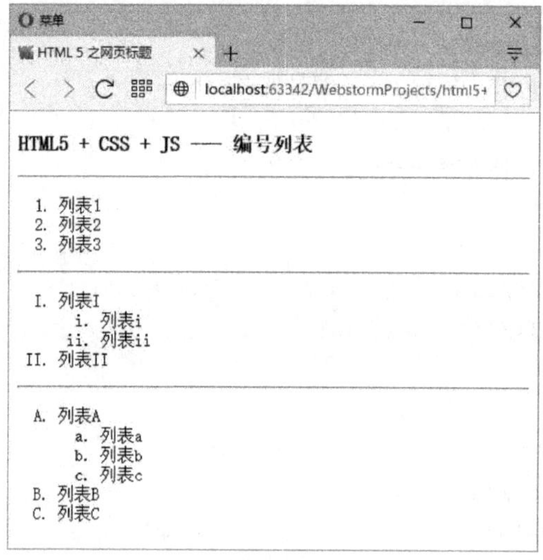

图 3.8　编号列表

3.3.3　自定义列表

自定义列表不仅仅是一列项目，同时也是项目及其注释的组合。自定义列表以 dl 标签元素开始，每个自定义列表项以 dt 标签元素开始，每个自定义列表项的定义以 dd 标签元素开始。

下面是一个设置自定义列表的 HTML 示例代码（详见源代码 ch03/ch03-html-ol-li.html 文件）。

【代码 3-9】

```
<!DOCTYPE html>
<html lang="zh-cn">
<head>
    <title>HTML 5 之网页标题</title>
```

```
05 </head>
06 <body>
07     <!-- 添加文档主体内容 -->
08     <h3>HTML5 + CSS + JS --- 自定义列表</h3>
09     <hr>
10     <!-- 添加文档主体内容 -->
11     <dl>
12         <dt>HTML 5</dt>
13         <dd>HyperText Mark-up Language 5th</dd>
14         <dt>CSS3</dt>
15         <dd>Cascading Style Sheets 3</dd>
16         <dt>JavaScript</dt>
17         <dd>一种直译式脚本语言</dd>
18     </dl>
19 </body>
20 </html>
```

【代码解析】

第 11～18 行代码使用<dl>标签元素定义了自定义列表。

第 12 行、第 14 行和第 16 行代码使用<dt>标签元素定义了自定义列表项。

第 13 行、第 15 行和第 17 行代码使用<dd>标签元素定义了上面三个自定义列表项的注释。

运行测试网页，效果如图 3.9 所示。

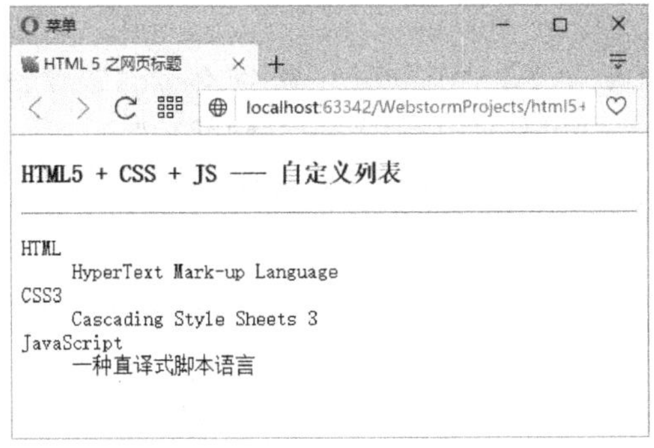

图 3.9　自定义列表

3.4 特殊符号

本节介绍 HTML 规范定义的特殊符号，这些特殊符号可能不是很常用，但有些特殊情况下又是不得不使用的，了解这些特殊符号的使用方法，可以帮助我们解决很多复杂问题。

下面是一个在 HTML 页面中使用特殊符号的示例代码（详见源代码 ch03/ch03-html-sign.html 文件），不过由于篇幅的限制，以下代码仅仅截取了其中的小部分，具体如下：

【代码 3-10】

```
<!DOCTYPE html>
<html lang="zh-cn">
<head>
    <title>HTML 5 之网页标题</title>
</head>
<body>
    <!-- 添加文档主体内容 -->
    <h3>HTML5 + CSS + JS --- 特殊符号</h3>
    <!-- 添加文档主体内容 -->
    <table  border="0" align="center" cellpadding="2" cellspacing="1" bgcolor="#F8F8F8">
        <tr>
            <td width="109" height="28" bgcolor="#E9F8E7">
                <div align="center">特殊符号</div></td>
            <td width="139" bgcolor="#F4FBF3" >
                <div align="center">命名实体</div></td>
            <td width="128" bgcolor="#F4FBF3" >
                <div align="center">十进制编码</div></td>
            <td width="109" bgcolor="#E9F8E7">
                <div align="center">特殊符号</div></td>
            <td width="139" bgcolor="#F4FBF3" >
                <div align="center">命名实体</div></td>
            <td width="129" bgcolor="#F4FBF3" >
                <div align="center">十进制编码</div></td>
        </tr>
        <tr>
            <td width="109" height="28" bgcolor="#E9F8E7">
                <div align="center">&Alpha;</div></td>
            <td width="139" bgcolor="#F4FBF3">
                <div align="center">&amp;Alpha;</div></td>
            <td width="128" bgcolor="#F4FBF3">
                <div align="center">&amp;#913;</div></td>
            <td width="109" bgcolor="#E9F8E7">
                <div align="center">&Beta;</div></td>
            <td width="139" bgcolor="#F4FBF3">
                <div align="center">&amp;Beta; </div></td>
            <td width="129" bgcolor="#F4FBF3">
                <div align="center">&amp;#914; </div></td>
        </tr>
    </table>
```

```
</body>
</html>
```

【代码解析】

在这段 HTML 代码中，分别将特殊字符、命名实体和十进制编码罗列在表格之中。由于 HTML 定义的特殊字符很多，由于篇幅限制，不可能一一罗列出来，上面的代码仅仅介绍了一小部分，读者可以参阅源代码中的代码，里面将全部 HTML 字符都包含进去了。

运行测试网页，效果如图 3.10 所示。从图中看到，许多不常用的特殊字符，HTML 规范中均有定义，使用时可以直接编写十进制编码，也可以编写命名实体编码。

菜单
HTML 5 之网页标题
localhost:63342/WebstormProjects/html5

HTML5 + CSS + JS —— 特殊符号

特殊符号	命名实体	十进制编码	特殊符号	命名实体	十进制编码
Α	Α	Α	Β	Β	Β
Γ	Γ	Γ	Δ	Δ	Δ
Ε	Ε	Ε	Ζ	Ζ	Ζ
Η	Η	Η	Θ	Θ	Θ
Ι	Ι	Ι	Κ	Κ	Κ
Λ	Λ	Λ	Μ	Μ	Μ
Ν	Ν	Ν	Ξ	Ξ	Ξ
Τ	Τ	Τ	Υ	Υ	Υ
Φ	Φ	Φ	Χ	Χ	Χ

图 3.10 HTML 特殊符号

3.5 项目实战：在线新闻浏览

本节基于前面学习的知识，结合起来设计一个在线新闻浏览的 HTML 页面。希望能帮助读者尽快掌握 HTML 文字与排版的设计方法。

下面是项目实战在线新闻浏览的 HTML 网页代码（详见源代码 ch03/ch03-html-news.html 文件）。

【代码 3-11】

```
<!DOCTYPE html>
<html lang="zh-cn">
<head>
    <title>HTML 5 在线新闻浏览</title>
</head>
<body>
```

```
    <!-- 添加文档主体内容 -->
    <div>
        <h6>
            <a href="#">网站</a>
            &gt;
            <a href="#">新闻</a>
            &gt;
            <a href="#">科技</a>
        </h6>
    </div>
    <!-- 添加文档主体内容 -->
    <div>
        <h1 style="text-align: center">在线新闻浏览</h1>
        <div>
  <span style="float: left;">关键词: <a href="#">新闻</a> <a href="#">科技</a></span>
            <span style="text-align: center;">2017-01-16 00:00:00</span>  
            <span style="float: right;"><img src="images/share.png" /> 分享</span>
            <span style="float: right;"><img src="images/comments.png" /> 评论</span>
        </div>
    </div>
    <!-- 添加文档主体内容 -->
    <div>
        <p style="text-align: justify;text-indent: 2em;">
            HTML5 + CSS + JS --- 项目实战: 在线新闻浏览
            HTML5 + CSS + JS --- 项目实战: 在线新闻浏览
            HTML5 + CSS + JS --- 项目实战: 在线新闻浏览
        </p>
    </div>
    <!-- 添加文档主体内容 -->
    <img src="images/jpg.jpg" />
    <div>
        <ul type="disc">
            <li>HTML5 + CSS + JS --- 项目实战: 在线新闻浏览</li>
            <li>HTML5 + CSS + JS --- 项目实战: 在线新闻浏览</li>
            <li>HTML5 + CSS + JS --- 项目实战: 在线新闻浏览</li>
        </ul>
    </div>
    <hr>
    <div style="text-align: right">
```

```
46          <p class="copyright">责任编辑: 
47              <a href="#" target="_blank" title="KING">by KING. </a>
48              &copy; 2017
49          </p>
50      </div>
51  </body>
52  </html>
```

【代码解析】

第 08～16 行代码通过<div>标签元素定义了新闻页面的导航路径。其中，第 10 行、第 12 行和第 14 行代码通过<a>标签定义了导航链接。第 11 行和第 13 行代码通过“>”字符定义了导航箭头。

第 18～26 行代码通过<div>标签元素定义了新闻页面的标题区域。其中，第 19 行代码通过<h1>标签元素定义了新闻标题。第 20～25 行代码通过一组<span>标签元素定义了关键词、新闻发布时间、分享链接和评论链接，第 23 行和第 24 行代码通过<img>标签元素为分享链接和评论链接添加了图标。

第 28～34 行代码通过<div>标签元素定义了第一个新闻页面的内容区域。第 29～33 行代码通过段落<p>标签元素定义了第一段新闻内容。

第 36 行代码通过<img>标签元素定义了新闻图片。

第 37～43 行代码通过<div>标签元素定义了第二个新闻页面的内容区域。第 38～42 行代码通过<ul><li>标签元素定义了第二段新闻内容。

第 45～50 行代码通过<div>标签元素定义了新闻页面的底部区域。第 46～49 行代码通过段落<p>标签元素定义了新闻编辑等信息。

运行测试网页，效果如图 3.11 所示。

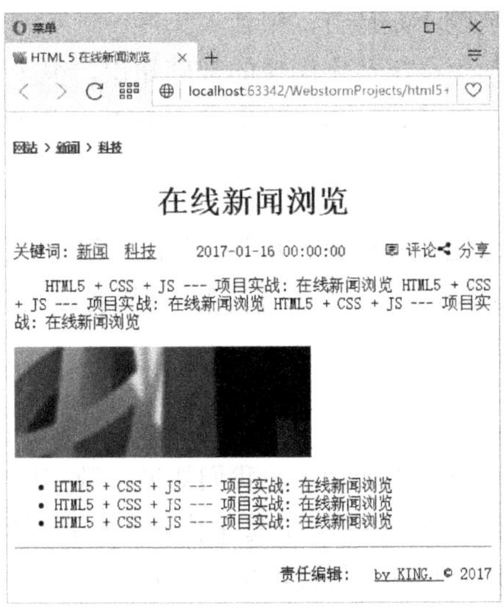

图 3.11　在线新闻浏览

第 4 章

◂ HTML网页图像 ▸

本章介绍 HTML 网页图像，具体包括图片使用和图像处理等内容。目前，图像在 HTML 网页中使用得非常多，各种类型的网页图像技术也应运而生，希望本章的内容能够帮助读者掌握网页图像的设计方法。

4.1 网页图片基础

本节介绍 HTML 网页图片的基本使用规则，包括图片尺寸、像素与分辨率大小等内容。

4.1.1 图片尺寸、像素与分辨率

在 HTML 网页中插入图片很简单，仅仅一个<img>标签元素就可以了。不过对于大多数初学者而言，很多情况下图片是在网页中显示出来了，但是插入的图片总是很不听话，不是大小尺寸不合适，就是位置摆放的不是地方，很让人头疼。

其实，如果读者系统地学习一下数字图像的基础知识，很多疑难问题自然会迎刃而解了。我们还是从数字图像基本概念开始，一步一步学习在 HTML 网页中使用图片的方法。

1. 图片的实际尺寸

图片的实际尺寸这个概念比较好理解。因为所有物体都有自己的尺寸，自然图片也有，当然我们这里说的是数字图片。我们打个比方，将图片使用打印机、不经过任何加工，实际打印出来的大小，指的是图片的实际尺寸。

2. 图片的像素

理解图片的像素就需要一点前提知识了。我们知道，数字图像在存储时都是由点构成的，这些点也就是我们常说的像素。数字图像中，每个像素都有自己的颜色属性，像素与像素之间按照规则在水平与垂直方向进行排列，最终组成一张数字图片。

3. 分辨率

至于分辨率，严格意思上来讲，其实并没有图片分辨率这个概念，而称为屏幕分辨率更为准确。比如，我们在购买笔记本电脑时，就会注意到显示器分辨率这个名词。分辨率从最早的800*600、1024*768 的 4:3 比例排列，到现在的 1600*900 的 16:9 比例排列，笔记本的尺寸越来越小，但屏幕分辨率越来越高。那带来了什么用户体验呢？就是用户会感到笔记本体积小了、携带方便了，但屏幕却越来越清晰了，看起来更舒服了。

经过上面的基本概念介绍，读者对图片尺寸、像素和分辨率有了一个初步了解，这些都是数字图像的最基础知识。那么，这几个概念之间都有什么关系呢？

图片的尺寸是由像素的多少所决定的。同一张图片（像素一定的情况下），放在不同的屏幕分辨率下（最大化显示），清晰度是完全不同的，因此分辨率可以理解为密度。像素很小的图片，在分辨率很高的屏幕上最大化显示，效果就会非常模糊了。

因此，每一张数字图片都会有最佳的显示分辨率，这点操作系统会进行很好的自适应调整。平时我们购买数码相机、手机等具有拍照功能的硬件设备时，产品介绍到的拍照像素其实就是拍照出的相片质量，像素越高自然拍出来照片质量越好。

4.1.2　在网页中显示原始图片

我们知道每一张存储在电脑中的图片都有固定的尺寸，那么如何在 HTML 网页中显示原始尺寸的图片呢？

下面是一个在 HTML 网页中显示原始图片的示例代码（详见源代码 ch04/ch04-html-image-orisize.html 文件）。

【代码 4-1】

```
<!DOCTYPE html>
<html lang="zh-cn">
<head>
    <title>HTML 5 之网页标题</title>
</head>
<body>
    <!-- 添加文档主体内容 -->
    <h3>HTML 5 + CSS + JS --- HTML 网页中图片像素尺寸</h3>
    <hr><br>
    <!-- 添加文档主体内容 -->
    <img id="id-image" src="images/image.jpg"/><br>
    <hr>
    <div id="id-image-pixel">图片像素尺寸: </div>
</body>
<script type="text/javascript"
src="js/getImgNatureDimensions.js"></script>
<script type="text/javascript"
```

```
src="js/ch04-html-img-orisize-init.js"></script>
17  </html>
```

【代码解析】

第 11 行代码使用<img>标签元素通过“src”属性定义了一张本地图片（路径为："images/image.jpg"）。

第 13 行代码使用<div>标签元素定义了用于显示图片像素尺寸的区域。

第 15 行代码引用了一个外部 JavaScript 脚本文件（路径为："js/getImgNatureDimensions.js"），该脚本文件用于获取图片尺寸。

第 16 行代码引用了另一个外部 JavaScript 脚本文件（路径为："js/ch04-html-img-orisize-init.js"），该脚本文件用于在网页初始化时进行加载。

下面是【代码 4-1】中第 15 行代码引用的 JavaScript 脚本文件代码（详见源代码 ch04/js/getImgNatureDimensions.js 文件）。

【代码 4-2】

```
01  function _get_img_NaturalDimensions(img) {
02      var nWidth, nHeight;
03      if(img.naturalWidth){
04          nWidth = img.naturalWidth;
05          nHeight = img.naturalHeight;
06      }
07      // return image's nature dimensions
08      return [nWidth, nHeight];
09  }
```

【代码解析】

第 01～09 行代码定义了一个函数“_get_img_NaturalDimensions(img)”。

第 02 行代码定义了两个变量，用于保存图片的宽度像素尺寸和高度像素尺寸。

第 03～06 行代码通过 if 语句判断网页是否支持图片的 naturalWidth 属性（HTML 5 新增属性）。如果支持，则在第 04 行代码中保存图片宽度尺寸（naturalWidth），在第 05 行代码中保存图片高度尺寸（naturalHeight）。

第 08 行代码将图片像素尺寸以数组的形式返回。

下面是【代码 4-1】中第 16 行代码引用的 JavaScript 脚本文件代码（详见源代码 ch04/js/ch04-html-img-orisize-init.js 文件）。

【代码 4-3】

```
01  window.onload = function() {
02      // get image id
03      var img = document.getElementById("id-image");
04      // get show image pixel id
05      var showPixel = document.getElementById("id-image-pixel");
```

```
06      // define pixel string
07      var imgPixel =
08          _get_img_NaturalDimensions(img)[0] + "*" +
_get_img_NaturalDimensions(img)[1];
09      // update id-image-pixel innerHTML
10      showPixel.innerHTML += imgPixel;
11  }
```

【代码解析】

第 01～11 行代码通过 window.onload()方法定义了页面初始化时的加载函数。

第 03 行代码获取了【代码 4-1】中第 11 行代码定义的<img>标签元素的 id 值。

第 05 行代码获取了【代码 4-1】中第 13 行代码定义的<div>标签元素的 id 值。

第 07～08 行代码通过调用【代码 4-2】中定义的_get_img_NaturalDimensions(img)函数获取了图片的尺寸并保存在变量中。

第 10 行代码通过 innerHTML 属性将图片像素尺寸显示在页面中。

运行测试【代码 4-1】定义的网页，效果如图 4.1 所示。图片的原始像素尺寸是 468*330，实际图片尺寸是不是这样呢？找到图片的本地存储位置，查看图片属性，如图 4.2 所示。可以看到，图片属性显示的分辨率与图 4.1 中显示的像素尺寸是一致的，由此也可以知道图 4.1 显示的图片是原始尺寸。

图 4.1 显示原始尺寸图片

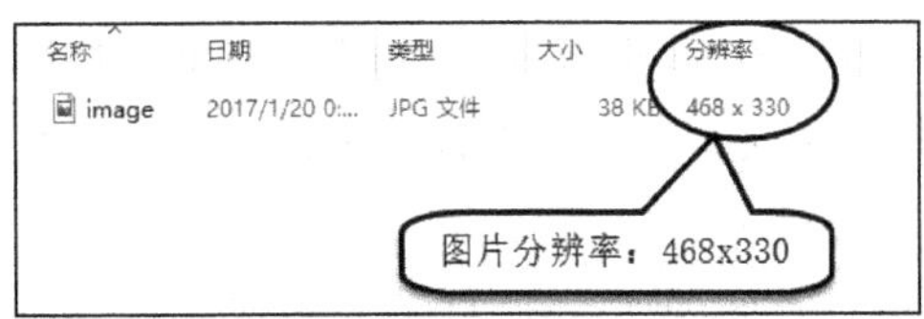

图 4.2 图片属性

4.1.3 在网页中调整图片尺寸

在很多情况下，我们不需要在页面中显示尺寸很大的原始图片，这时就需要在网页中调整图片尺寸。

下面是一个在 HTML 网页中调整图片尺寸的示例代码（详见源代码 ch04/ch04-html-image-resize.html 文件）。

【代码 4-4】

```
01 <!DOCTYPE html>
02 <html lang="zh-cn">
03 <head>
04     <title>HTML 5 之网页标题</title>
05 </head>
06 <body>
07     <!-- 添加文档主体内容 -->
08     <h3>HTML 5 + CSS + JS --- HTML 网页中调整图片像素尺寸</h3>
09     <hr><br>
10     <!-- 添加文档主体内容 -->
11     <img id="id-image-small" src="images/image.jpg" width="120"
height="80"/><br>
12     <div>图片显示尺寸: 120x80</div>
13     <div id="id-image-pixel-small">图片像素尺寸: </div>
14     <br><hr><br>
15     <!-- 添加文档主体内容 -->
16     <img id="id-image-mid" src="images/image.jpg" width="240"
height="160"/><br>
17     <div>图片显示尺寸: 240x160</div>
18     <div id="id-image-pixel-mid">图片像素尺寸: </div>
19 </body>
20 <script type="text/javascript"
src="js/getImgNatureDimensions.js"></script>
21 <script type="text/javascript"
src="js/ch04-html-img-resize-init.js"></script>
22 </html>
```

【代码解析】

第 11 行代码使用<img>标签元素通过“src”属性定义了第一个本地图片（路径为："images/image.jpg"），并增加了 width 宽度属性（属性值定义为 120）和 height 高度属性（属性值定义为 80）。

第 12 行代码使用<div>标签元素定义了用于显示第 11 行代码定义的图片显示尺寸的区域。

第 13 行代码使用<div>标签元素定义了用于显示第 11 行代码定义的图片像素尺寸的区域。

第 16 行代码使用<img>标签元素通过“src”属性定义了第二个本地图片（路径同为："images/image.jpg"），并增加了 width 宽度属性（属性值定义为 240）和 height 高度属性（属性值定义为 160）。

第 17 行代码使用<div>标签元素定义了用于显示第 16 行代码定义的图片显示尺寸的区域。

第 18 行代码使用<div>标签元素定义了用于显示第 16 行代码定义的图片像素尺寸的区域。

第 20 行代码引用了一个外部 JavaScript 脚本文件（路径为："js/getImgNatureDimensions.js"），同前一小节介绍的脚本文件，该脚本文件用于获取图片尺寸。

第 21 行代码引用了另一个外部 JavaScript 脚本文件（路径为："js/ch04-html-img-reisize-init.js"），该脚本文件用于在网页初始化时进行加载。

下面是【代码 4-4】中第 21 行代码引用的 JavaScript 脚本文件代码（详见源代码 ch04/js/ch04-html-img-resize-init.js 文件）。

【代码 4-5】

```
01 window.onload = function() {
02     // get image id
03     var imgSmall = document.getElementById("id-image-small");
04     // get show image pixel id
05     var showPixelSmall = document.getElementById("id-image-pixel-small");
06     // define pixel string
07     var imgPixelSmall =
08 _get_img_NaturalDimensions(imgSmall)[0] + "*" +
_get_img_NaturalDimensions(imgSmall)[1];
09     // update id-image-pixel innerHTML
10     showPixelSmall.innerHTML += imgPixelSmall;
11     // get image id
12     var imgMid = document.getElementById("id-image-mid");
13     // get show image pixel id
14     var showPixelMid = document.getElementById("id-image-pixel-mid");
15     // define pixel string
16     var imgPixelMId =
17   _get_img_NaturalDimensions(imgMid)[0] + "*" +
_get_img_NaturalDimensions(imgMid)[1];
18     // update id-image-pixel innerHTML
19     showPixelMid.innerHTML += imgPixelMId;
20 }
```

【代码解析】

第 01～20 行代码通过 window.onload()方法定义了页面初始化时的加载函数。

第 03 行代码获取了【代码 4-4】中第 11 行代码定义的<img>标签元素的 id 值。

第 05 行代码获取了【代码 4-4】中第 13 行代码定义的<div>标签元素的 id 值。

第 07～08 行代码通过调用【代码 4-2】中定义的_get_img_NaturalDimensions(img)函数获取了图片的尺寸并保存在变量中。

第 10 行代码通过 innerHTML 属性将图片像素尺寸显示在页面中。

第 12 行代码获取了【代码 4-4】中第 16 行代码定义的<img>标签元素的 id 值。

第 14 行代码获取了【代码 4-4】中第 18 行代码定义的<div>标签元素的 id 值。

第 16～17 行代码通过调用【代码 4-2】中定义的_get_img_NaturalDimensions(img)函数获取了图片的尺寸并保存在变量中。

第 19 行代码通过 innerHTML 属性将图片像素尺寸显示在页面中。

运行测试【代码 4-4】定义的网页，效果如图 4.3 所示。可以看到，图片在网页中显示尺寸可以通过代码设定，但图片的原始像素尺寸是不会改变的。

图 4.3　调整图片显示尺寸

4.2 网页图片效果

本节接着介绍 HTML 网页的图片效果，包括背景图片、图片文字、图片排列和图片链接等内容。

4.2.1 背景图片

在很多个人博客或主页中，会直接使用图片作为页面背景，这样设计可以很好地突出网页主体，具有鲜明的个性特点。

下面是一个在 HTML 网页中使用图片作为背景的示例代码（详见源代码 ch04/ch04-html-image-bg.html 文件）。

【代码 4-6】

```
<!DOCTYPE html>
<html lang="zh-cn">
<head>
    <title>HTML 5 之网页标题</title>
</head>
<body background="images/image.jpg">
    <!-- 添加文档主体内容 -->
    <h3>HTML 5 + CSS + JS --- HTML 网页图片背景</h3>
    <hr><br>
```

```
10     <!-- 添加文档主体内容 -->
11     <p>gif、jpg、png 格式图片均可用作 HTML 页面背景</p>
12     <p>如果图像小于页面，图像会自动进行重复</p>
13 </body>
14 </html>
```

【代码解析】

第 06 行代码在<body>标签元素中使用“background”属性定义了页面背景图片（路径为："images/image.jpg"）。

运行测试网页，页面打开后的效果如图 4.4 所示。可以看到，如果图像尺寸小于页面窗口大小，图像会自动在水平和垂直方向进行重复。

图 4.4　页面背景图片

4.2.2　图片对齐

在 HTML 网页中，图片和文字一样可以设置对齐方式，这样就可以根据需要对图片进行排列了。

下面是一个在 HTML 网页中使用图片对齐的示例代码（详见源代码 ch04/ch04-html-image-align.html 文件）。

【代码 4-7】

```
<!DOCTYPE html>
<html lang="zh-cn">
<head>
    <title>HTML 5 之网页标题</title>
</head>
<body>
    <!-- 添加文档主体内容 -->
    <h3>HTML 5 + CSS + JS --- HTML 网页中图片对齐</h3>
    <hr>
```

```
    <!-- 添加文档主体内容 -->
    <p>图像 <img src="images/image_small.jpg" align="bottom" /> 底部对齐（默认方式）</p>
    <hr>
    <p>图像 <img src="images/image_small.jpg" align="middle" /> 中部对齐</p>
    <hr>
    <p>图像 <img src="images/image_small.jpg" align="top" /> 顶部对齐</p>
    <hr>
    <p>注意：bottom对齐方式是默认的对齐方式。</p>
</body>
</html>
```

运行测试网页，效果如图 4.5 所示。

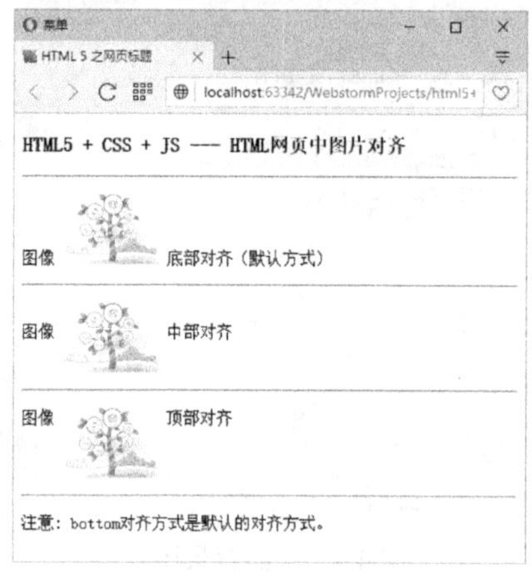

图 4.5　图片对齐方式

4.2.3　浮动图片

在 HTML 网页中，浮动图片也是很常用的方法之一，这样就可以根据需要将图片放置在不同的位置了。

下面是一个在 HTML 网页中使用浮动图片的示例代码（详见源代码 ch04/ch04-html-image-float.html 文件）。

【代码 4-8】

```
<!DOCTYPE html>
<html lang="zh-cn">
<head>
    <title>HTML 5 之网页标题</title>
</head>
<body>
    <!-- 添加文档主体内容 -->
    <h3>HTML 5 + CSS + JS --- HTML网页中浮动图片</h3>
```

```
09      <br><hr><br>
10      <!-- 添加文档主体内容 -->
11      <p>
12          <img src ="images/image_small.jpg" align ="left">
13          以上带有图像的一个段落,图像的 align 属性设置为"left".<br>
14          图像将浮动到文本的左侧.<br>
15      </p>
16      <br><hr><br>
17      <p>
18          <img src ="images/image_small.jpg" align ="right">
19          以上带有图像的一个段落,图像的 align 属性设置为"right".<br>
20          图像将浮动到文本的右侧.<br>
21      </p>
22  </body>
23  </html>
```

【代码解析】

第 12 行代码在<img>标签元素中使用“src”属性定义了页面背景图片（路径为："images/image_small.jpg"），同时使用了“align”属性设定了图片左对齐（align="left"）的浮动方式。第 18 行代码设定了图片右对齐（align="right"）的浮动方式。

运行测试网页，效果如图 4.6 所示。

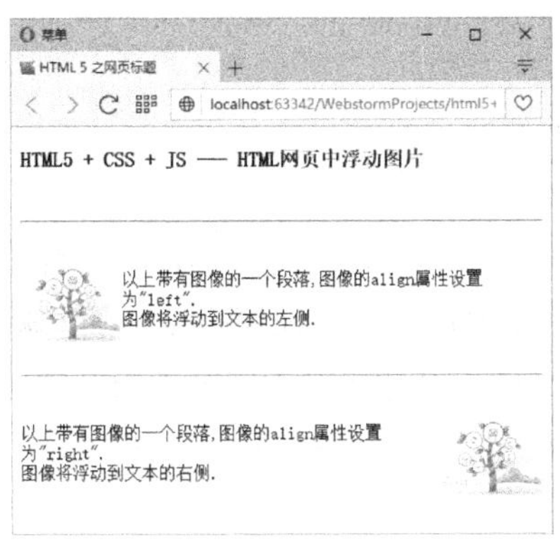

图 4.6 浮动图片

4.2.4 替换图片的文本

在 HTML 网页中，如果图片链接地址有问题，则在网页中图片会无法正常显示。如果出现这个情况，一般显示图片的位置会显示一个默认的系统图标。HTML 为<img>标签提供了一个“alt”属性，用于显示图片无法正常显示时替换的文本。

下面是一个在 HTML 网页中使用替换图片文本的示例代码（详见源代码 ch04/ch04-html-image-alt.html 文件）。

【代码 4-9】

```
01 <!DOCTYPE html>
02 <html lang="zh-cn">
03 <head>
04     <title>HTML 5 之网页标题</title>
05 </head>
06 <body>
07     <!-- 添加文档主体内容 -->
08     <h3>HTML 5 + CSS + JS --- HTML 网页中替换图片的文本</h3>
09     <br><hr><br>
10     <!-- 添加文档主体内容 -->
11     <p>
12         <img src ="images/image_alt.jpg" align ="left" alt="图片替换文本">
13         对于浏览器无法显示图像,仅仅能够显示在图像的"alt"属性中指定的文本.<br>
14         如果把鼠标指针移动到图像上,大多数浏览器会显示"alt"文本.<br>
15     </p>
16     <br><hr><br>
17     <p>
18         <img src ="images/image_alt.jpg" align ="right" alt="图片替换文本">
19         对于浏览器无法显示图像,仅仅能够显示在图像的"alt"属性中指定的文本.<br>
20         如果把鼠标指针移动到图像上,大多数浏览器会显示"alt"文本.<br>
21     </p>
22 </body>
23 </html>
```

【代码解析】

第 12 行代码在<img>标签元素中使用“src”属性定义了图片链接（路径为："images/image_alt.jpg"），注意此图片链接的地址是无效的。使用了“align”属性设定了图片左对齐（align="left"）的浮动方式。同时使用了使用“alt”属性定义替换图片的文本（alt="图片替换文本"）。第 18 行代码设定了图片右对齐（align="right"）的浮动方式。

运行测试网页，效果如图 4.7 所示。

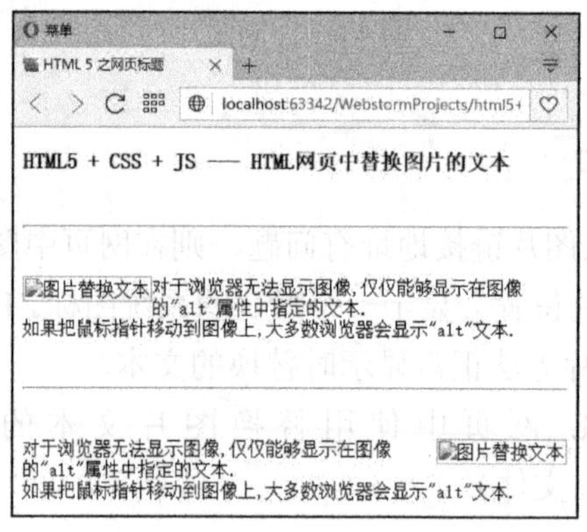

图 4.7　替换图片的文本

4.2.5　图片链接

在 HTML 网页中，直接使用图片链接也是一种常见的方式。设计时，将<img>标签嵌入进<a>超链接标签使用，就可以实现图片链接。

下面是一个在 HTML 网页中使用图片链接的示例代码（详见源代码 ch04/ch04-html-image-alink.html 文件）。

【代码 4-10】

```
01 <!DOCTYPE html>
02 <html lang="zh-cn">
03 <head>
04     <title>HTML 5 之网页标题</title>
05 </head>
06 <body>
07     <!-- 添加文档主体内容 -->
08     <h3>HTML 5 + CSS + JS --- HTML 网页图片链接</h3>
09     <br><hr><br>
10     <!-- 添加文档主体内容 -->
11     <p>
12 把网页<a href="#">图像<img src ="images/image_alink.jpg" align ="left"></a>作为链接来使用.
13     </p>
14     <br><hr><br>
15     <p>
16         把网页<a href="#">图像<img src ="images/image_alink.jpg"align="center"></a>作为链接来使用.
17     </p>
18     <br><hr><br>
19     <p>
20         把网页图像作为链接来使用<a href="#"><img src ="images/image_alink.jpg" align="right"></a>.
21     </p>
22 </body>
23 </html>
```

【代码解析】

第 12 行、第 16 行和第 20 行代码中使用<a>超链接标签元素将<img>标签元素包含在内，此时<img>标签元素就具有超链接功能，也就是图片链接。

运行测试网页，效果如图 4.8 所示。

图 4.8　图片链接

4.3 项目实战：在线图文杂志

本节基于前面学习到的知识，综合起来设计一个在线图文杂志的 HTML 5 页面。希望能帮助读者尽快掌握 HTML 网页图像的使用方法。

4.3.1　在线图文杂志源代码结构

在源代码的 ch04 目录下新建一个“magazine”目录，用于存放本应用的全部源文件，如图 4.9 所示。“css”目录用于存放样式文件，“fonts”目录用于存放字体文件，“img”目录用于存放图片文件，“js”目录用于存放脚本文件，“index.html”网页则是在线图文杂志应用的主页。

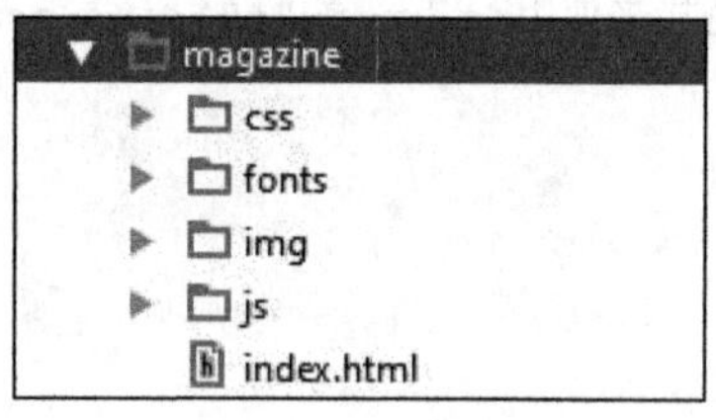

图 4.9　源代码目录

由于本应用借鉴了 jQuery 框架与 Bootstrap 框架，因此源代码目录中包含了许多这两个框架所需的源文件。不过，由于这两个框架的知识有一定难度，我们就不在本章深入讨论了，在后面具体介绍应用的代码时，会将必要的知识点及其功能简单介绍给读者。下面针对本应用的主要功能代码进行介绍。

先看在线图文杂志应用主页的页面框架代码（详见源代码 ch04/magazine/index.html 文件）。

【代码 4-11】

```
01 <!DOCTYPE html>
02 <html lang="en">
03 <head>
04 <meta charset="utf-8">
05 <title>HTML 5 在线图文杂志</title>
06 <meta name="viewport" content="width=device-width, initial-scale=1.0" />
07 <meta name="description" content="" />
08 <meta name="author" content="" />
09 <!-- css -->
10 <link href="css/bootstrap.min.css" rel="stylesheet" />
11 <link href="css/style.css" rel="stylesheet" />
12 </head>
13 <body>
14 <div id="wrapper">
15     <!-- start header -->
16     <header>
17     </header>
18     <!-- end header -->
19     <!-- start footer -->
20     <footer>
21     </footer>
22     <!-- end footer -->
23 </div>
24 <a href="#" class="scrollup waves-effect waves-dark"><i class="fa fa-angle-up active"></i></a>
25 <!-- javascript
26     ================================================== -->
27 <!-- Placed at the end of the document so the pages load faster -->
28 <script src="js/jquery.js"></script>
29 </body>
30 </html>
```

【代码解析】

第 10 行代码通过< link >标签元素引用了 Bootstrap 框架的样式文件。

第 11 行代码通过< link >标签元素引用了本应用的自定义样式文件。

第 28 行代码通过<script>标签元素引用了 jQuery 框架的脚本文件。

第 14～23 行代码通过<div>标签元素定义了页面整体框架，其 id 属性值为“wrapper”。其中，在第 11 行代码中引用的样式文件专门为“wrapper”定义了 CSS 样式，代码如下：

【代码 4-12】

```
#wrapper{
    width: 100%;
```

```
    margin: 0;
    padding: 0;
}
```

【代码 4-12】中主要为“wrapper”定义了宽度、外边距和内边距属性。

下面通过在【代码 4-11】中“wrapper”区域（第 14～23 行代码）内添加相应的代码，来实现在线图文杂志的页面内容。

4.3.2 在线图文杂志页眉设计

首先来看在线图文杂志应用主页的页眉设计代码（详见源代码 ch04/magazine/index.html 文件）。

【代码 4-13】

```
<!-- start header -->
    <header>
        <div class="navbar navbar-default navbar-static-top">
            <div class="container">
                <div class="navbar-header">
      <button class="navbar-toggle" data-toggle="collapse" data-target=".navbar-collapse">
                        <span class="icon-bar"></span>
                        <span class="icon-bar"></span>
                        <span class="icon-bar"></span>
                    </button>
                    <a class="navbar-brand" href="index.html"><i class="icon-info-blocks material-icons">HTML 5 </i>图文杂志</a>
                </div>
                <div class="navbar-collapse collapse ">
                    <ul class="nav navbar-nav">
<li class="active"><a class="waves-effect waves-dark" href="index.html">主页</a></li>
<li class="dropdown">
<a href="#" data-toggle="dropdown" class="dropdown-toggle waves-effect waves-dark">主题<b class="caret"></b></a>
                        <ul class="dropdown-menu">
                            <li><a class="waves-effect waves-dark">主题</a></li>
                        </ul>
                    </li>
                    <li><a class="waves-effect waves-dark" href="# ">关于</a></li>
                    <li><a class="waves-effect waves-dark" href="#">联系我们</a></li>
```

```
24                      </ul>
25                  </div>
26              </div>
27          </div>
28      </header>
29  <!-- end header -->
```

【代码解析】

第 02～28 行代码通过<header>标签元素定义了页面的页眉，该标签是 HTML 5 规范下新增的内容，主要用于定义网页的页眉。

第 03～27 行代码通过为<div>标签元素添加“navbar”样式类，定义了页面页眉的导航条。

第 04～26 行代码通过为<div>标签元素添加“container”样式类，定义了页面页眉的导航条容器。

第 05～12 行代码和第 13～25 行代码基于 Bootstrap 框架实现了导航条的菜单。其中，第 05～12 行代码用于在 PC 端浏览器中（宽屏）显示导航菜单，第 13～25 行代码用于在移动设备中（小屏幕）显示导航菜单。

运行测试网页，效果如图 4.10 所示。尝试向小调整屏幕宽度，调整后的页面效果如图 4.11 所示。单击图 4.11 页眉导航条右侧的图标，会弹出一个下拉菜单，菜单内容与图 4.10 中的内容一致，如图 4.12 所示。可以看到，基于 Bootstrap 框架设计的 HTML 5 网页，可以针对不同的设备终端自适应调整页面元素的显示样式。

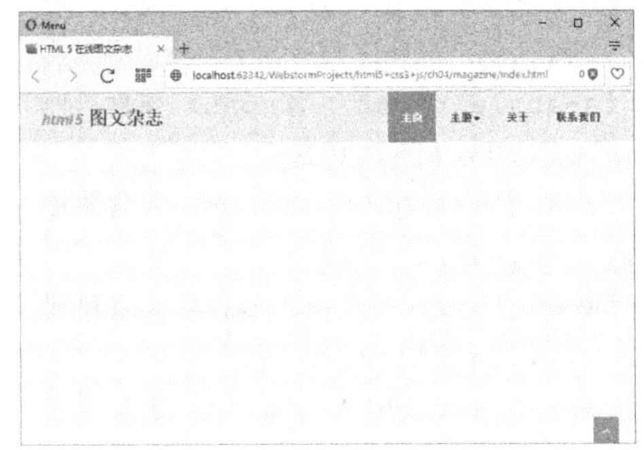

图 4.10　在线图文杂志页眉（一）

图 4.11　在线图文杂志页眉（二）

图 4.12　在线图文杂志页眉（三）

4.3.3 在线图文杂志目录设计

我们看在线图文杂志应用主页的目录设计代码（详见源代码 ch04/magazine/index.html 文件）。

【代码 4-14】

```
<!-- start catalog -->
<section class="section-padding gray-bg">
 <div class="container">
     <div class="row">
      <div class="col-md-12">
          <div class="section-title text-center">
           <h2>目录</h2>
          </div>
      </div>
     </div>
     <div class="row">
      <div class="col-md-6 col-sm-6">
          <div class="about-text">
           <ul class="withArrow">
                <li><span class="fa fa-angle-right"></span> 美食图片      <i>......01</i></li>
                <li><span class="fa fa-angle-right"></span> 美食料理      <i>......02</i></li>
                <li><span class="fa fa-angle-right"></span> 美食料理      <i>......03</i></li>
                <li><span class="fa fa-angle-right"></span> 美食图片      <i>......04</i></li>
                <li><span class="fa fa-angle-right"></span> 美食料理      <i>......05</i></li>
                <li><span class="fa fa-angle-right"></span> 美食料理      <i>......06</i></li>
           </ul>
          </div>
      </div>
      <div class="col-md-6 col-sm-6">
          <div class="about-text">
           <ul class="withArrow">
                <li><span class="fa fa-angle-right"></span> 美食图片      <i>......01</i></li>
                <li><span class="fa fa-angle-right"></span> 美食料理      <i>......02</i></li>
                <li><span class="fa fa-angle-right"></span> 美食料理      <i>......03</i></li>
```

```
30                <li><span class="fa fa-angle-right"></span> 美食图片      <i>......04</i></li>
31                <li><span class="fa fa-angle-right"></span> 美食料理      <i>......05</i></li>
32                <li><span class="fa fa-angle-right"></span> 美食料理      <i>......06</i></li>
33            </ul>
34          </div>
35      </div>
36     </div>
37  </div>
38 </section>
39 <!-- end catalog -->
```

【代码解析】

第 02～38 行代码通过<section>标签元素定义了在线图文杂志的目录区段，该标签是 HTML 5 规范下新增的内容，主要用于定义页面的区段。

第 03～37 行代码通过为<div>标签元素添加“container”样式类，定义了在线图文杂志目录的容器。

第 04～10 行代码通过为<div>标签元素添加“row”样式类，定义了一行内容。

第 05～09 行代码通过为<div>标签元素添加“col-md-12”样式类，定义了第 04～10 行代码定义的一行内容会占用全部 12 个栅格，其中栅格系统是由 Bootstrap 框架预定义的布局系统。

第 05～09 行代码定义了在线图文杂志目录的标题。

第 11～36 行代码通过为<div>标签元素添加“row”样式类，定义了另一行内容。

第 12～23 行和第 24～35 行代码分别通过“col-md-6 col-sm-6”样式类定义了在线图文杂志目录的明细，该样式类表明目录明细按照左右两栏设计，左右两栏各占一半的页面空间。

运行测试网页，效果如图 4.13 所示。尝试向小调整屏幕宽度，调整后的页面如图 4.14 所示。

图 4.13　在线图文杂志目录（一）

图 4.14　在线图文杂志目录（二）

4.3.4 在线图文杂志正文设计

继续看在线图文杂志应用主页的正文设计代码（详见源代码 ch04/magazine/index.html 文件）。

【代码 4-15】

```
<!-- start magazine -->
<section class="section-padding gray-bg">
 <div class="container">
     <div class="row">
      <div class="col-md-12">
          <div class="section-title text-center">
           <p class="text-right">第 1 页</p>
           <h2>美图赏析</h2>
           <p>编辑:  小编</p>
          </div>
      </div>
     </div>
     <div class="row">
      <div class="col-md-6 col-sm-6">
          <div class="about-text">
           <p>
               美食，顾名思义就是美味的食物，中国素有“烹饪王国”这个美誉。
               在中国这个大家庭里，我们有五十六个小家庭，每个家庭都有自己的特色美食。
           </p>
           <ul class="withArrow">
               <li><span class="fa fa-angle-right"></span> 美食图片</li>
               <li><span class="fa fa-angle-right"></span> 美食料理</li>
           </ul>
           <a href="#" class="btn btn-primary waves-effect waves-dark">更多...</a>
          </div>
      </div>
      <div class="col-md-6 col-sm-6">
          <div class="about-image">
           <img src="img/mag_01.jpg" alt="magazine images">
          </div>
      </div>
     </div>
     <div class="row">
      <p class="text-right">共 3 页</p>
     </div>
 </div>
</section>
```

```
<section class="section-padding gray-bg">
 <div class="container">
     <div class="row">
      <div class="col-md-12">
          <div class="section-title text-center">
           <p class="text-right">第 2 页</p>
           <h2>美食赏析</h2>
           <p>编辑:  小编</p>
          </div>
      </div>
     </div>
     <div class="row">
      <div class="col-md-6 col-sm-6">
          <div class="about-image">
           <img src="img/mag_02.jpg" alt="About Images">
          </div>
      </div>
      <div class="col-md-6 col-sm-6">
          <div class="about-text">
           <p>
               美食吃前有期待、吃后有回味，已不仅仅是简单的味觉感受，更是一种精神享受。
               世界各地美食文化博大精深，营养物质各不相同，品味更多美食，享受更多健康。
           </p>
           <ul class="withArrow">
               <li><span class="fa fa-angle-right"></span> 中国美食</li>
               <li><span class="fa fa-angle-right"></span> 世界美食</li>
           </ul>
           <a href="#" class="btn btn-primary waves-effect waves-dark">更多...</a>
          </div>
      </div>
     </div>
     <div class="row">
      <p class="text-right">共 3 页</p>
     </div>
 </div>
</section>
<section class="section-padding gray-bg">
 <div class="container">
     <div class="row">
      <div class="col-md-12">
          <div class="section-title text-center">
           <p class="text-right">第 3 页</p>
```

```
80              <h2>美图赏析</h2>
81              <p>编辑:  小编</p>
82             </div>
83         </div>
84       </div>
85       <div class="row">
86        <div class="col-md-6 col-sm-6">
87             <div class="about-text">
88              <p>
89                  美食，顾名思义就是美味的食物，中国素有“烹饪王国”这个美誉。
90                  在中国这个大家庭里，我们有五十六个小家庭，每个家庭都有自己的特色美食。
91              </p>
92              <ul class="withArrow">
93                  <li><span class="fa fa-angle-right"></span> 美食图片</li>
94                  <li><span class="fa fa-angle-right"></span> 美食料理</li>
95              </ul>
96              <a href="#" class="btn btn-primary waves-effect waves-dark">更多...</a>
97             </div>
98        </div>
99        <div class="col-md-6 col-sm-6">
100                <div class="about-image">
101                 <img src="img/mag_03.jpg" alt="magazine images">
102                </div>
103           </div>
104          </div>
105          <div class="row">
106           <p class="text-right">共 3 页</p>
107          </div>
108       </div>
109  </section>
110  <!-- end magazine -->
```

【代码解析】

第 02～37 行、第 38～73 行和第 74～109 行代码分别通过<section>标签元素定义了三页在线图文杂志的正文区段，这三个区段结构基本一致，下面我们分析其中第一个。

第 03～36 行代码通过为<div>标签元素添加“container”样式类，定义了在线图文杂志目录的容器。

第 04～12 行代码通过为<div>标签元素添加“row”样式类，定义了用于显示在线图文杂志标题区域。

第 05～11 行代码通过为<div>标签元素添加“col-md-12”样式类，定义了在线图文杂志的正文标题。

第 13～32 行代码定义了在线图文杂志的正文内容，并通过"col-md-6 col-sm-6"样式类分为两栏。其中，第 14～26 行代码定义了左侧的文本内容，第 27～31 行代码定义了右侧的图片区域。

运行测试网页，在线图文杂志的效果如图 4.15 和 4.16 所示。

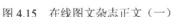

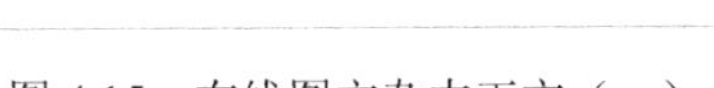
图 4.15　在线图文杂志正文（一）

图 4.16　在线图文杂志正文（二）

4.3.5　在线图文杂志页脚设计

最后，看一下在线图文杂志应用主页的页脚设计代码（详见源代码 ch04/magazine/index.html 文件）。

【代码 4-16】

```
<!-- start footer -->
<footer>
 <div class="container">
     <div class="row">
      <div class="col-lg-6 col-sm-6">
          <div class="widget">
           <h5 class="widgetheading">联系我们</h5>
           <address>
               <strong>中国<br>北京.<br></strong>
           </address>
           <p>
               <i class="icon-phone">(123) 456-789</i><br>
               <i class="icon-phone">1234567890</i><br>
               <i class="icon-envelope-alt">email@king.com</i>
           </p>
          </div>
      </div>
      <div class="col-lg-6 col-sm-6">
          <div class="widget">
           <h5 class="widgetheading">友情链接</h5>
```

```
            <ul class="link-list">
                <li><a class="waves-effect waves-dark" href="#">美食中国</a></li>
                <li><a class="waves-effect waves-dark" href="#">美食欧洲</a></li>
                <li><a class="waves-effect waves-dark" href="#">美食美洲</a></li>
                <li><a class="waves-effect waves-dark" href="#">美食非洲</a></li>
                <li><a class="waves-effect waves-dark" href="#">美食亚洲</a></li>
            </ul>
           </div>
       </div>
      </div>
 </div>
 <div id="sub-footer">
     <div class="container">
      <div class="row">
           <div class="col-lg-6">
            <div class="copyright">
                <p>
                 Copyright &copy; 2017.  图文杂志 All rights reserved.  
                </p>
            </div>
           </div>
           <div class="col-lg-6">
            <ul class="social-network">
                <li><a class="waves-effect waves-dark" href="#" data-placement="top" title="Facebook"><i class="fa fa-facebook"></i></a></li>
                <li><a class="waves-effect waves-dark" href="#" data-placement="top" title="Twitter"><i class="fa fa-twitter"></i></a></li>
                <li><a class="waves-effect waves-dark" href="#" data-placement="top" title="Linkedin"><i class="fa fa-linkedin"></i></a></li>
            </ul>
           </div>
      </div>
     </div>
 </div>
</footer>
<!-- end footer -->
```

【代码解析】

第 02～52 行代码通过<footer >标签元素定义了页面的页脚，该标签是 HTML 5 规范下新增的内容，主要用于定义网页的页脚。

第 04～31 行代码通过<div>标签元素定义了页脚的第一块区域。其中，第 05～17 行和第 18～29 行代码定义了在线图文杂志的页脚内容，并通过“col-lg-6 col-sm-6”样式类分为两栏。

第 32～50 行代码通过<div>标签元素定义了页脚的第二块区域。其中，第 35～41 行和第 42～48 行代码定义了在线图文杂志的页脚内容，并通过“col-lg-6”样式类分为两栏。

运行测试，页面打开后页脚的效果如图 4.17 所示。

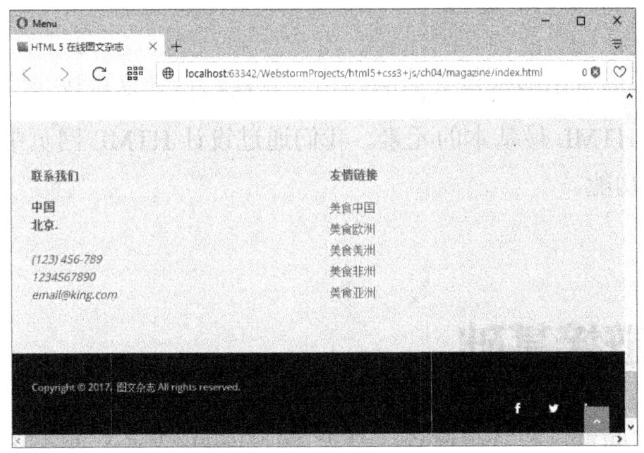

图 4.17　在线图文杂志页脚

第 5 章

HTML网页超链接

本章介绍 HTML 网页中超链接方面的知识，具体包括超链接格式、类型以及浮动框架等内容，这些内容均是 HTML 最基本的元素。我们通过设计 HTML 网页中的超链接元素，可以实现多种多样的页面功能。

5.1 超链接基础

本节介绍 HTML 超链接的基本概念，具体包括超链接概念、超链接格式和超链接类型等内容。

5.1.1 什么是超链接

当我们在互联网中浏览 HTML 网页时，会发现对于超链接的使用无处不在，且形式多种多样。那么，究竟什么是超链接呢？

如果简单来理解，超链接其实就是一种从链接内容到链接目标的连接关系。这个说法可能有点抽象，具体来讲，超链接的链接内容可以用一段文字或图片描述，通过单击可以实现指向到链接目标上的操作。而对于链接目标，可以是同一网页上的不同位置，或者是另一个全新的网页，还可以是一个图片、视频或文件，甚至是有一个电子邮件地址、一个 App 应用程序，等等。

如果链接目标是一段文字、图片或视频，通过超链接可以实现跳转并在浏览器页面中进行显示。如果链接目标是文件、电子邮件或 App 应用程序，则通过超链接可以直接打开文件进行下载，或直接打开邮件客户端和运行 App 应用程序。当然，超链接的打开方式是可以自定义的。

5.1.2 超链接类型

依据不同的分类标准，HTML 网页中的超链接可以有多种分类方式。一般的，我们习惯按照超链接路径进行分类，具体分为绝对超链接、相对超链接和锚点超链接（书签）。下面具体介绍。

- 绝对超链接：是指链接到网络上（非本站）一个网站或一个网页的链接。
- 相对超链接：是指链接到本网站内某一个网页的链接。
- 锚点超链接（书签）：是指链接到本页面内某特定位置（如文字、段落、标题等）的链接。

当然，超链接还有一些常用的分类方式。例如：按照链接内容来分，包括文本超链接、图片超链接、视频超链接，等等。按照链接样式来分，可以分为静态超链接和动态超链接，等等。这些分类方式没有硬性规定，读者能够理解其含义就可以了。

5.2 超链接标签

本节介绍 HTML 超链接标签的内容，包括超链接格式和超链接语法。

5.2.1 超链接格式

在 HTML 网页中，我们通过使用<a>标签创建超链接，具体语法格式如下：

```
<a>超链接文本</a>
```

HTML 规范中，有两种使用超链接<a>标签的方式，具体说明如下：

- href 属性：通过 href 属性，可以创建指向另一个文档页面的链接。
- name 属性：通过使用 name 属性，可以创建文档页面内的书签。

5.2.2 超链接语法

在 HTML 超链接<a>标签中，主要包括有 href 属性、name 属性和 target 属性，下面我们分别进行介绍。

1. href 属性

通过“href”属性规定超链接的目标，开始标签<a>和结束标签</a>之间的文本将被作为超链接来显示。下面看一个代码示例（详见源代码 ch05/ch05-html-a-href.html 文件）。

【代码 5-1】

```
<!DOCTYPE html>
<html lang="zh-cn">
<head>
    <title>HTML 之超链接</title>
</head>
<body>
    <!-- 添加文档主体内容 -->
    <h3>HTML 5 + CSS + JS --- HTML 超链接&lt;a&gt;之 href 属性</h3><br>
```

```
09      <!-- 添加文档主体内容 -->
10      <p>
11          <a href="#">超链接文本之 href 属性</a>
12      </p>
13  </body>
14  </html>
```

【代码解析】

第 11 行代码通过<a>标签元素定义了一个超链接，其中“href”属性值设定为“#”，表示链接到本页面。

运行测试网页，效果如图 5.1 所示。

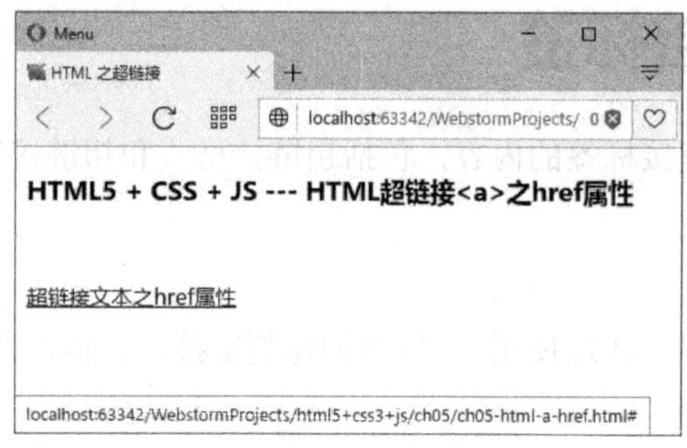

图 5.1　超链接之 href 属性

2. name 属性

通过“name”属性来规定锚（anchor）的名称，锚（anchor）可以用于创建 HTML 页面中的书签。下面看一个代码示例（详见源代码 ch05/ch05-html-a-name.html 文件）。

【代码 5-2】

```
<!DOCTYPE html>
<html lang="zh-cn">
<head>
    <title>HTML 之超链接</title>
</head>
<body>
    <!-- 添加文档主体内容 -->
    <h3>HTML 5 + CSS + JS --- HTML 超链接&lt;a&gt;之 name 属性</h3><br>
    <!-- 添加文档主体内容 -->
    <ul>
        <li>
            <a href="#anchor01">anchor01</a>
        </li>
        <li>
            <a href="#anchor02">anchor02</a>
        </li>
```

```
17          <li>
18              <a href="#anchor03">anchor03</a>
19          </li>
20      </ul>
21      <p>
22          <a name="anchor01">锚点 - 01</a>
23      </p>
24      <br><br><br><br><br><br>
25      <p>
26          <a name="anchor02">锚点 - 02</a>
27      </p>
28      <br><br><br><br><br><br>
29      <p>
30          <a name="anchor03">锚点 - 03</a>
31      </p>
32      <br><br><br><br><br><br>
33  </body>
34  </html>
```

【代码解析】

第 22、26 和 30 行代码通过<a>标签元素定义了三个超链接，其中“name”属性值分别定义为"anchor01"、"anchor02"和"anchor03"，表示三个锚点，这三个锚点也就相当于书签的作用。

而上面第 12、15 和 18 行代码通过<a>标签元素定义了三个超链接，其中“href”属性值分别设定为"#anchor01" "#anchor02"和"#anchor03"，表示分别链接到第 22、26 和 30 行代码定义的三个锚点。同时需要注意，锚点值前面一定要加上“#”符号才能生效。

运行测试网页，效果如图 5.2 所示。单击“anchor01”超链接，页面变化效果如图 5.3 所示。从图中可以看到，页面跳转到锚点"anchor01"位置了，且置于页面顶端。读者可以自行测试一下“anchor02”和“anchor03”超链接的运行效果，看看是否能够跳转到锚点"anchor02"和"anchor03"的位置。

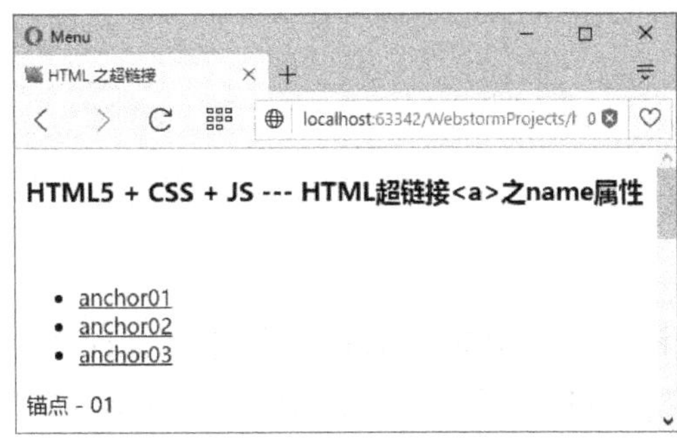

图 5.2　超链接之 name 属性（一）

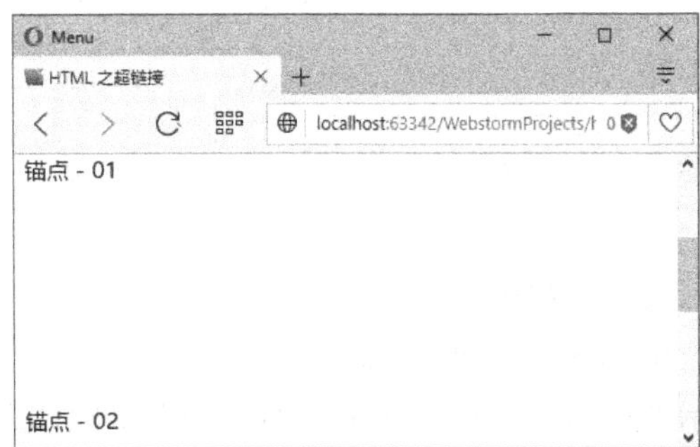

图 5.3　超链接之 name 属性（二）

书签不会以任何特殊方式显示，其对用户是不可见的。当使用命名锚（named anchors）时，可以创建直接跳至该命名锚（比如页面中某个小节）的链接，这样使用者就无须不停地滚动页面来寻找他们需要的信息了。

3. target 属性

通过“target”属性，可以定义被链接的文档页面重定向的打开方式。HTML 规范中定义有 4 种重定向操作：

- _blank 方式：浏览器总在一个新打开、未命名的窗口中载入目标文档页面。
- _self：目标文档页面将在相同的框架或者浏览器窗口中显示。
- _parent：目标文档页面将会在父窗口或者框架中显示。但如果源文档页面本身就是顶级窗口或顶级框架，那么其效果与“_self”相同。
- _top：目标文档页面将会清除所有被包含的框架并将文档页面载入到整个浏览器窗口。

目前，上面这 4 种重定向方式其实只有“_blank”最常用，下面看一个代码示例（详见源代码 ch05/ch05-html-a-target.html 文件）。

【代码 5-3】

```
01 <!DOCTYPE html>
02 <html lang="zh-cn">
03 <head>
04     <title>HTML 之超链接</title>
05 </head>
06 <body>
07     <!-- 添加文档主体内容 -->
08     <h3>HTML 5 + CSS + JS --- HTML 超链接&lt;a&gt;之 target 属性</h3><br>
09     <!-- 添加文档主体内容 -->
10     <p>
11         <a href="target.html" target="_blank">超链接文本之 target="_blank"属性</a>
12     </p>
13 </body>
14 </html>
```

【代码解析】

第 11 行代码通过<a>标签元素定义了一个超链接。其中，“href”属性值设定为“target.html”，表示链接到一个本地页面。“target”属性设定为"_blank"，表示在一个新的浏览器窗口打开页面。

运行测试网页，效果如图 5.4 所示。单击页面中的超链接，浏览器变化效果如图 5.5 所示。可以看到，新的页面在一个新浏览器窗口下显示的，这就是 target="_blank"的作用。

图 5.4　超链接 target 属性（一）

图 5.5　超链接之 target 属性（二）

5.3 超链接应用

本节通过一些简单的 HTML 超链接应用，向读者介绍如何使用<a>标签实现更丰富的功能。

5.3.1 关键字超链接

本节实现一个关键字超链接应用，关键字超链接是 HTML 页面最常用的链接形式。读者在互联网上一定有这样的浏览经验，在一段新闻文稿中会出现若干关键字，而每个关键字均会以超链接形式出现。其实，这种超链接形式是为了更好地满足搜索功能而设计的，且是通过程序自动实现的。

下面是一个实现关键字超链接的 HTML 示例代码（详见源代码 ch05/ch05-html-a-keyword.html 文件），由于通过程序实现关键字超链接超出了本章所涉及的知识难度，这里我们仅仅实现关键字超链接的页面效果。

【代码 5-4】

```
<!DOCTYPE html>
<html lang="zh-cn">
<head>
    <title>HTML 之超链接</title>
</head>
<body>
    <!-- 添加文档主体内容 -->
    <h3>HTML 5 + CSS + JS --- HTML 超链接&lt;a&gt;之关键字</h3><br>
    <hr>
    <!-- 添加文档主体内容 -->
    <h4 style="text-align: center">新 闻 标 题</h4>
    <p style="text-align: center; font-size: smaller">关键字: 超链接 关键字</p>
    <p style="text-indent: 2em;">
```

```
14          HTML<a href="#">超链接</a>&lt;a&gt;之<a href="#">关键字</a>,
15          HTML<a href="#">超链接</a>&lt;a&gt;之<a href="#">关键字</a>,
16          HTML<a href="#">超链接</a>&lt;a&gt;之<a href="#">关键字</a>,
17          HTML<a href="#">超链接</a>&lt;a&gt;之<a href="#">关键字</a>,
18          HTML<a href="#">超链接</a>&lt;a&gt;之<a href="#">关键字</a>,
19          HTML<a href="#">超链接</a>&lt;a&gt;之<a href="#">关键字</a>.
20      </p>
21  </body>
22  </html>
```

【代码解析】

第 11 行代码使用<h4>标签元素定义了新闻标题，并设定了居中对齐格式。

第 12 行代码使用<p>标签元素定义了关键字列表（“超链接、关键字”）。

第 13～20 行代码使用<p>标签元素定义了新闻正文，正文中为每个关键字定义了超链接。

运行测试网页，效果如图 5.6 所示。新闻正文中每一个关键字均以超链接形式出现，这样设计有利于针对搜索功能进行优化。

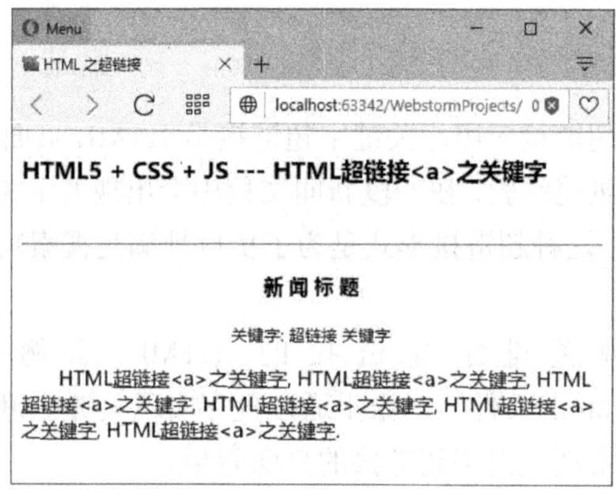

图 5.6　关键字超链接

5.3.2　图片超链接

在 HTML 网页中，图片超链接是最常见的一种设计方式了。使用图片超链接具有其自身的优势，我们知道图片具有生动、形象、直观、包含的信息量十分丰富等特点，这些都是设计人员所喜爱的。

下面是一个实现图片超链接的 HTML 示例代码（详见源代码 ch05/ch05-html-a-pic.html 文件）。

【代码 5-5】

```
<!DOCTYPE html>
<html lang="zh-cn">
<head>
    <title>HTML 之超链接</title>
```

```
05 </head>
06 <body>
07   <!-- 添加文档主体内容 -->
08    <h3>HTML 5 + CSS + JS --- HTML 超链接&lt;a&gt;之图片超链接</h3><br>
09    <!-- 添加文档主体内容 -->
10    <table border="1" cellspacing="1" cellpadding="8">
11        <tr>
12            <th>Chrome Browser</th>
13            <th>FireFox Browser</th>
14            <th>Safari Browser</th>
15        </tr>
16        <tr>
17            <td>
18                <a href="chrome.html" target="_blank">
19                    <img src="images/browser-icon-chrome-128x128.png">
20                </a>
21            </td>
22            <td>
23                <a href="firefox.html" target="_blank">
24                    <img src="images/browser-icon-firefox-128x128.png">
25                </a>
26            </td>
27            <td>
28                <a href="safari.html" target="_blank">
29                    <img src="images/browser-icon-safari-128x128.png">
30                </a>
31            </td>
32        </tr>
33    </table>
34 </body>
35 </html>
```

【代码解析】

第 10～33 行代码使用<table>标签元素定义了一个表格，关于表格的设计我们会在后续章节中详细介绍。

第 18～20 行、第 23～25 行和第 28～30 行代码使用<a>标签元素定义了三个超链接，分别链接到三个不同的页面，且通过 target="_blank"属性定义了在新建浏览器窗口打开的方式。

第 19 行、第 24 行和第 29 行代码使用<img>标签元素定义了三个图片，注意到<img>标签是嵌入到<a></a>标签元素内的，这就是图片超链接的定义方式。

运行测试网页，效果如图 5.7 所示。页面中显示了一组三张图片，任意单击一张图片（其实是单击了超链接），将会在新的浏览器窗口中打开超链接所定义的页面，如图 5.8 所示。

图 5.7　图片超链接（一）

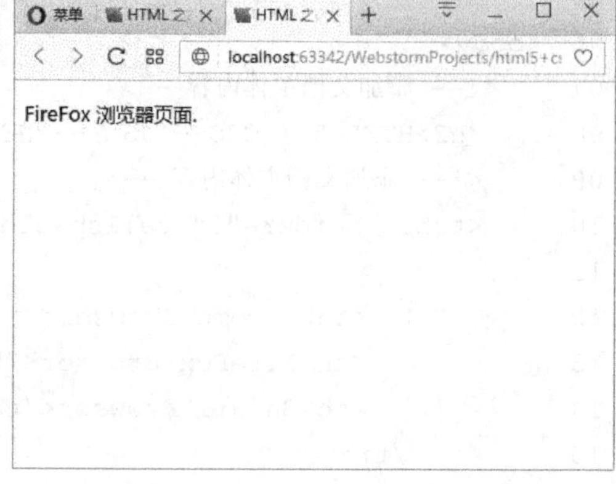

图 5.8　图片超链接（二）

5.3.3　电子邮件链接

相信大家都使用过电子邮件，也就是我们常说的 E-mail。在 HTML 规范中，为我们提供了一个“mailto”链接用于实现电子邮件的发送地址。这里需要注意的是，在 HTML 中使用“mailto”链接，需要本机安装有电子邮件客户端软件应用。

下面是一个实现电子邮件发送地址的 HTML 示例代码（详见源代码 ch05/ch05-html-a-mailto.html 文件）。

【代码 5-6】

```
01 <!DOCTYPE html>
02 <html lang="zh-cn">
03 <head>
04     <title>HTML 之超链接</title>
05 </head>
06 <body>
07     <!-- 添加文档主体内容 -->
08     <h3>HTML 5 + CSS + JS --- HTML 超链接&lt;a&gt;之 mailto 链接</h3><br>
09     <!-- 添加文档主体内容 -->
10     <p>
11         电子邮件发送地址:  
12         <a href="mailto:10001@qq.com">10001@qq.com</a>
13           .<br><br>
14         通过"mailto:example@email.com"实现.<br><br>
15     </p>
16 </body>
17 </html>
```

【代码解析】

第 12 行代码使用<a>标签元素定义了一个超链接，并通过“href”属性定义了电子邮件链接（"mailto:10001@qq.com"）。其中，“mailto”关键字用于定义电子邮件发送地址（"10001@qq.com"），注意“mailto”冒号后的电子邮件发送地址必须是一个有效的 E-mail 地址。

本例效果如图 5.9 所示。页面中显示了一个电子邮件发送地址，单击该电子邮件地址，页面打开后的效果如图 5.10 所示。此时新打开了一个电子邮件客户端，“收件人”栏中显示了【代码 5-6】中的 12 行代码定义的一个电子邮件发送地址。看起来，使用“mailto”关键字定义电子邮件发送地址十分简单快捷。

图 5.9　电子邮件发送地址（一）

图 5.10　电子邮件发送地址（二）

上面的例程仅仅实现了电子邮件发送地址，如果需要加上“抄送”功能该如何定义代码呢？

下面是一个实现电子邮件抄送地址的 HTML 示例代码（详见源代码 ch05/ch05-html-a-mailto-cc.html 文件）。

【代码 5-7】

```
<!DOCTYPE html>
<html lang="zh-cn">
<head>
    <title>HTML 之超链接</title>
</head>
<body>
    <!-- 添加文档主体内容 -->
    <h3>HTML 5 + CSS + JS --- HTML 超链接&lt;a&gt;之抄送地址</h3><br>
    <!-- 添加文档主体内容 -->
    <p>
        电子邮件发送及抄送地址:  
<a href="mailto:10001@qq.com?cc=10002@qq.com">10001@qq.com?cc=10002@qq.com</a>
          .<br><br>
        通过"mailto:example@emial.com?cc=@email.com"实现抄送功能.<br><br>
    </p>
```

```
16 </body>
17 </html>
```

【代码解析】

第 12 行代码使用<a>标签元素定义了一个超链接，并通过“href”属性定义了电子邮件链接（"mailto:10001@qq.com?cc=10002@qq.com"）。其中，“mailto”关键字用于定义电子邮件发送地址（"10001@qq.com"），问号（“？”）后的“cc”参数（"cc=10002@qq.com"）用于定义抄送邮件地址。

运行测试网页，效果如图 5.11 所示。页面中显示了一个电子邮件发送地址，并带上了一个抄送邮件地址，单击该电子邮件地址，页面打开后的效果如图 5.12 所示。

图 5.11　电子邮件抄送地址（一）

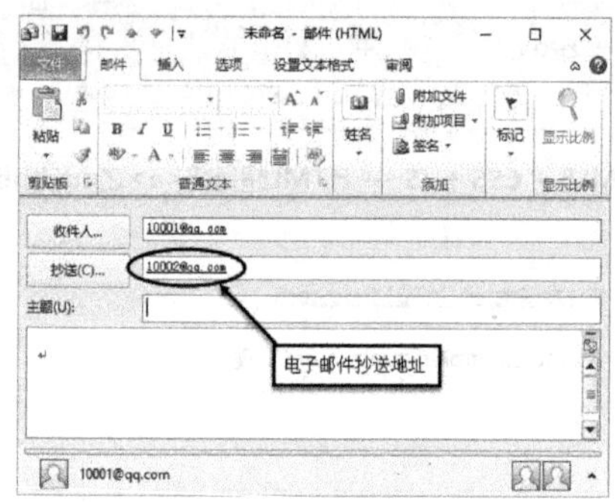

图 5.12　电子邮件抄送地址（二）

上面介绍了电子邮件发送地址和电子邮件抄送地址，我们继续了解如何通过“mailto”参数定义电子邮件的标题和正文。

下面是一个实现电子邮件标题和正文的 HTML 示例代码（详见源代码 ch05/ch05-html-a-mailto-subject-body.html 文件）。

【代码 5-8】

```
<!DOCTYPE html>
<html lang="zh-cn">
<head>
    <title>HTML 之超链接</title>
</head>
<body>
    <!-- 添加文档主体内容 -->
    <h3>HTML 5 + CSS + JS --- HTML 电子邮件之标题和正文</h3><br>
    <!-- 添加文档主体内容 -->
    <p>
        电子邮件标题与正文:  
        <a
href="mailto:10001@qq.com?cc=10002@qq.com&subject=Email%20Subject&body=Email%20Body%20Text.">
            <p>
```

```
14                  mailto:10001@qq.com?cc=10002@qq.com<br>
15                  &subject=Email%20Subject<br>
16                  &body=Email%20Body%20Text.
17              </p>
18          </a>
19            <br>
20          通过"subject"和"body"实现电子邮件标题和正文.<br><br>
21      </p>
22  </body>
23  </html>
```

【代码解析】

第 12 行代码使用<a>标签元素定义了一个超链接，并通过“href”属性定义了电子邮件链接。其中，“mailto”关键字用于定义电子邮件发送地址（"10001@qq.com"），问号（“？”）后面的“cc”参数用于定义抄送邮件地址（"10002@qq.com"），“subject”参数用于定义邮件标题（"Email%20Subject"），“body”参数用于定义邮件正文（"Email%20Body%20Text."）。各个参数之间通过“&”字符进行连接。

运行测试网页，效果如图 5.13 所示。页面中显示了一个电子邮件地址，并带上了一组参数，单击该电子邮件地址，效果如图 5.14 所示。

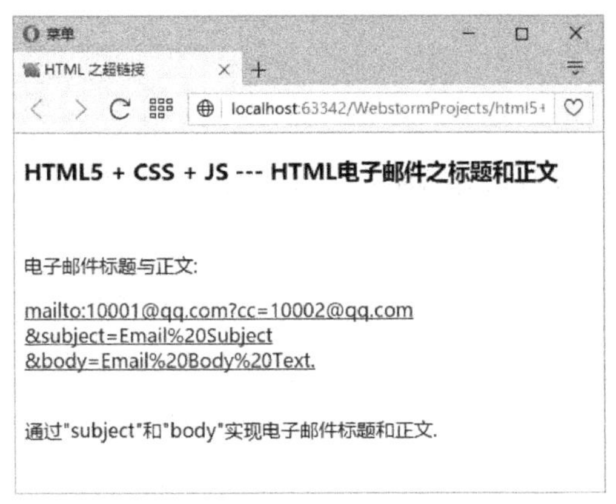

图 5.13　电子邮件标题与正文（一）

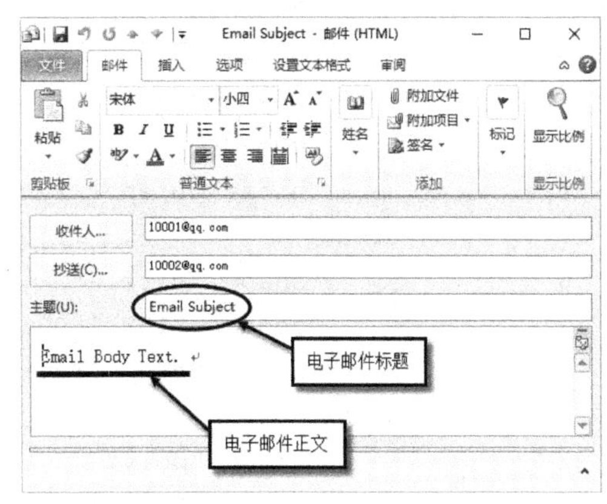

图 5.14　电子邮件标题与正文（二）

5.4 创建热点区域

本节介绍 HTML 热点区域的知识以及创建热点区域的方法。什么是 HTML 热点区域呢？

热点区域主要用于图像地图，通过定义标记可以在图像地图中设定作用区域（又称为热点），这样当用户的鼠标移到指定的作用区域单击时，会自动链接到预先设定好的页面。

根据 HTML 规范，定义热点区域时需要在<img>标签元素内使用“usemap”属性将该图像定义为客户端图像映射，这里的图像映射指的是带有可单击区域的图像。然后，将“usemap”属性与<map>标签元素的 name 或 id 属性相关联，以建立<img>与<map>之间的关系。而<map>标签元素就是带有可单击区域的图像映射，在<map>标签元素内通过<area>标签元素定义具体的区域参数。

下面是一个在 HTML 页面中使用热点区域的示例代码（详见源代码 ch05/ch05-html-a-hotspot.html 文件）。

【代码 5-9】

```
01 <!DOCTYPE html>
02 <html lang="zh-cn">
03 <head>
04     <title>HTML 之超链接</title>
05 </head>
06 <body>
07     <!-- 添加文档主体内容 -->
08     <h3>HTML 5 + CSS + JS --- HTML 超链接之热点区域</h3><br>
09     <!-- 添加文档主体内容 -->
10     <!-- 图像映射 -->
11     <img src="images/hotspot.jpg" border="1" usemap="#hotspot-map" />
12     <map name="hotspot-map">
13         <area
14                 shape="rect"
15                 coords="10,10,60,60"
16                 href="hotspot-rect.html" target="_blank" />
17         <area
18                 shape="circle"
19                 coords="150,150,50"
20                 href="hotspot-circle.html" target="_blank" />
21         <area
22                 shape="poly"
23                 coords="300,300,500,300,500,600,600,600,300,300"
24                 href="hotspot-poly.html" target="_blank" />
25     </map>
26 </body>
27 </html>
```

【代码解析】

第 11 行代码通过<img>标签元素定义了一个图像，并通过“usemap”属性定义了与<map>标签元素的图像映射（"#hotspot-map"）。

第 12～25 行代码通过<map>标签元素定义了图像映射区域。其中，第 13～16 行、第 17～20 行和第 21～24 行代码分别通过<area>标签元素定义了一组区域。

在<area>标签元素中，通过“shape”属性定义区域形状，"rect"代表矩形，"circle"代表圆形，"poly"代表多边形。然后通过“coords”属性定义形状的坐标值，"rect"矩形坐标为（X1,Y1,X2,Y2），"circle"圆形坐标为（圆心 x，圆心 y，半径 r），"poly"多边形坐标为（X1,Y1,X2,Y2,…,Xn,Yn）。后面的“href”属性用于定义单击热点区域后打开的链接地址。

运行测试网页，效果如图 5.15 所示。页面中显示了一幅图像，单击图像中左上角的一个区域，效果如图 5.16 所示。页面中显示了【代码 5-9】中第 15 行代码定义的矩形图像区域（示意图）。

图 5.15　创建热点区域（一）

图 5.16　创建热点区域（二）

下面依次单击图像中定义的圆形区域和多边形区域，效果如图 5.17 和 5.18 所示。

图 5.17　创建热点区域（三）

图 5.18　创建热点区域（四）

5.5 项目实战：电子书制作

本节基于前面学习到的关于超链接的知识，自行设计制作一个电子书，希望能帮助读者尽快掌握 HTML 超链接的设计方法。

5.5.1　电子书源代码结构

在源代码的 ch05 目录下新建“ebooks”目录，用于存放本应用的全部源文件，具体如图 5.19 所示。“css”目录用于存放样式文件，“images”目录用于存放图片文件，“js”目录用于存放脚本文件，“ref”目录用于存放参考书籍页面，“index.html”网页则是电子书的主页，“intro.html”“manul.html”“ref.html”和“tag.html”则分别代表电子书的子功能页面。

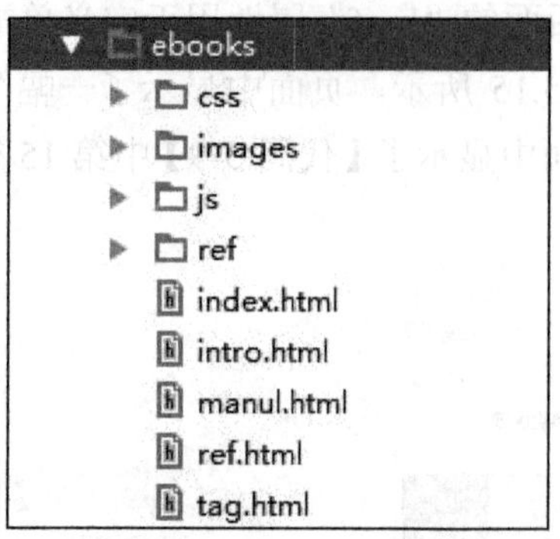

图 5.19　源代码目录

另外，由于应用了 jQuery 框架与 Bootstrap 框架的功能，因此源代码目录中包含了许多这两个框架所需的源文件，此处就不具体介绍了。

5.5.2　电子书主页设计

来看电子书应用主页的页面框架代码（详见源代码 ch05/ebooks/index.html 文件）。

【代码 5-10】

```
01 <!DOCTYPE html>
02 <html lang="zh-cn">
03 <head>
04     <link type="text/css" rel="stylesheet" href="css/style.css" />
05     <title>HTML 电子书</title>
06 </head>
07 <body>
08     <!-- 添加文档主体内容 -->
09     <h3>HTML 5 + CSS + JS --- HTML 电子书制作</h3><hr><br>
10     <!-- 添加文档主体内容 -->
11     <header>
12     </header>
13     <div id="catalog">
14     </div>
15     <footer>
16     </footer>
17 </body>
18 </html>
```

【代码解析】

第 03～06 行代码通过<head>标签元素定义了页面头部，其中第 04 行代码通过<link>标签元素引用了本应用的自定义样式文件。

第 11～12 行代码通过<header>标签元素定义了页面页眉。

第 13～14 行代码通过<div>标签元素定义了页面主体，其 id 属性值为“catalog”，用于显示电子书的目录。

第 15～16 行代码通过<footer>标签元素定义了页面页脚。

下面继续看【代码 5-10】中第 11～12 行代码<header>标签元素内页眉的设计（详见源代码 ch05/ebooks/index.html 文件）。

【代码 5-11】

```
01 <h2>HTML 5</h2>
02 <p class="subline">HTML 5 电子书参考文档</p>
03 <dl>
04     <dt>编辑：</dt>
05     <dd class="ddstyle"><a href="mailto:king@email.com"
target="_blank">KING</a>, Corp.</dd>
06     <dd class="ddstyle"><a href="mailto:king@email.com"
target="_blank">Tina Wang</a>, Corp.</dd>
07     <dd class="ddstyle"><a href="mailto:king@email.com"
target="_blank">Robin Ben</a>, Corp.</dd>
08 </dl>
09  <p class="copyright"><a href="#">Copyright</a>© 2017 <a href="#">All
Rights Reserved.</a>
10 <h4>摘要</h4>
11 <p class="abstract">
12     该电子书文档用于 HTML 5 参考使用，使用过程中读者可以参考<a
href="http://www.w3.org/TR/">http://www.w3.org/TR/</a>结合阅读.
13 </p>
14 <p class="abstract">
15     The W3C <a href="http://www.w3.org/TR/">HTML Working Group</a> is the
W3C working group responsible for this specification's progress.
16 </p>
```

【代码解析】

第 01 行代码通过<h2>标签元素定义标题。

第 02 行代码通过<p class="subline"></p>标签元素定义了副标题（关于"subline"样式类的定义参见 ebooks/css/style.css 文件）。

第 03～08 行代码通过<dt><dd>标签组定义了编辑信息，注意我们在<a>标签元素内很使用了“mailto”属性定义了邮件链接。

第 09 行代码定义了版本信息。

第 10～16 行代码定义了电子书摘要信息。

下面继续来看【代码 5-10】中第 13～14 行代码<div>标签元素内页面主体的设计（详见源代码 ch05/ebooks/index.html 文件）。

【代码 5-12】

```
<h3>目录索引</h3>
<ul class="toc">
    <li>
        <a href="intro.html#id-intro-catalog" target="_blank">
            <span>1 </span>介绍（Introduction）
        </a>
        <ul>
            <li>
                <a href="intro.html#id-intro-background" target="_blank">
                    <span>1.1 </span>背景（Background）
                </a>
            </li>
            <li>
                <a href="intro.html#id-intro-history" target="_blank">
                    <span>1.2 </span>历史（History）
                </a>
            </li>
            <li>
                <a href="intro.html#id-intro-version" target="_blank">
                    <span>1.3 </span>版本（Version）
                </a>
            </li>
        </ul>
    </li>
    <li><a href="manul.html#id-manul-catalog"><span>2 </span>使用说明（Manual）</a>
        <ul>
            <li>
                <a href="manul.html#id-manul-basic">
                    <span>2.1 </span>基本方法（Basic）
                </a>
            </li>
            <li>
                <a href="manul.html#id-manul-improval">
                    <span>2.2 </span>提高进阶（Improval）
                </a>
            </li>
            <li>
                <a href="manul.html#id-manul-application">
                    <span>2.3 </span>实际应用（Application）
                </a>
            </li>
```

```
            </ul>
        </li>
        <li><a href="tag.html#id-tag-catalog"><span>3 </span>标签属性（Tag）</a>
            <ul>
                <li>
                    <a href="tag.html#id-tag-usual">
                        <span>3.1 </span>常用标签（Usual）
                    </a>
                </li>
                <li>
                    <a href="tag.html#id-tag-spec">
                        <span>3.2 </span>特殊标签（Spec）
                    </a>
                </li>
                <li>
                    <a href="tag.html#id-tag-new">
                        <span>3.3 </span>新增标签（New）
                    </a>
                </li>
            </ul>
        </li>
        <li><a href="ref.html#id-ref-catalog"><span>4 </span>参考书籍(Reference Books) </a>
            <ul>
                <li>
                    <a href="ref.html#id-ref-w3c">
                        <span>4.1 </span>W3C（W3C）
                    </a>
                </li>
                <li>
                    <a href="ref.html#id-ref-HTML 5">
                        <span>4.2 </span>HTML 5（HTML 5）
                    </a>
                </li>
                <li>
                    <a href="ref.html#id-ref-dw">
                        <span>4.3 </span>DW（DreamWeaver）
                    </a>
                </li>
            </ul>
        </li>
        <li>
            <a href="summary.html">
```

```
84              <span>5 </span>总结（Summary）
85          </a>
86      </li>
87  </ul>
```

【代码解析】

第 02～87 行代码通过多级的<ul><li>标签组定义了目录索引，注意我们在每一条索引的<a>标签元素内使用了“href”属性定义了页面的锚点链接。

最后看一下【代码 5-10】中第 15～16 行代码<footer>标签元素内页面页脚的设计，具体代码如下（详见源代码 ch05/ebooks/index.html 文件）：

【代码 5-13】

```
<p class="p-footer">
    <a href="#">Copyright</a>
    © 2017 All Rights Reserved.  
    <a href="#">written by king.</a>
</p>
```

运行测试 index.html 网页，页面打开后的效果如图 5.20 和 5.21 所示。

HTML电子书
localhost:63342/WebstormProjects/html5
HTML5 + CSS + JS --- HTML电子书制作
HTML5
HTML5 电子书参考文档
编辑：
KING Corp.
Tina Wang Corp.
Robin Ben Corp.
Copyright© 2017 All Rights Reserved
摘要
The W3C HTML Working Group is the W3C working group responsible for this specification's progress.

图 5.20　电子书主页（一）

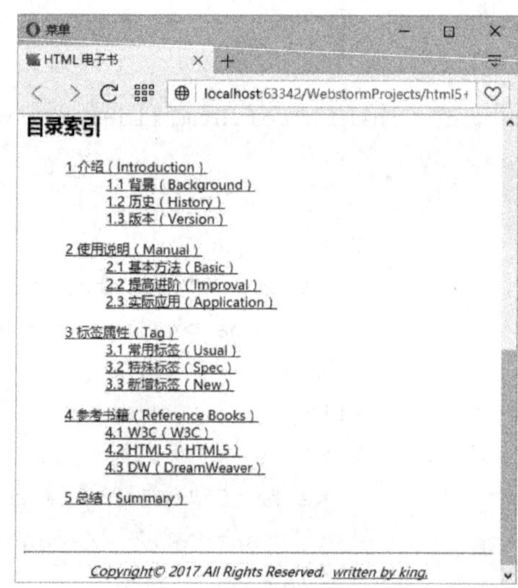

图 5.21　电子书主页（二）

5.5.3　电子书功能页设计

在图 5.21 中，目录索引的第一部分就是电子书介绍页面的链接。下面看一下电子书介绍页面的代码（详见源代码 ch05/ebooks/intro.html 文件）。

【代码 5-14】

```
<!DOCTYPE html>
<html lang="zh-cn">
```

```
<head>
    <link type="text/css" rel="stylesheet" href="css/style.css" />
    <title>HTML 电子书 - 介绍</title>
</head>
<body>
    <!-- 添加文档主体内容 -->
    <header>
        <h3>HTML 5 - 介绍</h3>
        <p class="subline">HTML 5 Introduction</p>
        <dl>
            <dt>编辑：</dt>
<dd class="ddstyle"><a href="mailto:king@email.com" target="_blank">KING</a>, Corp.</dd>
<dd class="ddstyle"><a href="mailto:king@email.com">Tina Wang</a>, Corp.</dd>
<dd class="ddstyle"><a href="mailto:king@email.com">Robin Ben</a>, Corp.</dd>
        </dl>
 <p class="copyright"><a href="#">Copyright</a>© 2017 <a href="#">All Rights Reserved.</a>
    </header>
    <div id="id-intro-catalog">
        <h4>目录索引</h4>
        <ul class="toc">
            <li><a href="#id-intro-catalog"><span>1 </span>介绍（Introduction）</a>
                <ul>
        <li><a href="#id-intro-background"><span>1.1 </span>背景（Background）</a></li>
        <li><a href="#id-intro-history"><span>1.2 </span>历史（History）</a></li>
        <li><a href="#id-intro-version"><span>1.3 </span>版本（Version）</a></li>
                </ul>
            </li>
        </ul>
    </div>
    <h3 id="id-intro-title"><span>1 </span>介绍（Introduction）</h3>
    <h4 id="id-intro-background"><span>1.1 </span>背景（Background）</h4>
    <p><i>背景介绍.</i></p>
    <p class="content">HTML（Hyper-Text Markup Language，超文本标签语言）网页，就是我们常说的超文本标签语言网页。
            所谓“超文本”，就是指页面内可以包含图片、链接，甚至音乐、程序等非文字元素。
```

```
37      </p>
38      <p class="content">HTML（Hyper-Text Markup Language，超文本标签语言）网页，就是我们常说的超文本标签语言网页。
39          所谓“超文本”，就是指页面内可以包含图片、链接，甚至音乐、程序等非文字元素。
40      </p>
41      <p class="backtocatalog"><a href="#id-intro-catalog">back to catalog</a></p>
42      <h4 id="id-intro-history"><span>1.2 </span>历史（History）</h4>
43      <p><i>历史介绍.</i></p>
44      <p class="content">HTML（Hyper-Text Markup Language，超文本标签语言）网页，就是我们常说的超文本标签语言网页。
45          所谓“超文本”，就是指页面内可以包含图片、链接，甚至音乐、程序等非文字元素。
46      </p>
47      <p class="content">HTML（Hyper-Text Markup Language，超文本标签语言）网页，就是我们常说的超文本标签语言网页。
48          所谓“超文本”，就是指页面内可以包含图片、链接，甚至音乐、程序等非文字元素。
49      </p>
50      <p class="backtocatalog"><a href="#id-intro-catalog">back to catalog</a></p>
51      <h4 id="id-intro-version"><span>1.3 </span>版本（Version）</h4>
52      <p><i>版本介绍.</i></p>
53      <p class="content">HTML（Hyper-Text Markup Language，超文本标签语言）网页，就是我们常说的超文本标签语言网页。
54          所谓“超文本”，就是指页面内可以包含图片、链接，甚至音乐、程序等非文字元素。
55      </p>
56      <p class="content">HTML（Hyper-Text Markup Language，超文本标签语言）网页，就是我们常说的超文本标签语言网页。
57          所谓“超文本”，就是指页面内可以包含图片、链接，甚至音乐、程序等非文字元素。
58      </p>
59      <p class="backtocatalog"><a href="#id-intro-catalog">back to catalog</a></p>
60      <br><hr>
61      <footer>
62  <p class="p-footer"><a href="#">Copyright</a>© 2017 All Rights Reserved.  <a href="#">written by king.</a>
63      </footer>
64  </body>
65  </html>
```

【代码解析】

第 20～31 行代码通过<div>标签元素定义了目录索引层，其 id 值为"id-intro-catalog"，在【代码 5-12】中第 04 行代码定义的<a>超链接引用到该锚点。

第 22～30 行代码通过<ul><li>标签组定义了目录索引结构，每一条索引均通过<a>超链接引用了页面下面相对应的锚点。

第 33～41 行、第 42～50 行和第 51～59 行代码分别定义了一组介绍文本。其中，第 33 行、第 42 行和第 51 行代码分别定义了各自的锚点（"id-intro-background"、"id-intro-history" 和"id-intro-version"），这些锚点分别在【代码 5-12】中第 09 行、第 14 行和第 19 行代码中通过<a>超链接所引用。

第 41 行、第 50 行和第 59 行代码分别通过<a>超链接标签元素定义了跳转到本页面目录索引的链接。

下面在图 5.21 中随机选取一个“1.1 背景”目录索引项单击测试，电子书介绍页面打开后的效果如图 5.22 所示。在图中右下角点击 “back to catalog”超链接，页面效果如图 5.23 所示。电子书介绍页面跳转到了目录索引层。

图 5.22　电子书介绍页（一）

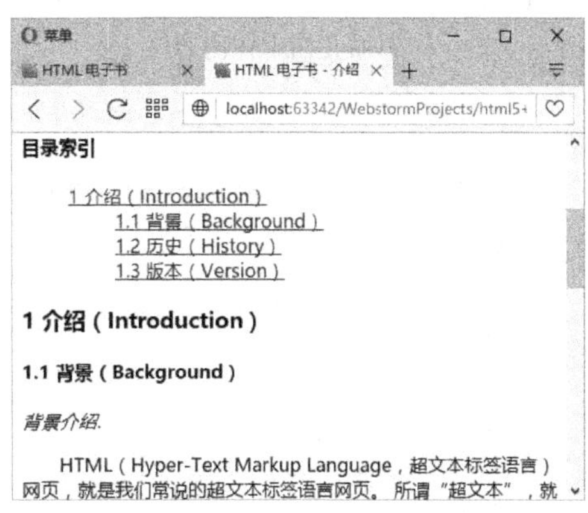

图 5.23　电子书介绍页（二）

然后，任选一个“1.2 历史”目录索引项单击，页面效果如图 5.24 所示。同样的，在图 5.24 右下角单击“back to catalog”超链接，页面又会跳转到目录索引层，如图 5.25 所示。

图 5.24　电子书介绍页（三）

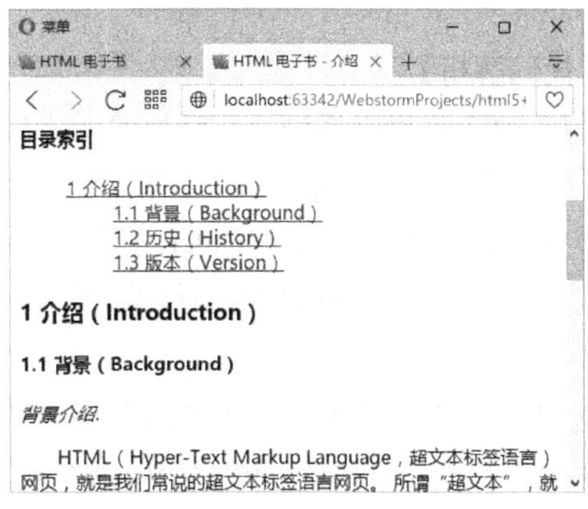

图 5.25　电子书介绍页（四）

以上就是电子书功能页面的基本设计过程，用户可以在图 5.21 中电子书主页的目录索引中随机选取索引项进行测试。电子书源码目录中的 manul.html 和 tag.html 页面与 intro.html 页面设计结构基本类似，在此就不再赘述了。下一小节将介绍带有图片链接的 ref.html 页面。

5.5.4 电子书参考书籍页设计

先看电子书参考书籍页面的框架代码（详见源代码 ch05/ebooks/ref.html 文件）。

【代码 5-15】

```
01 <!DOCTYPE html>
02 <html lang="zh-cn">
03 <head>
04     <link href="css/bootstrap.min.css" rel="stylesheet" />
05     <link type="text/css" rel="stylesheet" href="css/style.css" />
06     <title>HTML 电子书 - 参考书籍</title>
07 </head>
08 <body>
09     <!-- 添加文档主体内容 -->
10     <header>
11     </header>
12     <div id="id-ref-catalog">
13     </div>
14     <h3 id="id-ref-title"><span>4 </span>参考书籍（Reference Books）</h3>
15     <footer>
16     </footer>
17     <!-- javascript
18         ================================================== -->
19     <!-- Placed at the end of the document so the pages load faster -->
20     <script src="js/jquery.js"></script>
21     <script src="js/bootstrap.min.js"></script>
22 </body>
23 </html>
```

【代码解析】

第 03～07 行代码通过<head>标签元素定义了页面头部，其中第 05 行代码通过<link>标签元素引用了本应用的自定义样式文件。

第 10～11 行代码通过<header>标签元素定义了页面页眉。

第 12～13 行代码通过<div>标签元素定义了页面主体，其 id 属性值为“catalog”，用于显示电子书的目录索引。

第 14 行代码定义了页面主体的参考书籍内容。

第 15～16 行代码通过<footer>标签元素定义了页面页脚。

第 20～21 行代码通过<script>标签元素引用了相关的脚本文件。

下面主要看一下【代码 5-15】中第 14 行代码后页面主体的参考书籍内容设计（详见源代码 ch05/ebooks/ref.html 文件）。

【代码 5-16】

```
    <h4 id="id-ref-w3c"><span>4.1 </span>W3C（W3C）</h4>
```

```
    <p><i>W3C 介绍.</i></p>
    <table>
        <tr>
            <td>
                <p class="content">HTML（Hyper-Text Markup Language，超文本标签语言）网页，就是我们常说的超文本标签语言网页。
    所谓“超文本”，就是指页面内可以包含图片、链接，甚至音乐、程序等非文字元素。
                </p>
            </td>
            <td>
                <a href="ref/w3c.html" target="_blank">
                    <img src="images/w3c.jpg" alt="w3c images">
                </a>
            </td>
        </tr>
        <tr>
            <td></td>
            <td>
            <p class="backtocatalog"><a href="#id-ref-catalog">back to catalog</a></p>
            </td>
        </tr>
    </table>
    <h4 id="id-ref-HTML 5"><span>4.2 </span>HTML 5（HTML 5）</h4>
    <p><i>HTML 5 介绍.</i></p>
    <table>
        <tr>
            <td>
                <p class="content">HTML（Hyper-Text Markup Language，超文本标签语言）网页，就是我们常说的超文本标签语言网页。
    所谓“超文本”，就是指页面内可以包含图片、链接，甚至音乐、程序等非文字元素。
                </p>
            </td>
            <td>
                <a href="ref/HTML 5.html" target="_blank">
                    <img src="images/HTML 5.jpg" alt="HTML 5 images">
                </a>
            </td>
        </tr>
        <tr>
            <td></td>
            <td>
            <p class="backtocatalog"><a href="#id-ref-catalog">back to
```

```
catalog</a></p>
42              </td>
43          </tr>
44      </table>
45      <h4 id="id-ref-dw"><span>4.3 </span>DW（DreamWeaver）</h4>
46      <p><i>DW 介绍.</i></p>
47      <table>
48          <tr>
49              <td>
50                  <p class="content">HTML（Hyper-Text Markup Language，超文本标签语言）网页，就是我们常说的超文本标签语言网页。
51      所谓“超文本”，就是指页面内可以包含图片、链接，甚至音乐、程序等非文字元素。
52                  </p>
53              </td>
54              <td>
55                  <a href="ref/dw.html" target="_blank">
56                      <img src="images/dreamweaver.jpg" alt="dreamweaver images">
57                  </a>
58              </td>
59          </tr>
60          <tr>
61              <td></td>
62              <td>
63              <p class="backtocatalog"><a href="#id-ref-catalog">back to catalog</a></p>
64              </td>
65          </tr>
66      </table>
```

【代码解析】

第 01～22 行代码定义了“w3c”参考书籍的内容。其中，第 03～22 行代码通过<table>表格标签元素定义了书籍介绍文本和书籍图片，书籍图片的定义在第 11～13 行代码中，并通过<a>标签元素定义了图片链接（href="ref/w3c.html"），链接到“ref”目录下的 w3c.html 页面文件。

第 23～44 行代码定义了“HTML 5”参考书籍的内容。其中，第 25～44 行代码通过<table>表格标签元素定义了书籍介绍文本和书籍图片，书籍图片的定义在第 33～35 行代码中，并通过<a>标签元素定义了图片链接（href="ref/HTML 5.html"），链接到“ref”目录下的 HTML 5.html 页面文件。

第 45～66 行代码定义了“DreamWeaver”参考书籍的内容。其中，第 47～66 行代码通过<table>表格标签元素定义了书籍介绍文本和书籍图片，书籍图片的定义在第 55～57 行代码中，并通过<a>标签元素定义了图片链接（href="ref/dw.html"），链接到“ref”目录下的 dw.html

页面文件。

下面，在图 5.21 中随机选取一个“4.1 W3C”目录索引项单击测试，电子书参考书籍页面打开后的效果如图 5.26 所示。然后在图中右侧单击 “W3C”图片链接，新页面打开后的效果如图 5.27 所示。电子书参考书籍页面此时跳转到了 W3C 的文档页面。

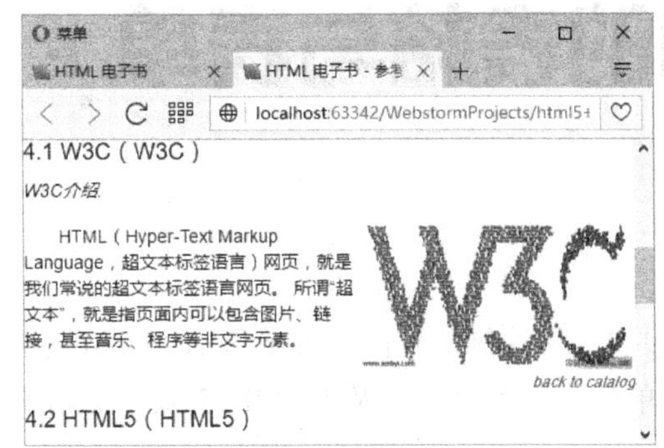

图 5.26　电子书参考书籍页（一）

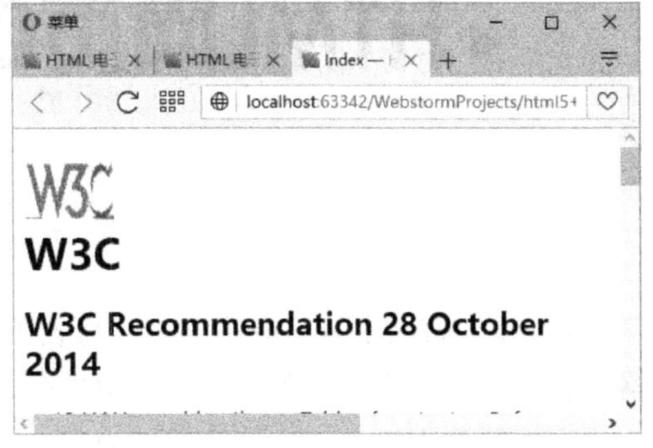

图 5.27　电子书参考书籍页（二）

第 6 章

HTML网页中的表格与表单

本章介绍 HTML 网页中关于表格与表单的知识，具体包括表格与表单基础、表格框架及表格编辑、表单元素、表单组件、表单提交、表单验证等内容，以及 HTML 5 表单新增的自动完成、自动焦点以及文本域等属性内容。

6.1 HTML 表格基础

本节介绍 HTML 表格的基本概念，具体包括表格标题、表格表头、表格主体、表格行和单元格等内容。

6.1.1 什么是 HTML 表格

HTML 表格（简称为“表”）是一种将数据通过组织和整理，并以可视化方法展现给用户的元素组合。HTML 表格的应用场景非常丰富，例如在数据分析、统计报表、科研报告等生产活动中，均会采用表格的表现手段。

相信读者对于桌面办公软件 Microsoft Word 和 Microsoft Excel 中功能强大的表格印象深刻。其实，目前有很多第三方开发平台实现了可以媲美 Microsoft Word 和 Microsoft Excel 表格强大功能的网页表格工具。对于未来，我们相信只有互联网应用才是王道，因此网页表格必将具有广阔的发展空间。

6.1.2 HTML 表格组成

HTML 表格与桌面应用中的表格类似，一般由表格标题、表头、表格主体、表格行和列、单元格和表注等部分组成。通常，HTML 表格都会包含表头和表格主体两大部分，如果需要风格多样的表格，可以自定义添加多种表格元素来提供功能更全面的表格。

当然，由于各类表格在种类、结构、标注方法、表达方法以及使用方法等方面均有所差异，因此在定义 HTML 表格组成上也会出现风格多样的表现形式。不过，HTML 表格的基本语法还是有具体规范的，下面开始具体介绍 HTML 表格的语法格式。

6.2 HTML 表格标签

本节介绍 HTML 表格标签的内容，包括表格标题、表头、表格主体、表格行和列、单元格和表注等内容。

6.2.1 表格<table>标签

在 HTML 网页中，通过使用<table>标签创建表格，具体语法格式如下：

```
<table>...... </table>
```

HTML 规范中，可以为表格<table>标签添加边框“border”属性，具体说明如下：

- 如果表格定义“border=1”属性，则表格在网页中会显示边框。
- 如果不定义“border”属性，则表格在网页中不会显示边框。

下面看一个关于表格边框的简单代码示例（详见源代码 ch06/ch06-html-table-border.html 文件）。

【代码 6-1】

```
<!DOCTYPE html>
<html lang="zh-cn">
<head>
    <title>HTML 之表格</title>
</head>
<body>
    <!-- 添加文档主体内容 -->
    <h3>HTML 5 + CSS + JS --- HTML 表格&lt;a&gt;之 border 属性</h3><hr><br>
    <!-- 添加文档主体内容 -->
    <p>
        &lt;table border="1"&gt;表格效果:<br>
    </p>
    <table border="1">
        <tr>
            <td>row 1, cell 1</td>
            <td>row 1, cell 2</td>
        </tr>
        <tr>
            <td>row 2, cell 1</td>
            <td>row 2, cell 2</td>
        </tr>
    </table>
    <br>
```

```
24     <p>
25         &lt;table&gt;表格效果:<br>
26     </p>
27     <table>
28         <tr>
29             <td>row 1, cell 1</td>
30             <td>row 1, cell 2</td>
31         </tr>
32         <tr>
33             <td>row 2, cell 1</td>
34             <td>row 2, cell 2</td>
35         </tr>
36     </table>
37 </body>
38 </html>
```

【代码解析】

第 13～22 行代码通过<table>标签元素定义了第一个表格，其中“border”属性值设定为“1”，表示显示表格边框。

第 27～36 行代码通过<table>标签元素定义了第二个表格，其中“border”属性值没有设定，表示不显示表格边框。

运行测试网页，效果如图 6.1 所示。

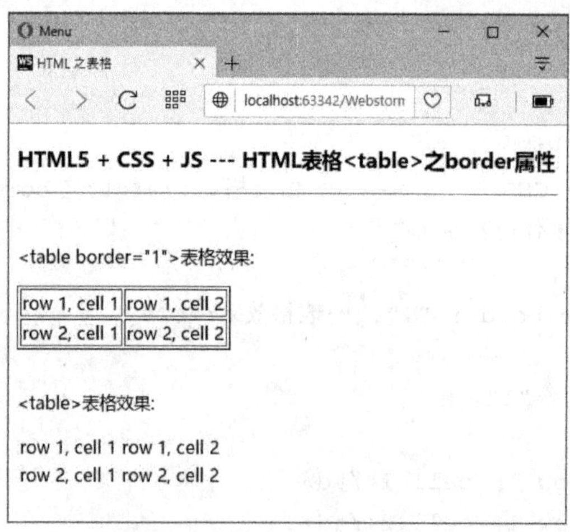

图 6.1　HTML 表格之 border 属性

6.2.2　表格语法

在 HTML 表格<table>标签中，主要包括标题、表头、表头单元格、主体、表注、行和主体单元格等元素，下面分别进行介绍。

- <caption>标签：<caption>标签用于定义表格的标题。

- <thead>标签：<thead>标签用于定义表格的表头。
- <th>标签：<th>标签用于定义表格的表头单元格。
- <tbody>标签：<tbody>标签用于定义表格的主体部分。
- <tr>标签：<tr>标签用于定义表格行。
- <td>标签：<td>标签用于定义表格主体单元格。
- <tfoot>标签：<tfoot>标签用于定义表格的表注（或称表格注脚）。

下面看一个使用以上列表中表格标签的代码示例（详见源代码 ch06/ch06-html-table-tags.html 文件）。

【代码 6-2】

```
<!DOCTYPE html>
<html lang="zh-cn">
<head>
    <title>HTML 之表格</title>
</head>
<body>
    <!-- 添加文档主体内容 -->
    <h3>HTML 5 + CSS + JS --- HTML 表格&lt;table&gt;标签元素</h3><hr><br>
    <!-- 添加文档主体内容 -->
    <p>
        表格&lt;table&gt;标签元素:<br>
    </p>
    <table border="1">
        <caption>表格标题</caption>
        <thead>
        <tr>
            <th>表头 A</th>
            <th>表头 B</th>
            <th>表头 C</th>
        </tr>
        </thead>
        <tfoot>
        <tr>
            <td>表注 A</td>
            <td>表注 B</td>
            <td>表注 C</td>
        </tr>
        </tfoot>
        <tbody>
        <tr>
            <td>row 1, cell 1</td>
            <td>row 1, cell 2</td>
            <td>row 1, cell 3</td>
        </tr>
        <tr>
```

```
36                <td>row 2, cell 1</td>
37                <td>row 2, cell 2</td>
38                <td>row 2, cell 3</td>
39            </tr>
40            <tr>
41                <td>row 3, cell 1</td>
42                <td>row 3, cell 2</td>
43                <td>row 3, cell 3</td>
44            </tr>
45            </tbody>
46        </table>
47    </body>
48    </html>
```

【代码解析】

第 13～46 行代码通过<table>标签元素定义了一个表格，其中“border”属性值设定为“1”，表示显示表格边框。

第 14 行代码通过<caption>标签元素定义了表格标题。

第 15～21 行代码通过<thead>标签元素定义了表格表头，其中第 16～20 行代码通过<tr>表格行标签元素定义了一行表格，第 17～19 行代码通过一组<th>标签元素定义了三个表头单元格。

第 22～28 行代码通过<tfoot>标签元素定义了表格表注，其中第 23～27 行代码通过<tr>表格行标签元素定义了一行表格，第 24～26 行代码通过一组<td>标签元素定义了三个表注单元格。

第 29～45 行代码通过<tbody>标签元素定义了表格主体，其中第 30～34 行、第 35～39 行和第 40～44 行代码通过三组<tr>表格行标签元素定义了三行表格，在每行表格中通过<td>标签元素定义了一组表格主体单元格。

运行测试网页，效果如图 6.2 所示。第 22～28 行代码定义的表注没有显示在代码定义的位置，而是显示在表格的底部，这与表注的含义是一致的。

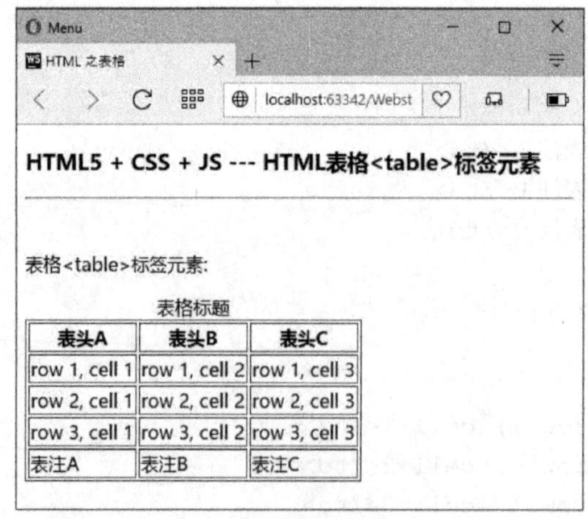

图 6.2　HTML 表格标签元素

6.3 HTML 表格应用

本节通过一些简单的 HTML 表格应用，向读者介绍如何使用表格标签元素实现更丰富的页面功能。

6.3.1 空单元格表格

本小节实现一个空单元格 HTML 表格应用，通过该应用是要让读者了解表格中的单元格可以不添加任何内容，也是为了实现复杂表格应用所需的基础知识。

下面是一个实现空单元格表格的 HTML 示例代码（详见源代码 ch06/ch06-html-table-td-empty.html 文件）。

【代码 6-3】

```
<!DOCTYPE html>
<html lang="zh-cn">
<head>
    <title>HTML 之表格</title>
</head>
<body>
    <!-- 添加文档主体内容 -->
    <h3>HTML 5 + CSS + JS --- HTML 表格&lt;table&gt;之空单元格</h3><hr><br>
    <!-- 添加文档主体内容 -->
    <p>
        表格&lt;table&gt;之空单元格:<br>
    </p>
    <table border="1">
        <caption>表格标题</caption>
        <thead>
        <tr>
            <th>表头 A</th>
            <th>表头 B</th>
            <th></th>
        </tr>
        </thead>
        </tfoot>
        <tbody>
        <tr>
            <td>row 1, cell 1</td>
            <td></td>
            <td>row 1, cell 3</td>
        </tr>
```

```
29          <tr>
30              <td>row 2, cell 1</td>
31              <td>row 2, cell 2</td>
32              <td></td>
33          </tr>
34          <tr>
35              <td></td>
36              <td>row 3, cell 2</td>
37              <td>row 3, cell 3</td>
38          </tr>
39          </tbody>
40      </table>
41  </body>
42  </html>
```

【代码解析】

第 13～40 行代码通过<table>标签元素定义了一个表格，其中“border”属性值设定为“1”，表示显示表格边框。

第 14 行代码通过<caption>标签元素定义了表格标题。

第 15～21 行代码通过<thead>标签元素定义了表格表头，其中第 19 行代码通过<td>标签元素定义的单元格内容为空。

第 31～39 行代码通过<tbody>标签元素定义了表格主体，其中第 26 行、第 32 行和第 35 行代码通过<td>标签元素定义的单元格内容为空。

运行测试网页，效果如图 6.3 所示。在代码中将<td>单元格标签元素内容定义为空时，浏览器页面中仍可以正常显示表格，只不过单元格中没有任何内容。

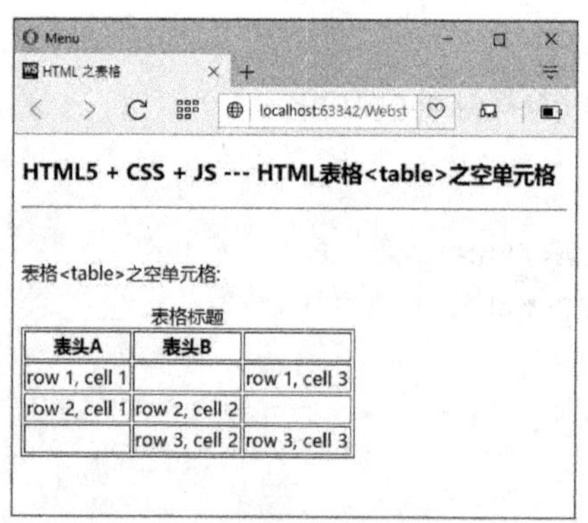

图 6.3　HTML 表格之空单元格

6.3.2　单元格边距和间距

在 HTML 表格中，单元格有边距和间距属性，且是可以通过设定来实现不同的表格显示效果的。那么单元格边距和间距具体是什么含义呢？我们先看一下单元格边距和间距的具体定义。

- 单元格边距（cell padding）：表示单元格内容与其边框之间的空白距离，属性名称为“cellpadding”。
- 单元格间距（cell spacing）：表示单元格与单元格之间的空白距离，属性名称为“cellspacing”。

下面的代码实现单元格边距和间距（详见源代码 ch06/ch06-html-table-td-cell.html 文件）。

【代码 6-4】

```
    <table border="1" cellpadding="8">
        <caption>单元格边距（cellpadding="8"）</caption>
......
    </table>
    <br>
    <table border="1" cellspacing="16">
        <caption>单元格间距（cellspacing="16"）</caption>
......
    </table>
```

运行测试网页，效果如图 6.4 所示。从中可以看到设定单元格边距与间距后的实际效果，具体应用中可以将“cellpadding”和“cellspacing”属性组合在一起使用。

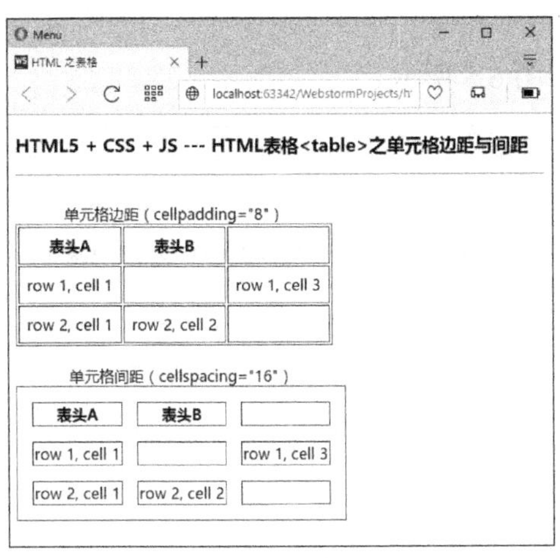

图 6.4　HTML 表格之单元格边距与间距

6.3.3　细线边框表格

在常见的 HTML 表格中，最常见的边框基本都是细线风格的。前一小节介绍了单元格边距与间距，通过设定边距与间距，再配合“border”等相关属性，就可以实现常用的细线边框表格。

本小节介绍一种最常用的设定细线边框表格的代码设计，下面是相关属性的介绍。

- 边框（border）：表示围绕标签元素内容和内边距的一条或多条线，属性名称为

"border"。

- 边框合并模型（border-collapse）：用于设定表格合并边框模型，属性名称为"border-collapse"，常用属性值为"collapse"和"separate"。
- 单元格间距（cell spacing）：表示单元格与单元格之间的空白距离，属性名称为"cellspacing"。
- 单元格边距（cell padding）：表示单元格内容与其边框之间的空白距离，属性名称为"cellpadding"。

下面代码实现细线边框表格的 HTML（详见源代码 ch06/ch06-html-table-border-collapse.html 文件）。

【代码 6-5】

```
    <table
            border="1"
            cellspacing="0"
            cellpadding="8"
            style="border-collapse: collapse;">
        <caption>细线边框表格</caption>
......
    </table>
```

运行测试网页，效果如图 6.5 所示。

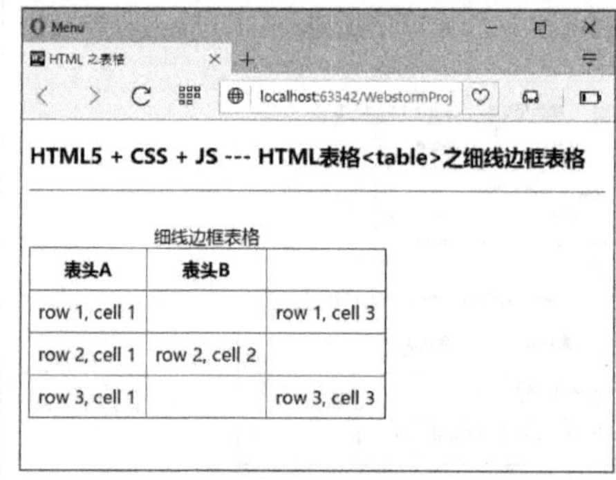

图 6.5　HTML 表格之细线边框

6.3.4　跨行与跨列的表格

在前面介绍的 HTML 表格例子中，都是标准行和列的表格。本小节介绍跨行与跨列的表格，所谓跨行与跨列就如同在 Excel 表格中的合并单元格一样，会出现几行或几列的单元格合并成一个单元格的样式。

下面是实现跨行与跨列表格所需要的相关属性。

- "rowspan"属性：表示单元格可横跨的行数。
- "colspan"属性：表示单元格可纵跨的列数。

下面是一个实现跨行与跨列表格的 HTML 示例代码（详见源代码 ch06/ch06-html-table-rowspan-colspan.html 文件）。

【代码 6-6】

```
<!DOCTYPE html>
<html lang="zh-cn">
<head>
    <title>HTML 之表格</title>
</head>
<body>
    <!-- 添加文档主体内容 -->
    <h3>HTML 5 + CSS + JS --- HTML 表格&lt;table&gt;之跨行与跨列表格</h3><hr><br>
    <!-- 添加文档主体内容 -->
    <table
            border="1"
            cellspacing="0"
            cellpadding="8"
            style="border-collapse: collapse;">
        <caption>跨列表格</caption>
        <thead>
        <tr>
            <th>表头 A</th>
            <th>表头 B</th>
            <th>表头 C</th>
        </tr>
        </thead>
        <tbody>
        <tr>
            <td colspan="2">row 1, cell 1 & 2</td>
            <td>row 1, cell 3</td>
        </tr>
        <tr>
            <td>row 2, cell 1</td>
            <td colspan="2">row 2, cell 2 & 3</td>
        </tr>
        </tbody>
    </table>
    <br>
    <table
            border="1"
            cellspacing="0"
            cellpadding="8"
```

```
            style="border-collapse: collapse;">
        <caption>跨行表格</caption>
        <thead>
        <tr>
            <th>表头 A</th>
            <th>表头 B</th>
            <th>表头 C</th>
        </tr>
        </thead>
        <tbody>
        <tr>
            <td rowspan="2">row 1 & 2, cell 1</td>
            <td>row 1, cell 2</td>
            <td rowspan="2">row 1 & 2, cell 3</td>
        </tr>
        <tr>
            <td>row 2, cell 2</td>
        </tr>
        </tbody>
    </table>
    <br>
    <table
            border="1"
            cellspacing="0"
            cellpadding="8"
            style="border-collapse: collapse;">
        <caption>跨行与跨列表格</caption>
        <thead>
        <tr>
            <th>表头 A</th>
            <th>表头 B</th>
            <th>表头 C</th>
        </tr>
        </thead>
        <tbody>
        <tr>
            <td colspan="2">row 1, cell 1 & 2</td>
            <td rowspan="3">row 1 & 2 & 3, cell 3</td>
        </tr>
        <tr>
            <td rowspan="2">row 2 & 3, cell 1</td>
            <td>row 2, cell 2</td>
        </tr>
```

```
82          <tr>
83              <td>row 3, cell 2</td>
84          </tr>
85          </tbody>
86      </table>
87  </body>
88  </html>
```

【代码解析】

第 10～33 行代码通过<table>标签元素定义了第一个表格，该表格实现了跨列样式。其中，第 25 行代码通过为<td>标签元素添加“colspan="2"”属性，实现了“row1，cell1”和“row1，cell2”单元格的合并。而第 30 行代码同样通过为<td>标签元素添加“colspan="2"”属性，实现了“row2，cell2”和“row2，cell3”单元格的合并。

第 35～58 行代码通过<table>标签元素定义了第二个表格，该表格实现了跨行样式。其中，第 50 行代码通过为<td>标签元素添加“rowspan="2"”属性，实现了“row1，cell1”和“row2，cell1”单元格的合并。而第 52 行代码同样通过为<td>标签元素添加“rowspan="2"”属性，实现了“row1，cell3”和“row2，cell3”单元格的合并。

第 60～86 行代码通过<table>标签元素定义了第三个表格，该表格实现了跨行与跨列的综合样式。其中，第 75 行代码通过为<td>标签元素添加“colspan="2"”属性，实现了“row1，cell1”和“row1，cell2”单元格的合并。第 79 行代码通过为<td>标签元素添加“rowspan="2"”属性，实现了“row2，cell1”和“row3，cell1”单元格的合并。而第 84 行代码通过为<td>标签元素添加“rowspan="3"”属性，则实现了“row1，cell3”、“row2，cell3”和“row3，cell3”这一列全部单元格的合并。

运行测试网页，效果如图 6.6 所示。

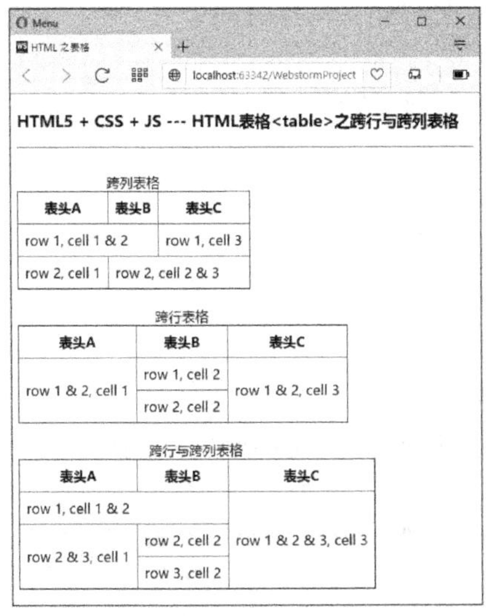

图 6.6　HTML 表格之跨行与跨列

6.3.5 表格背景颜色

本小节介绍如何为 HTML 表格及单元格设定背景颜色。在实际项目应用中，通过设定表格或单元格背景颜色，可以起到突出重点内容和美化风格的作用，对于有美工基础的设计人员是再合适不过的了。

背景颜色属性（background color）用于设定元素的背景颜色，属性名称为“bgcolor”。下面代码实现了带背景颜色的表格（详见源代码 ch06/ch06-html-table-bgcolor.html 文件），设计这段代码时，由于考虑到书籍中的图片没有色彩，因此主要是通过颜色的灰度等级来实现背景颜色风格。

【代码 6-7】

```
<table
      border="1"
      cellspacing="0"
      cellpadding="8"
      bgcolor="#e8e8e8"
      style="border-collapse: collapse;">
   <caption>表格背景颜色</caption>
……
</table>
<br>
<table
      border="1"
      cellspacing="0"
      cellpadding="8"
      style="border-collapse: collapse;">
   <caption>单元格背景颜色</caption>
   <thead>
   <tr bgcolor="#c8c8c8">
      <th>表头 A</th>
      <th>表头 B</th>
      <th>表头 C</th>
   </tr>
   </thead>
   <tbody>
   <tr>
      <td rowspan="2" bgcolor="#f8f8f8">row 1 & 2, cell 1</td>
      <td>row 1, cell 2</td>
      <td rowspan="2" bgcolor="#a8a8a8">row 1 & 2, cell 3</td>
   </tr>
……
   </tbody>
</table>
```

运行测试网页，效果如图 6.7 所示。

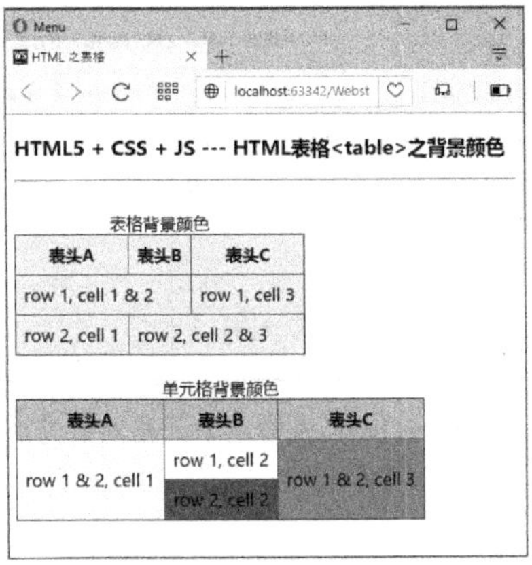

图 6.7　HTML 表格之背景颜色

6.3.6　单元格内容对齐方式

本小节介绍如何为 HTML 表格的单元格内容设定对齐方式。在实际项目应用中，通过设定表格或单元格背景颜色，可以起到突出重点内容和美化风格的作用，对于有美工基础的设计人员是再合适不过的了。

对齐方式（Align）用于设定元素内容的对齐方式，属性名称为“align”，一般包括左对齐（“left”）、中间对齐（“center”）和右对齐（“right”）等几种方式。

下面代码实现了表格单元格内容对齐的方式（详见源代码 ch06/ch06-html-table-align.html 文件）。

【代码 6-8】

```
<table
        border="1"
        cellspacing="0"
        cellpadding="16"
        style="border-collapse: collapse;">
    <caption>单元格内容对齐方式</caption>
    <thead>
    <tr>
        <th align="left">表头 A</th>
        <th align="center">表头 B</th>
        <th align="right">表头 C</th>
    </tr>
......
</table>
```

运行测试网页，效果如图 6.8 所示。

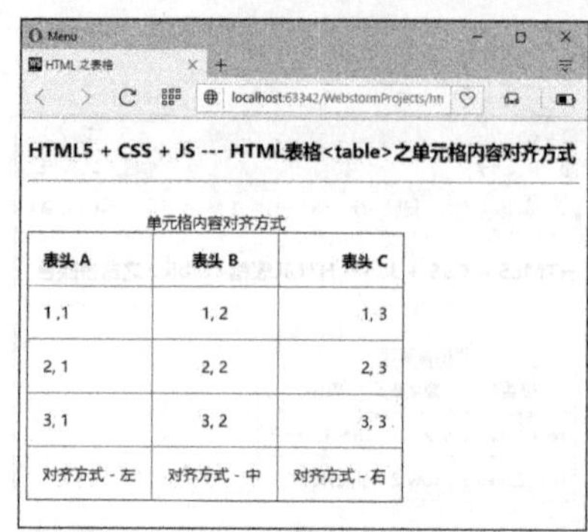

图 6.8　HTML 表格之单元格对齐方式

6.3.7　表格嵌套元素

本小节介绍如何在 HTML 表格内设计嵌套元素的方法。所谓表格嵌套元素，就是在单元格内设计其他标签元素，可以是段落、列表、图片等元素，就是设计添加另一个表格也是可以实现的。

下面是一个实现表格嵌套元素的 HTML 示例代码（详见源代码 ch06/ch06-html-table-in-table.html 文件）。

【代码 6-9】

```
<!DOCTYPE html>
<html lang="zh-cn">
<head>
    <title>HTML 之表格</title>
</head>
<body>
    <!-- 添加文档主体内容 -->
    <h3>HTML 5 + CSS + JS --- HTML 表格&lt;table&gt;之嵌套元素</h3><hr><br>
    <!-- 添加文档主体内容 -->
    <table
            border="1"
            cellspacing="0"
            cellpadding="16"
            style="border-collapse: collapse;">
        <caption>表格嵌套元素</caption>
        <thead>
        <tr>
            <th>嵌套段落</th>
            <th>嵌套列表</th>
            <th>嵌套图片</th>
            <th>嵌套表格</th>
        </tr>
```

```
23          </thead>
24          <tbody>
25          <tr>
26              <td>
27                  <p>这是第一个段落</p>
28                  <p>这是第二个段落</p>
29                  <p>这是第三个段落</p>
30              </td>
31              <td>
32                  编程语言：
33                  <ul>
34                      <li>HTML 5</li>
35                      <li>CSS3</li>
36                      <li>JavaScript</li>
37                  </ul>
38              </td>
39              <td>
40                  <img src="images/table-in-table.jpg" />
41              </td>
42              <td>
43                  <table border="1">
44                      <tr>
45                          <td>1, 1</td>
46                          <td>1, 2</td>
47                      </tr>
48                      <tr>
49                          <td>2, 1</td>
50                          <td>2, 2</td>
51                      </tr>
52                      <tr>
53                          <td>3, 1</td>
54                          <td>3, 2</td>
55                      </tr>
56                  </table>
57              </td>
58          </tr>
59          </tbody>
60      </table>
61  </body>
62  </html>
```

【代码解析】

第 10～60 行代码通过<table>标签元素定义了一个表格，该表格包括了一行四列的表头和一行四列的表格主体。

第 26～30 行代码通过<td>标签定义了第一个单元格，在该单元格内通过一组<p>标签定义了三个段落。

第 31～38 行代码通过<td>标签定义了第二个单元格，在该单元格内通过<ul><li>列表标签定义了一组列表。

第 39～41 行代码通过<td>标签定义了第三个单元格，在该单元格内通过<img>标签插入了一张图片。

第 42～57 行代码通过<td>标签定义了第四个单元格，在该单元格内通过第 43～56 行代码定义的<table>标签插入了一个三行两列的表格，这实际就是一个嵌套表格。

运行测试网页，效果如图 6.9 所示。表格中嵌套了段落、列表、图片和表格等元素，由此可见 HTML 表格的应用还是非常广泛的。

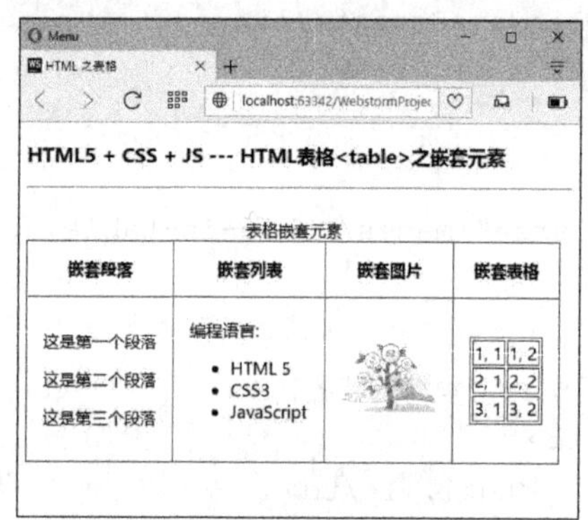

图 6.9　HTML 表格之嵌套元素

6.4 HTML 表单基础

本节继续介绍 HTML 表单的基本概念，包括表单概念、表单框架以及创建表单等内容。

6.4.1 什么是 HTML 表单

HTML 表单（Form）是一个包含允许用户输入信息的一组表单元素（如：文本框、单选框、复选框、下拉列表、文本域和提交重置按钮等），最终通过表单提交实现数据传递的组件。HTML 表单使用标签<form>定义，基本上绝大多数的 HTML 标签元素均可以在表单内使用。下面是使用表单<form>标签的语法：

```
<form>
form elements(表单元素)…
</form>
```

HTML 表单在实际应用中非常广泛，例如在用户调查、网上报名、在线考试等场景中，均会使用表单来实现主要功能。在 HTML 网页开发中，我们在前面的章节中介绍的内容都是基础，还不能算是掌握了 HTML 网页设计。可以讲，最终只有掌握了 HTML 表单设计，才能在实际项目开发中得心应手。

6.4.2　HTML 表单框架

一个完整的 HTML 表单基本由<from>标签、表单元素和提交重置按钮等元素组成。一般来讲，<from>标签和提交按钮是必不可少的，这也是表单中最基础的功能。对于重置按钮，虽然不强制添加，但习惯还是设计上，因为在某些场景还是很有用的。而表单元素则是根据实际用户需求来设计，是表单中最灵活的部分。

下面看一个最基本的 HTML 表单代码示例（详见源代码 ch06/ch06-html-form-basic.html 文件）：

【代码 6-10】

```
01 <!DOCTYPE html>
02 <html lang="zh-cn">
03 <head>
04     <title>HTML 之表单</title>
05 </head>
06 <body>
07     <!-- 添加文档主体内容 -->
08     <h3>HTML 5 + CSS + JS --- HTML 表单&lt;form&gt;基础</h3><hr><br>
09     <!-- 添加文档主体内容 -->
10     <form action="#" method="get" target="_blank">
11         <p>
12             表单区域 - 根据用户需求设计
13         </p>
14         <input type="submit" value="提交" />
15     </form>
16 </body>
17 </html>
```

【代码解析】

第 10～15 行代码通过<form>标签元素定义了一个表单，在该标签元素内通过一组属性来设定表单功能，具体说明如下：

- action 属性：属性值为 URL 地址，用于定义当提交表单时向该地址发送表单数据。在本例中，URL 值定义为"#"表示提交到本页。
- method 属性：属性值为“get”或“post”，用于定义发送 form-data 的 HTTP 方法。在本例中，method 属性值定义为"get"提交方式。关于“get”与“post”方式的区别，我们在后面实例中详细介绍。
- target 属性：用于定义在何处打开 action URL，属性值一般为"_blank" "_self" "_parent"

和"_top"，其含义在第 5 章超链接中有介绍。

第 11～13 行代码通过<p>标签元素定义了表单元素，这里仅仅就是一段文本。

第 14 行代码通过<input>标签元素定义了表单提交按钮，其中通过属性（type="submit"）来表示按钮类型。

运行测试网页，效果如图 6.10 所示。

图 6.10　HTML 表单之基础框架

6.5 HTML 表单组成

本节接着介绍 HTML 表单的组成，包括表单、输入框、文本域、列表、单选、复选和按钮元素等内容。

6.5.1　表单<form>标签

在前一小节中，我们使用 HTML 网页表单<form>标签创建一个最基本的表单，下面就针对表单<form>标签进行详细的介绍。

HTML 规范中，表单<form>标签中可以添加一系列属性，具体说明如下：

- accept-charset：定义服务器可处理的表单数据字符集，例如："utf-8" "GBK" "gb_2312" 等。
- action：属性值为 URL，定义当提交表单时向该 URL 发送表单数据。
- autocomplete：属性值为"on"或"off"，定义是否启用表单的自动完成功能。
- enctype：定义在发送表单数据之前如何对其进行编码，可能的属性值为"application/x-www-form-urlencoded" "multipart/form-data"和"text/plain"。
- method：属性值为"GET"或"POST"，用于定义发送 form-data 的 HTTP 方法。"GET"方式是默认方法，当使用"GET"方式时，表单数据在页面地址栏中是可见的，"GET"方式最适合少量数据的提交，因为浏览器会设定容量限制。而如果表单正在更新数据，或者包含敏感信息（例如密码等），使用"POST"方式会更安全，因为在页面地址栏中被提交的数据是不可见的。
- name：定义表单的名称。
- novalidate：如果使用该属性，则提交表单时不进行验证。

- target：定义在何处打开 action URL，属性值一般为"_blank" "_self" "_parent"和"_top"，可参阅第 5 章超链接中的内容。

6.5.2 表单<form>组成

在 HTML 表单中可以包含输入框、文本域、列表、单选、复选、分组和按钮等元素，下面分别进行介绍。

- 输入框<input>标签元素：<input>标签是表单中最重要的元素，用于输入用户数据信息。<input>标签根据不同的 type 属性值，会有不同的表现形式，例如：文本字段、文本域、列表、单选框、复选框、密码框、文本控件、分组、单选按钮，等等。
- 分组<fieldset>标签元素：分组<fieldset>标签可将表单内的相关元素进行分组，将表单内容的相关部分打包，生成一组相关表单的字段。当一组相关的表单元素放到<fieldset>标签内时，浏览器会以特殊方式来显示内容。
- 提交重置按钮：提交重置按钮同样是使用<input>标签元素来定义，提交按钮的 type 属性值为“submit”，重置按钮的 type 属性值为“reset”。

6.5.3 一个简单的表单<form>页面

在前面两个小节中，我们介绍了 HTML 表单<form>标签的属性及内容，下面看一个最简单的使用表单<form>标签的代码示例（详见源代码 ch06/ch06-html-form-simple.html 文件）。在这段代码示例中，表单中仅仅设计了一个文本域输入框，用于提交用户名信息到服务器端（通过 PHP 实现），具体如下：

【代码 6-11】

```
<!DOCTYPE html>
<html lang="zh-cn">
<head>
    <link type="text/css" rel="stylesheet" href="css/style.css" />
    <title>HTML 之表单</title>
</head>
<body>
    <!-- 添加文档主体内容 -->
    <h3>HTML 5 + CSS + JS --- HTML 表单&lt;form&gt;示例</h3><hr><br>
    <!-- 添加文档主体内容 -->
    <form
        action="ch06-html-form-simple.php"
        method="get"
        target="_blank">
        <p>用户名：<input type="text" name="form_name" /></p>
        <input type="reset" value="重置" />
        <input type="submit" value="提交" />
    </form>
```

```
19  </body>
20  </html>
```

【代码解析】

第 11～18 行代码通过<form>标签元素定义了一个表单。

第 12 行代码中，“action”属性值设定为"ch06-html-form-simple.php"，表示服务器端是通过 PHP 语言实现的（PHP 语言已经超出本书内容，这里使用 PHP 技术主要是为了测试表单效果，感兴趣的读者可以参看源代码目录中后缀为".php"的文件）。

第 13 行代码中，“method”属性值设定为"get"，表示页面表单的提交方式为“GET”方式。

第 14 行代码中，“target”属性值设定为"_blank"，表示在新打开的页面中显示服务器处理的信息。

第 15 行代码通过<input>标签元素定义了一个文本域输入框，其中“type”属性值为"text"，输入框名称属性“name”定义为"form_name"（该属性用于 PHP 服务器文件获取表单提交的数据）。

第 16 行代码通过<input>标签元素定义了表单重置按钮，其中通过属性（type="reset"）来表示按钮类型。

第 17 行代码通过<input>标签元素定义了表单提交按钮，其中通过属性（type="submit"）来表示按钮类型。

另外，<input>标签元素通过“value”属性来定义控件上显示的文本。

运行测试网页，效果如图 6.11 所示。在文本域输入框中随意输入一个用户名，然后单击“重置”按钮，页面重置后的效果如图 6.12 所示。可以看到，重置按钮的功能是将表单中输入数据进行清除，当用户想全部重新输入数据时是非常方便的。

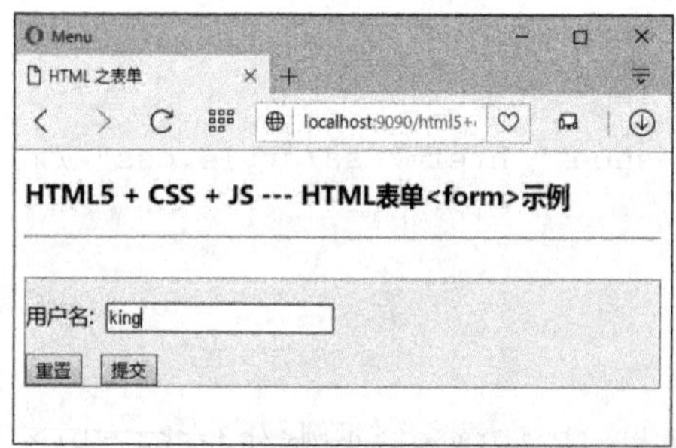

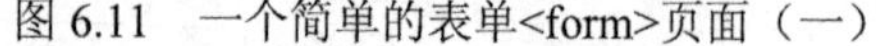

图 6.11　一个简单的表单<form>页面（一）

图 6.12　一个简单的表单<form>页面（二）

返回图 6.11 所示的页面，单击“提交”按钮进行测试，页面提交后的效果如图 6.13 所示。可以看到，在页面"ch06-html-form-simple.html"中定义的表单信息已成功提交到服务器。

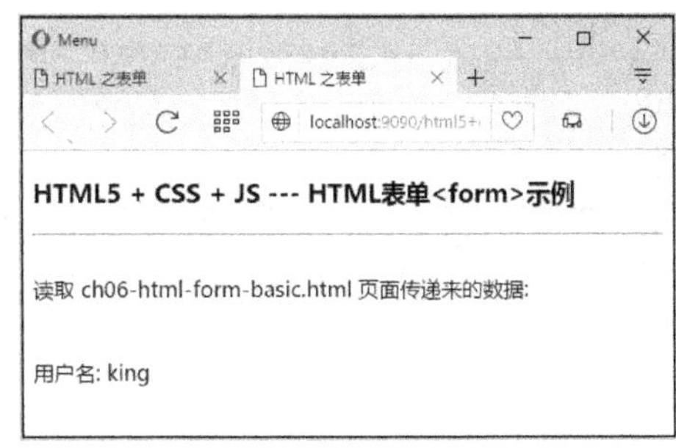

图 6.13　一个简单的表单<form>页面（三）

6.6 HTML 表单元素

本节通过一些简单的 HTML 表单元素，向读者介绍如何使用表单元素实现更丰富的页面功能。

6.6.1　文本域及其标记

本小节实现一个文本域（Text Fields）的 HTML 表单应用，文本域在 HTML 表单中是最常用的标签元素，主要是通过<input type="text">标签来实现。同时，在该表单应用中还使用了标记<label>标签配合文本域设计，<label>标签主要作用是为<input>标签定义标记（或标注）。

下面是文本域（Text Fields）表单应用的 HTML 示例代码（详见源代码 ch06/ch06-html-form-textfield.html 文件）。

【代码 6-12】

```
<!DOCTYPE html>
<html lang="zh-cn">
<head>
    <link type="text/css" rel="stylesheet" href="css/style.css" />
    <title>HTML 之表单</title>
</head>
<body>
    <!-- 添加文档主体内容 -->
    <h3>HTML 5 + CSS + JS --- HTML 表单&lt;form&gt;文本域</h3><hr><br>
    <!-- 添加文档主体内容 -->
    <form action="ch06-html-form-textfield.php" method="get" target="_blank">
        <table>
            <caption>文本域表单</caption>
            <tr>
                <th>
```

```
                    <label for="id_form_username">用户名:</label>
                </th>
                <td>
              <input type="text" name="name_form_username" id="id_form_username" />
                </td>
            </tr>
            <tr>
                <th>
                    <label for="id_form_nickname">昵称:</label>
                </th>
                <td>
              <input type="text" name="name_form_nickname" id="id_form_nickname" />
                </td>
            </tr>
            <tr>
                <th>
                    <label for="id_form_sex">性别:</label>
                </th>
                <td>
                    <input type="text" name="name_form_sex" id="id_form_sex" />
                </td>
            </tr>
            <tr>
                <th>
                    <label for="id_form_age">年龄:</label>
                </th>
                <td>
                    <input type="text" name="name_form_age" id="id_form_age" />
                </td>
            </tr>
            <tr>
                <th>
                    <label for="id_form_level">级别:</label>
                </th>
                <td>
                    <input type="text" name="name_form_level" id="id_form_level" />
                </td>
            </tr>
```

```
54            <tr>
55                <td></td>
56                <td>
57                    <input type="reset" value="重置" />
58                    <input type="submit" value="提交" />
59                </td>
60            </tr>
61        </table>
62    </form>
63 </body>
64 </html>
```

【代码解析】

第 14～21 行、第 22～29 行、第 30～37 行、第 38～44 行和第 46～53 行代码分别定义了 5 个表单文本域，分别用于输入“用户名”、“昵称”、“性别”、“年龄”和“级别”数据。

其中，第 16 行、第 24 行、第 32 行、第 40 行和第 46 行代码分别通过标记<label>标签元素为第 19 行、第 27 行、第 35 行、第 45 行和第 51 行代码通过<input type="text">标签定义的文本域添加了关联标记（或标注）。而进行关联标记的关键是<label>标签中的“for”属性，其属性值与<input>标签中的“id”属性值是一一对应的。

第 19 行、第 27 行、第 35 行、第 45 行和第 51 行代码通过<input type="text">标签定义了 5 个文本域。通过<input>标签为表单定义文本域需要设定“type”属性值为"text"。另外，还设定了文本域<input>标签的“name”属性和“id”属性，而前面介绍的标记<label>标签就是通过“id”属性值进行关联的。

运行测试网页，效果如图 6.14 所示。我们在表单文本域中输入一些数据，然后单击“提交”按钮，页面提交后的效果如图 6.15 所示。

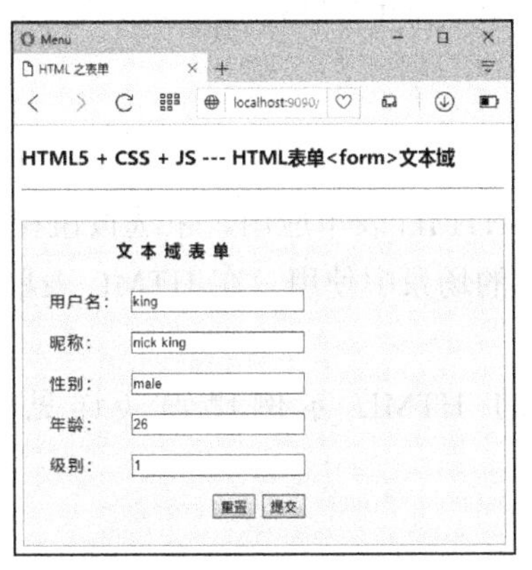

图 6.14　表单<form>文本域及其标记（一）

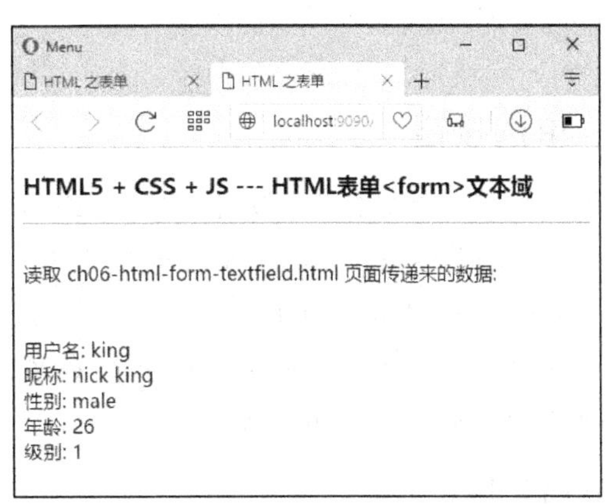

图 6.15　表单<form>文本域及其标记（二）

6.6.2　密码域

本小节实现一个密码域（Password Fields）的 HTML 表单应用，密码域主要应用于 HTML

表单登录功能中，主要是通过<input type="password">标签来实现。

下面是密码域（Password Fields）表单应用的 HTML 示例代码（详见源代码 ch06/ch06-html-form-password.html 文件），该表单应用简单模拟了 HTML 表单登录的过程。

【代码 6-13】

```
<form action="ch07-html-form-password.php" method="post" target="_self">
        <table class="csstable">
            <caption>密码域表单</caption>
......
                <label for="id_form_pwd">密码:</label>
                <input type="password" name="name_form_pwd" id="id_form_pwd"
/>
......
</form>
```

运行测试网页，效果如图 6.16 所示。我们在登录表单中输入“用户名”“密码”和计算验证码，然后单击“提交”按钮，页面提交后的效果如图 6.17 所示。

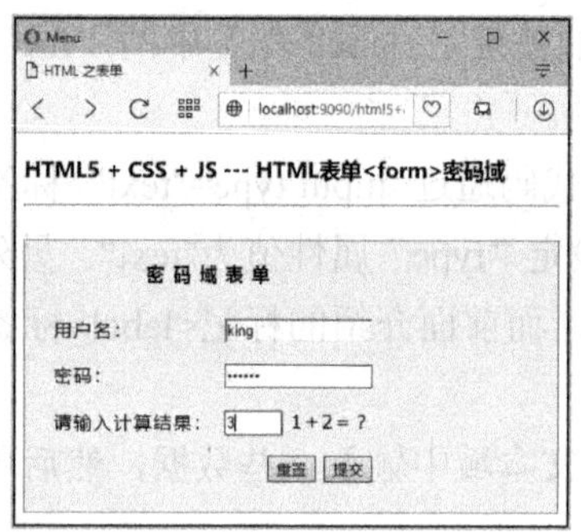

图 6.16　表单<form>密码域及登录模拟（一）

图 6.17　表单<form>密码域及登录模拟（二）

6.6.3　单选按钮

本小节实现一个使用单选按钮（Radio Button）的 HTML 表单应用。单选按钮在 HTML 表单中是很常用的标签元素，主要是在用户做单项选择的场景中使用。在 HTML 表单中，单选按钮是通过<input type="radio">标签来实现的。

下面是单选按钮（Radio Button）表单应用的 HTML 示例代码（详见源代码 ch06/ch06-html-form-radio.html 文件）。

【代码 6-14】

```
<form action="ch06-html-form-radio.php" method="get" target="_self">
......
        <input type="radio" name="html_css_js" id="id_form_html" value="HTML" />
        <input type="radio" name="html_css_js" id="id_form_css" value="CSS" />
        <input type="radio" name="html_css_js" id="id_form_js"
```

```
value="JavaScript" />
    ......
    </form>
```

运行测试网页，效果如图 6.18 所示。在表单单选按钮中任选一项，然后单击“提交”按钮，页面提交后的效果如图 6.19 所示。

图 6.18　表单<form>单选按钮（一）

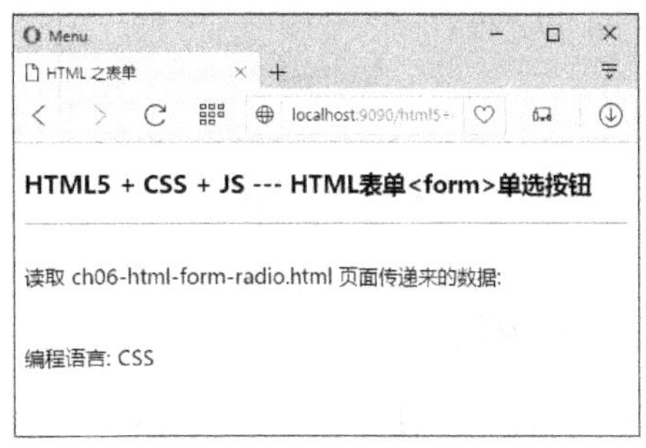

图 6.19　表单<form>单选按钮（二）

6.6.4　复选框

本小节实现一个使用复选框（Checkbox）的 HTML 表单应用。如同单选按钮，复选框在 HTML 表单中也是很常用的标签元素，尤其是用户调查的场景中使用比较多，因为绝大多数用户的意向不单单只有一个，此时单选按钮就不适用了。在 HTML 表单中，复选框是通过<input type="checkbox">标签来实现的。

下面是复选框（Checkbox）表单应用的 HTML 示例代码（详见源代码 ch06/ch06-html-form-checkbox.html 文件）。

【代码 6-15】

```
    <form action="ch06-html-form-checkbox.php" method="get" target="_self">
    ......
            <input type="checkbox" name="html_css_js[]" id="id_form_html"
value="HTML" />
            <input type="checkbox" name="html_css_js[]" id="id_form_css"
value="CSS" />
            <input type="checkbox" name="html_css_js[]" id="id_form_js"
value="JavaScript" />
    ......
    </form>
```

运行测试网页，效果如图 6.20 所示。在表单复选框中任选几项，然后单击“提交”按钮，页面提交后的效果如图 6.21 所示。

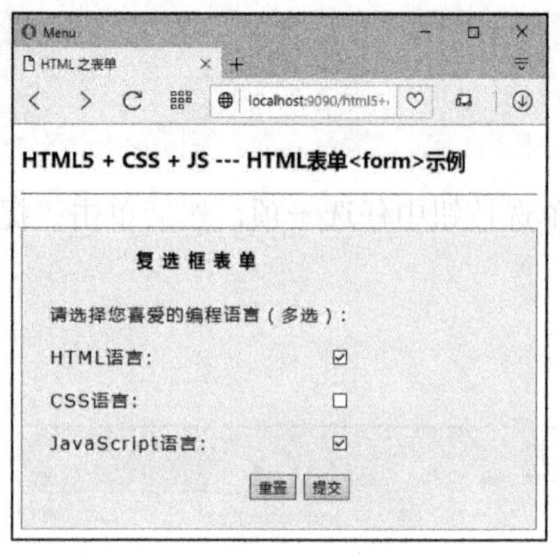

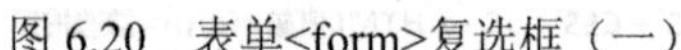
图 6.20 表单<form>复选框（一）

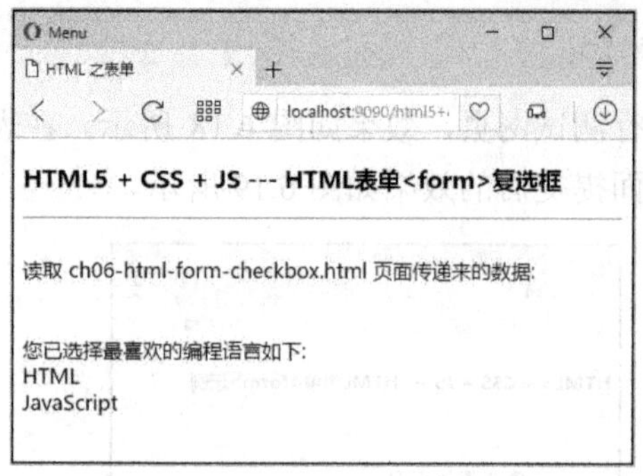

图 6.21 表单<form>复选框（二）

6.6.5 下拉列表

本小节实现一个使用下拉列表（Select）的 HTML 表单应用。在使用下拉列表时，用户每次只能选择一项，这点和单选按钮的功能比较接近。

那单选按钮和下拉列表功能是不是重叠的呢？其实不尽然。如果选择项不多，几项或十几项，无论是使用单选按钮或下拉列表均没问题。但如果选择项很多，下拉列表的优势就比较明显了。这是为什么呢？试想一下如果在页面中放置几十甚至上百个单选按钮，页面就会显得非常臃肿，选择起来也会很费力。

在 HTML 表单中，下拉列表是通过<select><option>标签来实现的。下面是下拉列表应用的 HTML 示例代码（详见源代码 ch06/ch06-html-form-select.html 文件）。

【代码 6-16】

```
<!DOCTYPE html>
<html lang="zh-cn">
<head>
    <title>HTML 之表单</title>
</head>
<body>
    <!-- 添加文档主体内容 -->
    <h3>HTML 5 + CSS + JS --- HTML 表单&lt;form&gt;示例</h3><hr><br>
    <!-- 添加文档主体内容 -->
    <form action="ch06-html-form-select.php" method="get" target="_self">
        <table class="csstable">
            <caption>下拉列表表单</caption>
            <tr>
                <th>请选择您最喜爱的编程语言:</th>
            </tr>
            <tr>
                <td>
                    <select name="web">
```

```
19                     <option value="html">HTML</option>
20                     <option value="css">CSS</option>
21                     <option value="js">JavaScript</option>
22                     <option value="php">PHP</option>
23                     <option value="asp">ASP.Net</option>
24                     <option value="C#">C#</option>
25                 </select>
26             </td>
27         </tr>
28         <tr>
29             <td>
30                 <hr>
31             </td>
32         </tr>
33         <tr>
34             <td>
35                 <input type="reset" value="重置" />
36                 <input type="submit" value="提交" />
37             </td>
38         </tr>
39     </table>
40 </form>
41 </body>
42 </html>
```

【代码解析】

第 18～25 行代码通过<select>标签元素定义一个下拉列表。其中，第 18 行代码中为<select>标签元素定义了“name="web"”属性，PHP 服务器将通过该属性值获取下拉列表的选项值。

第 19～24 行代码通过<option>标签元素定义了一组选项，分别定义了“HTML”“CSS”“JavaScript”“PHP”“ASP.Net”和“C#”共 6 种编程语言。

运行测试网页，效果如图 6.22 所示。在下拉列表中任意选择一项，然后单击“提交”按钮，页面提交后的效果如图 6.23 所示。

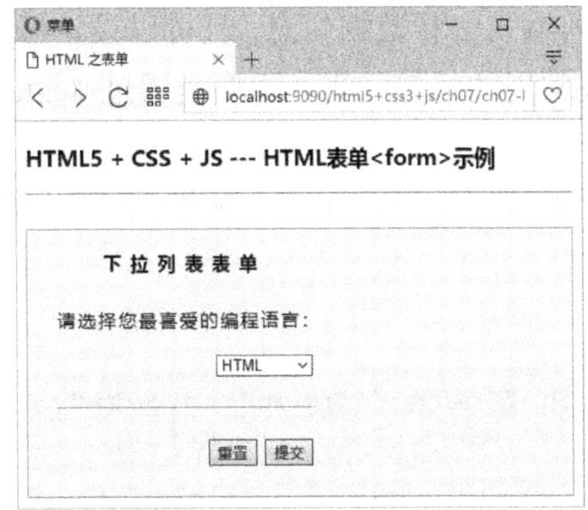

图 6.22　表单<form>下拉列表（一）

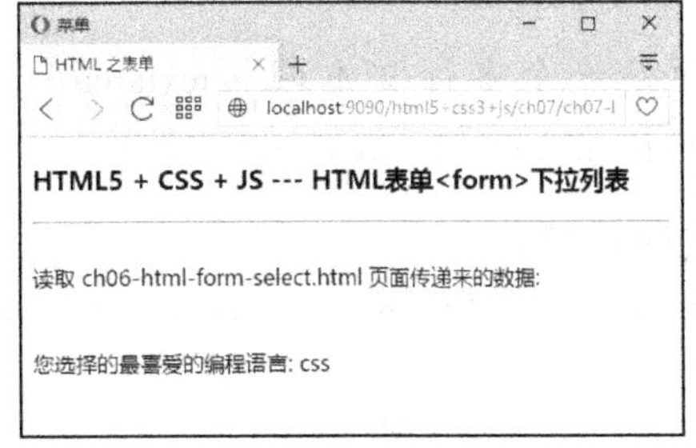

图 6.23　表单<form>下拉列表（二）

再次返回图 6.22 中的下拉列表，我们看到下拉列表项默认是第一项，如果想预定义任一项该如何操作呢？其实很简单，仅仅需要在<option>标签元素内添加“selected”属性即可，具体代码如下：

```
01  <select name="web">
02      <option value="html">HTML</option>
03      <option value="css">CSS</option>
04      <option value="js" selected="selected">JavaScript</option>
05      <option value="php">PHP</option>
06      <option value="asp">ASP.Net</option>
07      <option value="C#">C#</option>
08  </select>
```

第 04 行代码中，通过为<option>标签元素添加 selected="selected"属性，预定义该项为下拉列表的选中项。再运行测试网页，效果如图 6.24 所示。

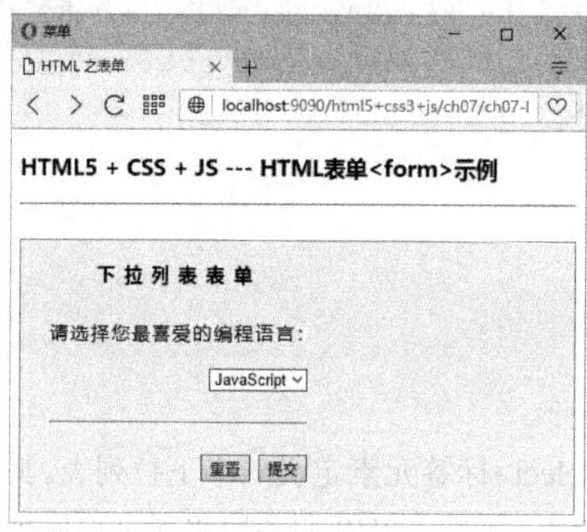

图 6.24　表单<form>下拉列表（三）

6.6.6　多行文本域

本小节实现一个多行文本域（textarea）的 HTML 表单应用。多行文本域与前面介绍的单行文本域是相对应的，顾名思义就是可以在控件内输入多行数据信息，且可以设定标签元素的行高与列宽。多行文本域在 HTML 表单中是比较常用的标签元素，主要是通过<textarea>标签来实现。

下面是一个多行文本域（textarea）表单应用的 HTML 示例代码（详见源代码 ch06/ch06-html-form-textarea.html 文件）。

【代码 6-17】

```
<form action="ch06-html-form-textarea.php" method="post" target="_self">
……
            <textarea
                name="name_textarea_web"
                id="id_textarea_web"
```

```
                        rows="5"
                        cols="25">
                </textarea>
    ……
    </form>
```

<textarea>标签元素定义了“name="name_textarea_web"”属性，PHP 服务器将通过该属性值获取多行文本域的数据信息。

运行测试网页，效果如图 6.25 所示。在多行文本域中任意输入数据，然后单击“提交”按钮，页面提交后的效果如图 6.26 所示。

图 6.25　表单<form>多行文本域（一）

图 6.26　表单<form>多行文本域（二）

6.6.7　分组框（Fieldset）

本小节介绍一个 HTML 表单中的分组框（Fieldset）标签元素。分组框（Fieldset）标签元素可将表单内的相关元素分组，生成一组相关的表单字段，且这些表单字段在分组框内均有特殊的显示方式。在 HTML 页面中，分组框是通过<fieldset>标签元素定义的，分组框的标题是通过<legend>标签元素定义的。

下面是一个分组框（Fieldset）表单应用的 HTML 示例代码（详见源代码 ch06/ch06-html-form-fieldset.html 文件）。

【代码 6-18】

```
<fieldset>
    <legend>最喜爱的编程语言</legend>
    <table>
        <tr>
            <td colspan="2">
                <select name="web">
                    <option value="html">HTML</option>
                    <option value="css">CSS</option>
                    <option value="js">JavaScript</option>
                    <option value="php">PHP</option>
```

```
                    <option value="asp">ASP.Net</option>
                    <option value="C#">C#</option>
                </select>
            </td>
        </tr>
    </table>
</fieldset>
......//本代码只显示了一个分组，具体可参考源代码
```

运行测试网页，效果如图 6.27 所示。本例使用<fieldset>标签元素针对文本输入框、下拉列表和单选按钮三类标签元素进行分组。可以看到，使用<fieldset>标签元素对不同类别元素进行了分组后，页面效果显得更加简洁规范了，这就是分组标签元素的主要作用。

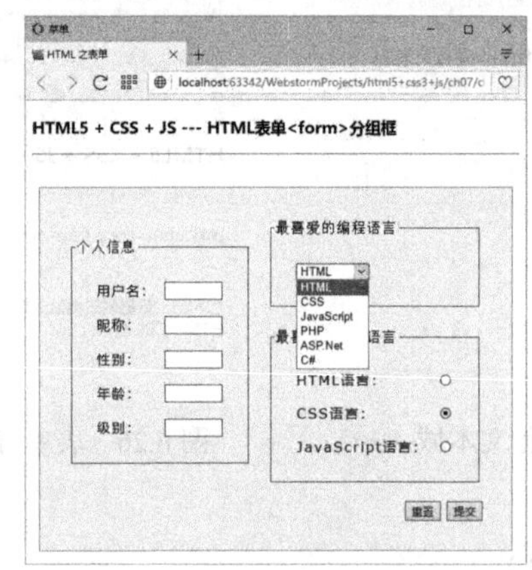

图 6.27　表单<form>分组框

6.7 HTML 5 表单新属性

本节介绍 HTML 5 表单的新属性，具体包括自动完成、自动焦点以及文本域等新内容。

6.7.1 自动完成属性

HTML 5 标准为表单（Form）新增的第一个属性就是自动完成（autocomplete）。自动完成（autocomplete）属性规定<form>或<input>标签应该具有自动完成功能。当用户在具有自动完成属性的标签元素中开始输入时，浏览器会在该标签元素内自动弹出显示有可供填写的选项。

自动完成（autocomplete）属性适用于<form>标签，以及具有 text、search、url、telephone、email、password、datepickers、range 及 color 类型的<input>标签。

下面看一个使用自动完成（autocomplete）属性的 HTML 5 表单代码示例（详见源代码 ch06/ch06-HTML 5-form-autocomplete.html 文件）：

【代码 6-19】

```
<!DOCTYPE html>
<html lang="zh-cn">
<head>
    <link type="text/css" rel="stylesheet" href="css/style.css" />
    <title>HTML 5 表单</title>
</head>
<body>
    <!-- 添加文档主体内容 -->
    <h3>HTML 5 表单&lt;form&gt;自动完成</h3><hr><br>
    <!-- 添加文档主体内容 -->
    <form action="ch06-HTML 5-form-autocomplete.php" method="get" autocomplete="on">
        <table>
            <caption>自动完成表单</caption>
            <tr>
                <th>
                    <label for="id_form_username">用户名:</label>
                </th>
                <td>
            <input type="text" name="name_form_username" id="id_form_username" />
                </td>
            </tr>
            <tr>
                <th>
                    <label for="id_form_sex">性别:</label>
                </th>
                <td>
        <input type="text" name="name_form_sex" id="id_form_sex" autocomplete="off" />
                </td>
            </tr>
            <tr>
                <td></td>
                <td>
                    <input type="reset" value="重置" />
                    <input type="submit" value="提交" />
                </td>
            </tr>
        </table>
    </form>
</body>
```

```
40  </html>
```

【代码解析】

第 11～38 行代码通过<form>标签元素定义了一个表单。其中在第 11 行代码中，通过“action”属性定义了提交 URL 路径为"ch07-HTML 5-form-autocomplete.php"，通过“method”属性定义了提交方式为“GET”方式。然后，就是增加定义了一个“autocomplete="on"”属性，其中属性值"on"表示开启自动完成功能。

第 14～21 行和第 22～29 行代码分别定义了两个表单文本域，分别用于输入“用户名”和“性别”数据。其中，第 19 行代码通过<input type="text">标签定义了第一个文本域，第 27 行代码通过<input type="text">标签定义了第二个文本域。注意，第 27 行代码为该文本域添加了“autocomplete="off"”属性，其中属性值"off"表示关闭自动完成功能，此处与第 19 行代码定义的文本域是不同的。

运行测试【代码 6-19】定义的 HTML 5 网页，页面打开后的初始效果如图 6.28 所示。在表单文本域中输入一些数据，然后单击“提交”按钮，页面提交后的效果如图 6.29 所示。

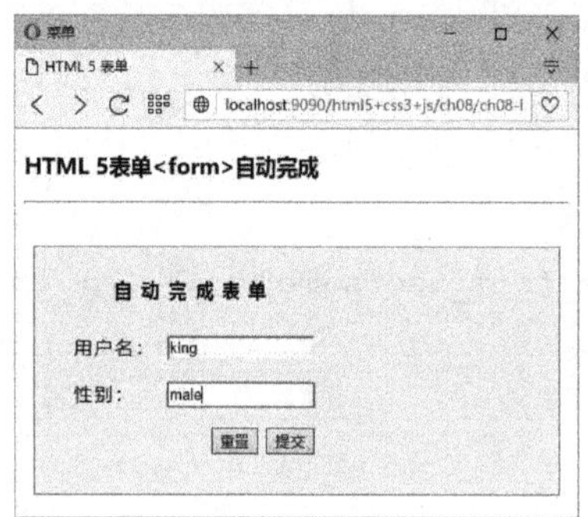

图 6.28　HTML 5 表单<form>自动完成属性（一）

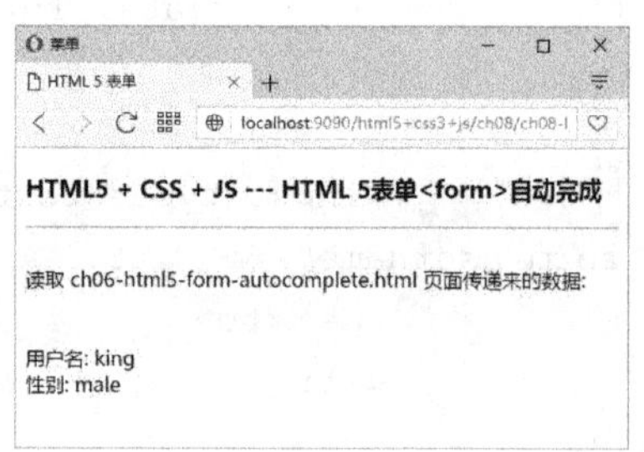

图 6.29　HTML 5 表单<form>自动完成属性（二）

页面显示的内容说明数据提交到 PHP 服务器成功了。然后，返回到图 6.28 所示的页面，观察页面表单定义中的第一个文本域（“用户名”），具体如图 6.30 所示。当用户再次在“用户名”文本域中输入第一个字母“k”时，浏览器会自动弹出刚刚提交过的用户名单词，此时如果直接按回车键，则该用户名单词会完全进入文本域，而不需要用户再输入全部单词了。

以上效果说明【代码 6-19】中第 19 行代码定义的“autocomplete="on"”属性发挥作用了，这就是 HTML 5 表单的自动完成功能。当然，用户还可以通过设定属性值来关闭自动完成功能，具体如图 6.31 所示。当用户再次在“性别”文本域中输入第一个字母“m”时，浏览器没有任何提示。以上效果说明【代码 6-19】中第 35 行代码定义的“autocomplete="off"”属性发挥作用了，其关闭了该文本域的自动完成功能。

图 6.30　HTML 5 表单<form>自动完成属性（三）

图 6.31　HTML 5 表单<form>自动完成属性（四）

6.7.2　自动焦点属性

HTML 5 标准为表单（Form）新增的第二个属性就是自动焦点（autofocus）。自动焦点（autofocus）属性规定 HTML 5 页面在加载完成后，能够自动获取输入焦点的标签元素，该属性特别适用于<input>标签。

下面看一个使用自动焦点（autofocus）属性的 HTML 5 表单代码示例（详见源代码 ch08 目录中 ch06-HTML 5-form-autofocus.html 文件）：

【代码 6-20】

```
<!DOCTYPE html>
<html lang="zh-cn">
<head>
    <link type="text/css" rel="stylesheet" href="css/style.css" />
    <title>HTML 5 表单</title>
</head>
<body>
    <!-- 添加文档主体内容 -->
    <h3>HTML 5 表单&lt;form&gt;自动焦点</h3><hr><br>
    <!-- 添加文档主体内容 -->
    <form action="ch06-HTML 5-form-autocomplete.php" method="get">
        <table>
            <caption>自动焦点表单</caption>
            <tr>
                <th>
                    <label for="id_form_username">用户名:</label>
                </th>
                <td>
            <input type="text" name="name_form_username"
id="id_form_username" />
                </td>
            </tr>
            <tr>
```

```
23                  <th>
24                      <label for="id_form_sex">性别:</label>
25                  </th>
26                  <td>
27      <input type="text" name="name_form_sex" id="id_form_sex" autofocus="autofocus" />
28                  </td>
29              </tr>
30              <tr>
31                  <th>
32                      <label for="id_form_age">年龄:</label>
33                  </th>
34                  <td>
35      <input type="text" name="name_form_age" id="id_form_age" autofocus="autofocus" />
36                  </td>
37              </tr>
38              <tr>
39                  <td></td>
40                  <td>
41                      <input type="reset" value="重置" />
42                      <input type="submit" value="提交" />
43                  </td>
44              </tr>
45          </table>
46      </form>
47  </body>
48  </html>
```

【代码解析】

第 14～21 行、第 22～29 行和第 30～37 行代码分别定义了三个表单文本域，分别用于输入“用户名”“性别”和“年龄”数据。其中，第 19 行代码通过<input type="text">标签定义了第一个文本域，第 27 行代码通过<input type="text">标签定义了第二个文本域，第 35 行代码通过<input type="text">标签定义了第三个文本域。注意，第 27 行和第 35 行代码均为该文本域添加了“autofocus="autofocus"”属性。

运行测试【代码 6-20】定义的 HTML 5 网页，页面打开后的初始效果如图 6.32 所示。页面在加载完成后，“性别”文本域自动获取了焦点。以上效果说明【代码 6-20】中第 27 行代码定义的“autofocus="autofocus"”属性发挥作用了，这就是 HTML 5 表单的自动焦点功能。当然，我们发现【代码 6-20】中第 35 行代码同样定义了“autofocus="autofocus"”属性，但按照先后顺序是第 27 行代码定义的文本域先获得了自动焦点。

图 6.32　HTML 5 表单<form>自动焦点属性

6.8 HTML 5 表单输入类型

本节介绍 HTML 5 表单中为<input>标签元素新增的输入类型，包括 email、url、number、data picker、color 和 range 等内容。

6.8.1 email 类型

先介绍一下 HTML 5 表单中的 email 类型输入框，email 类型输入框是通过<input type="email">标签来实现。同时，HTML 5 表单为输入框增加了很多非常实用的属性来配合输入框的设计，下面就通过具体实例来详细介绍。

先看第一个 email 类型输入框表单应用的 HTML 5 示例代码（详见源代码 ch06/ch06-HTML 5-form-email-basic.html 文件）。

【代码 6-21】

```
<label for="id_form_email_basic">电子邮件地址(basic):</label>
<input type="email" name="name_form_email_basic" id="id_form_email_basic" />
```

代码通过<input type="email">标签定义了一个电子邮件（email）输入框，主要是通过设定“type”属性值为"email"来实现的，这是一个最基本的 HTML 5 表单 email 输入框。

运行测试网页，效果如图 6.33 所示。在表单 email 输入框中输入一个电子邮件地址，然后单击“提交”按钮，页面提交前后的效果如图 6.34 和图 6.35 所示。

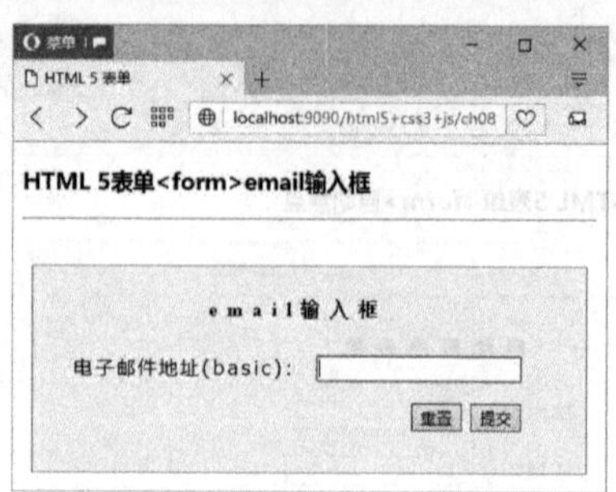

图 6.33　表单<form>基本 email 类型输入框（一）

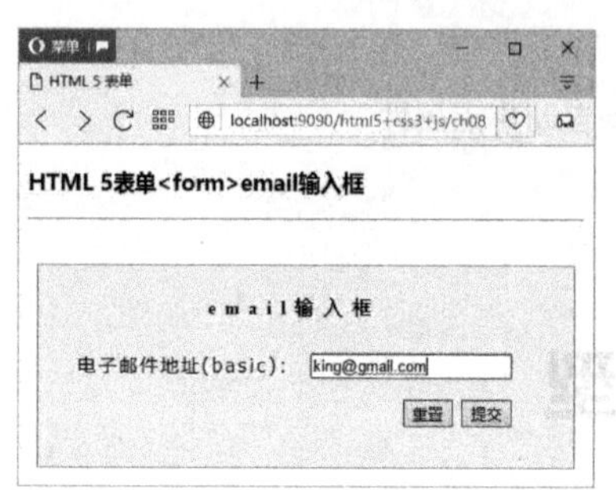

图 6.34　表单<form>基本 email 类型输入框（二）

图 6.35　表单<form>基本 email 类型输入框（三）

返回图 6.33，在表单 email 输入框中输入一个无效的电子邮件地址，然后单击“提交”按钮，页面提交前后的效果如图 6.36 和图 6.37 所示。

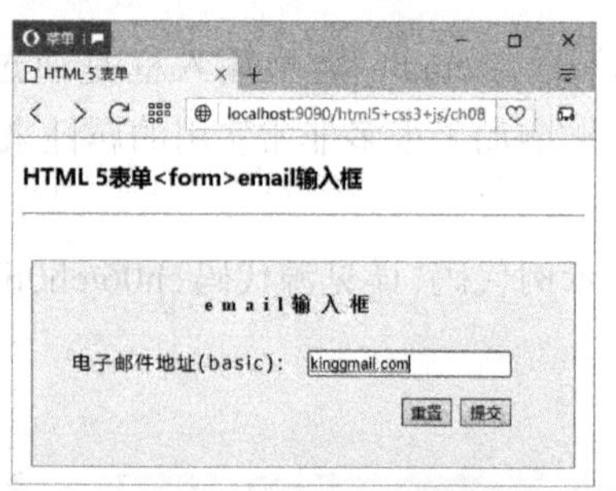

图 6.36　基本 email 类型输入框无效地址（一）

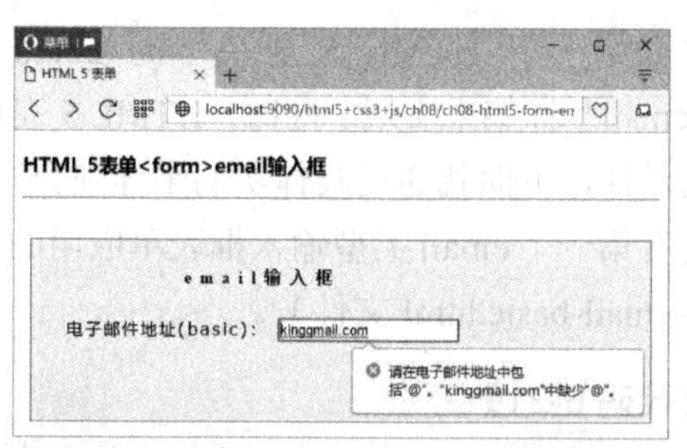

图 6.37　基本 email 类型输入框无效地址（二）

再次返回图 6.33 所示页面，假如在 email 输入框中没有任何地址输入，那么提交页面后的效果如何呢？HTML 5 页面表单也能够完全提交通过，提交后的效果如图 6.38 所示。

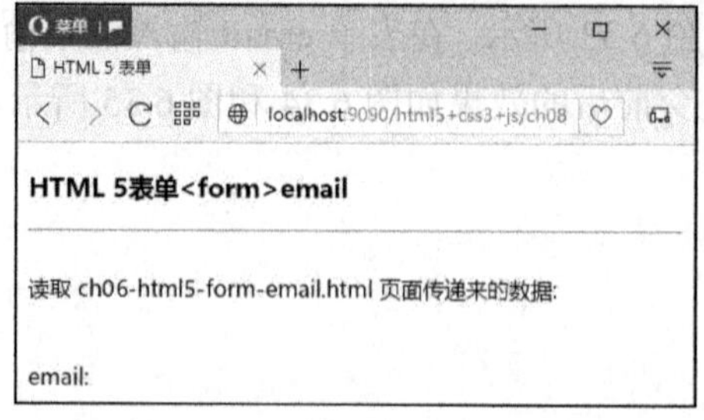

图 6.38　表单<form>基本 email 类型输入框空地址

空着的 email 输入框也提交通过了，但在实际项目应用中，电子邮件地址是很重要的信息，这样设计似乎有缺陷。不过现在好了，HTML 5 规范提供了一个“required”属性来避免该问题出现。

我们再看第二个 email 类型输入框表单应用的 HTML 5 示例代码（详见源代码 ch06/ch06-HTML 5-form-email-required.html 文件），我们将前面的 input 代码稍作改动：

【代码 6-22】

```
<input
    type="email"
    name="name_form_email_required"
    id="id_form_email_required"
    required="required" />
```

我们为<input type="email">标签增加定义了一个“required="required"”属性。运行测试后效果如图 6.39 所示。尝试在空的电子邮件地址下进行提交，页面提交后的效果如图 6.40 所示。

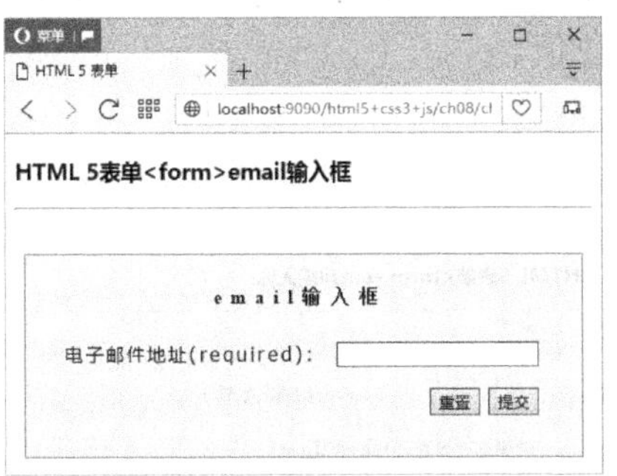

图 6.39 表单<form>必填 email 类型输入框（一）

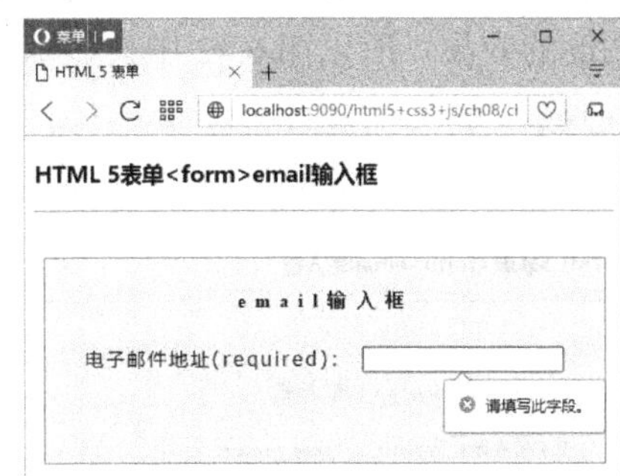

图 6.40 表单<form>必填 email 类型输入框（二）

下面，接着看第三个 email 类型输入框表单应用的 HTML 5 示例代码（详见源代码 ch06/ch06-HTML 5-form-email-value.html 文件），还是更改 input 代码：

【代码 6-23】

```
<input
    type="email"
    name="name_form_email_required"
    id="id_form_email_required"
    value="king@gmail.com"
    required="required" />
```

为<input type="email">标签增加定义了一个“value”属性，其属性值为 king@gmail.com。运行测试后的效果如图 6.41 所示。

此外，HTML 5 表单还有一个“placeholder”属性，用于描述<input>标签可输入预期值的提示信息。同时需要注意的是，当“value”属性值为空或根本没有“value”属性时，设置“placeholder”属性的内容才会显示出来。

下面，接着看第四个 email 类型输入框表单应用的 HTML 5 示例代码（详见源代码 ch06/ch06-HTML 5-form-email-placeholder.html 文件），还是更改 input 代码：

【代码 6-24】

```
01 <input
02     type="email"
03     name="name_form_email_required"
04     id="id_form_email_required"
05     value=""
06     placeholder="enter email as xxx@xxx.com"
07     required="required" />
```

为<input type="email">标签增加定义了一个“placeholder”属性，其属性值为“enter email as xxx@xxx.com”。同时，将第 05 行代码中的“value”属性值清空。

运行测试网页后的效果如图 6.42 所示。从图中可以看到，使用“placeholder”属性设定的提示信息颜色值是灰度显示的，与“value”属性设定的默认值颜色是不同的。这里需要提示读者，根据 HTML 5 规范中的解释，“placeholder”属性值得颜色是<input>标签自身设置颜色 60%透明度的效果，所以图 6.42 中会显示出灰度颜色值。

图 6.41　表单<form> email 类型输入框默认值

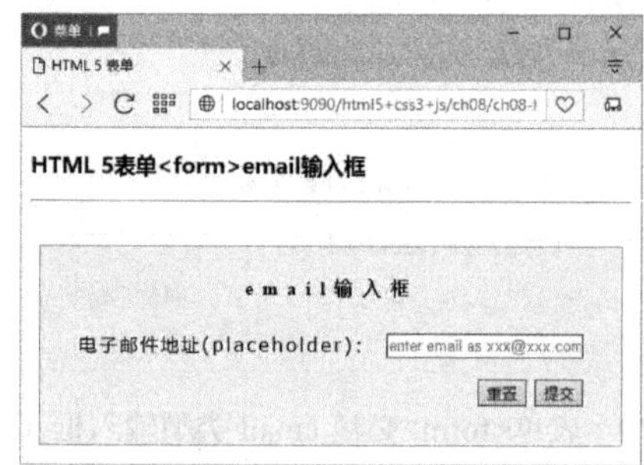

图 6.42　表单<form> email 类型输入框提示信息

最后，再看第五个 email 类型输入框表单应用的 HTML 5 示例代码（详见源代码 ch06/ch06-HTML 5-form-email-pattern.html 文件），这段代码涉及了正则表达式的知识（有关正则表达式的内容读者找一些相关资料学习补充，这里我只需要知道使用正则表达式可以约束电子邮箱地址的格式即可）。下面，我们继续更改 input 代码：

【代码 6-25】

```
01 <input
02     type="email"
03     name="name_form_email_required"
04     id="id_form_email_required"
05     pattern=".+gmail\.com$"
06     required="required" />
```

第 05 行代码中，我们为<input type="email">标签增加定义了一个“pattern”属性，其属性值为“.+gmail\.com$”，表示电子邮件地址后缀格式必须是“gmail.com”。

运行测试后效果如图 6.43 所示。

如图 6.43 所示，我们在 email 类型输入框中输入一个后缀格式是“gmail.com”的电子邮件地址，然后单击“提交”按钮，页面提交后的效果如图 6.44 所示。

图 6.43　表单<form> email 类型输入框格式（一）

图 6.44　表单<form> email 类型输入框格式（二）

然后，返回图 6.43 页面，将电子邮件地址稍微改动一下（如将后缀改为“email.com”），页面效果如图 6.45 所示。再次单击“提交”按钮，页面提交后的效果如图 6.46 所示。浏览器弹出提示“请与所请求的格式保持一致”，第 05 行设定的“pattern”属性发挥了作用。

图 6.45　表单<form> email 类型输入框格式（三）

图 6.46　表单<form> email 类型输入框格式（四）

6.8.2　number 类型

本小节介绍一下 HTML 5 表单中的 number 类型输入框，number 类型输入框是通过<input type="number">标签来实现。在 HTML 5 规范中，为 number 类型输入框设定了几个专有属性，具体如下：

- max 属性：规定允许的最大值。
- min 属性：规定允许的最小值。
- step 属性：规定合法的数字间隔（如果 step="5"，则合法的数是-5、0、5、10 等）。

下面看一个 number 类型输入框表单应用的 HTML 5 示例代码（详见源代码 ch06/ch06-HTML 5-form-number.html 文件）。

【代码 6-26】

```
<input
        type="number"
```

```
            class="inputTxt64"
            name="name_form_number"
            id="id_form_number"
            min="0"
            max="100"
            step="5"
            required="required" />
```

代码通过<input type="number">标签定义了一个 number 类型输入框，主要是通过设定“type”属性值为"number"。然后通过“min”和“max”属性设定了 number 类型输入框的最小和最大极限值。通过“step”属性设定了 number 类型输入框的间隔值（或称“步长”值）。通过设定“required="required"”属性表示 number 类型输入框提交时不能为空。

运行测试网页后的效果如图 6.47 所示。单击“提交”按钮，页面提交后的效果如图 6.48 所示。

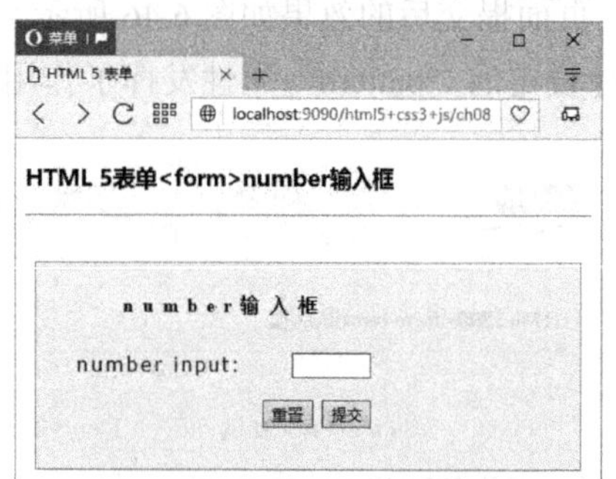

图 6.47　表单<form> number 类型输入框（一）

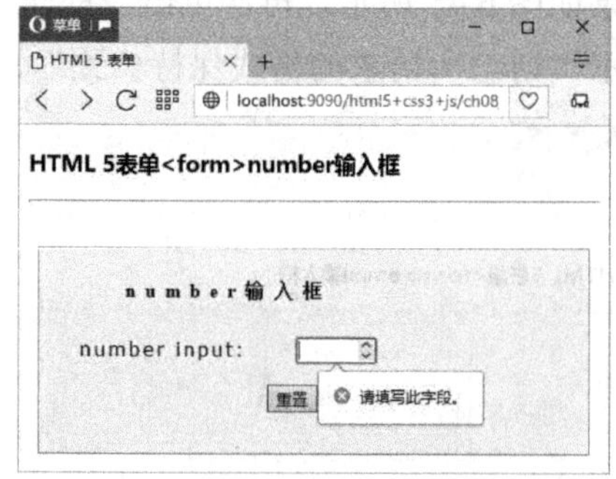

图 6.48　表单<form> number 类型输入框（二）

下面，尝试在 number 类型输入框内单击“上下微调按钮”，页面效果如图 6.49 所示。每单击一次“微调按钮”，数字变化间隔值是“5”，与代码定义的“step”值是一致的。

单击“提交”按钮，提交后的页面效果如图 6.50 所示。number 类型输入框内的数值成功提交到 PHP 服务器中去了。另外，由于设定了 number 类型输入框的“min”和“max”属性值（0 和 100），无论如何单击“上下微调按钮”，数值均不会超出 0～100 这个范围的，读者可自行测试。

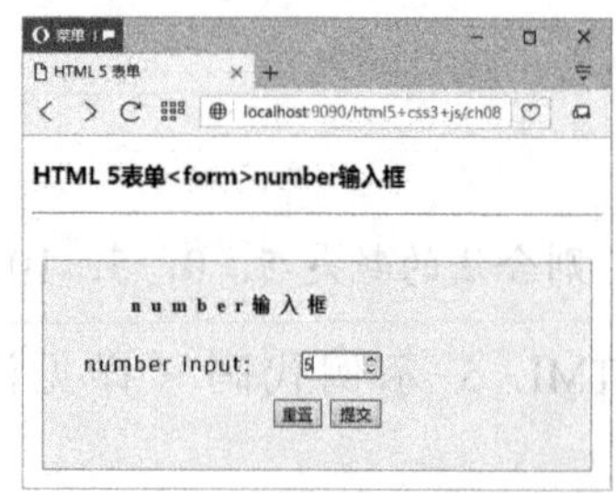

图 6.49　表单<form> number 类型输入框（三）

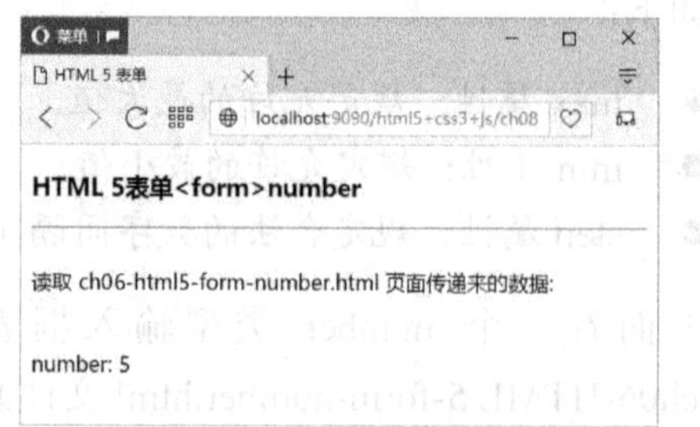

图 6.50　表单<form> number 类型输入框（四）

6.8.3　range 类型

本小节接着介绍一下 HTML 5 表单中的 range 类型输入框，range 类型输入框是通过<input type="range">标签来实现，其与 number 类型输入框有些类似。在 HTML 5 规范中，为 range 类型输入框设定了两个专有属性，具体如下：

- max 属性：规定数值范围的最大值。
- min 属性：规定数值范围的最小值。

下面，我们看一个 range 类型输入框表单应用的 HTML 示例代码（详见源代码 ch06/ch06-HTML 5-form-range.html 文件）。

【代码 6-27】

```
<input
        type="range"
        name="name_form_range"
        id="id_form_range"
        min="0"
        max="100"
        required="required" />
```

上述代码通过<input type="range">标签定义了一个 range 类型输入框。通过“min”和“max”属性设定了 range 类型输入框的最小和最大范围值。

运行测试网页后的效果如图 6.51 所示。随意调整一下 range 类型输入框的设定值，然后单击“提交”按钮，页面提交后的效果如图 6.52 所示。可以看到，range 类型输入框的设定值成功提交到 PHP 服务器中去了。另外，由于设定了 range 类型输入框的“min”和“max”属性值（0 和 100），因此提交的数值均不会超出 0～100 这个范围，读者可自行测试。

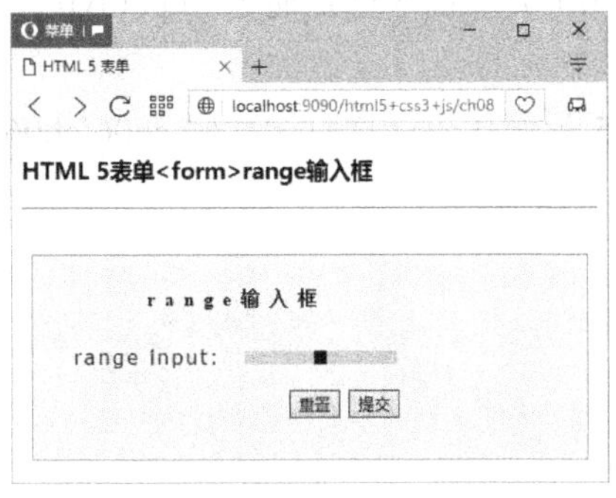

图 6.51　表单<form> range 类型输入框（一）

图 6.52　表单<form> range 类型输入框（二）

6.8.4　search 类型

本小节接着介绍一下 HTML 5 表单中的 search 类型输入框，search 类型输入框是通过<input type="search">标签来实现，主要用于搜索功能。

下面，我们看一个 search 类型输入框表单应用的 HTML 5 示例代码（详见源代码 ch06/ch06-HTML 5-form-search.html 文件）。

【代码 6-28】

```
<input
        type="search"
        name="name_form_search"
        id="id_form_search"
        placeholder="搜索..."
        required="required" />
```

上述代码通过<input type="search">标签定义了一个 search 类型输入框。通过"placeholder"属性定义了搜索框的提示信息。运行测试网页后的效果如图 6.53 所示。

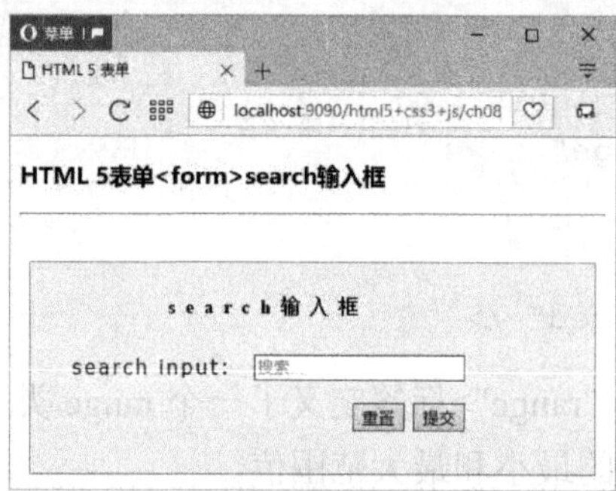

图 6.53 表单<form> search 类型输入框

6.8.5 url 类型

本小节介绍 HTML 5 表单中的 url 类型输入框，url 类型输入框是通过<input type="url">标签来实现，主要用于输入网址。

下面看一个 url 类型输入框表单应用的 HTML 5 示例代码（详见源代码 ch06/ch06-HTML 5-form-url.html 文件）。

【代码 6-29】

```
<input
        type="url"
        name="name_form_url"
        id="id_form_url"
        placeholder="http://..."
        required="required" />
```

上述代码通过<input type="url">标签定义了一个 url 类型输入框。通过"placeholder"属性定义了输入网址的提示信息 http://...。

运行测试网页后的效果如图 6.54 所示。输入任意网址并单击"提交"按钮，页面提交前后的效果如图 6.55 和图 6.56 所示。

图 6.54　表单<form> url 类型输入框（一）

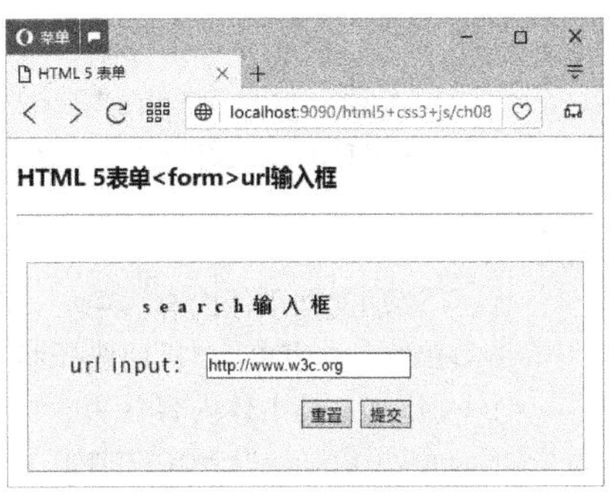

图 6.55　表单<form> url 类型输入框（二）

返回图 6.54，将网址的“http://”符号删除，再次提交测试，页面效果如图 6.57 所示。

浏览器弹出提示框提示“请输入网址”。可见，url 类型输入框在页面提交前会检测网址是否正确，如果网址格式不正确，页面是无法进行提交的。

图 6.56　表单<form> url 类型输入框（三）

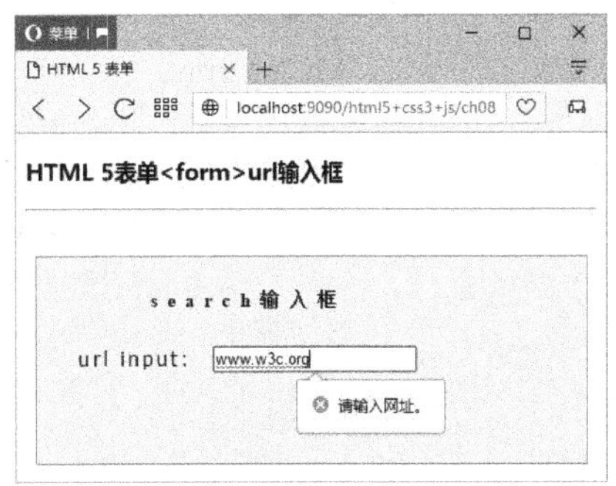

图 6.57　表单<form> url 类型输入框（四）

6.8.6　日期选择器（Data Pickers）

本小节介绍 HTML 5 表单中的日期选择器（Data Picker）标签元素，日期选择器（Data Picker）同样是通过<input>标签来实现，具体类型有 date、month、week、time 和 datetime 等，具体说明如下：

- date 类型：选取日、月、年。
- month 类型：选取月、年。
- week 类型：选取周和年。
- time 类型：选取时间（小时和分钟）。
- datetime 类型：选取时间、日、月、年（UTC 时间）。

下面看一个日期选择器（Data Picker）表单应用的 HTML 示例代码（详见源代码 ch06/ch06-HTML 5-form-date-pickers.html 文件）。

【代码 6-30】

```
<!DOCTYPE html>
<html lang="zh-cn">
```

```
<head>
    <link type="text/css" rel="stylesheet" href="css/style.css" />
    <title>HTML 5 表单</title>
</head>
<body>
    <!-- 添加文档主体内容 -->
    <h3>HTML 5 表单 - 日期选择器（Date Pickers）</h3><hr><br>
    <!-- 添加文档主体内容 -->
    <form action="ch06-HTML 5-form-date-pickers.php" method="get">
        <table>
            <caption>日期选择器</caption>
            <tr>
                <th>
                    <label for="id_form_date">date input:</label>
                </th>
                <td>
                    <input
                            type="date"
                            name="name_form_date"
                            id="id_form_date"
                            required="required" />
                </td>
            </tr>
            <tr>
                <th>
                    <label for="id_form_month">month input:</label>
                </th>
                <td>
                    <input
                            type="month"
                            name="name_form_month"
                            id="id_form_month"
                            required="required" />
                </td>
            </tr>
            <tr>
                <th>
                    <label for="id_form_week">week input:</label>
                </th>
                <td>
                    <input
                            type="week"
                            name="name_form_week"
                            id="id_form_week"
                            required="required" />
                </td>
            </tr>
```

```
50              <tr>
51                  <th>
52                      <label for="id_form_time">time input:</label>
53                  </th>
54                  <td>
55                      <input
56                              type="time"
57                              name="name_form_time"
58                              id="id_form_time"
59                              required="required" />
60                  </td>
61              </tr>
62              <tr>
63                  <th>
64                      <label for="id_form_datetime">datetime input:</label>
65                  </th>
66                  <td>
67                      <input
68                              type="datetime-local"
69                              name="name_form_datetime"
70                              id="id_form_datetime"
71                              required="required" />
72                  </td>
73              </tr>
74              <tr>
75                  <td></td>
76                  <td>
77                      <input type="reset" value="重置" />
78                      <input type="submit" value="提交" />
79                  </td>
80              </tr>
81          </table>
82      </form>
83  </body>
84  </html>
```

【代码解析】

第 19～23 行、第 31～35 行、第 43～47 行、第 55～59 行和第 67～71 行代码分别通过<input>标签定义了一组日期选择器（Data Picker）。其中，第 20 行、第 32 行、第 44 行、第 56 行和第 68 行代码分别通过设定“type”属性值为"date" "month" "week" "time"和"datetime-local"来实现五种不同类型的日期选择器（Data Picker）。

运行测试网页后的效果如图 6.58 所示。单击图中的日期选择器随意选择几个日期，具体如图 6.59 和图 6.60 所示。设定好的日期选择器（Data Picker）页面效果如图 6.61 所示。

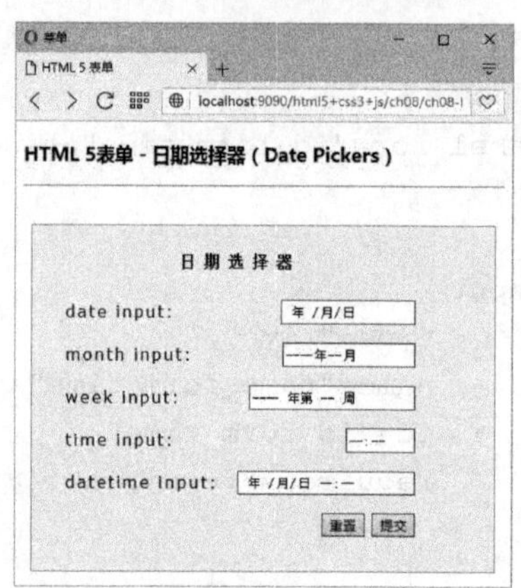

图 6.58　表单<form> 日期选择器（Data Picker）（一）

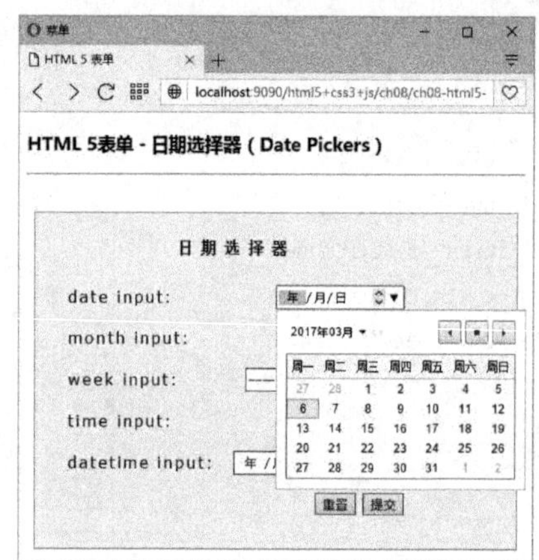

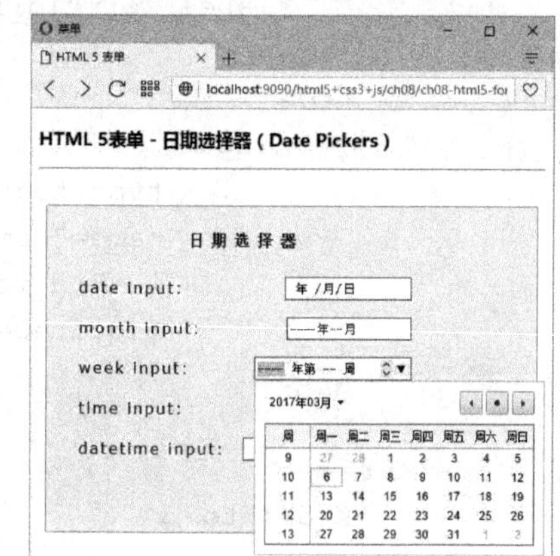

图 6.59　日期选择器（Data Picker）（二）　　图 6.60　日期选择器（Data Picker）（三）

单击“提交”按钮提交页面，提交后页面效果如图 6.62 所示。从图中可以看出，不同类型的日期选择器（Date Pickers）提交到 PHP 服务器中显示的格式是不同的，读者在设计页面代码时可以根据需求选择合适的日期选择器（Date Pickers）类型。

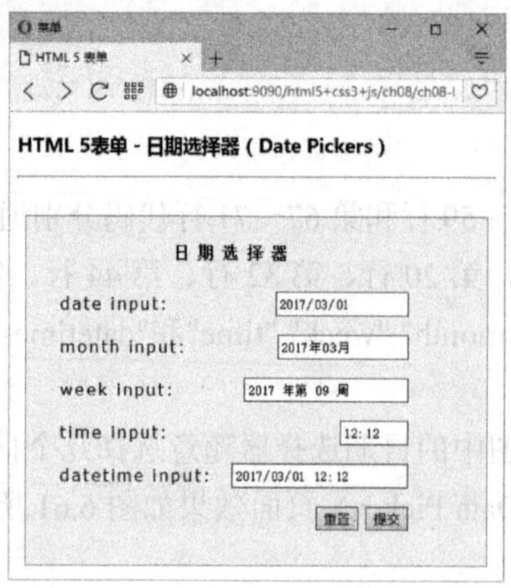

图 6.61　日期选择器（Data Picker）（四）　　图 6.62　日期选择器（Data Picker）（五）

6.9 项目实战：HTML 5 用户注册页面

本节基于本章前面学习到的关于 HTML 5 表单的知识，并参考互联网上相关的实例，模拟设计一个简单的 HTML 5 用户注册页面。希望通过本节的内容，帮助读者加深理解 HTML 5 表单的使用方法。

首先是 HTML 5 用户注册页面的源代码目录结构。在源代码的 ch06 目录下新建一个“html 5reg”目录，用于存放本应用的全部源文件，具体如图 6.63 所示。“css”目录用于存放样式文件，“html 5reg.html”网页是 HTML 5 用户注册页，“html5reg.php”是 PHP 服务器端文件。

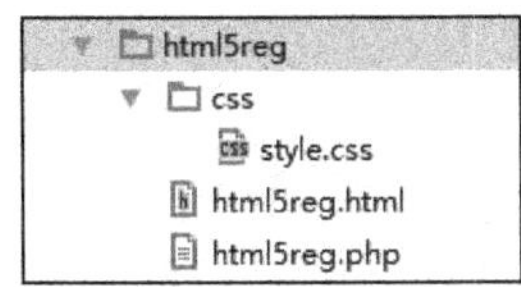

图 6.63　源代码目录

下面是 HTML 5 用户注册页的框架代码（详见源代码 ch06/HTML 5reg/HTML 5reg.html 文件）。

【代码 6-31】

```
<!DOCTYPE html>
<html lang="zh-cn">
<head>
    <link type="text/css" rel="stylesheet" href="css/style.css" />
    <title>HTML 5 表单</title>
</head>
<body>
    <!-- 添加文档主体内容 -->
    <h3>HTML 5 表单 - 用户注册</h3><hr><br>
    <!-- 添加文档主体内容 -->
    <form action="HTML 5reg.php" method="post" autocomplete="on">
        <table>
            <caption>用户注册</caption>
            <tr>
                <th>
                    <label for="id_form_username">用户名:</label>
                </th>
                <td>
                    <input
                      type="text"
                      class="inputTxt128"
                      name="name_form_username"
                      id="id_form_username"
```

```
                    autofocus
                    placeholder="请输入用户名..."/>
            </td>
            <td class="td-x-small">
                用户名以字母开头,可以包含数字和下划线,7-14 个字符.
            </td>
        </tr>
        <tr>
            <th>
                <label for="id_form_pwd">密码:</label>
            </th>
            <td>
                <input
                  type="password"
                  class="inputTxt128"
                  name="name_form_pwd"
                  id="id_form_pwd"
                  required
                  placeholder="请输入密码..."/>
            </td>
            <td class="td-x-small">
                密码可以包含字母、数字和下划线,7-14 个字符. 必须项.
            </td>
        </tr>
        <tr>
            <th>
                <label for="id_form_repwd">确认密码:</label>
            </th>
            <td>
                <input
                  type="password"
                  class="inputTxt128"
                  name="name_form_repwd"
                  id="id_form_repwd"
                  required
                  placeholder="请确认密码..."/>
            </td>
            <td class="td-x-small">
                请再次输入密码确认,两次密码必须相同. 必须项
            </td>
        </tr>
        <tr>
            <th>
```

```
                <label for="id_form_email">电子邮箱:</label>
            </th>
            <td>
                <input
                  type="email"
                  class="inputTxt128"
                  name="name_form_email"
                  id="id_form_email"
                  required
                  placeholder="请输入电子邮箱..."/>
            </td>
            <td class="td-x-small">
                电子邮箱由于发送激活链接,必须项. 必须项
            </td>
        </tr>
        <tr>
            <th>
                <label for="id_form_birth">出生年月:</label>
            </th>
            <td>
                <input
                  type="month"
                  class="inputTxt128"
                  name="name_form_birth"
                  id="id_form_birth" />
            </td>
            <td class="td-x-small">
                出生年月. 非必须项.
            </td>
        </tr>
        <tr>
            <th>
                <label for="id_form_number">毕业时间:</label>
            </th>
            <td>
                <input
                  type="number"
                  class="inputTxt64"
                  name="name_form_number"
                  id="id_form_number"
                  min="2000"
                  max="3000" />
            </td>
```

```
                    <td class="td-x-small">
                        毕业时间（2000-）. 非必须项.
                    </td>
                </tr>
                <tr>
                    <th>
                        <label for="id_form_range">工作年限:</label>
                    </th>
                    <td>
                        <input
                          type="range"
                          name="name_form_range"
                          id="id_form_range"
                          min="0"
                          max="50" />
                    </td>
                    <td class="td-x-small">
                        工作年限（0-50）. 非必须项.
                    </td>
                </tr>
                <tr>
                    <th>
                        <label for="id_form_url">个人主页:</label>
                    </th>
                    <td>
                        <input
                          type="url"
                          name="name_form_url"
                          id="id_form_url"
                          placeholder="http://..." />
                    </td>
                    <td class="td-x-small">
                        个人主页地址（http://...）. 非必须项.
                    </td>
                </tr>
                <tr>
                    <td></td>
                    <td>
                        <input type="reset" value="重置" />
                        <input type="submit" value="提交" />
                    </td>
                    <td></td>
                </tr>
```

```
153             </table>
154         </form>
155     </body>
156 </html>
```

【代码解析】

第 19～25 行代码通过<input type="text">标签定义了第一个文本输入框。

第 36～42 行和第 53～59 代码通过<input type="password">标签定义了二个密码输入框。

第 70～76 行代码通过<input type="email">标签定义了 email 类型输入框。

第 87～91 行代码通过<input type="month">标签定义了 month 类型输入框。

第 103～108 行代码通过<input type="number">标签定义了 number 类型输入框。

第 119～124 行代码通过<input type="range">标签定义了 range 类型输入框。

第 135～139 行代码通过<input type="url">标签定义了 url 类型输入框。

运行测试用户注册页面，效果如图 6.64 所示。随意在 HTML 5 用户注册页面表单中输入一些信息，如图 6.65 所示。

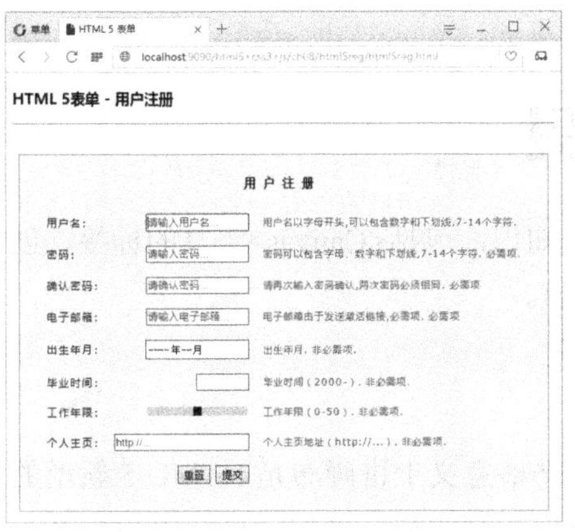

图 6.64　HTML 5 用户注册页面（一）

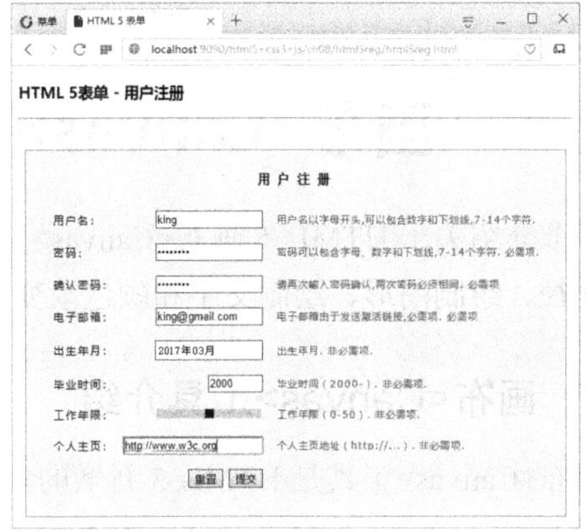

图 6.65　HTML 5 用户注册页面（二）

单击“提交”按钮提交用户注册页面，页面效果如图 6.66 所示。

图 6.66　HTML 5 用户注册页面（三）

第 7 章

◀HTML 5 应用▶

本章主要介绍 HTML 5 的新特性功能，包括画布<Canvas>工具、HTML 5 离线缓存和 HTML 5 Web 储存等方面的内容。随着 PC 设备和移动设备的硬件升级，网页中的图像和视频应用越来越多，这也使得 HTML 5 的很多新功能得以快速应用到生产中。本章的目的就是让读者把自己的网页变得更漂亮。

7.1 画布<Canvas>工具

本节介绍关于 HTML 5 画布<Canvas>工具的知识，包括<Canvas>工具的标签、创建、坐标、路径、绘制图形、绘制文字和颜色渐变等内容。

7.1.1 画布<Canvas>工具介绍

画布<Canvas>工具是 HTML 5 新增的内容，严格意义上讲画布是 HTML 5 新增的标签元素。画布<Canvas>工具允许通过脚本语言动态渲染绘制图形，例如：可以用画布<Canvas>标签实现画图、合成图像或者制作动画等功能。

其实，Canvas 最早在苹果公司的 Mac OS X Dashboard 上被引入的，后来被内置于 Safari 浏览器内。之后在 Chrome、Firefox、Opera 等浏览器厂商的推动下，W3C 组织将 Canvas 吸收为 HTML 5 标准的一部分。

Canvas 的绘制区域由 HTML 代码定义的宽度和高度属性所决定，Canvas 有一套完全基于 JavaScript 脚本语言绘制的应用程序接口，通过该接口可以访问 Canvas 的绘图区域，并完成绘图和生成图形的操作。

7.1.2 画布<Canvas>标签定义

画布<canvas>标签元素在 HTML 5 页面上定义的示例代码如下：

```
<canvas id="id-canvas" width="150" height="150"></canvas>
```

定义<canvas>元素一般需要宽度“width”属性和高度“height”属性，当然这两个属性均是可选的，还可以用 DOM 属性或者 CSS 来设置。如果不指定<canvas>元素的宽和高，则默认宽度为 300px、高度为 150px。另外，像“id”属性、“name”属性和“style”属性等也是可以使用的。

定义好的<canvas>元素仅仅就是一个绘图容器，里面什么图形也没有。需要设计人员使用 JavaScript 脚本语言在该容器内进行绘图操作后，<canvas>元素才能成为一个真正的画图工具。

另外，很多老浏览器并不支持 Canvas 特性，这时候需要对不支持 Canvas 特性的浏览器给出提示。设置提示非常简单，只需要在<canvas>元素内插入提示文本内容，不支持 Canvas 特性的浏览器会将其识别为未知标签并渲染成为文字信息，而支持 Canvas 的浏览器会做出正确的渲染，代码如下：

```
<canvas>浏览器不支持<canvas>元素! </canvas>
```

7.1.3　画布<Canvas>工具对象、坐标、路径和填充

画布<canvas>区域其实是一个二维网格，其左上角的坐标为(0, 0)，因此也是画布的基点坐标。有了坐标系统，就可以使用路径方法进行绘图了。

画布<canvas>工具常用的路径方法如下：

- moveTo(x, y)方法：定义线条开始坐标。
- lineTo(x, y)方法：定义线条结束坐标。
- arc(x, y , r, start, stop)方法：定义画圆。

画布<canvas>工具常用的填充方法如下：

- fillRect(x, y, width, height)方法：进行填充矩形画图操作。
- fill()方法：进行填充画图操作。

当<canvas>标签元素被添加到 HTML 5 页面上后，初始化渲染是空白的。在通过 JavaScript 脚本语言进行图形绘制操作之前，先要获得渲染的上下文对象。具体是通过 Canvas 对象的 getContext()方法获取的。

下面是使用画布 Canvas 工具绘制一个矩形的代码示例（详见源代码 ch07/ch07-HTML 5-canvas-context.html 文件）。

【代码 7-1】

```
<!doctype html>
<html lang="en">
<head>
    <link rel="stylesheet" type="text/css" href="css/style.css">
    <title>JavaScript Canvas</title>
    <script type="text/javascript">
    window.onload = function() {            // 资源加载结束后触发
        var canvas = document.querySelector("canvas");   // 获取 canvas 元素
```

```
09          if (canvas.getContext) {
10              var ctx = canvas.getContext("2d");          // 获取渲染上下文
11              ctx.fillStyle = "rgb(128,128,128)";         // 填充颜色
12              ctx.fillRect (50, 50, 200, 200);       // 绘制矩形
13          }
14      }
15      </script>
16  </head>
17  <body>
18  <canvas width="300" height="300">浏览器不支持画布 canvas 工具!</canvas>
19  </body>
20  </html>
```

【代码解析】

第 07～14 行代码通过窗口 window 对象定义了页面的“onload”事件方法。

第 08 行代码通过文档 document 对象的 querySelector()方法获取了页面中定义的画布 Canvas 对象。

第 09 行代码通过 Canvas 对象的 getContext 属性判断上下文对象是否有效。

第 10 行代码通过 Canvas 对象的 getContext("2d")方法获取了渲染上下文对象，并保存在变量“ctx”中。

第 11～12 行代码通过变量“ctx”进行了矩形填充颜色和绘图操作。

运行测试页面，效果如图 7.1 所示。

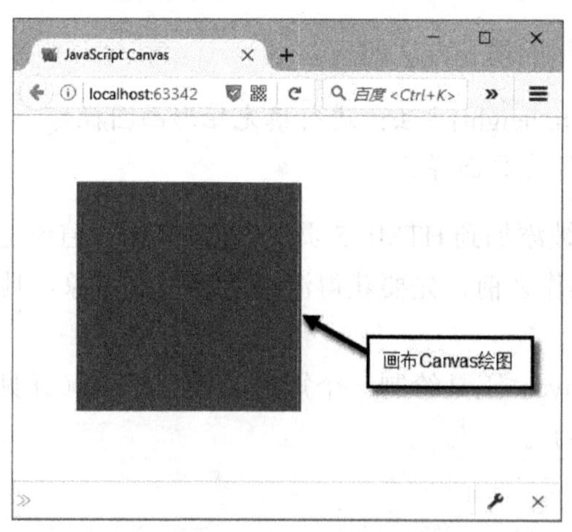

图 7.1　画布 Canvas 绘图操作

7.1.4　使用画布<Canvas>绘制图形

前文提到过，画布<Canvas>工具拥有很强大的绘图功能，基本可以实现绝大多数的二维图形效果。下面，我们列举一下 Canvas 对象提供的较为常用的绘图函数方法。

（1）rect(x, y, width, height)方法，用于创建矩形。参数说明如下：

```
x：矩形左上角的 x 坐标。
y：矩形左上角的 y 坐标。
width：矩形的宽度，单位为像素。
height：矩形的高度，单位为像素。
```

（2）fillRect(x, y, width, height)方法，绘制“被填充”的矩形。参数说明如下：

- x：矩形左上角的 x 坐标。
- y：矩形左上角的 y 坐标。
- width：矩形的宽度，单位为像素。
- height：矩形的高度，单位为像素。

（3）strokeRect(x, y, width, height)方法，用于绘制矩形（无填充）。参数说明如下：

- x：矩形左上角的 x 坐标。
- y：矩形左上角的 y 坐标。
- width：矩形的宽度，单位为像素。
- height：矩形的高度，单位为像素。

（4）fill()方法，填充当前绘图（路径）。

（5）stroke()方法，绘制已定义的路径。

（6）beginPath()方法，起始一条路径，或重置当前路径。

（7）moveTo(x, y)方法，把路径移动到画布中的指定点，不创建线条。参数说明如下：

- x：路径的目标位置的 x 坐标。
- y：路径的目标位置的 y 坐标。

（8）closePath()方法，创建从当前点回到起始点的路径。

（9）lineTo(x, y)方法，添加一个新点，然后在画布中创建从该点到最后指定点的线条。参数说明如下：

- x：路径的目标位置的 x 坐标。
- y：路径的目标位置的 y 坐标。

（10）arcTo(x1, y1, x2, y2, r)方法，用于创建两切线之间的弧或曲线。

- x1：弧起点的 x 坐标。
- y1：弧起点的 y 坐标。
- x2：弧终点的 x 坐标。
- y2：弧终点的 y 坐标。
- r：弧的半径。

（11）arc(x, y, r, sAngle, eAngle, counterclockwise)方法，用于创建弧或曲线。参数说明如下：

- x：圆中心的 x 坐标。

- y: 圆中心的 y 坐标。
- r: 圆半径。
- sAngle: 起始角，以弧度计（弧的圆形的三点钟位置是 0 度）。
- eAngle: 结束角，以弧度计。
- counterclockwise: 可选，规定逆时针或顺时针方向绘图。true 表示逆时针，false 表示顺时针。

下面是使用画布 Canvas 工具绘制图形的代码示例（详见源代码 ch07/ch07-HTML5-canvas-drawing.html 文件）。

【代码 7-2】

```
<!doctype html>
<html lang="en">
<head>
    <link rel="stylesheet" type="text/css" href="css/style.css">
    <title>JavaScript Canvas</title>
    <script type="text/javascript">
        window.onload = function() {                // 资源加载结束后触发
            var canvas = document.querySelector("canvas");//获取 canvas 元素
            if (canvas.getContext) {
                var ctx = canvas.getContext("2d");     // 获取渲染上下文
                // TODO: lineTo()
                ctx.beginPath();
                ctx.moveTo(50, 50);
                ctx.lineTo(50, 150);
               ctx.lineTo(150, 150);
                ctx.moveTo(50, 150);
                ctx.lineTo(150, 50);
                ctx.stroke();
                // TODO: arcTo()
                ctx.beginPath();
                ctx.moveTo(50, 50);             // 创建开始点
                ctx.lineTo(150, 50);             // 创建水平线
                ctx.arcTo(200,50,200,100,50);  // 创建弧
                ctx.stroke();                   // 进行绘制
                // TODO: arc()
                ctx.beginPath();
                ctx.arc(200, 150, 50, 1.0 * Math.PI, 1.5 * Math.PI, true);
                ctx.stroke();
                // TODO: rect()
                ctx.beginPath();
                ctx.rect(150, 100, 50, 50);
                ctx.stroke();
                // TODO: fillRect()
                ctx.beginPath();
                ctx.fillRect(150, 100, 50, 50);
```

```
36                 // TODO: strokeRect()
37                 ctx.beginPath();
38                 ctx.strokeRect(150, 100, 100, 100);
39             }
40         }
41     </script>
42 </head>
43 <body>
44     <!-- 添加文档主体内容 -->
45     <header>
46         <nav>画布 canvas 工具 - 绘制图形</nav>
47     </header>
48     <hr>
49     <!-- 矩形 Canvas 画布 设置区 -->
50     <canvas width="500" height="300">浏览器不支持画布 canvas 工具!</canvas>
51 </body>
52 </html>
```

【代码解析】

第 12～18 行代码通过画布 Canvas 工具进行了绘制线条的操作。其中，第 12 行代码通过 beginPath()方法开始一条绘图路径。第 13 行代码通过 moveTo(50, 50)方法设定绘图起始点坐标（x=50, y=50）。第 14 行代码通过 lineTo(50,150)方法绘制从起始点到新定义点（x=50, y=150）的线条。后面的第 15～17 行代码与第 12～13 行代码类似，继续执行绘图操作。最后，第 18 行代码通过 stroke()方法按照定义的路径执行绘图操作。

运行测试页面，效果如图 7.2 所示。第 20～24 行代码通过画布 Canvas 工具进行了绘制切线圆弧的操作。其中，第 23 行代码通过 arcTo()方法绘制了两条切线间的一个圆弧。

下面继续测试页面，效果如图 7.3 所示。第 26～28 行代码通过画布 Canvas 工具进行了绘制圆弧的操作。其中，第 27 行代码通过 arc()方法绘制了一个圆弧。

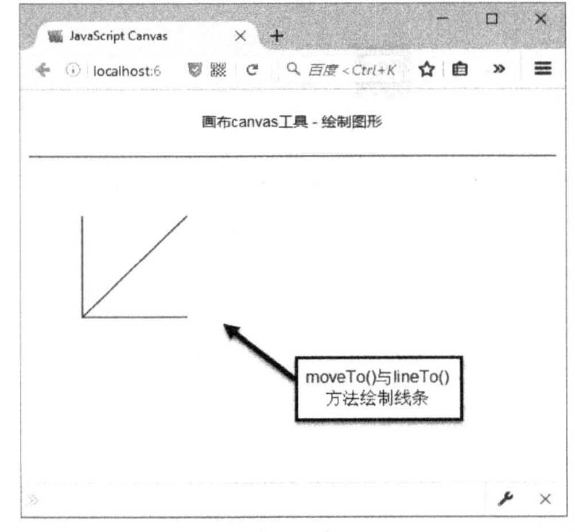

图 7.2　画布 Canvas 绘制图形（一）

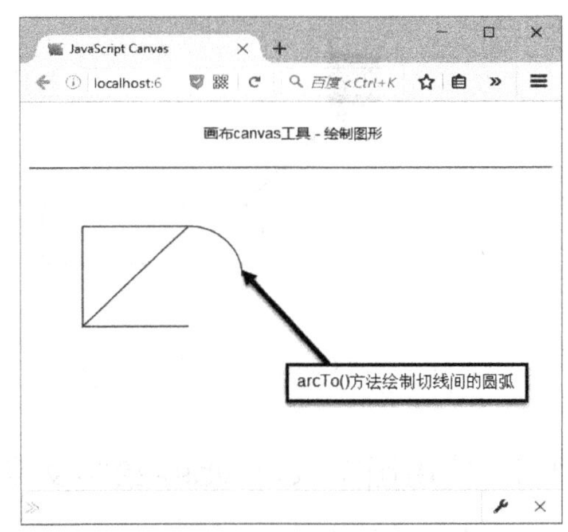

图 7.3　画布 Canvas 绘制图形（二）

继续测试页面，效果如图 7.4 所示。第 30～32 行代码通过画布 Canvas 工具进行了绘制矩形的操作。其中，第 31 行代码通过 rect()方法绘制了一个矩形边框。

继续测试页面，效果如图 7.5 所示。第 34～35 行代码通过画布 Canvas 工具进行了填充矩形的操作。其中，第 35 行代码通过 fillRect()方法绘制了一个填充矩形。

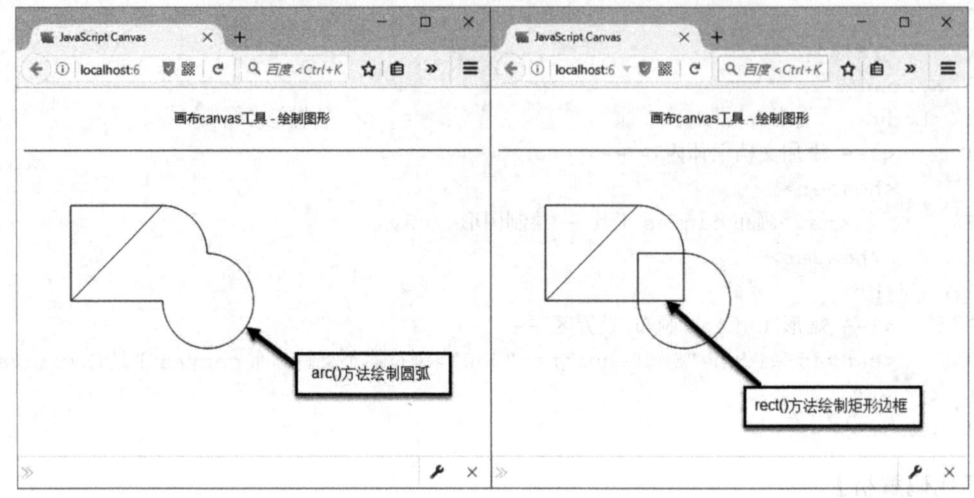

图 7.4　画布 Canvas 绘制图形（三）　　图 7.5　画布 Canvas 绘制图形（四）

继续测试页面，效果如图 7.6 所示。第 37～38 行代码通过画布 Canvas 工具进行了绘制矩形（无填充）的操作。其中，第 38 行代码通过 strokeRect()方法绘制了一个矩形（无填充）。继续测试页面，效果如图 7.7 所示。

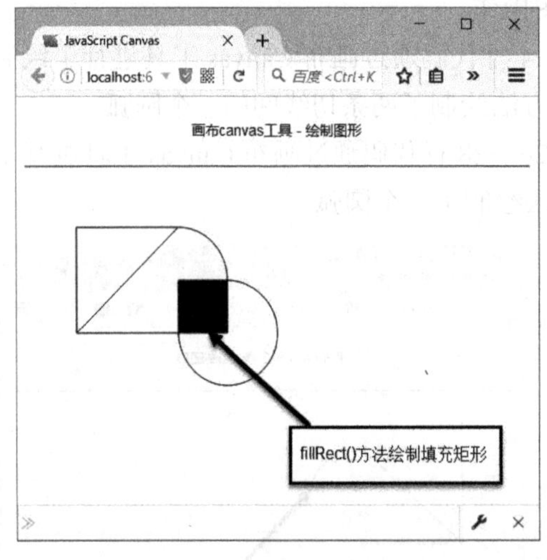

图 7.6　画布 Canvas 绘制图形（五）

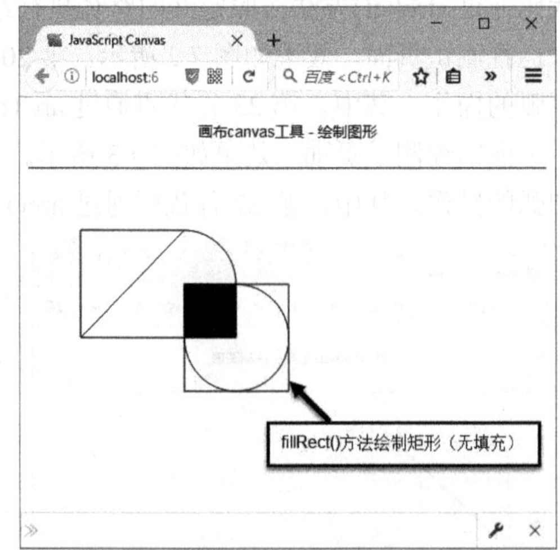

图 7.7　画布 Canvas 绘制图形（六）

7.1.5　使用画布<Canvas>绘制文字

本小节介绍使用画布<Canvas>工具绘制文字的方法。下面，我们列举一下 Canvas 对象提供绘制文字的函数方法。

（1）fillText(text, x, y, maxWidth)方法，用于绘制带有填充颜色的文本。参数说明如下：

- text：文本内容。
- x：相对于画布的 x 轴坐标。
- y：相对于画布的 y 轴坐标。
- maxWidth：可选，允许的最大文本宽度，以像素计。

（2）strokeText(text, x, y, maxWidth)方法，用于绘制无填充颜色的文本。参数说明如下：

- text：文本内容。
- x：相对于画布的 x 轴坐标。
- y：相对于画布的 y 轴坐标。
- maxWidth：可选，允许的最大文本宽度，以像素计。

下面是使用画布 Canvas 工具绘制文字的代码示例（详见源代码 ch07/ch07-HTML 5-canvas-text.html 文件）。

【代码 7-3】

```
<!doctype html>
<html lang="en">
<head>
    <link rel="stylesheet" type="text/css" href="css/style.css">
    <title>JavaScript Canvas</title>
    <script type="text/javascript">
        window.onload = function() {                // 资源加载结束后触发
            var canvas = document.querySelector("canvas");// 获取 canvas 元素
            if (canvas.getContext) {
                var ctx = canvas.getContext("2d");     // 获取渲染上下文
                // TODO: fillText()
                ctx.fillText("HTML 5 Canvas!", 50, 50);
                ctx.font = "16px Yahei";
                ctx.fillText("HTML 5 Canvas!", 50, 100);
                ctx.strokeText("HTML 5 Canvas!", 50, 150);
                ctx.font = "32px Yahei";
                ctx.strokeText("HTML 5 Canvas!", 50, 200);
                ctx.textAlign = "center";
                ctx.fillText("HTML 5 Canvas!", 250, 250);
            }
        }
    </script>
<body>
    <!-- 添加文档主体内容 -->
    <header>
        <nav>画布 canvas 工具 - 绘制文字</nav>
```

```
27      </header>
28      <hr>
29      <!-- 矩形 Canvas 画布 设置区 -->
30      <canvas width="500" height="300">浏览器不支持画布 canvas 工具!</canvas>
31  </body>
32  </html>
```

【代码解析】

第 10 行代码通过 Canvas 对象的 getContext("2d")方法获取了渲染上下文对象，并保存在变量“ctx”中。

第 12～19 行代码通过画布 Canvas 工具进行了绘制文字的操作。其中，第 12 行代码通过 fillText()方法绘制了填充文本。第 13 行代码通过画布<Canvas>对象的“font”属性设定了字体。第 15 行代码通过 strokeText()方法绘制了无填充文本。第 18 行代码通过画布<Canvas>对象的“textAlign”属性设定了文本对齐方式。

运行测试页面，效果如图 7.8 所示。

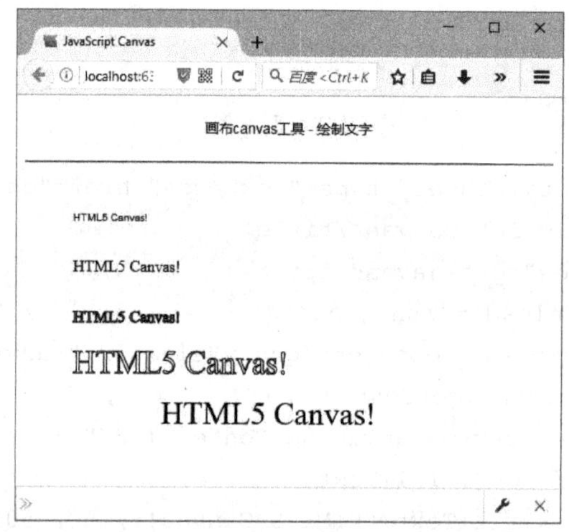

图 7.8　画布 Canvas 绘制文字

7.1.6　画布<Canvas>特效

本小节介绍如何使用画布<Canvas>工具的特效功能。下面，我们列举一下 Canvas 对象提供的关于特效功能的属性和方法。

（1）fillStyle 属性，设置用于填充绘画的颜色、渐变或模式。

（2）strokeStyle 属性，设置用于笔触的颜色、渐变或模式。

（3）shadowColor 属性，设置用于阴影的颜色。

（4）shadowBlur 属性，设置用于阴影的模糊级别。

（5）shadowOffsetX 属性，设置阴影距形状的水平距离。

（6）shadowOffsetY 属性，设置阴影距形状的垂直距离。

（7）createRadialGradient(x0, y0, x1, y1)方法，用于创建线性渐变（用于画布内容）。参数说明如下：

- x0：渐变开始点的 x 坐标。
- y0：渐变开始点的 y 坐标。
- x1：渐变结束点的 x 坐标。
- y1：渐变结束点的 y 坐标。

（8）createLinearGradient(x0, y0, r0, x1, y1, r1)方法，创建放射状或环形的渐变（用于画布内容）。参数说明如下：

- x0：渐变开始圆的 x 坐标。
- y0：渐变开始圆的 y 坐标。
- r0：开始圆的半径。
- x1：渐变结束圆的 x 坐标。
- y1：渐变的结束圆的 y 坐标。
- r1：结束圆的半径。

下面是使用画布 Canvas 工具特效功能的代码示例（详见源代码 ch07/ch07-HTML 5-canvas-gradient.html 文件）。

【代码 7-4】

```
<!doctype html>
<html lang="en">
<head>
    <link rel="stylesheet" type="text/css" href="css/style.css">
    <title>JavaScript Canvas</title>
    <script type="text/javascript">
        window.onload = function() {                // 资源加载结束后触发
            var canvas = document.querySelector("canvas");//获取 canvas 元素
            if (canvas.getContext) {
                var ctx = canvas.getContext("2d");     // 获取渲染上下文
                ctx.font = "16px Yahei";
                // TODO: createLinearGradient()
                ctx.fillText("Canvas 线性渐变特效:", 30, 30);
                var grdLinear = ctx.createLinearGradient(50, 50, 450, 50);
                grdLinear.addColorStop(0, "black");
                grdLinear.addColorStop(1, "white");
                ctx.fillStyle = grdLinear;
                ctx.fillRect(50, 50, 450, 100);
                // TODO: createRadialGradient()
                ctx.fillText("Canvas 放射或环形渐变特效:", 30, 200);
                var grdRadial =
ctx.createRadialGradient(250,250,10,280,280,80);
                grdRadial.addColorStop(0," black");
```

```
23                  grdRadial.addColorStop(1, "white");
24                  ctx.fillStyle = grdRadial;
25                  ctx.fillRect(200, 200, 200, 200);
26              }
27          }
28      </script>
29  <body>
30      <!-- 添加文档主体内容 -->
31      <header>
32          <nav>画布 canvas 工具 - 特效</nav>
33      </header>
34      <hr>
35      <!-- 矩形 Canvas 画布 设置区 -->
36      <canvas width="500" height="380">浏览器不支持画布 canvas 工具!</canvas>
37  </body>
38  </html>
```

【代码解析】

第 14～18 行代码通过画布 Canvas 工具绘制了线性渐变特效。其中，第 14 行代码通过 createLinearGradient()方法创建了线性渐变画笔，并保存在变量“grdLinear”中。第 15～16 行代码通过 addColorStop()方法添加了渐变的停止颜色。第 17 行代码为画布<Canvas>对象的“fillStyle”属性定义了变量“grdLinear”。第 18 行代码通过 fillRect()方法绘制了填充矩形。

第 21～25 行代码通过画布 Canvas 工具绘制了环形渐变特效。其中，第 21 行代码通过 createRadialGradient()方法创建了环形渐变画笔，并保存在变量“grdRadial”中。第 22～23 行代码通过 addColorStop()方法添加了渐变的停止颜色。第 24 行代码为画布<Canvas>对象的“fillStyle”属性定义了变量“grdRadial”。第 25 行代码通过 fillRect()方法绘制了填充矩形。

运行测试页面，效果如图 7.9 所示。

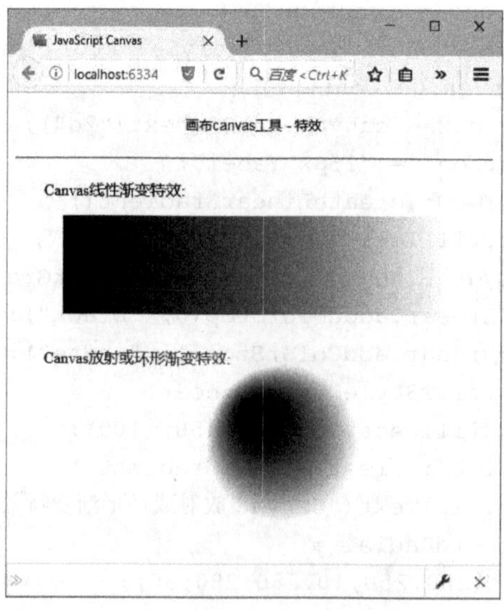

图 7.9　画布 Canvas 特效

7.2 HTML 5 离线缓存

本节介绍 HTML 5 离线缓存方面的内容，包括离线缓存 API 介绍、Manifest 文件的使用方法、应用 ApplicationCache API 方法和离线事件处理等方面的内容。

7.2.1 HTML 5 离线缓存 API 介绍

HTML 5 为了实现离线存储功能，提供了 Web 存储相关的应用接口 —— Web Storage。Web Storage 实际上就是关于 Web 存储开发的 API，包括 LocalStorage 和 SessionStorage 两部分，可用于对离线数据的短暂性或永久性存储。

另外，HTML 5 还提供了一套基于关系型的数据库 Web SQL Database，可以支持网页上复杂数据的离线存储，如存储账户记录、消费明细和个人日志等信息。同时 Web SQL Database 还加入了传统数据库的事物概念，使得多窗口操作可以保持数据一致性。Web SQL Database 数据库是基于 SQLite 开发的，这点与 Web Storage 中的 LocalStorage 相同。

最后，也是功能最强大的离线数据库 —— IndexedDB。IndexedDB 是 HTML 5 推出的一款轻量级的 NoSQL 数据库，也是所谓的非关系型数据库。相对于传统的关系型数据库来说，NoSQL 数据库具有易扩展、快速读写、成本低的特点。IndexedDB 同时还包含了常见的数据库构造特性，诸如事物、索引、游标等功能，在 API 的使用上可分为同步和异步两种形态。

下面是使用 IndexedDB 离线数据库的代码示例（详见源代码 ch07/ch07-HTML 5-IndexedDB.html 文件）。

【代码 7-5】

```
<script type="text/javascript">
 var request, db;
 var indexedDB =
          window.indexedDB || window.mozIndexedDB || window.webkitIndexedDB || window.msIndexedDB;
 if(indexedDB){
      console.log("Your browser supports IndexedDB.");
      request = indexedDB.open("H5IndexedDB", 2);     // 创建一个数据库
      request.onupgradeneeded = function(e) {
         db = e.target.result;
         console.log('create or open db successfully.');
         var store = db.createObjectStore("userinfo", {keyPath: "id"});
         store.createIndex("name", "name", {unique: true});
         store.createIndex("age", "age");
         store.add({id:"1001", name: "king", age: 26});
         store.add({id:"1002", name: "tina", age: 18});
         store.add({id:"1003", name: "cici", age: 8});
      };
```

```
18        request.onerror = function(e) {
19            console.log(e.target.errorCode);
20        };
21    } else{
22        console.log("Your browser do not supports IndexedDB.");
23    }
24 </script>
```

【代码解析】

第 08 行代码中定义的“upgradeneeded”监听事件在每次新建数据库结构时触发。

第 11 行代码定义的 createObjectStore()方法用于创建对象的存储空间，在示例中请求申请一个名为“userinfo”的对象空间。其中，“keyPath”属性用于设定主键。

第 12～13 行代码中定义的 createIndex()方法用于创建数据库索引。同时，使用“unique”属性表示该键值所存储的数据是否具有唯一性，“true”表示数据唯一，“false”表示允许出现相同的数据。

第 14～16 行代码中定义的 add()方法用于添加数据。

将【代码 7-5】定义的 HTML 5 页面部署在 Web 服务器上，并使用最新版本的 Opera 浏览器（Webkit 内核版）运行文件，再打开 Opera 浏览器的开发者工具查看缓存内容，效果如图 7.10 所示。单击左侧列表中的 IndexedDB 项，显示数据库中的插入信息，效果如图 7.11 所示。

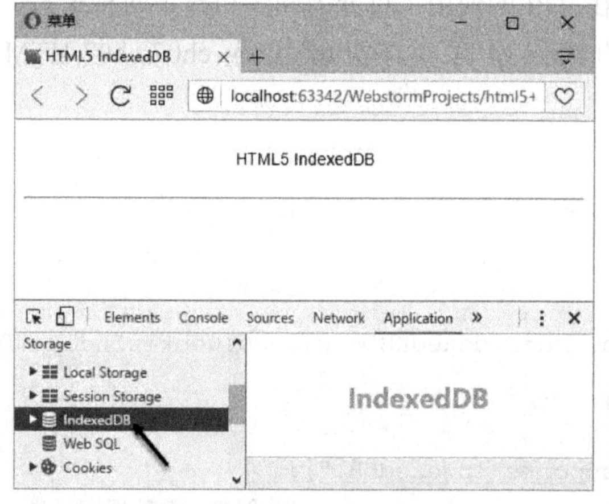

图 7.10 使用 Opera 浏览器开发者工具查看缓存

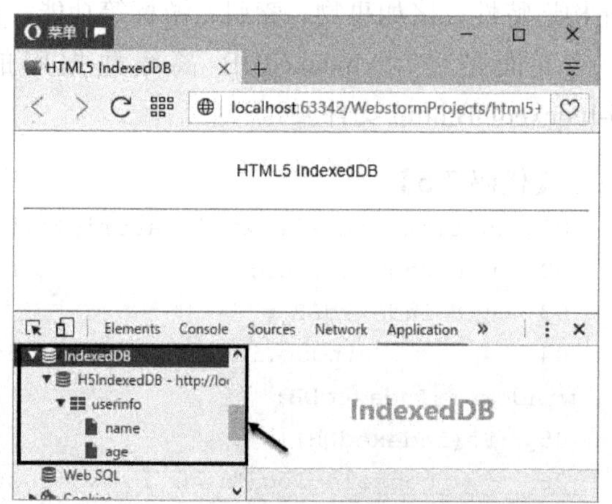

图 7.11 单击左侧列表中的 IndexedDB

再单击左侧列表中的 userinfo 项，同时右侧区域出现对应键值的相关存储数据，效果如图 7.12 所示。

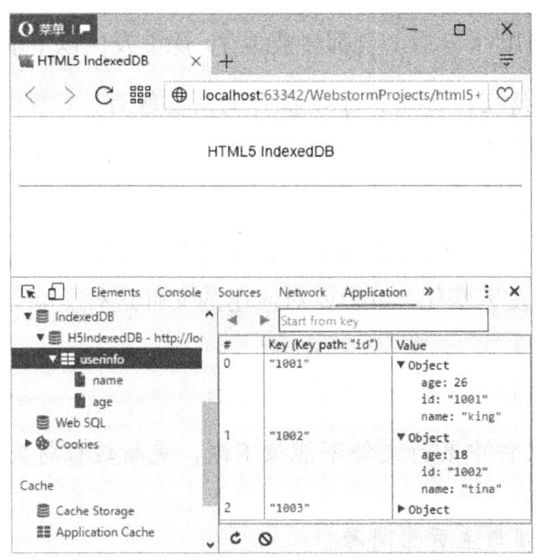

图 7.12　单击左侧列表中的 userinfo 项

7.2.2　使用 Manifest 文件

Manifest 文件是 HTML 5 离线缓存功能中十分重要的部分，该文件表示 Web 应用存储支持文件离线缓存。即使在极端的情况下，没有连接互联网也可以访问 Web 应用的内容。同时，使用 Manifest 文件可以保证资源加载速度更快，对于已经缓存的内容再次访问时不会再次进行 Web 请求，减少了服务器的负载压力。另外，使用时只需要从服务器端下载最新 Manifest 文件就可以对已有资源进行更新。

Manifest 文件只是一个纯文本文件，结构也非常简单，基本可分为以下 4 个部分。

- CACHE MANIFEST：MANIFEST 文件顶部必须出现的标题。
- CACHE：在此标题下方出现的文件将在首次下载后进行缓存。
- NETWORK：在此标题下方出现的文件需要与服务器连接，且不会被缓存。
- FALLBACK：在此标题下方出现的文件规定当页面无法访问时的回退页面。

下面，我们示范一个简单的 Manifest 文件，具体格式如下：

```
CACHE MANIFEST
CACHE:
/index.css
/demo.png
/index.js
NETWORK:
/index2.css
FALLBACK:
/ajax/    ajax.html
/HTML 5/    /404.html
```

当文件名出现在 CACHE 下方后一直都会被缓存，除非发生以下情况，浏览器才会再次更新：

- 浏览器的缓存被清空，如用户手动操作的清空缓存。
- Manifest 文件被修改。
- 应用程序脚本更新缓存。

换句话说，如果不发生上面出现的情况，即使开发者将服务器端的文件进行更新，用户浏览器内使用的内容也不会发生变化，如果要对应用的文件进行更新，这时候必须做的就是更新 Manifest 文件。

使用 Manifest 缓存功能时，有些问题需要注意：

- 如果 Manifest 文件中某行文件不能被下载，更新过程将失败，浏览器继续使用老缓存数据。
- Manifest 文件必须与主页面同源。
- Manifest 文件列表中的文件地址的相对路径，以 Manifest 为参照物。
- CACHE MANIFEST 标题只允许出现在第 1 行，且必须存在。
- 使用 Manifest 缓存功能的页面会被认为自动进行缓存。

7.2.3 使用 ApplicationCache API

上一节提到了使用 Manifest 文件对 Web 应用进行离线缓存，更新缓存的方法一般需要对服务器端的 Manifest 文件进行更新。不过，还有一种方法就是使用浏览器提供的 ApplactionCache 应用接口（API），通过 JavaScript 语言操作 ApplactionCache 对象达到更新缓存的目的。

ApplactionCache API 共有以下 3 种方法：

- update：发起应用缓存下载进程，尝试更新缓存。
- abort：取消正在进行的缓存更新下载。
- swapcache：更新成功后，切换为最新的缓存环境。

ApplactionCache 对象上还有一个常用的 status 属性，该属性有以下 6 种状态：

- CHECKING：检查中，状态值为 2。
- DOWNLOADING：下载中，状态值为 3。
- IDLE：闲置中，状态值为 1。
- OBSOLETE：失效，状态值为 5。
- UNCACHED：未缓存，状态值为 0。
- UPDATEREADY：已更新，状态值为 4。

使用过 Manifest 功能进行的文件缓存，在每次 Manifest 文件更新后，第 1 次刷新页面运行的仍旧是老的缓存内容，第 2 次刷新时才会更新。但 ApplicationCache API 为开发者提供了一种 JavaScript 控制的可能性。

表 7-1 列出了目前主流浏览器对 ApplicationCache 的支持情况。

表 7-1　主流浏览器对 ApplicationCache 的支持情况

浏览器	支持版本
Chrome	4.0 +
Firefox	3.5+
Opera	10.6+
Safari	4.0+
Internet Explorer	10+

7.3 HTML 5 Web 存储

本节介绍 HTML 5 Web 储存和应用缓存的新特性，包括 localStorage 存储方式和 sessionStorage 存储方式，其给 Web 前端技术开发带来了质的飞跃。

7.3.1　HTML 5 Web 存储概述

HTML 5 规范提供了两种在客户端存储数据的新方法，分别是 localStorage 方式和 sessionStorage 方式。这两种方式的特点如下：

- localStorage：没有时间限制的数据存储。
- sessionStorage：针对一个 session 的数据存储。

在 HTML 5 规范出台之前，传统的 HTML 网页一般都是由 Cookie 完成存储功能的。使用过 Cookie 的读者一定知道，Cookie 方式是不适合大量数据存储操作的。因为，存储是由每次对服务器发起的请求来传递完成的，导致 Cookie 的速度很慢、效率很低，无法适应大量数据的场景。

在 HTML 5 规范中，数据不是由每次服务器请求传递的，而是只有在请求时使用数据。这样就使得在不影响网站性能的情况下，存储大量数据成为可能。对于每个单独的网站，数据存储于单独的区域，并且每个网站只能访问其自身的数据。

最后，在 HTML 5 规范下使用 JavaScript 来存储和访问数据。

7.3.2　localStorage 存储方式

在前文中我们提到，使用 localStorage 方式存储的数据没有时间限制，换言之就是无论是经过多少天之后（可能是一天、一个月或是一年），存储的数据依然可用。

下面看一段使用 localStorage 方式存储来模拟页面访问次数的代码示例（详见源代码 ch07/ch07-HTML 5-localstorage.html 文件）。

【代码 7-6】

```
<!DOCTYPE html>
<html lang="zh-cn">
<head>
   <meta http-equiv="Content-Type" content="text/html; charset=utf-8" />
   <style type="text/css">
      nav {
         font: bold 20px arial,sans-serif;
         text-align: center;
      }
      div {
         margin: 16px;
      }
      p {
         margin: 8px;
         font: normal 16px arial,sans-serif;
      }
   </style>
   <title>HTML 5 - Web 存储 localStorage 存储方式</title>
</head>
<body>
   <!-- 添加文档主体内容 -->
   <header>
      <nav>HTML 5 - Web 存储 localStorage 存储方式</nav>
   </header>
   <hr>
   <div id="id-visitor-counts"></div>
   <div>
      <p>说明：</p>
      <p>用户每刷新一次页面,计数器会随之增长.</p>
      <p>即使用户关闭该页面,重新打开页面后计数器会继续计数.</p>
   </div>
   <script type="text/javascript">
      if (localStorage.pagecount) {
         localStorage.pagecount = Number(localStorage.pagecount) + 1;
      } else {
         localStorage.pagecount = 1;
      }
      document.getElementById("id-visitor-counts").innerHTML =
            "Visits: " + localStorage.pagecount + " time(s).";
   </script>
</body>
</html>
```

【代码解析】

在这段 HTML 代码中，使用 localStorage 存储方式模拟了页面访问次数的应用。

第 33～37 行的脚本代码使用 if 条件语句先判断 localStorage.pagecount 属性是否有效，如果有效，则计数器加 1；而如果无效表示该页面是第一次被访问，则计数器初始值定义为 1。

第 38～39 行的脚本代码通过 localStorage.pagecount 属性值将访问次数显示在页面第 26 行代码中定义的 id 值为"id-visitor-counts"的 div 标签元素区域中。每一次页面为访问刷新，则该 div 标签元素中的内容会被更新。

运行测试这个页面，效果如图 7.13 所示。即使关闭页面或浏览器，当再次打开该页面时，计数器会继续累计增加。

图 7.13　Web 存储之 localStorage 方式

7.3.3　sessionStorage 存储方式

在前文中我们提到，使用 sessionStorage 方式存储是针对一个 session（会话）进行数据存储。也就是说，当用户关闭浏览器窗口后，存储数据也会被自动进行删除。

下面我们看一段使用 sessionStorage 方式存储来模拟页面访问次数的代码示例（详见源代码 ch07/ch07-HTML 5-sessionStorage.html 文件）。

【代码 7-7】

```
<!DOCTYPE html>
<html lang="zh-cn">
<head>
    <meta http-equiv="Content-Type" content="text/html; charset=utf-8" />
    <style type="text/css">
        nav {
            font: bold 20px arial,sans-serif;
            text-align: center;
        }
        div {
            margin: 16px;
```

```
12          }
13          p {
14              margin: 8px;
15              font: normal 16px arial,sans-serif;
16          }
17      </style>
18      <title>HTML 5 - Web 存储 sessionStorage 存储方式</title>
19  </head>
20  <body>
21      <!-- 添加文档主体内容 -->
22      <header>
23          <nav>HTML 5 - Web 存储 sessionStorage 存储方式</nav>
24      </header>
25      <hr>
26      <div id="id-visitor-counts"></div>
27      <div>
28          <p>说明：</p>
29          <p>用户每刷新一次页面,计数器会随之增长.</p>
30          <p>不过当用户关闭该浏览器后,重新打开页面后计数器会被重置清零.</p>
31      </div>
32      <script type="text/javascript">
33          if (sessionStorage.pagecount) {
34            sessionStorage.pagecount = Number(sessionStorage.pagecount) + 1;
35          } else {
36              sessionStorage.pagecount = 1;
37          }
38          document.getElementById("id-visitor-counts").innerHTML =
39                  "Visits: " + sessionStorage.pagecount + " time(s) in this session.";
40      </script>
41  </body>
42  </html>
```

关于【代码 7-7】的分析如下：

第 33～37 行的脚本代码使用 if 条件语句先判断 sessionStorage.pagecount 属性是否有效，如果有效，则计数器加 1；如果无效则说明页面是第一次被访问，则计数器初始值定义为 1。

第 38～39 行的脚本代码通过 sessionStorage.pagecount 属性值将访问次数显示在页面第 26 行代码中定义的 id 值为"id-visitor-counts"的 div 标签元素区域中。每一次页面为访问刷新，则该 div 标签元素中的内容会被更新。

运行测试这个页面，效果如图 7.14 所示。在关闭浏览器后再次打开该页面时，由于 session（会话）随着浏览器关闭也自动关闭的原因，计数器会被重置清零，从 1 开始重新计数，读者可以自行测试。

图 7.14　Web 存储之 sessionStorage 方式

7.4　项目实战：搭建简单的 HTML 5 离线 APP

本节通过一个简单的缓存更新示例介绍 Manifest 和 ApplicationCache 的使用。在使用 Manifest 文件之前，首先要确保 Web 服务器对文件进行正确的解析，以 Apache 为例，需要在相应的 httpd.conf 配置文件中，添加如下代码配置信息：

```
AddType text/cache-Manifest .Manifest
```

采用 Chrome 作为演示浏览器，有的版本 Chrome 会默认关闭 ApplicationCache 功能，这时候需要进入 Chrome 浏览器实验室开启 ApplicationCache 功能，如图 7.15 所示。

图 7.15　开启 Chrome 浏览器 ApplicationCache 功能

示例中的 Manifest 文件 application.Manifest 代码如下：

```
CACHE MANIFEST
# ver 1.0
CACHE:
index.css
demo.jpg
```

```
index.js
NETWORK:
index2.css
FALLBACK:
```

下面是使用 HTML 5 离线缓存功能的代码示例（详见源代码 ch08 目录中 ch07-HTML 5-Manifest.html 文件）：

【代码 7-8】

```
<!DOCTYPE html>
<html Manifest="ApplicationCache/application.Manifest"><!-- Manifest 文件 ->
<head>
<script type="text/javascript" src="ApplicationCache/index.js"></script>
<link rel="stylesheet" type="text/css" href="ApplicationCache/index.css">
<link rel="stylesheet" type="text/css" href="ApplicationCache/index2.css">
</head>
<body>
    <img src="ApplicationCache/demo.jpg"><br>
    <button>更新缓存 Manifest 文件</button>        <!–手动更新缓存按钮 ->
</body>
<script type="text/javascript">
document.querySelector('button').addEventListener('click',function(){// 监听按钮单击事件
    var appCache = window.applicationCache;          // 获取缓存操作对象
    appCache.update();                               // 尝试更新缓存.
    if (appCache.status == window.applicationCache.UPDATEREADY) {// 状态是否已更新
        appCache.swapCache();                        // 更新成功后，切换到新的缓存
    }
})
</script>
</html>
```

将主页面文件部署在配置完毕的 Apache 服务器上，使用开启 ApplicationCache 功能的 Chrome 浏览器访问示例页面，同时打开开发者工具查看控制台信息，效果如图 7.16 所示。

图 7.16 使用 Chrome 浏览器打开 ApplicationCache 示例

在开发者工具的控制台信息中，可以看到浏览器的整个执行过程，首先下载 HTML 标签中 Manifest 属性对应的 Manifest 文件，然后将 Manifest 中 CACHE 标签下的文件连同主页面一同进行缓存。接下来，修改 demo.js，添加 1 行代码如下：

```
alert('update');
```

再更新 application.Manifest 文件，将第 2 行的 v1 变为 v2，代码如下：

```
CACHE MANIFEST
# v2
CACHE:
demo.css
demo.jpg
demo.js
NETWORK:
demo2.css
FALLBACK:
```

单击页面“更新缓存 Manifest 文件”按钮，浏览器启动缓存进程更新 CACHE 标签下的内容，重新刷新页面，待页面加载完毕后弹出内容为“update”的提示框，效果如图 7.17 所示。

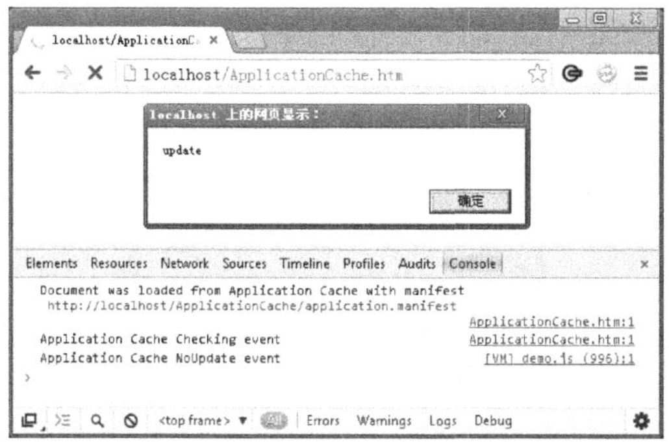

图 7.17 单击页面“更新缓存 Manifest 文件”按钮，并重新刷新页面

在 Chrome 下可以通过访问“chrome://appcache-internals/”查看浏览器缓存的内容，本节示例的缓存信息效果如图 7.18 所示。单击“View Entries”链接按钮，展开被缓存的地址链接和缓存内容的大小，效果如图 7.19 所示。

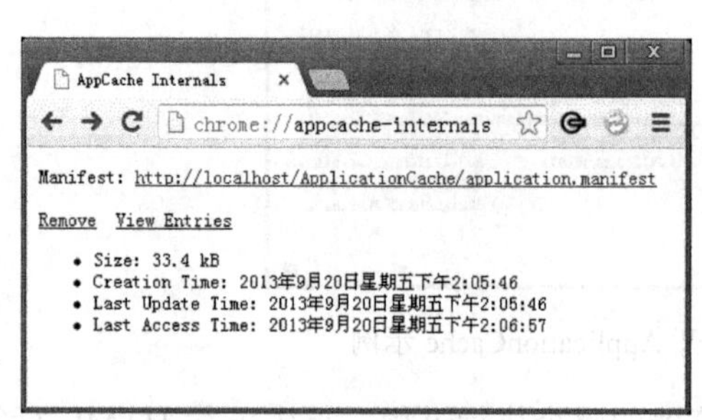

图 7.18 示例缓存数据内容

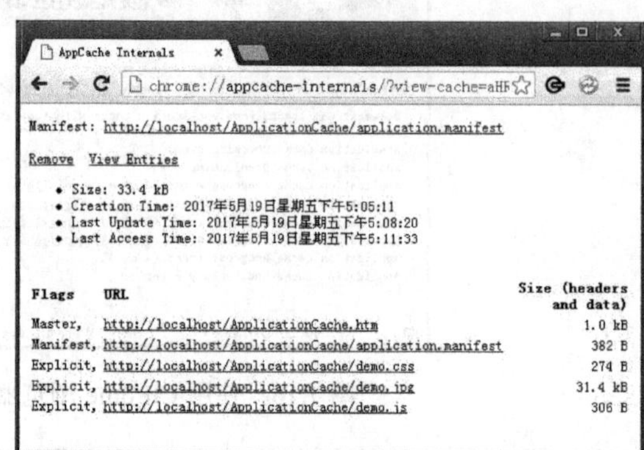

图 7.19 单击 View Entries 链接按钮

第 8 章

CSS与CSS 3

本章作为 CSS 的开篇，我们将向读者介绍 CSS 与 CSS 3 的基础知识。CSS 是一种用来表现 HTML 网页样式的计算机语言，在设计 HTML 网页时加入 CSS 样式设计，可以将网页的内容与表现形式进行有效的分离。因此，使用 HTML + CSS 方式设计网页是当前主流的设计模式。

8.1 回顾 CSS

本节简单介绍 CSS 相关的基本概念，为读者学习 CSS 与 CSS 3 技术做好铺垫。

8.1.1 什么是 CSS

什么是 CSS 呢？CSS 的英文全拼是 Cascading Style Sheets，一般翻译成中文叫做“层叠样式表”。CSS 是一种用来表现 HTML 或 XML 等文件样式的计算机编程语言。目前，CSS 的最新版本是 CSS 3。

8.1.2 CSS 发展简史

CSS 从最初发布的 CSS1 版本开始，到 CSS2 版本的完善，再到目前最新版本的 CSS 3，这期间经历了多次重大的修订、扩展与重构，是凝聚了众多开发者辛勤工作的成果。

最初随着 HTML 的不断成长，为了满足网页设计者的要求，HTML 增加了很多用于页面显示的功能。但随着这些功能的增加，HTML 变得越来越杂乱，而且 HTML 页面也越来越臃肿。

正是在此背景下，哈坤 • 利提于 1994 年提出了 CSS 的最初设计建议。同时，伯特 • 波斯也正在设计一个名为 Argo 的浏览器，于是他们经过商量后一拍即合，开始决定一起设计 CSS 语言，这就是 CSS 诞生的故事。由此可见，绝大部分新技术都是为了解决旧技术的瓶颈而出现的。

其实在当时，互联网界已经有了一些关于统一样式表语言的建议了，但 CSS 确是第一个含有“层叠”意义的统一样式表语言。时间到了 1995 年，在一次 www 网络会议上，伯特 • 波斯演示了 Argo 浏览器支持 CSS 的原型示例，哈坤 • 利提也展示了支持 CSS 的 Arena 浏览器。

1995 年，著名的 W3C 组织（World WideWeb Consortium）成立，CSS 的创作成员全部成为 W3C 的工作小组并且全力以赴负责研发 CSS 标准，层叠样式表的设计开发终于走上正轨。在这之后有越来越多的成员参与其中，例如微软公司的托马斯 • 莱尔顿，而他的努力也最终让 Internet Explorer 浏览器能够支持 CSS 标准。

1996 年底，CSS 初稿已经完成，同年 12 月，层叠样式表的第一份正式标准 CSS1（Cascading style Sheets Level 1）完成，成为 W3C 的推荐标准。

1997 年初，W3C 组织负责 CSS 的工作组开始讨论第一版中没有涉及的问题。其讨论结果组成了 1998 年 5 月出版的 CSS 规范第二版（CSS2）。

时间到了 2001 年，该年 5 月 W3C 开始进行 CSS 3 标准的制定，不过到目前为止该标准还没有最终定稿。CSS 3 是 CSS 技术的升级版本，CSS 3 语言开发是朝着模块化发展的。之前的 CSS1 和 CSS2 规范作为一个模块实在是太庞大而且比较复杂，因此将其分解为若干小的模块，同时更多新的模块也被加入进来。

目前，CSS 技术在全体 Web 开发人员的不懈努力下，仍在朝着更完美的方向不断发展着，让我们拭目以待吧。

8.1.3 XHTML+CSS 设计标准

提到 XHTML+CSS 设计标准，可能读者都有点陌生，不过提到 DIV+CSS 相信读者都有所了解。其实，我们常说的 DIV+CSS 叫法并不规范，因为 DIV 与 Table 都是 XHTML 或 HTML 语言中的一个标记，而 CSS 只是一种表现形式，因此标准的称法应该是 XHTML+CSS。

本质上，XHTML+CSS 是一种 Web 设计标准，是一种网页的布局方法，与传统的通过表格（Table）布局定位的方式不同，其可以实现网页内容与表现相分离。因此，XHTML+CSS 设计标准是一种在基础上进行优化与改进的模式，目的是基于 XML 应用与强大的数据转换能力，适应未来网络应用中更多的需求。

8.2 CSS 语法构成

本节介绍 CSS 语法构成方面的内容，具体包括 CSS 的基础语法、高级语法及选择器等内容。

8.2.1 CSS 基础语法

CSS 样式表主要由两部分构成：选择器、一条或多条声明。其基础语法格式如下：

```
selector {
  declaration-1;
```

```
    declaration-2;
    ......
    declaration-n;
}
```

其中，选择器（selector）通常是需要改变样式的 HTML 元素，而每条声明（declaration）由一个属性和一个值组成。

属性（property）是准备设置的样式属性（style attribute），每个属性有一个值。属性和值中间使用冒号分隔开来。

下面看一段实际 CSS 样式代码的例子：

```
p {
  margin: 4px;
  padding: 2px;
  font-size: 13.5px;
  color: green;
  text-align: center;
}
```

在上面这段 CSS 样式代码中，段落 p 是选择器，margin（外间距）、padding（内边距）、font-size（字体大小）、color（颜色）和 text-align（文本对齐方式）是属性，依次对应的 4px、2px、13.5px、green 和 center 是值。而例如“margin: 4px;”这样一组{属性:值}对则称为一个声明。

8.2.2　CSS 高级语法

CSS 样式表支持选择器分组功能，之所以对选择器进行分组，是因为被分组的选择器可以共享相同的声明。进行分组时，使用逗号将需要分组的选择器分开。我们看一下下面的例子：

```
h1,h2,h3,h4,h5,h6 {
  color:red;
}
```

上面这段代码对 h1、h2、h3、h4、h5 和 h6 这些标签元素进行了分组，这样全部标题元素的字体颜色都被设置成红色。

另外，CSS 样式表还支持选择器继承功能。所谓 CSS 继承，就是子元素将继承最高级元素定义的全部属性。我们看一下下面的例子：

```
body {
  color:blue;
  font-family:楷体;
}
```

根据上面的代码，所有 body 的子元素在不需要另外定义的条件下，也都具有显示蓝色、楷体字的样式，其作用域包括子元素、子元素的子元素等。

有的时候我们需要继承发挥作用，有的时候我们也希望子元素具有特殊的样式，那么避免子元素继承父元素样式的方法就是单独给子元素定义一种样式。我们看一下下面的例子：

```
body {
  color:blue;
  font-family:楷体;
}
p {
  color:green;
  font-family:宋体;
}
```

根据上面的代码，所有 p 的子元素均不继承 body 标签元素的样式，将显示绿色、宋体字的样式。

8.2.3 CSS 选择器

CSS 选择器是使用 CSS 样式表中最核心的部分，如果想对 HTML 网页中元素的样式实现一对一、一对多或者多对一的控制，就必须要用到 CSS 选择器。

CSS 选择器按照类别大致可以分为以下几种：

- 类选择器：根据类名为 HTML 标签元素定义的样式。
- id 选择器：根据标有特定 id 值的 HTML 标签元素指定样式。
- 标签选择器：根据 HTML 标签元素定义的样式。
- 伪类选择器：根据伪类名为 HTML 标签元素定义的样式。
- 通用选择器：使用*表示的成为通用选择器。
- 属性选择器：根据标签元素的属性来定义的选择器，其属性可以是标准属性，也可以是自定义属性。
- 群组选择器：当若干表标签元素样式属性一样时，可以使用群组选择器共同调用一个声明，元素之间用逗号分隔。

另外，还有一些选择器大多数场合不太常用，但在某些特定场合使用却最合适，譬如：子选择器、后代选择器、相邻选择器、伪元素选择器和结构性伪类选择器等，读者可以参考 CSS 规范中的内容进一步了解。

8.3 CSS 标签语义化

这一小节我们介绍 CSS 命名规范方面的内容。在计算机语言里，“语义化”指的是机器在需要更少的人为干预的情况下，能够更好地获取和研究分析代码，让代码能够被机器更好地识别，最终使得人机交互更加顺畅。

CSS 标签语义化是让大家直观地认识标签和属性的用途和作用，语义化的 CSS 样式代码对于设计人员更加友好，良好的结构和直观的语义为代码的维护省下不少时间与精力。同时，语义化技术有助于利用基于开放标准的技术，从数据、文档内容或应用代码中分离出实际意义。

下面我们看一个使用 CSS 标签语义化的 CSS 样式代码示例（详见源代码 ch08/ch08-css-markup-semantics.html 文件）。

【代码 8-1】

```
/*-- CSS 页面标签语义化 --*/
/*-- Page section --*/
/*-- 页面容器 --*/
#container {
}
/*-- Top section --*/
/*-- 页眉容器 --*/
#header {
}
/*-- nav section --*/
/*-- 页眉容器导航条 --*/
#navbar {
}
/*-- Main section --*/
/*-- 页面主体容器 --*/
#main {
}
/*-- sidebar section --*/
/*-- 页面侧边栏导航 --*/
#sidebar {
}
/*-- menu section --*/
/*-- 页面菜单栏 --*/
#menu {
}
/*-- Footer section --*/
/*-- 页脚容器 --*/
#footer {
}
```

读者注意，我们定义 id 选择器的英文名称均有实际的含义，与其代表区域的功能也是吻合的，这就是 CSS 标签语义化。经过以上 CSS 代码的定义，就将整个 HTML 页面划分为不同的区域，设计人员可以根据不同的区域设计不同的样式风格。

8.4 CSS 命名规范

前一节介绍了CSS标签语义化，本节我们引申一下，继续介绍CSS命名规范。所谓规范，就是绝大多数设计人员都认可的、默认统一执行的标准。规范的好处不言而喻，有利于形成风格统一的编码习惯，写出的代码也更易于维护和扩展。

8.4.1 CSS 文件名称命名规范

在创建CSS样式表文件时，一般会按照样式表的含义分类编写CSS文件，并统一保存于项目目录下css文件夹中。

具体来讲，项目中全部页面都需要包含的样式表一般命名为“main.css”，全部关于文字的样式文件一般命名为“font.css”，风格主题相关的样式文件一般命名为“themes.css”，关于按钮控件的样式文件一般命名为“button.css”，关于表单的样式文件一般命名为“form.css”，关于表格的样式文件一般命名为“table.css”，等等，以此类推。

如此命名CSS文件的名称与其样式的内容就可以一一对应起来，这样有利于CSS文件的管理。

8.4.2 页面功能区域的命名规范

一般设计人员会将页面划分为不同的功能区域，这样页面会易于管理，功能划分也十分清晰，关键是还非常美观。

因此，在命名CSS样式时就会根据功能区域来进行，例如：“header”可以表示页面页眉，“container”可以用来表示页面整个容器，“main”可以用来表示页面主体，“nav”可以用来表示导航，“sidebar”可以用来表示侧栏，“menu”可以用来表示菜单，而“footer”最常用来表示页面页脚。

如此按照页面功能区域命名CSS样式的名称，就可以将样式的内容与页面区域一一对应起来，这样有利于CSS样式代码的维护。

8.4.3 页面位置的命名规范

很多时候设计人员需要根据页面位置来定义CSS样式名称，例如：“top”“left”“bottom”“right”和“center”就是最常用的五种位置。

因此，如果打算命名导航菜单，那么“topmenu”就可以定义为顶部菜单，“leftmenu”就可以定义为左侧菜单，“rightmenu”就可以定义为右侧菜单，以此类推。

如此通过页面位置命名CSS样式的名称，就可以将样式的内容与页面位置一一对应起来，同样有利于CSS样式代码的维护。

8.4.4　父子关系的命名规范

父子关系比较好理解，比如父一级菜单可以命名为“menu”，那么子一级菜单就可以命名为“submenu”。这里我们使用“sub”来表示子一级的命名定义，与其英文含义是想吻合的。

8.4.5　具体功能的命名规范

对于页面中的很多小元素，就可以根据其具体功能来命名 CSS 样式。例如：“logo”可以表示网页标志，“search”可以表示搜索，“banner”可以表示广告区域，“title”可以表示标题，“status”可以表示状态，“scroll”可以表示滚动，“tab”可以表示标签页，“news”可以表示新闻，“note”可以表示注释，“hot”可以表示热点，“download”可以表示下载，等等。

使用代表具体功能含义的英文单词或缩写来命名 CSS 样式的名称，这样生动形象，便于理解，非常有利于 CSS 样式代码的维护。

8.4.6　控件的命名规范

由于页面表单中的各种控件是必不可少的，一般可以根据控件的类型来命名 CSS 样式。例如：“form”或“frm”用来表示表单，“btn”或“button”用来表示按钮，“radio”用来表示单选按钮，“checkbox”用来表示复选框，“listmenu”用来表示下拉菜单，“combo”表示组合框，等等。

8.4.7　自定义命名规范

具体到每一个项目，都可以根据上面的命名规范来定义，当然也可以根据项目的独特性进行本项目特有风格的定义，这一点是不做硬性规定的，但一个基本原则是命名规范要通俗、易懂，便于管理维护。

8.5　CSS 使用方法

本节介绍如何在 HTML 页面中使用 CSS 代码与文件，为后面章节中的 CSS 实际应用做好铺垫。

在网页上使用 CSS 的方法基本有三种形式，分别为外链式、嵌入式和内联式（有可能不同的翻译版本中这三种名称有所不同，这点读者可自行把握）。

8.5.1　外链式

所谓外链式（Linking）CSS 方法就是将网页链接到外部样式表。该方法比较适用于 HTML 网页需要很多样式的时情况，此时外链式 CSS 是最合理的方式。使用外链式 CSS 可以通过修改一个 CSS 文件来改变整个页面或网站的样式风格。

外链式 CSS 的基本使用方法如下：

```
<head>
<link rel="stylesheet" type="text/css" href="style.css">
</head>
```

下面看一段使用外链式 CSS 的代码示例（详见源代码 ch08/ch08-css-linking.html 文件）。

【代码 8-2】

```
01 <!doctype html>
02 <html lang="en">
03 <head>
04  <link rel="stylesheet" type="text/css" href="css/position.css" >
05  <link rel="stylesheet" type="text/css" href="css/font.css" >
06  <title>CSS & CSS 3</title>
07 </head>
08 <body>
09  <!-- 添加文档主体内容 -->
10  <h3>外链式(linking)CSS</h3><hr><br>
11  <!-- 添加文档主体内容 -->
12  <div>
13      <h4>外链式(linking)CSS</h4>
14      <p>外链式(linking)CSS</p>
15  </div>
16 </body>
17 </html>
```

【代码解析】

第 04 行与第 05 行代码通过 link 标签元素引用了两个 CSS 样式文件，第一个样式文件（文件名称 position.css）用于定义定位、边距等样式，第二个样式文件（文件名称 font.css）用于定义字体大小、风格等样式。设计时将 CSS 样式按照不同的类别放置于不同的 CSS 样式文件中，是比较合理的编程习惯，便于后期的修改与维护操作。

下面，继续看【代码 8-2】中第 04 行代码引用的外链式（Linking）CSS 代码文件（详见源代码 ch08/css/position.css 文件）。

【代码 8-3】

```
/*
 * CSS - position.css
*/
body {
    margin: 32px;
}
/* h3 */
```

```
h3 {
    margin: 16px;
    padding: 8px;
}
/* div */
div {
    margin: 32px;
    padding: 2px;
}
/* h4 */
h4 {
    margin: 8px;
    padding: 4px;
}
/* p */
p {
    margin: 4px;
    padding: 2px;
}
```

【代码解析】

这段 CSS 样式代码主要使用了 CSS 的“margin”属性和“padding”属性定义了<body>、<div>、<h3>、<h4>和<p>等标签元素的外边距与内边距数值。

然后，继续看【代码 8-2】中第 05 行代码引用的外链式（Linking）CSS 代码文件（详见源代码 ch08/css/font.css 文件）。

【代码 8-4】

```
/*
 * CSS - font.css
*/
body {
    font: normal 12px/1.0em arial,verdana;
    text-decoration: underline;
}
/* h1 */
h1 {
    font: bold 24px/2.4em arial,verdana;
    letter-spacing: 2px;
}
/* h3 */
h3 {
    font: italic 18px/1.8em arial,verdana;
    letter-spacing: 0.5em;
```

```
17 }
18 /* h4 */
19 h4 {
20     font: italic 18px/1.8em arial,verdana;
21     letter-spacing: -0.2em;
22 /* p */
23 p {
24     font: bold 12px/1.2em arial,verdana;
25     letter-spacing: 16px;
26 }
```

【代码解析】

这段 CSS 样式代码主要使用了 CSS 的“font”属性和“letter-spacing”属性定义了<body>、<h1>、<h3>、<h4>和<p>等标签元素的字体样式与字符间距数值。

运行测试【代码 8-2】使用外链式（Linking）CSS 定义的 HTML 页面，页面打开后的效果如图 8.1 所示。我们看到了使用 letter-spacing 字符间距属性的效果，例如【代码 8-2】中第 13 行代码为<h4>标签元素定义了一个负值的字符间距，则图 8.1 中第二行显示的文本被压缩了。

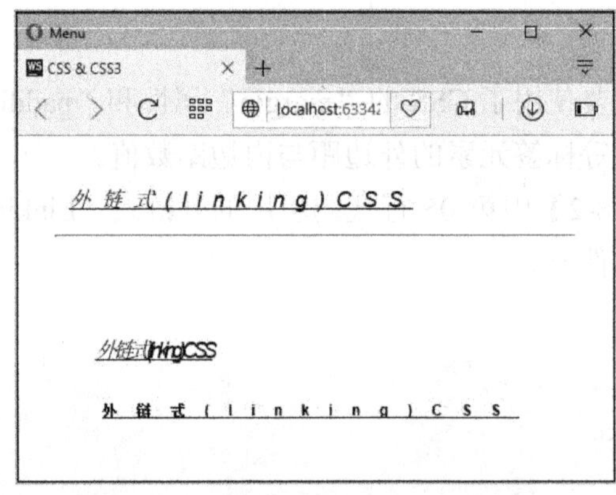

图 8.1　外链式 CSS 样式表效果图

8.5.2　嵌入式

所谓嵌入式（Embedding）CSS 方法就是在网页上创建嵌入的样式表。一般如果单个页面需要定制样式时，嵌入式 CSS 是很好的方法。设计人员可以在 HTML 网页头部通过<style>标签定义嵌入式 CSS。

嵌入式 CSS 的基本使用方法如下：

```
<head>
<style type="text/css">
body {
background-color: #fff;
```

```
}
p {
margin: 8px;
padding: 2px;
}
</style>
</head>
```

下面看一段使用嵌入式 CSS 的代码示例（详见源代码 ch08/ch08-css-embedding.html 文件）。

【代码 8-5】

```
<!doctype html>
<html lang="en">
<head>
 <style type="text/css">
     body {
         margin: 32px;   /* 设置页面边距 */
         font: normal 12px/1.0em arial,verdana;   /* 设置页面字体 */
         text-decoration: underline;     /* 设置字体下划线 */
     }
     /* h3 */
     h3 {
         margin: 16px;   /* 设置外边距 */
         padding: 8px;   /* 设置内边距 */
         font: bold 24px/2.4em arial,verdana;   /* 设置字体 */
         letter-spacing: 2px;    /* 设置字符间距 */
     }
     /* div */
     div {
         margin: 32px;   /* 设置外边距 */
         padding: 2px;   /* 设置内边距 */
     }
     /* h4 */
     h4 {
         margin: 8px;   /* 设置外边距 */
         padding: 4px;   /* 设置内边距 */
         font: italic 18px/1.8em arial,verdana;   /* 设置字体 */
         letter-spacing: -0.2em;    /* 设置字符间距 */
     }
     /* p */
     p {
         margin: 4px;   /* 设置外边距 */
         padding: 2px;   /* 设置内边距 */
         font: bold 12px/1.2em arial,verdana;   /* 设置字体 */
```

```
34          letter-spacing: 2px;    /* 设置字符间距 */
35      }
36  </style>
37  <title>CSS & CSS 3</title>
38 </head>
39 <body>
40  <!-- 添加文档主体内容 -->
41  <h3>嵌入式（Embedding）CSS</h3><hr><br>
42  <!-- 添加文档主体内容 -->
43  <div>
44      <h4>嵌入式（Embedding）CSS</h4>
45      <p>嵌入式（Embedding）CSS</p>
46  </div>
47 </body>
48 </html>
```

【代码解析】

第 04～36 行代码通过<style>标签元素定义了 CSS 样式代码，读者可以将这段样式代码与【代码 8-3】和【代码 8-4】的样式代码进行比较，会发现【代码 8-5】将定位、边距等样式和字体大小、风格等样式合并在一起了，这也是通过<style>标签元素定义样式代码的特点。

因此，通过<style>标签元素定义样式代码仅仅适合于单个 HTML 网页的场景，这样在后期修改与维护操作时还是比较方便的，同时还可以满足对单个页面定义特殊风格的 CSS 样式代码的需求。

运行测试页面，效果如图 8.2 所示。

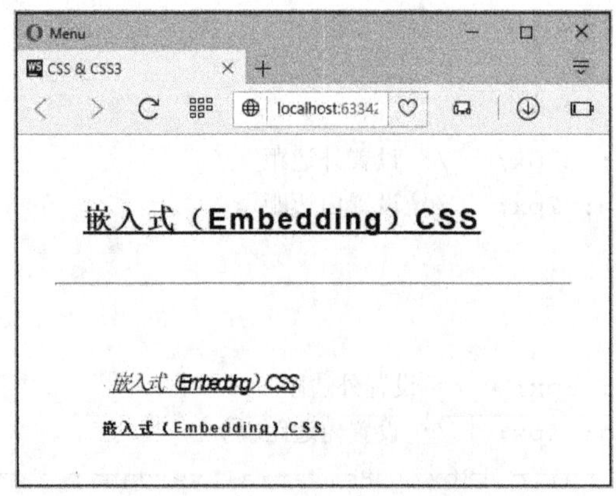

图 8.2　嵌入式 CSS 样式表效果图

8.5.3　内联式

所谓内联式（Inline）CSS 方法就是在单个页面元素中加入样式表。该方法只有当页面中的个别元素需要单独的样式时，才推荐使用内联式 CSS。

内联式 CSS 的基本使用方法如下：

```
<p style="color:blue; margin:8px">
This is a inline-css paragraph.
</p>
```

下面看一段使用内联式 CSS 的代码示例（详见源代码 ch08/ch08-css-inline.html 文件）。

【代码 8-6】

```
01 <!doctype html>
02 <html lang="en">
03 <head>
04  <title>CSS & CSS 3</title>
05 </head>
06 <body style=
07             "margin:32px;
08             font:normal 12px/1.0em arial,verdana;
09             text-decoration:underline;">
10  <!-- 添加文档主体内容 -->
11  <h3 style=
12                "margin:32px;
13                font:normal 24px/1.0em arial,verdana;
14                text-decoration:underline;">
15      内联式（Inline）CSS
16  </h3>
17  <hr><br>
18  <!-- 添加文档主体内容 -->
19  <div style="margin:32px;padding:2px;">
20      <h4 style=
21                     "margin:8px;
22                     padding:4px;
23                     font:italic 18px/1.8em arial,verdana;">
24           内联式（Inline）CSS
25      </h4>
26      <p style=
27                   "margin:4px;
28                   padding:2px;
29                   font:bold 12px/1.2em arial,verdana;">
30           内联式（Inline）CSS
31      </p>
32  </div>
33 </body>
34 </html>
```

【代码解析】

这段代码的 CSS 样式代码是嵌入到每一个具体的标签元素内部的。

第 06～09 行代码对<body>标签元素使用“style”属性定义了外边距、字体和下划线这三个样式。

第 11～14 行代码分别对<h3>标签元素使用“style”属性定义了外边距、字体和下划线这三个样式。

第 19 行代码对<div>标签元素使用“style”属性定义了外边距和内边距这两个样式。

第 28～23 行代码分别对<h4>标签元素使用“style”属性定义了外边距、内边距和字体这三个样式。

运行测试页面后的效果如图 8.3 所示。

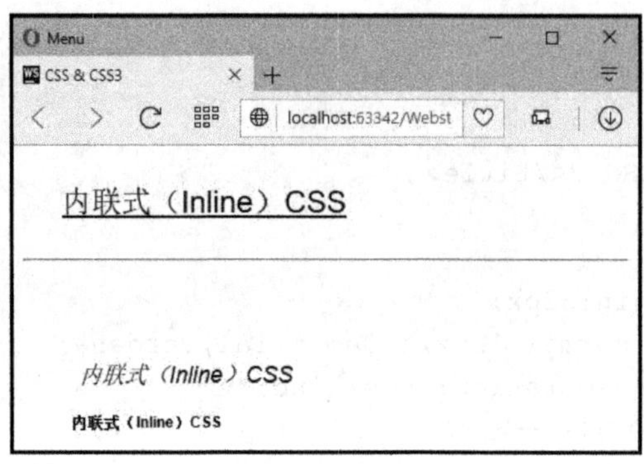

图 8.3　内联式 CSS 样式表效果图

8.5.4　优先级

HTML 网页在解析 CSS 样式代码时是有优先级的，其顺序如下：内联式（Inline）CSS ＞ 嵌入式（Embedding）CSS ＞ 外链式（Linking）CSS，因此设计 CSS 时要考虑优先级顺序，否则可能无法显示出预想的样式效果。

8.6　创建并编辑 CSS 的工具

本节介绍创建并编辑 CSS 的工具，其中有一部分工具是与 HTML 编辑工具相同的，另外还有一些比较优秀的 CSS 专用工具。

8.6.1　CSS 创建与编辑工具

1. 文本编辑器

万能的文本编辑器既然可以创建编辑 HTML 网页，自然也可以创建编辑 CSS 文件。不过与 HTML 网页一样，使用文本编辑器保存的文件默认为（.txt）文本格式，而不是 css 文件格式。不过没关系，我们依然可以在资源管理器中手动更改为.css 格式。

2. EditPlus 编辑器

这里我们还是要推荐一下强大的 EditPlus 编辑器工具，EditPlus 编辑器为 CSS 文件提供了

CSS 模板、语法支持与自动补全功能。读者可以到其官方网站（http://www.editplus.com）上下载相关资源文件。

3. Sublime 编辑器

Sublime 编辑器是一款与 EditPlus 编辑器的功能不相上下的工具，甚至在有些方面还要强于 EditPlus 编辑器。Sublime 编辑器工具对 CSS 文件提供了很好的功能支持，诸如语法高亮、语法检查和代码补全等功能，均是一应具有，功能十分强大。

8.6.2　使用集成开发平台

1. 使用 WebStorm 平台创建编辑 CSS 文件

打开 WebStorm 软件，单击“文件（File）”|“新建（New）”按钮，会弹出一个菜单，如图 8.4 所示。选择“Stylesheet”项，就会弹出创建 CSS 文件的对话框，如图 8.5 所示。

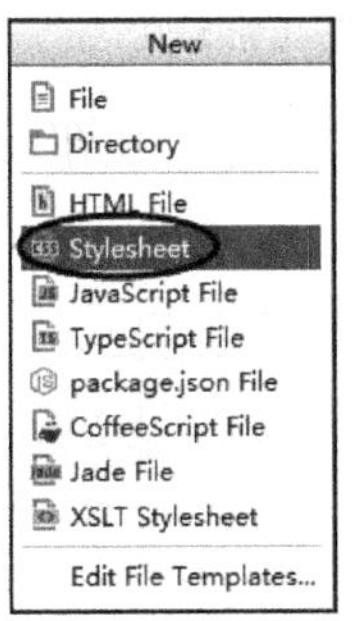

图 8.4　使用 WebStorm 创建编辑 CSS 文件（一）

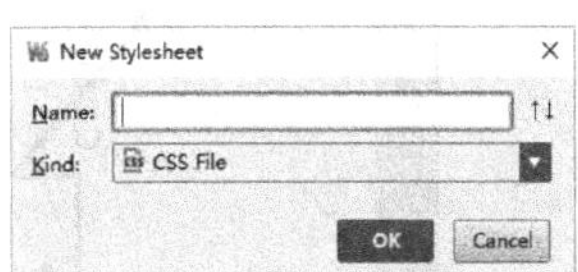

图 8.5　使用 WebStorm 创建编辑 CSS 文件（二）

而在 WebStorm 平台中编辑 CSS 文件就与编辑 HTML 网页类似了，同时 WebStorm 平台还提供了语法自动完成功能，如图 8.6 所示。

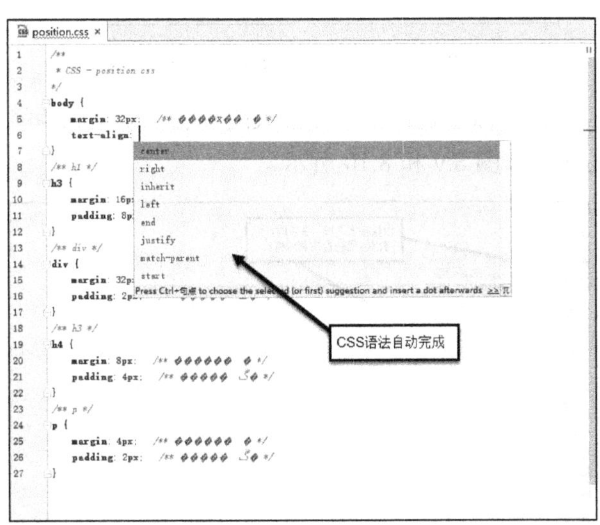

图 8.6　使用 WebStorm 创建编辑 CSS 文件（三）

2. 使用 Dreamweaver 平台创建编辑 CSS 文件

打开 Dreamweaver 软件，单击“文件（File）”|“新建（New）”按钮，会弹出一个对话框，如图 8.7 所示。

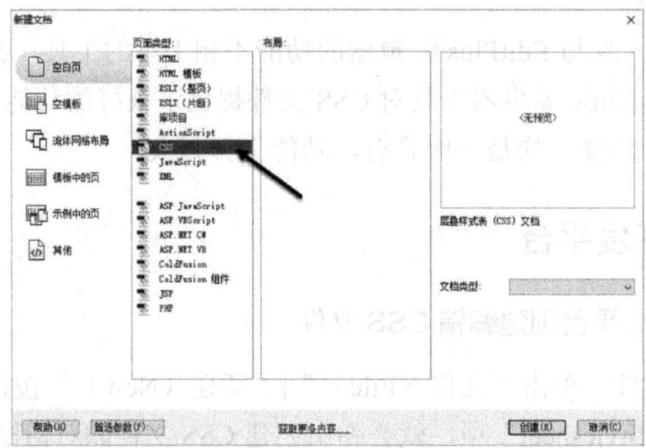

图 8.7　使用 Dreamweaver 创建编辑 CSS 文件（一）

在图 8.7 中，在“页面类型”选择“CSS”项，然后单击“创建”按钮就会新建一个 CSS 样式文件，如图 8.8 所示。

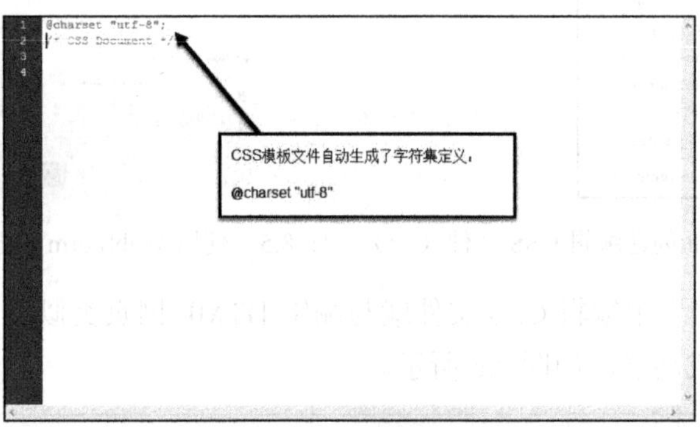

图 8.8　使用 Dreamweaver 创建编辑 CSS 文件（二）

另外，Dreamweaver 平台似乎是提供了更强大的语法自动完成功能，我们以输入 CSS 语法属性“text-align”为例，如图 8.9 和 8.10 所示。

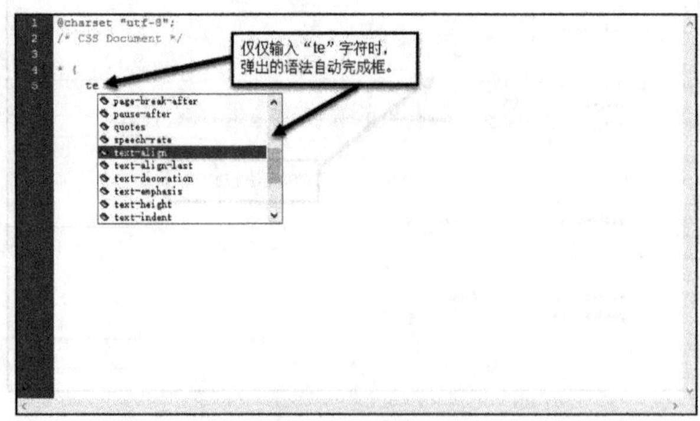

图 8.9　使用 Dreamweaver 创建编辑 CSS 文件（三）

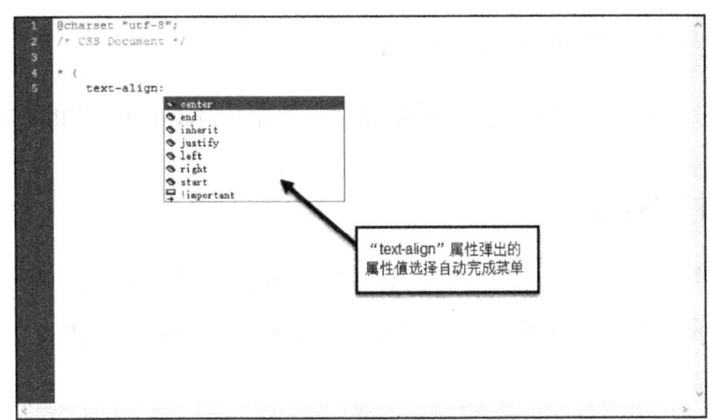

图 8.10 使用 Dreamweaver 创建编辑 CSS 文件（四）

8.7 CSS 3 新增特性概述

本节简单介绍 CSS 3 新增的几个特性，帮助读者进一步了解 CSS 3 为 Web 开发带来了哪些新变化。

8.7.1 CSS 3 属性选择器

CSS 3 新增了几个属性选择器，是对 CSS1 和 CSS2 属性选择器功能的补充，具体描述如下：

- Element[head^="bar"]属性选择器：选择匹配 Element 的元素，且该元素定义了 head 属性，foo 属性值以 "bar" 开始。Element 选择符可以省略，表示可匹配任意类型的元素。
- Element[head$="bar"]属性选择器：选择匹配 Element 的元素，且该元素定义了 head 属性，head 属性值以 "bar" 结束。Element 选择符可以省略，表示可匹配任意类型的元素。
- Element[head*="bar"]属性选择器：选择匹配 Element 的元素，且该元素定义了 head 属性，head 属性值包含 "bar" 。Element 选择符可以省略，表示可匹配任意类型的元素。

8.7.2 RGBA 透明度

CSS 3 新增了对 RGBA 透明度的支持，是对 CSS 规范 RGB 颜色属性的功能升级，具体描述如下：

语法：RGBA(R,G,B,A)

取值：

- R：红色值，可以为正整数或百分数。
- G：绿色值，可以为正整数或百分数。
- B：蓝色值，可以为正整数或百分数。

- A：Alpha 透明度，取值范围在 0～1。

其中，Alpha 透明度就是 CSS 3 新增的特性，在原来 RGB 颜色的基础上进行了升级。

8.7.3 CSS 3 多栏布局

CSS 3 新增的多栏布局特性，允许在使用多栏布局时为所有栏指定一个统一的高度，该功能比较适合使用在显示文章内容的时候。CSS 3 为多栏布局特性提供了几个属性支持，具体描述如下：

- column-count 属性：表示将一个元素中的内容分为多栏进行显示，单位为整数（表示列数）。
- column-gap 属性：用于设定多栏之间的间隔距离。
- column-rule 属性：表示在栏与栏之间增加一条间隔线，并可设定该间隔线的宽度、样式和颜色值。
- column-width 属性：用于设定每一栏的宽度。

8.7.4 CSS 3 字符串溢出

CSS 3 新增的字符串溢出“text-overflow”属性用于解决文本内容溢出的问题，譬如：文章列表标题过长，超过页面宽度等情况。关于“text-overflow”属性的具体描述如下：

基本语法：

```
text-overflow: clip | ellipsis;
```

其中：

- clip 属性值：表示不显示省略标记（...），仅仅是简单的剪裁。
- ellipsis 属性值：表示文本溢出时显示省略标记（...），省略标记插入最后一个字符位置。

8.7.5 CSS 3 圆角

我们都知道早期的 CSS 版本中，实现圆角功能是非常复杂的，需要写非常多的代码。不过 CSS 3 为我们带来支持圆角功能的新属性（border-radius），有了该属性后实现边框圆角效果就非常简单了。关于 CSS 3 圆角“border-radius”属性的具体描述如下：

基本语法：

```
border-radius: none | <length>{1,4} [/ <length>{1,4} ]?
```

<length>由浮点数字和单位标识符组成的长度值,不可为负值。

其实“border-radius”是一种缩写方法，拆分开来按照顺序写的话是“top-left”、“top-right”、“bottom-right”、“bottom-left”四个属性，分别对应圆角的四个方向的角。

8.7.6　CSS 3 阴影

CSS 3 规范中除了新增的圆角属性，还新增了阴影属性（box-shadow），而阴影效果在以前同样是需要大量代码才能实现的功能。关于 CSS 3 阴影“box-shadow”属性的具体描述如下：

基本功能：

阴影“box-shadow”属性用于向框添加一个或多个阴影效果。

基本语法：

```
box-shadow: h-shadow v-shadow blur spread color inset;
```

其中：

- h-shadow 属性值必需，表示水平阴影的位置，允许负值。
- v-shadow 属性值必需，表示垂直阴影的位置，允许负值。
- blur 属性值可选，表示模糊距离。
- spread 属性值可选，表示阴影的尺寸。
- color 属性值可选，表示阴影的颜色（RGB）。
- inset 属性值可选，表示将外部阴影（outset）改为内部阴影。

第 9 章

CSS选择器

本章向读者介绍 CSS 选择器的内容。CSS 选择器是一种用来对 HTML 网页中的元素进行样式控制的技术，是 HTML 网页设计中最常用的功能。CSS 选择器一般按照功能可划分为很多种类别，下面我们将逐一进行介绍。

9.1 CSS 选择器基础

首先介绍 CSS 选择器的相关基本知识，为读者学习使用 CSS 选择器技术打好基础。

9.1.1 什么是 CSS 选择器

CSS 选择器是用于对 HTML 页面中的元素样式实现一对一、一对多或者多对一的控制技术，是 HTML 网页设计中最常用的功能。

一般的，定义 CSS 样式时主要由“选择器”和“样式”两大部分组成，其形式如下：

```
选择器 {
  样式 1;
  样式 2;
  ......
  样式 n;
}
```

在“{}”符号之前的部分就是“选择器”。“选择器”指明了“{}”中的具体“样式”的作用对象，也就是“样式”作用于网页中的哪些元素。

9.1.2 CSS 选择器分类

CSS 选择器的分类依据不同标准会有不同的分类方式，不过如何进行分类仅仅是形式上的区别，这方面读者不必过于纠结。

下面按照 CSS 选择器功能简单介绍一下：

- 标签选择器：根据 HTML 页面中的标签元素来选择。
- 类选择器：根据类名（“.”符号）来选择。
- id 选择器：根据 HTML 页面中定义的元素“id”值来选择。
- 后代选择器：根据 HTML 页面中定义的特定元素的后代来选择。
- 子选择器：根据 HTML 页面中定义的特定元素的直接后代（或第一个后代）来选择。
- 相邻兄弟选择器：针对兄弟元素来选择。
- 通用选择器：使用“*”符号来选择。
- 群组选择器：当若干元素样式属性一样时来选择。
- 属性选择器：根据 HTML 页面中定义的元素属性来选择。
- 伪类选择器：用于向某些选择器添加特殊的效果。
- 伪元素选择器：用于向某些选择器设置特殊效果。

此外，还有一些不常用的 CSS 选择器，使用起来也相对复杂，我们在本章后面的内容中具体介绍。

9.1.3　CSS 选择器优先级

前面提到了 CSS 选择器的若干分类，那么这么多 CSS 选择器有没有优先级呢？答案是肯定的。下面我们就具体介绍一下 CSS 选择器的优先级规则。

（1）CSS 选择器都有一个权值，权值越大越优先。

- 内联样式表的权值最高，值为 1000。
- id 选择器的权值为 100。
- class 类选择器的权值为 10。
- HTML 标签选择器的权值为 1。

（2）当权值相等时，后定义的样式表要优于先定义的样式表。

（3）网页设计者设置的 CSS 样式优先级高于浏览器默认设置的 CSS 样式。

（4）继承的 CSS 样式不如后来指定的 CSS 样式。

（5）在同一组属性设置中标有“!important”规则的优先级最大。

9.2　CSS 选择器应用

本节具体介绍每一类 CSS 选择器，包括每一类 CSS 选择器的概念、特点及应用方法。

9.2.1　标签选择器

所谓 CSS 标签选择器就是指直接针对 HTML 标签元素定义的样式。通常，HTML 网页是由若干不同的 HTML 标签元素所组成的，使用 CSS 标签选择器可以针对每一种标签元素进行单独的样式定义，这样当修改某一个 CSS 标签选择器所定义的样式时，就会整体改变页面中该标签元素的风格样式。

下面看一段使用 CSS 标签选择器的代码示例（详见源代码 ch09/ch09-css-selector-tag.html 文件）。

【代码 9-1】

```
<!doctype html>
<html lang="en">
<head>
 <style type="text/css">
     body {
         font: normal 12px/1.0em arial, verdana;
     }
     header {
         margin: 8px;
         padding: 2px;
         font: normal 16px/1.6em 黑体;
     }
     nav {
         margin: 2px;
         padding: 2px;
         font: bold 24px/2.4em 黑体;
         text-align: center;
     }
     div {
         margin: 8px;
         padding: 2px;
         font: normal 16px/1.2em 宋体;
     }
     h3 {
         font: bold 20px/1.6em 隶书;
         text-align: center;
     }
     p {
         font: italic 18px/1.6em arial, verdana;
     }
     footer {
         margin: 8px;
         padding: 2px;
         font: normal 14px/1.2em arial, verdana;
         text-align: center;
     }
 </style>
```

```
38  <title>CSS 选择器</title>
39 </head>
40 <body>
41  <!-- 添加文档主体内容 -->
42  <header>
43      CSS 选择器 - 标签选择器
44      <nav>nav 标签选择器</nav>
45  </header>
46  <hr>
47  <!-- 添加文档主体内容 -->
48  body 标签选择器
49  <div>
50      <h3>h3 标签选择器</h3>
51      <p>p 标签选择器</p>
52      div 标签选择器
53  </div>
54  body 标签选择器
55  <hr>
56  <footer>footer 标签选择器</footer>
57 </body>
58 </html>
```

【代码解析】

第 05～07 行代码应用 CSS 标签选择器为<body>标签元素定义了样式，包括字体风格（"normal"）、字体大小（"12px/1.0em"）和字体系列（"arial, verdana"）。

第 08～12 行代码应用 CSS 标签选择器为<header>标签元素定义了样式，包括外间距（"margin:8px;"）、内边距（"padding:2px;"）、字体风格（"normal"）、字体大小（"16px/1.6em"）和字体系列（"黑体"）。

第 13～18 行代码应用 CSS 标签选择器为<nav>标签元素定义了样式，包括外间距（"margin:2px;"）、内边距（"padding:2px;"）、字体风格（"bold;"）、字体大小（"24px/2.4em"）、字体系列（"黑体"）和文字居中（text-align: center）样式。

第 19～23 行代码应用 CSS 标签选择器为<div>标签元素定义了样式，包括外间距（"margin:8px;"）、内边距（"padding:2px;"）、字体风格（"normal"）、字体大小（"16px/1.2em"）和字体系列（"宋体"）。

第 24～27 行代码应用 CSS 标签选择器为<h3>标签元素定义了样式，包括字体风格（"bold;"）、字体大小（"20px/1.6em"）、字体系列（"隶书"）和文字居中（text-align: center）样式。

第 28～30 行代码应用 CSS 标签选择器为<p>标签元素定义了样式，包括字体风格（"italic"）和字体大小（"18px/1.6em"）。

第 31～36 行代码应用 CSS 标签选择器为<footer>标签元素定义了样式，包括外间距

（"margin:8px;"）、内边距（"padding:2px;"）、字体风格（"normal"）、字体大小（"14px/1.2em"）和文字居中（text-align: center）样式。

运行测试页面，效果如图 9.1 所示。可以看到，第 43 行代码定义的文本，使用了通过<header>标签元素定义的 CSS 样式。第 44 行代码<nav>标签元素虽然定义在<header>标签元素内，但<nav>标签元素内的文本会应用第 13～18 行代码专门为<nav>标签元素定义了 CSS 样式，这点从第 16 行代码定义的字体大小就可以看出来。

第 48 行和第 53 行代码所定义的文本样式，将会使用第 05～07 行代码为其父元素<body>标签元素定义的 CSS 样式。

第 49～53 行通过<div>标签元素定义了三行文本，但只有第 52 行定义的文本会使用为<div>标签元素定义的 CSS 样式，第 50 行和第 51 行代码定义的文本将分别使用为<h3>和<p>标签元素定义的 CSS 样式。

第 56 行代码通过<footer>标签元素定义的文本样式，将会使用第 31～36 行代码专门为其所定义的 CSS 样式。

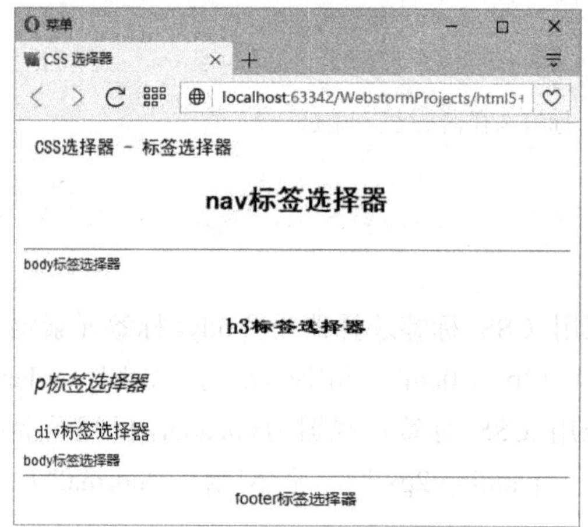

图 9.1　CSS 标签选择器

9.2.2　类选择器

所谓 CSS 类选择器就是针对具有指定类（class）的标签元素的样式定义。设计 HTML 网页时通常会对同一 HTML 标签元素定义不同的样式风格，此时使用 CSS 类选择器就可以实现该功能。同样，当修改某一个 CSS 类选择器所定义的样式时，就会改变页面中所有使用该类的标签元素的风格样式。CSS 类选择器前面必须使用符号“.”，也称为点号，然后结合通配选择器。

下面看一段使用 CSS 类选择器的代码示例（详见源代码 ch09/ch09-css-selector-class.html 文件）。

【代码 9-2】

```
<!doctype html>
```

```
<html lang="en">
<head>
 <style type="text/css">
     body {
         font: normal 12px/1.0em arial, verdana;
     }
     header {
         margin: 8px;
         padding: 2px;
         font: normal 16px/1.6em 黑体;
     }
     nav.nav-class {
         margin: 2px;
         padding: 2px;
         font: bold 18px/1.2em 黑体;
         text-align: center;
     }
     div.div-class {
         margin: 8px;
         padding: 2px;
         font: normal 12px/1.2em 宋体;
     }
     h3.h3-class {
         font: bold 20px/1.6em Yahei;
         text-align: center;
     }
     p.p-class {
         font: italic 16px/1.6em 楷体;
     }
     footer {
         margin: 8px;
         padding: 2px;
         font: normal 14px/1.2em arial,verdana;
         text-align: center;
     }
 </style>
 <title>CSS 选择器</title>
</head>
<body>
 <!-- 添加文档主体内容 -->
 <header>
     CSS 选择器 - 类选择器
     <nav class="nav-class">nav 类选择器</nav>
```

```
45  </header>
46  <hr>
47  <!-- 添加文档主体内容 -->
48  <div class="div-class">
49      div 类选择器
50      <h3 class="h3-class">h3 类选择器</h3>
51      <p class="p-class">p 类选择器</p>
52      div 类选择器
53  </div>
54  <hr>
55  <footer>footer 标签选择器</footer>
56  </body>
57  </html>
```

【代码解析】

首先，可以将【代码 9-2】与【代码 9-1】做一下简单对比。第 05～07 行代码为<body>标签元素定义的样式、第 08～12 行代码为<header>标签元素定义的样式、第 31～36 行代码为<footer>标签元素定义的样式，均是使用标签选择器方式定义的。

而第 13～18 行代码为<nav>标签元素定义的样式，采用的就是 CSS 类选择器（.nav-class）方式。其具体的样式定义与【代码 9-1】类似，包括外间距（"margin:2px;"）、内边距（"padding:2px;"）、字体风格（"bold;"）、字体大小（"18px/1.2em"）、字体系列（"黑体"）和文字居中（text-align: center）样式。

运行测试页面，效果如图 9.2 所示。

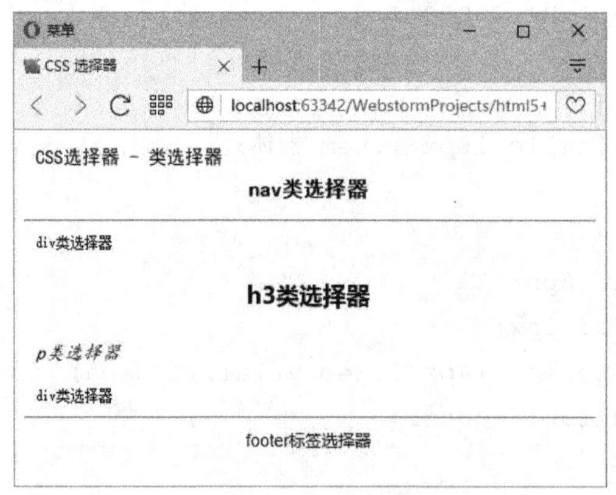

图 9.2　CSS 类选择器

9.2.3　id 选择器

HTML 规范允许为标签元素定义“id”属性，而 CSS 的 id 选择器就是针对具有指定“id”属性的标签元素所定义的样式。应用 CSS 的 id 选择器可以实现对单个标签元素进行样式定义，因此假如打算修改某一个标签元素的样式时，仅需修改该标签元素的 id 选择器所定义的样式，就会单独改变该标签元素的风格样式。id 选择器前面必须使用符号“#”，也称为棋盘号或井号。

下面看一段使用 CSS 的 id 选择器的代码示例（详见源代码 ch09/ch09-css-selector-id.html 文件）。

【代码 9-3】

```
<!doctype html>
<html lang="en">
<head>
 <style type="text/css">
     body {
         font: normal 12px/1.0em arial, verdana;
     }
     #header-id {
         margin: 8px;
         padding: 2px;
         font: normal 16px/1.6em 黑体;
     }
     #nav-id {
         margin: 2px;
         padding: 2px;
         font: bold 18px/1.2em 黑体;
         text-align: center;
     }
     div#div-id {
         margin: 8px;
         padding: 2px;
         font: normal 12px/1.2em 宋体;
     }
     h3#h3-id {
         font: bold 20px/1.6em Yahei;
         text-align: center;
     }
     p#p-id {
         font: italic 16px/1.6em 楷体;
     }
     #footer-id {
         margin: 8px;
         padding: 2px;
         font: normal 14px/1.2em arial,verdana;
         text-align: center;
     }
 </style>
```

```
38  <title>CSS 选择器</title>
39 </head>
40 <body>
41  <!-- 添加文档主体内容 -->
42  <header id="header-id">
43      CSS 选择器 - id 选择器
44      <nav id="nav-id">nav - id 选择器</nav>
45  </header>
46  <hr>
47  <!-- 添加文档主体内容 -->
48  <div id="div-id">
49      div - id 选择器
50      <h3 id="h3-id">h3 - id 选择器</h3>
51      <p id="p-id">p - id 选择器</p>
52      div - id 选择器
53  </div>
54  <hr>
55  <footer id="footer-id">footer - id 选择器</footer>
56 </body>
57 </html>
```

【代码解析】

第 08～12 行代码应用 id 选择器（#header-id）为<header>标签元素定义了样式。CSS 标准规定在定义 id 选择器时必须要使用的“#”符号，同时在“#”符号后面的字符串（“header-id”）、必须与其对应标签元素的“id”属性值（第 50 行代码为<header>标签定义的“id="header-id"”属性值）相同。

运行测试页面，效果如图 9.3 所示。

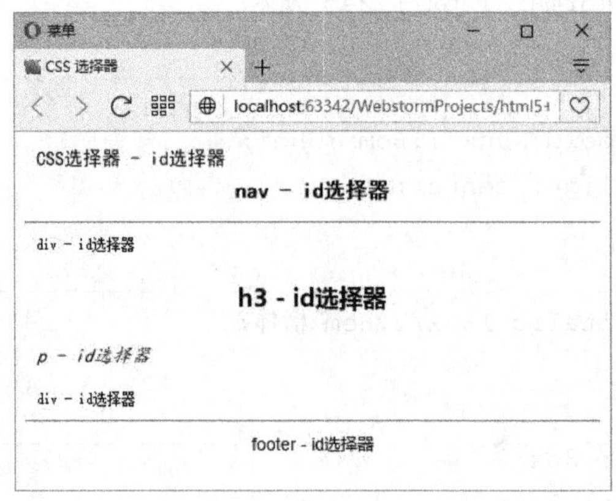

图 9.3　id 选择器

9.2.4　派生选择器

CSS 派生选择器是指依据标签元素在其位置的上下文关系来定义其样式。通过合理地使用 CSS 派生选择器，可以使得标签代码更加简洁高效。

下面看一段使用 CSS 派生选择器的代码示例（详见源代码 ch09/ch09-css-selector-derive.html 文件）。

【代码 9-4】

```
<!doctype html>
<html lang="en">
<head>
 <style type="text/css">
      body {
           font: normal 12px/1.0em arial, verdana;
      }
      h3 {
           font: bold 12px/1.2em 宋体;
           text-align: center;
      }
      p {
           font: italic 12px/1.2em 宋体;
      }
      header {
           margin: 2px;
           padding: 2px;
      }
      header h3 {
           font: bold 20px/1.6em 隶书;
      }
      header p {
           font: italic 16px/1.2em 隶书;
      }
      div {
           margin: 2px;
           padding: 2px;
      }
      div h3 {
           font: bold 20px/1.6em 黑体;
      }
      div p {
           font: italic 16px/1.2em 黑体;
           text-align: right;
      }
```

```
36        footer {
37            margin: 2px;
38            padding: 2px;
39        }
40        footer h3 {
41            font: bold 12px/1.0em 楷体;
42        }
43        footer p {
44            font: italic 10px/1.0em 楷体;
45            text-align: right;
46        }
47    </style>
48    <title>CSS 选择器</title>
49   </head>
50   <body>
51    <!-- 添加文档主体内容 -->
52    <header>
53        <h3>header h3 派生选择器</h3>
54        <p>header p 派生选择器</p>
55    </header>
56    <hr>
57    <div>
58        <h3>div h3 派生选择器</h3>
59        <p>div p 派生选择器</p>
60    </div>
61    <h3>h3 派生选择器</h3>
62    <p>p 派生选择器</p>
63    <hr>
64    <footer>
65        <h3>footer h3 派生选择器</h3>
66        <p>footer p 派生选择器</p>
67    </footer>
68   </body>
69   </html>
```

【代码解析】

第 19～21 行和第 22～24 行代码定义 CSS 样式的方式就是派生选择器（header h3{}和 header p{}）。

那么，为什么第 19～21 行和第 22～24 行代码定义的就是 CSS 派生选择器呢？我们看第 52～55 行代码定义的标签关系，<header>标签元素与<h3>和<p>标签元素是父子关系，因此我们将第 19～21 行和第 22～24 行代码定义的 CSS 样式标记（header h3{}和 header p{}）称为派生选择器。

同样，第 29～31 行和第 32～35 行代码定义 CSS 样式的方式是派生选择器（div h3{}和 div p{}）。第 40～42 行和第 43～46 行代码定义 CSS 样式的方式也是派生选择器（footer h3{}和 footer p{}）。

另外，我们注意到第 08～11 行和第 12～14 行代码专门为<h3>和<p>标签元素定义了 CSS 样式，这样设计的目的就是为了向读者解释 CSS 派生选择器的作用。

运行测试页面，效果如图 9.4 所示。

图 9.4　CSS 派生选择器

使用 CSS 派生选择器可以专门为特定标签元素内的标签元素定义特殊的 CSS 样式。如果将 CSS 派生选择器进行细分，又可以有后代选择器、子选择器和相邻兄弟选择器，下面我们继续逐一介绍。

9.2.5　后代选择器

CSS 后代选择器是指为某标签元素内的特定后代标签元素来定义其样式，因此也有人称其为包含选择器。在 CSS 后代选择器中，规则左边的选择器一端包括两个或多个用空格分隔的选择器，选择器之间的空格是一种结合符。

下面看一段使用 CSS 后代选择器的代码示例（详见源代码 ch09/ch09-css-selector-descendant.html 文件）。

【代码 9-5】

```
<!doctype html>
<html lang="en">
<head>
 <style type="text/css">
     body {
          font: normal 12px/1.0em arial, verdana;
     }
     header {
```

```
            margin: 2px;
            padding: 2px;
        }
        header h3 {
            font: bold 24px/1.6em 隶书;
            text-align: center;
        }
        div {
            margin: 2px;
            padding: 2px;
        }
        ul {
            font: normal 14px/1.2em 宋体;
        }
        ul ol {
            font: italic 16px/1.6em 黑体;
        }
        ul em {
            font: bold 20px/1.6em yahei;
        }
        footer {
            margin: 2px;
            padding: 2px;
        }
        footer p {
            font: italic 10px/1.0em 楷体;
            text-align: right;
        }
    </style>
    <title>CSS 选择器</title>
</head>
<body>
    <!-- 添加文档主体内容 -->
    <header>
        <h3>CSS 后代选择器</h3>
    </header>
    <hr>
    <div>
        <ul>
            <li>第 1 级 - 1
                <ol>
                    <li>第 2 级 - 1</li>
                    <li>第 2 级 - 2</li>
                    <li>第 2 级 - 3
                        <ol>
                            <li>第 3 级 - 1</li>
                            <li><em>第 3 级 - 2</em></li>
```

```
56                          <li>第 3 级 - 3</li>
57                      </ol>
58                  </li>
59              </ol>
60          </li>
61          <li>第 1 级 - 2</li>
62          <li>第 1 级 - 3</li>
63      </ul>
64  </div>
65  <hr>
66  <footer>
67      <p>CSS 后代选择器</p>
68  </footer>
69 </body>
70 </html>
```

【代码解析】

第 47～63 行代码使用<ul><ol><li>标签元素定义了一个三级列表。

第 20～22 行代码使用 CSS 标签选择器为<ul>标签元素定义了字体样式（font: normal 14px/1.2em 宋体;）。

第 23～25 行代码使用 CSS 后代选择器（ul ol {}）定义了字体样式（font: italic 16px/1.6em 黑体;）。

同样，第 26～28 行代码使用 CSS 后代选择器（ul em {}）定义了字体样式（font: bold 20px/1.6em yahei;）。

运行测试页面，效果如图 9.5 所示。可以看到，第 48 行、第 61～62 行代码定义的列表项，应用了第 20～22 行专门为<ul>标签元素定义的 CSS 字体样式。而<ul>标签元素内的其他列表项，应用了其他的 CSS 字体样式。

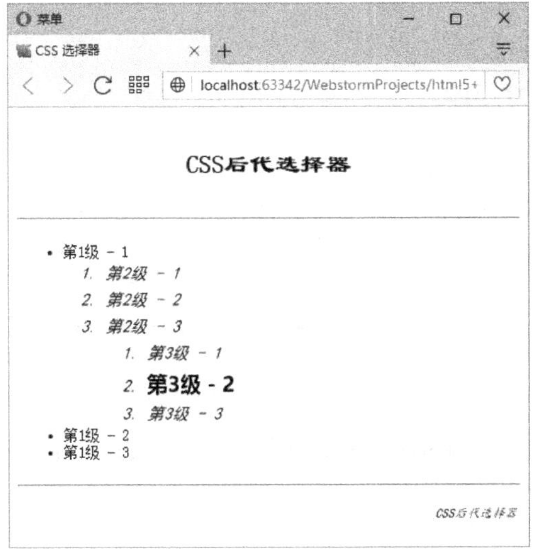

图 9.5　CSS 后代选择器

CSS 后代选择器可以为特定标签元素内的标签元素定义特殊的 CSS 样式，且可以跨越多个层级。这一点与我们下面紧接着要介绍的 CSS 子选择器有所区别。

9.2.6 子选择器

CSS 子选择器是指为某标签元素的子元素来定义其样式，这里的子元素仅指第一级后代元素，这是区别于前一小节介绍的 CSS 后代选择器的。CSS 子选择器使用了符号“大于号(>)”，即子结合符。

下面看一段使用 CSS 子选择器的代码示例（详见源代码 ch09/ch09-css-selector-child.html 文件）。

【代码 9-6】

```
<!doctype html>
<html lang="en">
<head>
 <style type="text/css">
     body {
         font: normal 12px/1.0em arial, verdana;
     }
     header {
         margin: 2px;
         padding: 2px;
     }
     header h3 {
         font: bold 24px/1.6em 隶书;
         text-align: center;
     }
     div {
         margin: 2px;
         padding: 2px;
     }
     ul {
         font: normal 12px/1.2em 宋体;
     }
     ul > li {
         font: italic 16px/1.6em 黑体;
     }
     ol > li {
         font: bold 16px/1.6em 楷体;
     }
     footer {
         margin: 2px;
         padding: 2px;
```

```
32          }
33          footer p {
34              font: italic 10px/1.0em 楷体;
35              text-align: right;
36          }
37      </style>
38      <title>CSS 选择器</title>
39  </head>
40  <body>
41      <!-- 添加文档主体内容 -->
42      <header>
43          <h3>CSS 子选择器</h3>
44      </header>
45      <hr>
46      <div>
47          <ul>
48              <li>第 1 级 - 1</li>
49              <li>第 1 级 - 2</li>
50              <ol>
51                  <li>第 2 级 - 1</li>
52                  <li>第 2 级 - 2</li>
53                  <ul>
54                      <li>第 3 级 - 1</li>
55                      <li>第 3 级 - 2</li>
56                      <li>第 3 级 - 3</li>
57                  </ul>
58                  <li>第 2 级 - 3</li>
59              </ol>
60              <li>第 1 级 - 3</li>
61          </ul>
62      </div>
63      <hr>
64      <footer>
65          <p>CSS 子选择器</p>
66      </footer>
67  </body>
68  </html>
```

【代码解析】

第 47～61 行代码使用<ul><ol><li>标签元素定义了一个三级列表。

第 23～25 行代码应用 CSS 子选择器（ul > li）定义了字体样式。CSS 标准规定在定义子选择器时必须要使用的“>”符号，在“>”符号前面的标签（<ul>）是父级标签元素，在“>”符号后面的标签（<li>）是子级标签元素。

同样，第 26～28 行代码应用 CSS 子选择器（ol > li）定义了字体样式。在“>”符号前面的标签（<ol>）是父级标签元素，在“>”符号后面的标签（<li>）是子级标签元素。

运行测试页面，效果如图 9.6 所示。

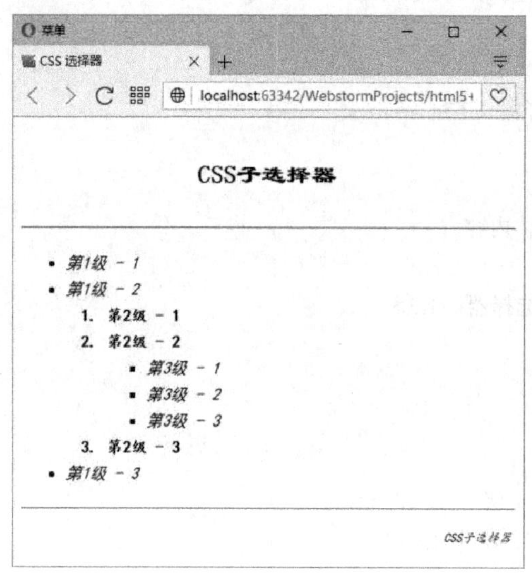

图 9.6　CSS 子选择器

当不希望选择任意的后代元素，而是希望缩小范围，只选择某个元素的子元素，CSS 子选择器是最好选择了。

9.2.7　相邻兄弟选择器

CSS 相邻兄弟选择器是指可选择紧接在另一元素后的元素，且二者有相同的父元素。相邻兄弟选择器使用了符号“加号（+）”，即相邻兄弟结合符。

下面看一段使用 CSS 相邻兄弟选择器的代码示例（详见源代码 ch09/ch09-css-selector-sibling.html 文件）。

【代码 9-7】

```
<!doctype html>
<html lang="en">
<head>
 <style type="text/css">
     body {
          font: normal 12px/1.0em arial, verdana;
     }
     header {
          margin: 2px;
          padding: 2px;
     }
     header h3 {
```

```
            font: bold 20px/1.6em 隶书;
            text-align: center;
        }
        div {
            margin: 2px;
            padding: 2px;
        }
        h3 + p {
            font: bold 20px/1.6em yahei;
        }
        h4 + h4 {
            font: italic 16px/1.6em yahei;
        }
        footer {
            margin: 2px;
            padding: 2px;
        }
        footer p {
            font: italic 10px/1.0em 楷体;
            text-align: right;
        }
    </style>
    <title>CSS 选择器</title>
</head>
<body>
    <!-- 添加文档主体内容 -->
    <header>
        <h3>CSS 相邻兄弟选择器</h3>
    </header>
    <hr>
    <div>
        <h3>CSS 相邻兄弟选择器</h3>
        <h3>CSS 相邻兄弟选择器</h3>
        <h3>CSS 相邻兄弟选择器</h3>
        <p>CSS 相邻兄弟选择器</p>
        <p>CSS 相邻兄弟选择器</p>
        <p>CSS 相邻兄弟选择器</p>
        <h4>CSS 相邻兄弟选择器</h4>
        <h4>CSS 相邻兄弟选择器</h4>
        <h4>CSS 相邻兄弟选择器</h4>
    </div>
    <hr>
    <footer>
```

```
56          <p>CSS 相邻兄弟选择器</p>
57      </footer>
58  </body>
59  </html>
```

【代码解析】

第 20～22 行代码应用 CSS 相邻兄弟选择器(h3 + p)定义了字体样式(font: bold 20px/1.6em yahei;）。CSS 标准规定在定义相邻兄弟选择器时必须要使用“+”符号来连接前后相邻的两个兄弟元素。

同样，第 23～25 行代码应用 CSS 相邻兄弟选择器（h4 + h4）定义了字体样式（font: italic 16px/1.6em yahei;）。

第 44～52 行代码通过一组<h3>、<p>和<h4>标签元素定义了多行页面文本，第 44～46 行代码使用的是<h3>标签元素，第 47～49 行代码使用的是<p>标签元素，第 50～52 行代码使用的是<h4>标签元素。

运行测试页面，效果如图 9.7 所示。

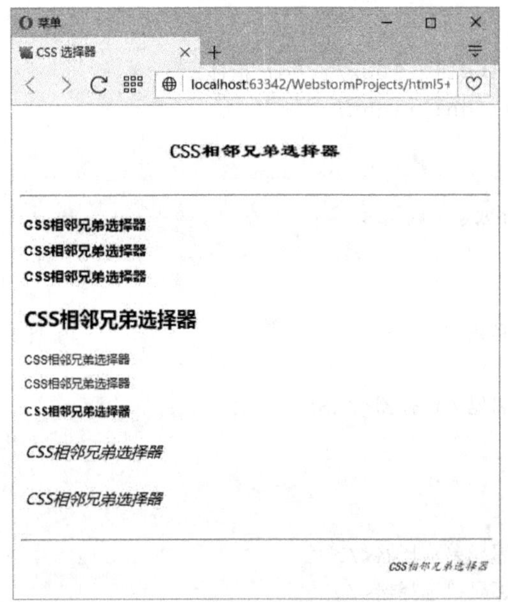

图 9.7　CSS 相邻兄弟选择器

CSS 相邻兄弟选择器仅对相邻兄弟符号（+）后的第二个元素起作用，而对相邻兄弟符号（+）前的第一个元素是不起作用的。因此，相邻兄弟选择器（h3 + p）会对第 47 行代码定义的<p>标签元素起作用。而相邻兄弟选择器（h4 + h4）会对第 51 行和第 52 行代码定义的<h4>标签元素起作用，而对第 50 行代码定义的第一个<h4>标签元素不起作用。

9.2.8　属性选择器

CSS 属性选择器是指可以根据元素的属性及属性值来选择元素。属性选择器的应用很灵活，可以组合出很多比较复杂的形式：

- 属性选择器
- 属性和值选择器
- 属性和多个值选择器
- 子串匹配属性选择器
- 表单属性选择器

下面我们逐个介绍。

1. 属性选择器

先看一个最简单的使用 CSS 属性选择器的代码示例（详见源代码 ch09/ch09-css-selector-attri-basic.html 文件）。

【代码 9-8】

```
<!doctype html>
<html lang="en">
<head>
 <style type="text/css">
     body {
         font: normal 12px/1.0em arial, verdana;
     }
     header {
         margin: 2px;
         padding: 2px;
         font: normal 16px/1.6em 黑体;
     }
     nav {
         margin: 2px;
         padding: 2px;
         font: bold 18px/1.2em 黑体;
         text-align: center;
     }
     div {
         margin: 2px;
         padding: 2px;
         font: normal 12px/1.2em 宋体;
     }
     h3 {
         font: normal 12px/1.2em 宋体;
     }
     p {
         font: normal 12px/1.2em 宋体;
     }
```

```
30         [title] {
31             font: normal 20px/1.6em yahei;
32         }
33         footer {
34             margin: 2px;
35             padding: 2px;
36             font: italic 12px/1.2em 宋体;
37             text-align: right;
38         }
39     </style>
40     <title>CSS 选择器</title>
41 </head>
42 <body>
43     <!-- 添加文档主体内容 -->
44     <header>
45         <nav>CSS 选择器 - 基本属性选择器</nav>
46     </header>
47     <hr>
48     <!-- 添加文档主体内容 -->
49     <div>
50         <h3>h3 属性选择器</h3>
51         <h3 title="selector">h3 属性选择器</h3>
52         <p>p 属性选择器</p>
53         <p title="selector">p 属性选择器</p>
54     </div>
55     <hr>
56     <footer>属性选择器</footer>
57 </body>
58 </html>
```

【代码解析】

第 24～26 行代码为<h3>标签元素定义了基本样式，包括字体风格（"normal;"）、字体大小（"12px/1.2em"）和字体系列（"宋体"）。

第 21～29 行代码为<p>标签元素定义了基本样式，包括字体风格（"normal;"）、字体大小（"12px/1.2em"）和字体系列（"宋体"）。

第 50 行代码使用<h3>标签元素定义了一行页面标题，同时注意第 51 行代码同样使用<h3>签元素定义了另一行页面标题，不同之处是第 51 行代码为<h3>标签元素添加了一个“title”属性。

类似的，第 52 行代码使用<p>标签元素定义了一行页面文本，同时注意第 53 行代码同样使用<p>标签元素定义了另一行页面文本，不同之处是第 53 行代码同样为<p>标签元素添加了一个“title”属性。

而 CSS 属性选择器的定义在第 30～32 行代码中，定义 CSS 属性选择器标记时需要使用符号“[]”将属性名称包含进去（[title]）。这样只要页面中定义的标签元素包含有该属性，则 CSS 属性选择器就会将样式作用到该标签元素。

运行测试页面，效果如图 9.8 所示。第 51 行和第 53 行代码使用了“title”属性的标签元素，应用了第 30～32 行代码中 CSS 属性选择器定义的样式。

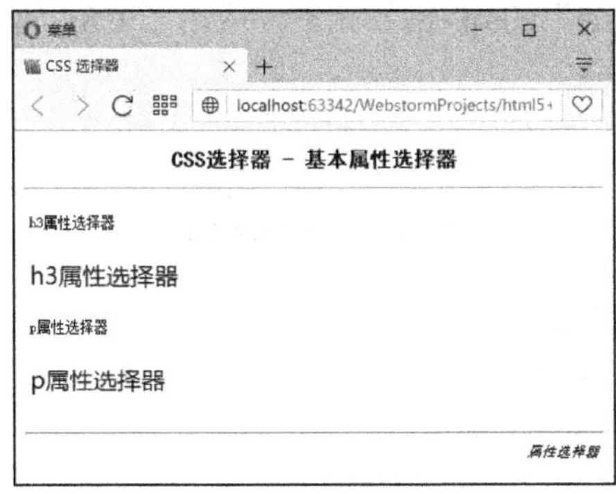

图 9.8　CSS 属性选择器

2. 属性和值选择器

下面是一个使用 CSS 属性和值选择器的代码示例（详见源代码 ch09/ch09-css-selector-attri-value.html 文件）。

【代码 9-9】

```
<style type="text/css">
……
 h3 {
     font: normal 12px/1.2em 宋体;
 }
 p {
     font: normal 12px/1.2em 宋体;
 }
 [title=value] {
     font: normal 20px/1.6em yahei;
 }
 </style>
……
 <div>
     <h3>h3 属性和值选择器</h3>
     <h3 title="attribute">h3 属性和值选择器</h3>
     <p>p 属性和值选择器</p>
     <p title="value">p 属性和值选择器</p>
 </div>
……
```

CSS 属性和值选择器的定义是[title=value]，其含义是选择“title”属性值为“value”的标签，<h3>标签元素添加了一个“title”属性，其属性值为“attribute”。<p>标签元素添加了一个“title”属性，属性值为“value”。

运行测试页面，效果如图 9.9 所示。虽然<h3>和<p>都为标签元素添加了“title”属性，但只有 “title”属性为“value”的<p>标签元素，应用了 CSS 属性和值选择器定义的样式。

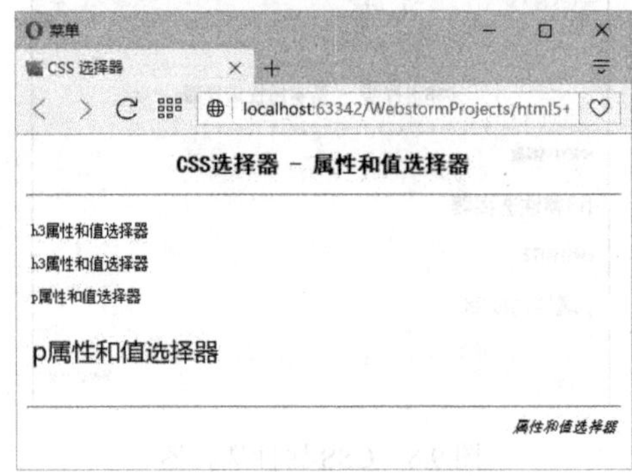

图 9.9　CSS 属性和值选择器

3. 属性和多个值选择器

下面是一个使用 CSS 属性和多个值选择器的代码示例（详见源代码 ch09/ch09-css-selector-attri-multivalue.html 文件）。

【代码 9-10】

```
<style type="text/css">
......
 h3 {
     font: normal 12px/1.2em 宋体;
 }
 p {
     font: normal 12px/1.2em 宋体;
 }
 [title~=value] {
     font: normal 16px/1.6em yahei;
 }
 [lang|=ch] {
     font: normal 16px/1.6em yahei;
 }
</style>
......
<div>
 <h3 title="value">h3 属性和多个值（~）选择器</h3>
 <h3 title="value attribute">h3 属性和多个值（~）选择器</h3>
 <p title="attribute value">p 属性和多个值（~）选择器</p>
```

```
    <p title="attribute">p 属性和多个值（~）选择器</p>
    <hr>
    <h3 lang="ch">h3 属性和多个值（|）选择器</h3>
    <h3 lang="ch-zn">h3 属性和多个值（|）选择器</h3>
    <p lang="en">p 属性和多个值（|）选择器</p>
    <p lang="en-ch">p 属性和多个值（|）选择器</p>
</div>
......
```

CSS 规范为匹配多个属性值定义了两种方式：

- 一种方式适用于多个属性值用空格间隔的，CSS 选择器定义方式为“[属性名称~=属性值]”，注意符号“~”的使用方式。
- 一种方式适用于属性值用连字符间隔的，CSS 选择器定义方式为“[属性名称|=属性值]”，注意符号“|”的使用方式。

代码中定义的 CSS 属性和多个值选择器（[title~=value]）适用于多个属性值用空格间隔的，定义的 CSS 属性和多个值选择器（[lang|=ch]）适用于多个属性值用连字符间隔的。

HTML 代码使用<h3>和<p>标签元素定义了第一组文本，每个标签元素均添加了一个“title”属性，且多个属性值是使用空格间隔的。

然后又使用<h3>和<p>标签元素定义了第二组文本，每个标签元素均添加了一个“lang”属性，且多个属性值是使用连字符间隔的。

运行测试页面，效果如图 9.10 所示。从图中可以看到，第一组标签均添加了“title”属性，且属性值中均有“value”字符串，因此应用了[title~=value]定义的样式。第二组标签均添加了“lang”属性，且属性值中均以“ch”字符串开头，因此应用了第 [lang|=ch]定义的样式。

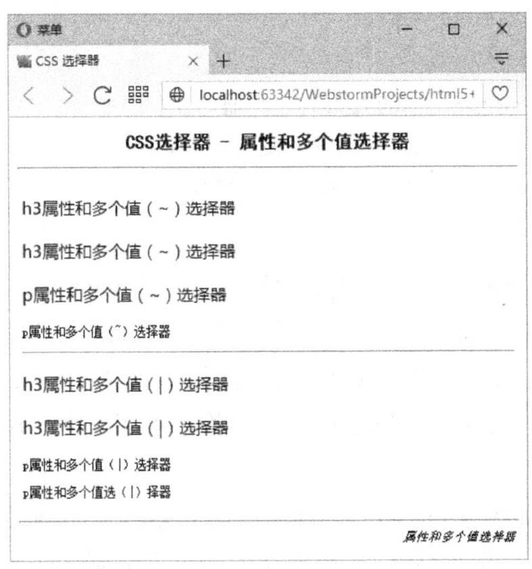

图 9.10　CSS 属性和多个值选择器

4. 子串匹配属性选择器

如果想更灵活地匹配属性值，CSS 规范为设计人员提供了一个子串匹配选择器，具体如下：

- [属性名称^="属性值"]：使用“^”符号，则选择以"属性值"开头的所有元素。
- [属性名称$="属性值"]：使用“$”符号，则选择以"属性值"结尾的所有元素。
- [属性名称*="属性值"]：使用“*”符号，则选择包含"属性值"的所有元素。

下面是一个使用子串匹配属性选择器的代码示例（详见源代码 ch09/ch09-css-selector-attri-substr.html 文件）。

【代码 9-11】

```
<style type="text/css">
......
 p {
     font: normal 12px/1.2em 宋体;
 }
 p[title^="www"] {
     font: bold 24px/2.0em yahei;
 }
 p[title$="com"] {
     font: italic 20px/1.6em yahei;
 }
 p[title*="value"] {
     font: normal 16px/1.6em yahei;
 }
</style>
......
<div>
 <p title="www.xxx.cn">p 子串匹配属性选择器</p>
 <p title="abc.yyy.com">p 子串匹配属性选择器</p>
 <p title="xxx.value.zzz">p 子串匹配属性选择器</p>
</div>
```

子串匹配属性选择器 p[title^="www"]适用属性值以“www”字符串开头的。

子串匹配属性选择器 p[title$="com"]适用属性值以“com”字符串结尾的。

子串匹配属性选择器 p[title*="value"]适用属性值中包含“value”字符串的。

<p>标签元素定义了一组文本，每个标签元素均添加了一个“title”属性，但每个“title”属性的属性值均不同。

运行测试页面，效果如图 9.11 所示。可以看到，CSS 子串匹配属性选择器根据每个“title”属性的属性值进行了匹配，每个<p>标签元素文本的页面显示效果均不同。

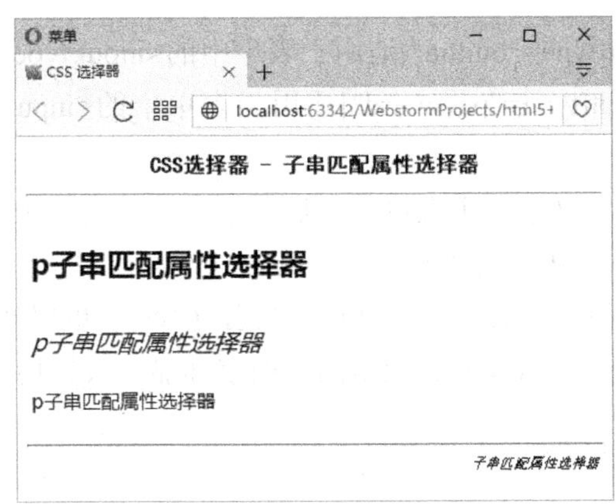

图 9.11　CSS 子串匹配属性选择器

5. 表单属性选择器

下面是一个使用表单属性选择器的代码示例（详见源代码 ch09/ch09-css-selector-attri-type.html 文件）。

【代码 9-12】

```
<style type="text/css">
……
 input[type="text"] {
     margin: 8px;
     font: normal 16px/1.6em yahei;
 }
 input[type="button"] {
     margin: 8px;
     font: normal 20px/1.6em 黑体;
 }
 input[type="password"] {
     margin: 8px;
     font: normal 12px/1.2em 楷体;
     background-color: #ccc;
 }
</style>
……

<form>
 <input type="text" value="input[type=text]" /><br>
 <input type="button" value="input[type=button]" /><br>
 <input type="password" value="input[type=password]" /><br>
</form>
```

表单属性选择器 input[type="text"]适用于表单中的<input type="text">标签元素。

表单属性选择器 input[type="button"]适用于表单中的<input type="button">标签元素。

表单属性选择器 input[type="password"]适用于表单中的<input type="password">标签元素。

使用<form>标签元素定义了一个表单，然后定义了一组共三个<input>标签元素，分别使用了"text" "button"和"password"三种类型。

运行测试页面，效果如图 9.12 所示。可以看到，CSS 表单属性选择器根据每个“type”属性类型进行了匹配，每个<input>标签元素的页面字体显示效果均不同。

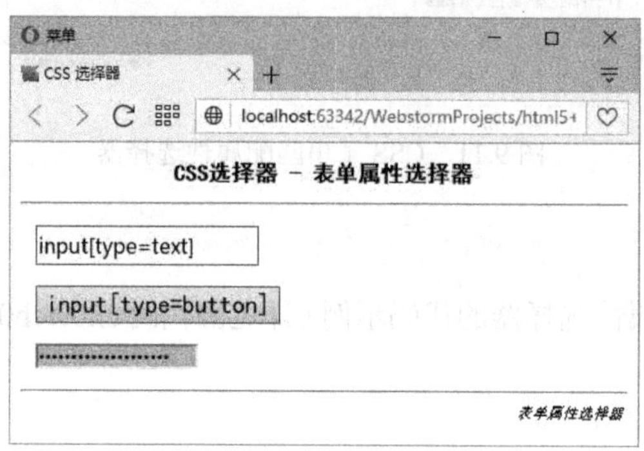

图 9.12　CSS 表单属性选择器

9.2.9　伪类选择器

CSS 伪类选择器用于向选择器添加特殊的效果。CSS 伪类选择器包括多种形式：

- 锚伪类选择器
- :focus 伪类选择器
- :first-child 伪类选择器

下面详细介绍。

1. 锚伪类选择器

先看一个最简单的使用 CSS 锚伪类选择器的代码示例（详见源代码 ch09/ch09-css-selector-pseudo-a.html 文件）。

【代码 9-13】

```
<style type="text/css">
......
 a:link {
     color: #FF0000;
     font: normal 12px/1.2em 宋体;
 }
 a:visited {
     color: #00FF00;
     font: normal 12px/1.2em 宋体;
```

```
    }
    a:hover {
        color: #FF00FF;
        font: normal 20px/1.6em 宋体;
    }
    a:active {
        color: #0000FF;
        font: normal 24px/1.6em 宋体;
    }
   </style>
   ……
   <div>
    <a href="http://www.w3c.org">CSS 锚伪类选择器</a>
   </div>
```

【代码解析】

a:link 标记定义了第一个锚伪类，其中“:link”表示未被访问的链接地址。

a:visited 标记定义了第二个锚伪类，其中“:visited”表示已被访问的链接地址。

a:hover 标记定义了第三个锚伪类，其中“:hover”表示鼠标移动到链接地址上。

a:active 标记定义了第四个锚伪类，其中“:active”表示已链接地址被选定的状态。

另外，根据 CSS 规范定义，“a:hover”必须被置于“a:link”和“a:visited”之后，才是有效的。“a:active”必须被置于“a:hover”之后，才是有效的。因此，建议编写代码时，按照“:link”“:visited”“:hover”和“:active”的顺序书写。

运行测试页面，效果如图 9.13 所示。我们先将鼠标移动到页面中的超链接地址上，相当于激活“a:hover”状态，页面效果如图 9.14 所示。

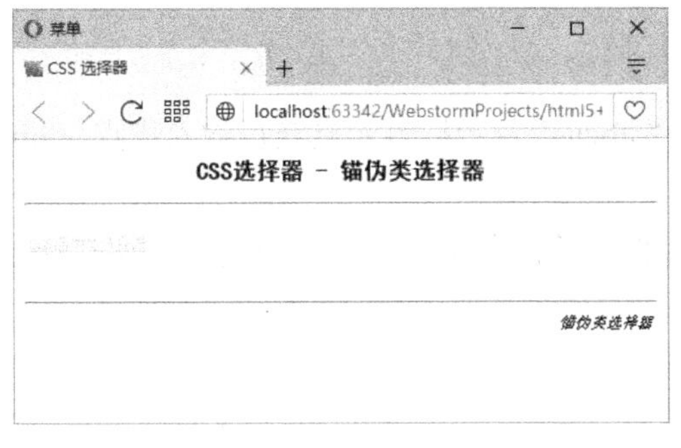

图 9.13　CSS 锚伪类选择器（一）

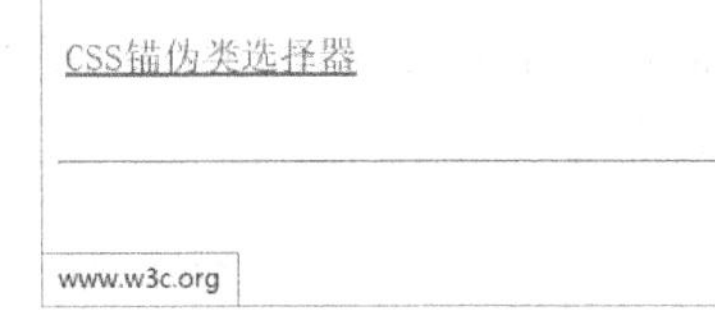

图 9.14　CSS 锚伪类选择器（二）

在图 9.14 中，继续单击页面中的超链接地址，相当于激活“a:active”状态，页面效果如图 9.15 所示。

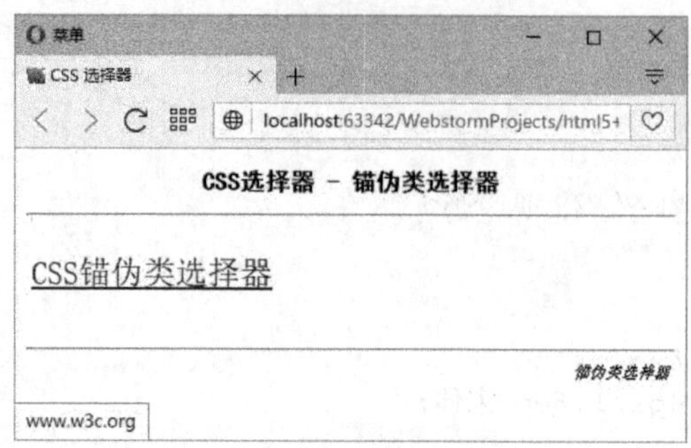

图 9.15　CSS 锚伪类选择器（三）

2. :focus 伪类选择器

下面，继续看一个使用:focus 伪类选择器的代码示例（详见源代码 ch09/ch09-css-selector-pseudo-focus.html 文件），:focus 伪类选择器用于设定标签元素获得输入焦点时的样式。

【代码 9-14】

```
<style type="text/css">
 input:focus {
     background-color: lightgray;
 }
</style>
......
<div>
 <br>
 <input type="text">:focus 伪类选择器</input>
 <br><br><br>
</div>
```

input:focus 标记定义了一个:focus 伪类，其中":focus"表示标签元素获得输入焦点，<input>标签元素定义了一个输入框文本域。

运行测试页面，效果如图 9.16 所示。在输入框内单击鼠标，相当于激活":focus"状态，页面效果如图 9.17 所示。

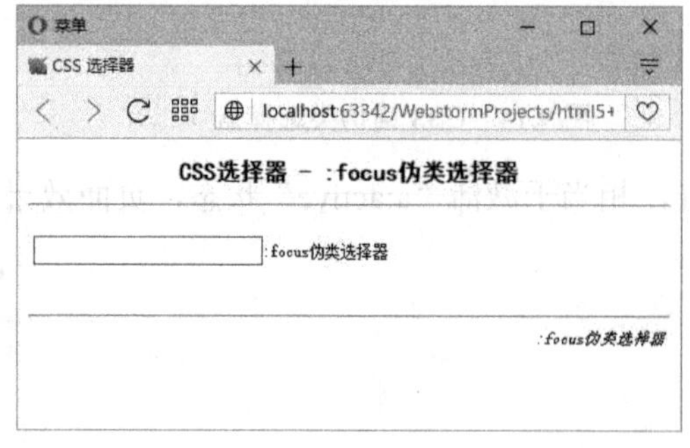

图 9.16　:focus 伪类选择器（一）

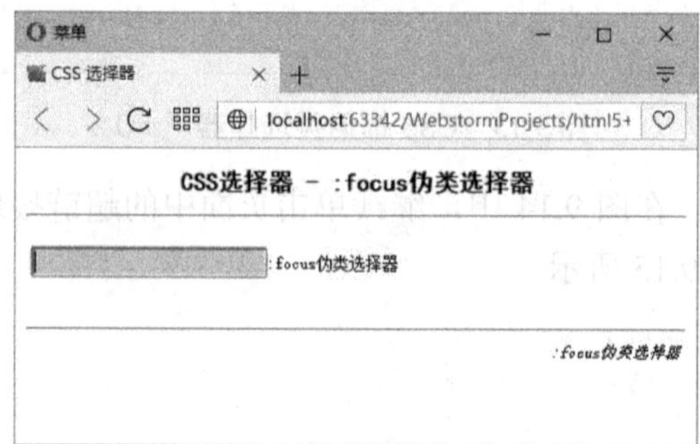

图 9.17　:focus 锚伪类选择器（二）

3. :first-child 伪类选择器

下面，继续看一个使用:first-child 伪类选择器的代码示例（详见源代码 ch09/ch09-css-selector-pseudo-first-child.html 文件），:first-child 伪类选择器用于设定属于其父元素的首个子元素的样式。

【代码 9-15】

```
<style type="text/css">
 p:first-child {
     font: bold 16px/1.2em 黑体;
 }
</style>
......
<div>
 <p>:first-child 伪类选择器</p>
 <p>:first-child 伪类选择器</p>
 <p>:first-child 伪类选择器</p>
</div>
```

p:first-child 标记定义了一个<p>标签元素的:first-child 伪类，其中“:first-child”表示属于其父元素的首个子元素。

通过一组<p>标签元素定义了三个段落的文本，其共同的父元素是<div> 标签元素。

运行测试页面，效果如图 9.18 所示。可以看到，第一个<p>标签元素应用了上面定义的:first-child 伪类选择器。

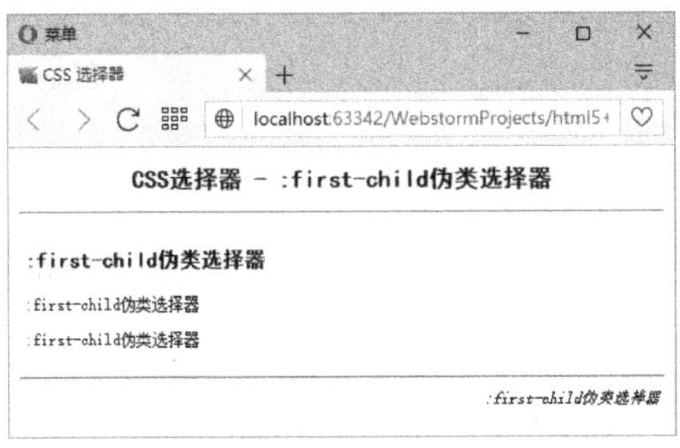

图 9.18　:first-child 伪类选择器

9.3 项目实战：应用 CSS 选择器设计页面

本节基于前面学习到的关于 CSS 选择器的知识，应用 CSS 选择器设计一个 HTML 页面。希望帮助读者加深理解 CSS 选择器的使用方法。

首先，来看 CSS 选择器页面的源代码目录结构。在源代码的 ch09 目录下新建一个

“cssSelector”目录，用于存放本应用的全部源文件，具体如图 9.19 所示。“css”目录用于存放样式文件，“index.html”网页是 CSS 选择器主页。

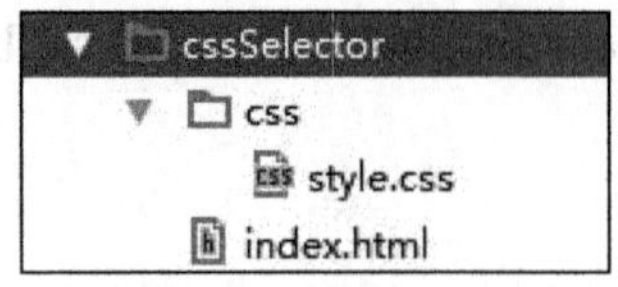

图 9.19　源代码目录

下面看一下 CSS 选择器主页的代码（详见源代码 ch09/cssSelector/index.html 文件）。

【代码 9-16】

```
<!DOCTYPE html>
<html lang="zh-cn">
<head>
    <!-- 添加文档头部内容 -->
    <link type="text/css" rel="stylesheet" href="css/style.css" />
    <title>CSS 选择器</title>
</head>
<body>
    <!-- 添加文档主体内容 -->
    <header>
        <h3>CSS 选择器实战</h3><hr><br>
    </header>
    <!-- 添加文档主体内容 -->
    <form id="id-form" action="#" method="get" autocomplete="on">
        <table>
            <caption>用户注册</caption>
            <tr>
                <th>
                    <label for="id_form_username">用户名:</label>
                </th>
                <td>
      <input type="text" id="id_form_username" autofocus placeholder="请输入用户名..."/>
                </td>
                <td class="td-x-small">
                    用户名以字母开头,可以包含数字和下划线,7~14 个字符.
                </td>
            </tr>
            <tr>
                <th>
                    <label for="id_form_pwd">密码:</label>
                </th>
```

```
                <td>
            <input type="password" id="id_form_pwd" required placeholder="请输入密码..."/>
                </td>
                <td class="td-x-small">
                    密码可以包含字母、数字和下划线,7~14 个字符. 必须项.
                </td>
            </tr>
            <tr>
                <th>
                    <label for="id_form_repwd">确认密码:</label>
                </th>
                <td>
            <input type="password" id="id_form_repwd" required placeholder="请确认密码..."/>
                </td>
                <td class="td-x-small">
                    请再次输入密码确认,两次密码必须相同. 必须项
                </td>
            </tr>
            <tr>
                <th>
                    <label for="id_form_email">电子邮箱:</label>
                </th>
                <td>
            <input type="email" id="id_form_email" required placeholder="请输入电子邮箱..."/>
                </td>
                <td class="td-x-small">
                    电子邮箱由于发送激活链接,必须项. 必须项
                </td>
            </tr>
            <tr>
                <th>
                    <label for="id_form_birth">出生年月:</label>
                </th>
                <td>
            <input type="month" id="id_form_birth" />
                </td>
                <td class="td-x-small">
                    出生年月. 非必须项.
                </td>
            </tr>
```

```
        <tr>
            <th>
                <label for="id_form_number">毕业时间:</label>
            </th>
            <td>
           <input type="number" id="id_form_number" min="2000" max="3000" />
            </td>
            <td class="td-x-small">
                毕业时间（2000-）. 非必须项.
            </td>
        </tr>
        <tr>
            <th>
                <label for="id_form_range">工作年限:</label>
            </th>
            <td>
    <input type="range" name="name_form_range" id="id_form_range" min="0" max="50" />
            </td>
            <td class="td-x-small">
                工作年限（0-50）. 非必须项.
            </td>
        </tr>
        <tr>
            <th>
                <label for="id_form_url">个人主页:</label>
            </th>
            <td>
      <input type="url" name="name_form_url" id="id_form_url" placeholder="http://..." />
             </td>
             <td class="td-x-small">
                个人主页地址（<a href="#">http://...</a>）. 非必须项.
             </td>
         </tr>
         <tr>
             <td></td>
             <td>
                 <input type="reset" value="重置" />
                 <input type="submit" value="提交" />
             </td>
             <td></td>
```

```
112             </tr>
113         </table>
114     </form>
115 </body>
116 </html>
```

【代码解析】

（在下面的分析文字中，如无具体【代码编号】说明，均指【代码 9-16】内的代码行号）：

第 05 行代码通过<link>标签元素引用了 css 目录下的样式文件“style.css”，本例中应用的全部 CSS 选择器均定义在该样式文件中。

第 10～12 行代码通过<header>标签元素定义了页面页眉，第 11 行代码通过<h3>标签元素定义了页眉标题。在样式文件“style.css”中，使用了 CSS 派生选择器为其定义了样式（详见源代码 ch09/cssSelector/css/style.css 文件）：

```
header h3 {
    text-align: center;
}
```

第 14～114 行代码通过<form>标签元素定义了页面表单，标签内部增加了“id”属性定义。在样式文件“style.css”中，使用了 id 选择器为其定义了样式（详见源代码 ch09/cssSelector/css/style.css 文件）：

```
form#id-form {
    margin: 8px;
    padding: 8px;
    border: 1px solid #e8e8e8;
    background-color: #f8f8f8;
}
```

第 15～113 行代码通过<table>标签元素定义了表单中的一个表格。在样式文件“style.css”中，使用了 CSS 标签选择器为其定义了样式（详见源代码 ch09/cssSelector/css/style.css 文件）：

```
table {
    border: 0px solid #fff;
    font-size: medium;
    font-family: Times New Roman, serif;
    letter-spacing:2px;
    margin: 8px;
    padding: 8px;
}
```

第 16 行代码通过<caption>标签元素定义了表格标题。在样式文件“style.css”中，使用了 CSS 派生选择器为其定义了样式（详见源代码 ch09/cssSelector/css/style.css 文件）：

```
table caption {
```

```
    font-size: medium;
    font-family: "Times New Roman", Times, serif;
    font-weight: bold;
    letter-spacing:8px;
    margin: 8px;
    padding: 2px;
}
```

第 17～112 行代码中，通过了多组<tr>、<th>和<td>标签元素定义了表格单元格。在样式文件“style.css”中，使用了 CSS 子选择器和相邻兄弟选择器为其定义了样式（详见源代码 ch09/cssSelector/css/style.css 文件）：

```
tr > th {
    font-size: small;
    font-family: Verdana;
    font-weight: bold;
    letter-spacing:2px;
    margin: 8px;
    padding: 8px;
    text-align: left;
}
td + td {
    font-size: small;
    font-family: Verdana;
    font-weight: normal;
    letter-spacing:2px;
    margin: 8px;
    padding: 8px;
    text-align: right;
}
```

第 24～26 行、第 35～37 行……第 101～103 行代码中，定义了多组<td class="td-x-small">标签元素。该样式类（"td-x-small"）在样式文件“style.css”中定义（详见源代码 ch09/cssSelector/css/style.css 文件）：

```
table td.td-x-small {
    font-size: x-small;
    font-family: Verdana;
    font-weight: normal;
    letter-spacing:1px;
    margin: 8px;
    padding: 8px;
    color: #808080;
    text-align: left;
```

```
}
```

在页面表单中，还定义了多个<input>标签元素。针对<input>标签元素的样式类同样在样式文件“style.css”中定义（详见源代码 ch09/cssSelector/css/style.css 文件）：

```
input:focus {
    background-color: #f0f0f0;
}
input[type="text"] {
    width: 128px;
}
input[type="password"] {
    width: 128px;
}
input.inputTxt128 {
    width: 128px;
}
input.inputTxt64 {
    width: 64px;
}
input[value] {
    font-size: medium;
    font-family: 'Microsoft Yahei';
    font-weight: normal;
    letter-spacing:2px;
    margin: 4px;
    padding: 4px;
    color: #666;
}
```

第 102 行代码使用<a>标签元素定义了一个超链接，其样式类同样定义在样式文件“style.css”中（详见源代码 ch09/cssSelector/css/style.css 文件）：

```
a:link {
    color: #FF0000;
    font: normal 12px/1.2em 宋体;
}
a:visited {
    color: #00FF00;
    font: normal 12px/1.2em 宋体;
}
a:hover {
    color: #FF00FF;
    font: normal 20px/1.6em 宋体;
}
```

```
a:active {
    color: #0000FF;
    font: normal 24px/1.6em 宋体;
}
```

运行测试页面，效果如图 9.20 所示。

图 9.20　CSS 选择器页面

以上就是 CSS 选择器页面的基本设计过程，基本应用到了本章前面介绍的大部分 CSS 选择器。相信通过这个简单的 CSS 选择器页面应用，读者能够进一步了解 CSS 选择的应用方法。

第 10 章

◀ CSS基础样式 ▶

本章向读者介绍关于 CSS 基础样式的知识，包括背景样式、字体样式、颜色样式、文本样式和段落样式等方面的内容。HTML 网页通过添加以上 CSS 样式的渲染，页面的美化效果十分显著。下面详细介绍关于 CSS 基础样式方面的内容。

10.1 背景样式

首先介绍 CSS 背景样式设计的方法，包括背景颜色、背景图片和背景重复等内容。

10.1.1 背景颜色

CSS 规范中使用“background-color”属性来设定背景颜色，该属性可以被设定为任何合法的颜色值。

下面看一段使用 CSS 设定背景色的代码示例（详见源代码 ch10/ch10-css-background-color.html 文件）。

【代码 10-1】

```
<!doctype html>
<html lang="en">
<head>
 <style type="text/css">
     body {
         font: normal 14px/1.2em arial, verdana;
         background-color: #f8f8f8;
     }
     header {
         margin: 8px;
         padding: 8px;
         background-color: #f0f0f0;
     }
```

```
        nav {
            margin: 4px;
            padding: 4px;
            text-align: center;
            background-color: #e8e8e8;
        }
        div {
            margin: 8px;
            padding: 8px;
            background-color: #e0e0e0;
        }
        h3 {
            margin: 4px;
            padding: 4px;
            text-align: center;
            background-color: #d0d0d0;
        }
        p {
            margin: 4px;
            padding: 4px;
            background-color: #c0c0c0;
        }
        footer {
            margin: 8px;
            padding: 8px;
            text-align: center;
        }
    </style>
    <title>CSS 选择器</title>
</head>
<body>
    <!-- 添加文档主体内容 -->
    body 背景颜色
    <header>
        header 背景颜色
        <nav>nav 背景颜色</nav>
    </header>
    <hr>
    <!-- 添加文档主体内容 -->
    <div>
        div 背景颜色
        <h3>h3 背景颜色</h3>
        <p>p 背景颜色</p>
```

```
57  </div>
58  <hr>
59  <footer>footer 背景颜色</footer>
60  </body>
61  </html>
```

【代码解析】

第 04～41 行代码中通过<style>标签元素定义了一系列 CSS 样式代码，其中通过“background-color”属性分别为<body>、<header>、<nav>、<div>、<h3>和<p>标签元素设定了不同的背景颜色（灰度值）。

第 44～60 行代码定义了页面内容，每一个标签元素均通过 CSS 的“background-color”属性设定了背景颜色。

页面效果如图 10.1 所示。可以看到，第 04～41 行代码中为<body>、<header>、<nav>、<div>、<h3>和<p>标签元素设定的背景颜色（灰度值）效果均显示出来了。

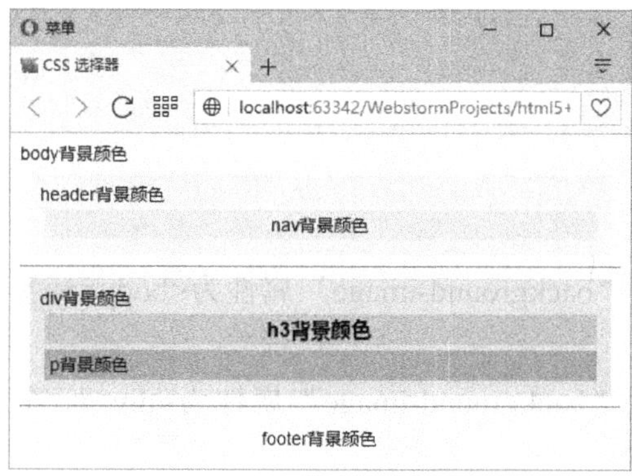

图 10.1　CSS 背景颜色

10.1.2　背景图片

CSS 规范中使用“background-image”属性来设定背景图像，但需要注意该属性是不可以被继承的。如果需要使用“background-image”属性设置一个背景图像，则必须要为该属性设置一个 URL 值。当然，如果属性值为“none”，则代表不设置任何具体的图像。

下面看一段使用 CSS 设定背景图像的代码示例（详见源代码 ch10/ch10-css-background-image.html 文件）。

【代码 10-2】

```
<!doctype html>
<html lang="en">
<head>
 <style type="text/css">
     body {
         font: normal 14px/1.2em arial, verdana;
```

```
07              background-image: url(images/image.jpg);
08          }
09          div {
10              margin: 64px;
11              width: 94px;
12              height: 66px;
13              background-image: url(images/div.jpg);
14          }
15      </style>
16      <title>CSS 选择器</title>
17  </head>
18  <body>
19      <!-- 添加文档主体内容 -->
20      body 背景图片
21      <div>
22          div 背景图片
23      </div>
24  </body>
25  </html>
```

【代码解析】

第 07 行代码中通过“background-image”属性为<body>标签元素设定了一个背景图片（url(images/image.jpg)）。

第 13 行代码中通过“background-image”属性为<div>标签元素设定了一个背景图片（url(images/div.jpg)）。

页面效果如图 10.2 所示。可以看到，为<body>与<div>标签元素设定的背景图片均显示出来了，且<div>标签元素的背景图片是覆盖在<body>标签元素的背景图片之上。

图 10.2　CSS 背景图片

10.1.3　背景重复

如果需要在页面中实现背景重复，可使用 CSS 规范中的“background-repeat”属性来实现，不过“background-repeat”属性会在水平和垂直两个方向上均执行重复效果。如果仅需要在水平或垂直方向上平铺，可以通过设置“repeat-x”或“repeat-y”属性值来实现。当然，如果使用“no-repeat”属性值，则代表不允许在任何方向上进行重复。

下面看一段使用 CSS 设定背景重复的代码示例（详见源代码 ch10/ch10-css-background-repeat.html 文件）。

【代码 10-3】

```
<!doctype html>
<html lang="en">
<head>
 <style type="text/css">
     body {
         font: normal 14px/1.2em arial, verdana;
         background-image: url(images/body.jpg);
         background-repeat: no-repeat;
     }
     div#repeat-x {
         width: auto;
         height: 100px;
         background-image: url(images/repeat-x.jpg);
         background-repeat: repeat-x;
     }
     div#repeat-y {
         width: auto;
         height: 200px;
         background-image: url(images/repeat-y.jpg);
         background-repeat: repeat-y;
     }
 </style>
 <title>CSS 选择器</title>
</head>
<body>
 <!-- 添加文档主体内容 -->
 body 背景重复
 <br>
 <div id="repeat-x">
     水平背景重复
 </div>
 <br>
 <div id="repeat-y">
     垂直背景重复
 </div>
</body>
```

```
37  </html>
```

【代码解析】

第 07 行代码中通过“background-image”属性为<body>标签元素设定了一个背景图片（url(images/body.jpg)）。

第 13 行代码中通过“background-image”属性为<div id="repeat-x">标签元素设定了一个背景图片（url(images/repeat-x.jpg)）。第 14 行代码通过定义“background-repeat”属性值为“repeat-x”，设定了背景水平方向重复。

第 19 行代码中通过“background-image”属性为<div id="repeat-y">标签元素设定了一个背景图片（url(images/repeat-y.jpg)）。第 20 行代码通过定义“background-repeat”属性值为“repeat-y”，设定了背景垂直方向重复。

另外，第 08 行代码为<body>标签元素定义了“background-repeat”属性的属性值为“no-repeat”，表示背景不重复。

页面效果如图 10.3 所示。可以看到，通过设定“repeat-x”和“repeat-y”属性值，实现了背景仅在水平或垂直方向的重复。另外，通过设定“no-repeat”属性值，实现了背景在水平和垂直方向均不重复。

假设，我们注销掉【代码 10-3】中第 08 行代码会有什么效果呢？

运行测试注销掉【代码 10-3】中第 08 行代码后，所定义的 HTML 页面，效果如图 10.4 所示。可以看到，如果不设定 background-repeat”属性，浏览器会自动在水平和垂直方向上重复背景。

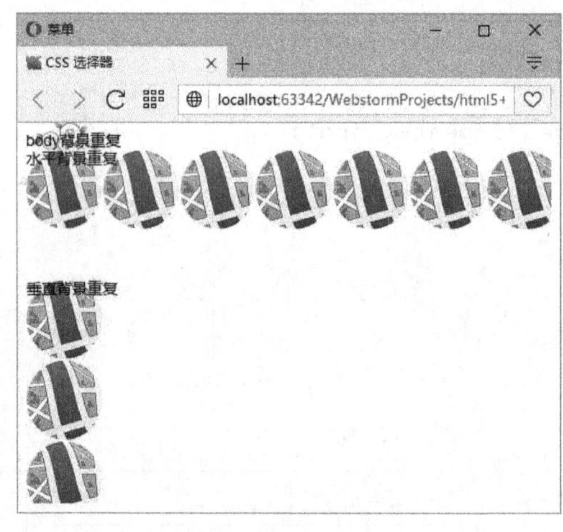

图 10.3　CSS 背景重复（一）

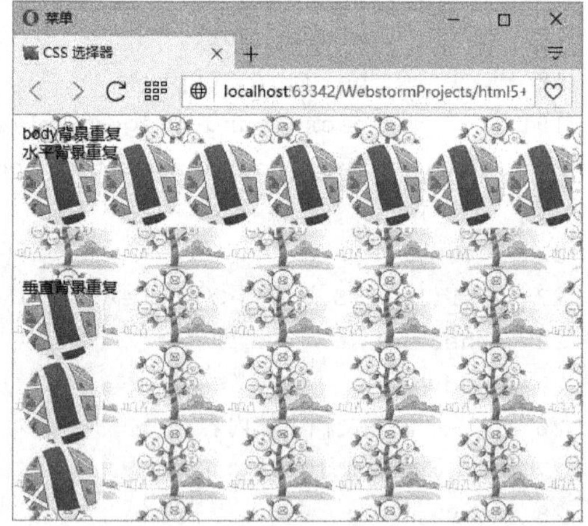

图 10.4　CSS 背景重复（二）

10.1.4　背景定位

如果需要在页面中实现背景定位，可使用 CSS 规范中的“background-position”属性来实现。“background-position”属性有“center”“left”“top”“right”和“bottom”共 5 个属性值，分别可以实现“居中”“靠左”“顶部”“靠右”和“底部”5 个方向的定位。

下面看一段使用 CSS 设定背景定位的代码示例（详见源代码 ch10/ch10-css-background-position.html 文件）。

【代码 10-4】

```
01 <!doctype html>
02 <html lang="en">
03 <head>
04  <style type="text/css">
05      body {
06          font: normal 14px/1.2em arial, verdana;
07      }
08      div#repeat-x {
09          height: 72px;
10          background-image: url(images/repeat-x.jpg);
11          background-repeat: repeat-x;
12          background-position: top;
13      }
14      div#repeat-y {
15          height: 200px;
16          background-image: url(images/repeat-y.jpg);
17          background-repeat: repeat-y;
18          background-position: center;
19          text-align: center;
20      }
21  </style>
22  <title>CSS 选择器</title>
23 </head>
24 <body>
25  <!-- 添加文档主体内容 -->
26  <br>
27  <div id="repeat-x">
28      水平背景定位
29  </div>
30  <br>
31  <div id="repeat-y">
32      垂直背景定位
33  </div>
34 </body>
35 </html>
```

【代码解析】

第 12 行代码中为<div id="repeat-x">标签元素设定了“background-position”属性，定义了其属性值为“top”，表示背景“顶部”定位。

第 18 行代码中为<div id="repeat-y">标签元素设定了“background-position”属性，定义了其属性值为“center”，表示背景“居中”定位。

运行测试页面，效果如图 10.5 所示。可以看到，通过分别设定“background-position”属性的属性值为“top”和“center”，实现了背景“顶部”和“居中”的定位。

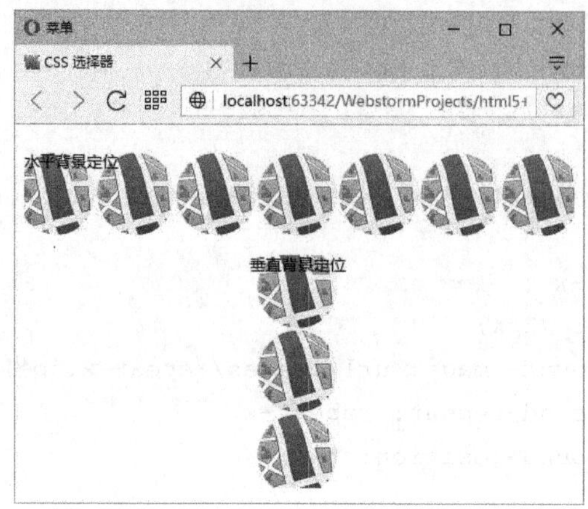

图 10.5　CSS 背景定位

10.1.5　固定背景位置

一般情况下，在页面文档比较长时，浏览器会自动出现滚动条。此时，页面中的背景会随着文档向下滚动的同时，滚动条也会随之滚动。当滚动条位置超出背景的位置时，背景就不会在浏览器中显示。

但在有些特殊的情况下，设计网页时需要将背景固定在页面中某个位置不动，也就是说背景不会随着浏览器滚动条而滚动，这就是我们所说的固定背景位置。在 CSS 规范中可以通过“background-attachment”属性来固定背景位置（设定属性值为“fixed”）。

下面看一段使用 CSS 设定背景定位的代码示例（详见源代码 ch10/ch10-css-background-attachment.html 文件）。

【代码 10-5】

```
<!doctype html>
<html lang="en">
<head>
 <style type="text/css">
     body {
          font: normal 14px/1.2em arial, verdana;
          background-image: url(images/div.jpg);
          background-position: center;
          background-repeat: no-repeat;
          background-attachment: fixed;
     }
```

```
12   </style>
13   <title>CSS 选择器</title>
14  </head>
15  <body>
16   <!-- 添加文档主体内容 -->
17   <p>固定位置背景图片 1</p><br><br><br>
18   <p>固定位置背景图片 2</p><br><br><br>
19   <p>固定位置背景图片 3</p><br><br><br>
20   <p>固定位置背景图片 4</p><br><br><br>
21   <p>固定位置背景图片 5</p><br><br><br>
22   <p>固定位置背景图片 6</p><br><br><br>
23  </body>
24  </html>
```

【代码解析】

第 07 行代码通过“background-image”属性定义了页面的背景图像（路径为：url(images/div.jpg)）。

第 08 行代码通过“background-position”属性定义了页面的背景图像定位位置（属性值为“center”，表示“居中”对齐）。

第 09 行代码通过设定“background-repeat”属性值为“no-repead”表示页面背景图像不重复。

第 10 行代码通过设定“background-attachment”属性值为“fixed”表示固定页面背景图像位置。

运行测试页面，效果如图 10.6、图 10.7 和图 10.8 所示。可以看到，通过设定“background-attachment”属性的属性值为“fixed”，无论我们如何移动浏览器滚动条的位置，页面背景的位置均是固定的。

图 10.6　固定背景位置（一）

图 10.7　固定背景位置（二）

图 10.8　固定背景位置（三）

10.2 字体样式

本节介绍 CSS 字体样式的内容，包括字体系列、字体大小、字体风格和字体变形等方面的内容。

10.2.1　字体系列

在 CSS 规范中，总体上定义了两种不同类型的字体系列，分别为通用字体系列和特定字体系列。具体描述如下：

- 通用字体系列：指拥有相似外观的字体系统组合（比如："Serif"就是通用字体系列中的一种）。
- 特定字体系列：指具体的字体系列（比如："Times" "Courier" "Georgia"等，就是特定字体系列）。

CSS 规范一共定义了 5 种通用字体系列，具体如下：

- Serif 字体
- Sans-serif 字体
- Monospace 字体
- Cursive 字体
- Fantasy 字体

而 CSS 规范中定义的特定字体系列就包含很多种了，在此就不一一列举了，读者可自行参阅相关技术文档。

在 CSS 规范中，使用“font-family”属性来定义字体系列，也可以将字体系列直接定义在通用的“font”属性中，具体使用就看个人喜好了。

下面看一段使用 CSS 字体系列的代码示例（详见源代码 ch10/ch10-css-font-family.html 文件）。

【代码 10-6】

```
<style type="text/css">
 p.p-serif {
     font-family: Serif;
 }
 p.p-sans-serif {
     font-family: Sans-Serif;
 }
 p.p-monospace {
     font-family: Monospace;
 }
......
</style>
......
<p class="p-serif">
 CSS - 字体系列 (Serif)
</p>
<p class="p-sans-serif">
 CSS - 字体系列 (Sans-Serif)
</p>
<p class="p-monospace">
 CSS - 字体系列 (Monospace)
</p>
```

代码省略了部分字体，只给出了前三种。运行测试页面，效果如图 10.9 所示。

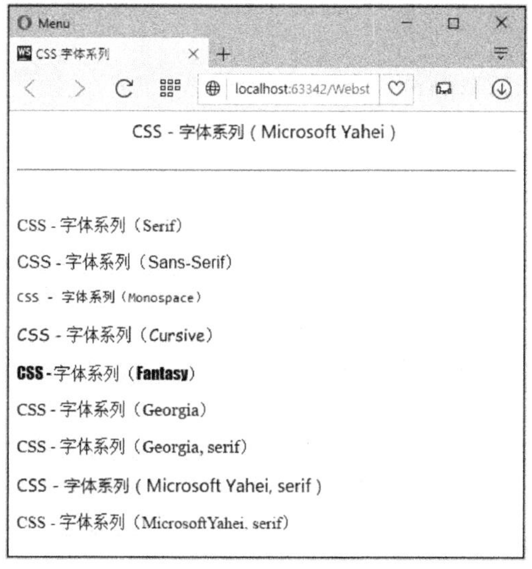

图 10.9 CSS 字体系列

10.2.2 字体风格

在 CSS 规范中，总体上定义了三种不同类型的字体风格，具体描述如下：

- 正常字体风格（normal）：文本字体正常显示。
- 斜体字体风格（italic）：文本字体斜体显示。
- 倾斜字体风格（oblique）：文本字体倾斜显示。

正常字体风格比较好理解，关键是斜体字体风格和倾斜字体风格的区别。我们可以参考一下 CSS 规范中给出的解释：斜体（italic）可以理解为是一种简单的字体风格，仅仅是对每个字符的结构有一些小改动。倾斜（oblique）文本则是将正常的竖直文本直接进行一个倾斜变化。其实，斜体（italic）和倾斜（oblique）在浏览器页面中显示的效果非常接近，几乎看不出太大的区别。

下面看一段使用 CSS 字体风格的代码示例（详见源代码 ch10/ch10-css-font-style.html 文件）。

【代码 10-7】

```
<!doctype html>
<html lang="en">
<head>
 <style type="text/css">
     body {
         font-size: medium;
         font-family: Sans-Serif;
         font-style: normal;
     }
     header {
         font-style: inherit;
     }
     nav {
         font-style: inherit;
         text-align: center;
     }
     p.p-normal {
         font-style: normal;
     }
     p.p-italic {
         font-style: italic;
     }
     p.p-oblique {
         font-style: oblique;
     }
 </style>
```

```
27   <title>CSS 字体</title>
28  </head>
29  <body>
30   <!-- 添加文档主体内容 -->
31   <header>
32       <nav>CSS - 字体风格 (font-style) </nav>
33   </header>
34   <br><hr><br>
35   <p class="p-normal">
36       CSS - 字体风格 (normal)
37   </p>
38   <p class="p-italic">
39       CSS - 字体风格 (italic)
40   </p>
41   <p class="p-oblique">
42       CSS - 字体风格 (oblique)
43   </p>
44  </body>
45  </html>
```

【代码解析】

第 05～09 行代码通过<body>标签元素为页面定义了字体大小（"medium"）、字体系列（"Sans-Serif"）和字体风格（"normal"）。

第 10～12 行和第 13～16 行代码分别为<header>标签元素和<nav>标签元素定义了字体风格（"inherit"），"inherit"表示继承其父级标签元素的字体风格，其对应第 31～33 行代码定义的页面页眉文本。

第 17～19 行代码通过样式类（.p-normal）为<p>标签元素定义了一个正常字体风格（font-style: normal;），其对应第 35～37 行代码定义的段落文本。

第 20～22 行代码通过样式类(.p-italic)为<p>标签元素定义了一个斜体字体风格(font-style: italic;)，其对应第 35～40 行代码定义的段落文本。

第 23～25 行代码通过样式类（.p-oblique）为<p>标签元素定义了一个倾斜字体风格（font-style: oblique;），其对应第 41～43 行代码定义的段落文本。

运行测试页面，效果如图 10.10 所示。可以看到，第 35～40 行和第 41～43 行代码定义的段落文本分别采用了斜体风格和倾斜风格，观察页面中字体效果还是有些区别的。

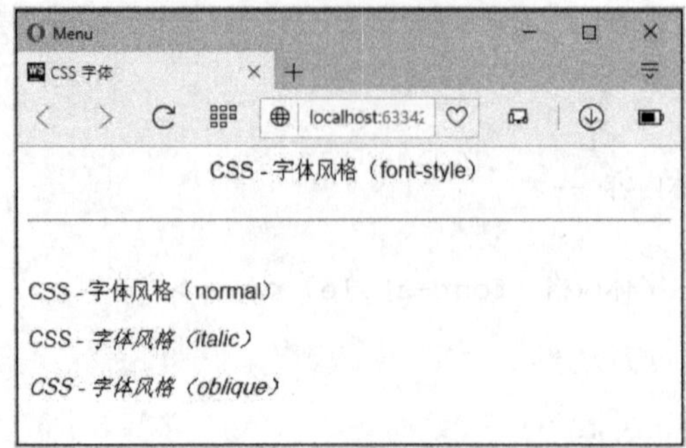

图 10.10　CSS 字体风格

10.2.3　字体加粗

在 CSS 规范中，通过“font-weight”属性来定义字体加粗。在使用“font-weight”属性时，可以为其设定不同的属性值，具体描述如下：

- 正常（normal）：文本字体正常加粗度。
- 加粗（bold）：文本字体加粗。
- 偏移（bolder & lighter）：文本字体加粗程度向上或向下偏移。
- 加粗度（100 ~ 900）：数值 100 ~ 900 为字体指定了 9 级加粗度。数值 100 对应最细的字体变形，数值 900 对应最粗的字体变形。数值 400 对应 normal，而数值 700 对应 bold。

下面看一段使用 CSS 字体加粗的代码示例（详见源代码 ch10/ch10-css-font-weight.html 文件）。

【代码 10-8】

```
<style type="text/css">
p.p-normal {
    font-weight: normal;
}
p.p-weight400 {
    font-weight: 400;
}
p.p-bold {
    font-weight: bold;
}
p.p-weight700 {
    font-weight: 700;
}
p.p-weight100 {
    font-weight: 100;
}
```

```
  p.p-weight900 {
      font-weight: 900;
  }
  p.p-bolder {
      font-weight: bolder;
  }
  p.p-lighter {
      font-weight: lighter;
  }
</style>
……
<p class="p-normal">
 CSS - 字体加粗（normal）
</p>
<p class="p-weight400">
 CSS - 字体加粗（400）
</p>
<p class="p-bold">
 CSS - 字体加粗（bold）
</p>
<p class="p-weight700">
 CSS - 字体加粗（700）
</p>
<p class="p-weight100">
 CSS - 字体加粗（100）
</p>
<p class="p-weight900">
 CSS - 字体加粗（900）
</p>
<p class="p-bolder">
 CSS - 字体加粗（bolder）
</p>
<p class="p-lighter">
 CSS - 字体加粗（lighter）
</p>
```

运行测试页面，效果如图 10.11 所示。可以看到 font-weight: bold; font-weight: 700;效果是一致的。

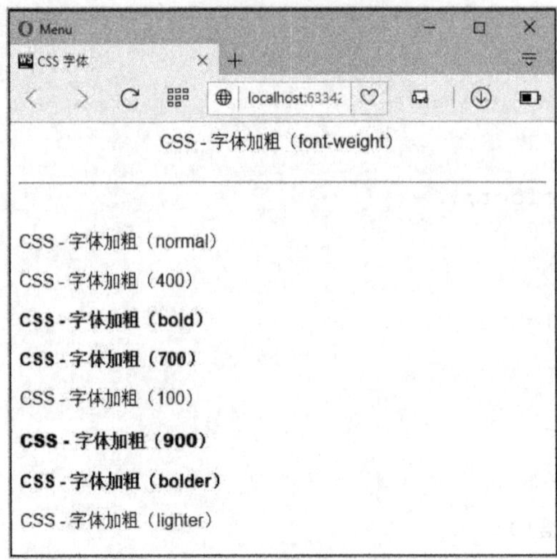

图 10.11　CSS 字体加粗

10.2.4　字体变形

在 CSS 规范中，通过“font-variant”属性来定义字体变形。所谓字体变形就是将英文字母全部设定为小型的大写字母，其与英文大写字母是不同的。在使用“font-variant”属性时，可以为其设定不同的属性值，具体描述如下：

- 正常（normal）：正常文本字体。
- 变形（variant）：文本字体显示为小型的大写字母。

下面看一段使用 CSS 字体变形的代码示例（详见源代码 ch10/ch10-css-font-variant.html 文件）。

【代码 10-9】

```
<style type="text/css">
    font-variant: normal;
 }
 p.p-variant {
    font-variant: small-caps;
 }
</style>
……
<p class="p-normal">
 CSS - 字体变形（normal）
</p>
<p class="p-variant">
 CSS - 字体变形（variant）
</p>
```

.p-normal 为<p>标签元素定义了一个正常文本字体变形（font-variant: normal;）。

.p-variant）为<p>标签元素定义了一个文本字体变形（font-variant: variant;）。

运行测试页面，效果如图 10.12 所示。可以看到，文本所使用的字体变形（font-variant: variant;）的页面效果是小型大写英文字母。

图 10.12　CSS 字体变形

10.2.5　字体大小

在 CSS 规范中，通过“font-size”属性来定义字体大小。在使用“font-size”属性时，可以为其设定不同类型的属性值，具体描述如下：

- 预定义值：medium、large、small、x-large、x-small 等。
- 像素值（px）：“px”代表固定的像素大小。
- 相对值（em）：“em”代表相对于当前字体大小的比例，例如：“2em”代表 2 倍于当前字体尺寸。
- 百分比（%）：百分比（%）代表相对于父级元素的字体尺寸大小。

另外，在 CSS 定义中“1em”等于固定像素尺寸 16px，且浏览器<body>标签元素的默认字体大小就是 16 个像素（16px）。

下面看一段使用 CSS 字体大小的代码示例（详见源代码 ch10/ch10-css-font-size.html 文件）。

【代码 10-10】

```
<style type="text/css">
p.p-xx-small {
    font-size: xx-small;
}
p.p-smaller {
    font-size: smaller;
}
p.p-small {
    font-size: small;
}
p.p-medium {
```

```
        font-size: medium;
    }
    p.p-large {
        font-size: large;
    }
</style>
……
<p class="p-xx-small">
  CSS - 字体大小（xx-small）
</p>
<p class="p-smaller">
  CSS - 字体大小（smaller）
</p>
<p class="p-small">
  CSS - 字体大小（small）
</p>
<p class="p-medium">
  CSS - 字体大小（medium）
</p>
<p class="p-large">
  CSS - 字体大小（large）
</p>
```

本例代码只给出了 5 种类字体，其他代码可参考源码。运行测试页面，效果如图 10.13 所示。

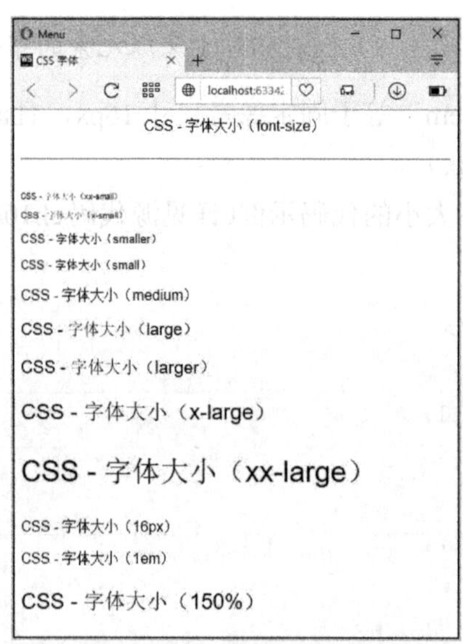

图 10.13　CSS 字体大小

10.3 文本样式

本节介绍 CSS 文本样式的内容，包括文本对齐、文本缩进、文本间隔、文本颜色和文本装饰等方面的内容。

10.3.1　文本对齐方式

在 CSS 规范中，通过“text-align”属性来定义文本对齐方式。在使用“text-align”属性时，可以为其设定不同的属性值，具体描述如下：

- 左对齐（left）：文本向左对齐效果。
- 右对齐（right）：文本向右对齐效果。
- 居中（center）：文本居中对齐效果。

下面看一段使用 CSS 文本对齐的代码示例（详见源代码 ch10/ch10-css-text-align.html 文件）。

【代码 10-11】

```
<style type="text/css">
 p.p-left {
     text-align: left;
 }
 p.p-center {
     text-align: center;
 }
 p.p-right {
     text-align: right;
 }
</style>
......
<p class="p-left">
 CSS - 文本对齐（left）
</p>
<p class="p-center">
 CSS - 文本对齐（center）
</p>
<p class="p-right">
 CSS - 文本对齐（right）
</p>
```

.p-left 为<p>标签元素定义了一个文本向左对齐方式（text-align: left;）。

.p-center 为<p>标签元素定义了一个文本居中对齐方式（text-align: center;）。

.p-right 为<p>标签元素定义了一个文本向右对齐方式（text-align: right;）。

运行测试页面，效果如图 10.14 所示。

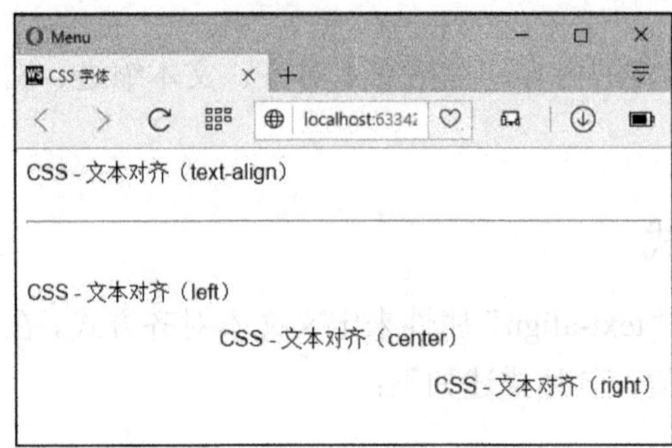

图 10.14　CSS 文本对齐方式

10.3.2　文本缩进

在 CSS 规范中，通过“text-indent”属性来定义文本缩进，文本缩进主要用 HTML 文档中段落的首行缩进格式化效果。在使用“text-indent”属性时，可以为其设定正值、负值或百分比。

下面看一段使用 CSS 文本缩进的代码示例（详见源代码 ch10/ch10-css-text-indent.html 文件）。

【代码 10-12】

```
<style type="text/css">
 p.p-positive {
     text-indent: 4em;
 }
 p.p-negative {
     text-indent: -4em;
     padding-left: 2em;
 }
 p.p-percent {
     text-indent: 20%;
 }
</style>
……
<p class="p-positive">
 CSS - 文本缩进（text-intent）
 CSS - 文本缩进（text-intent）
 CSS - 文本缩进（text-intent）
 CSS - 文本缩进（text-intent）
 CSS - 文本缩进（text-intent）
</p>
```

```
<p class="p-negative">
 CSS - 文本缩进 (text-intent)
 CSS - 文本缩进 (text-intent)
 CSS - 文本缩进 (text-intent)
 CSS - 文本缩进 (text-intent)
 CSS - 文本缩进 (text-intent)
</p>
<p class="p-percent">
 CSS - 文本缩进 (text-intent)
 CSS - 文本缩进 (text-intent)
 CSS - 文本缩进 (text-intent)
 CSS - 文本缩进 (text-intent)
 CSS - 文本缩进 (text-intent)
</p>
```

- p-positive 为<p>标签元素定义了一个属性值为正值的文本缩进（text-indent: 4em;）。
- p-negative 为<p>标签元素定义了一个属性值为负值的文本缩进（text-indent:-4em;）。
- p-percent 为<p>标签元素定义了一个属性值为百分比的文本缩进（text-indent: 20%;）。

运行测试页面，效果如图 10.15 所示。

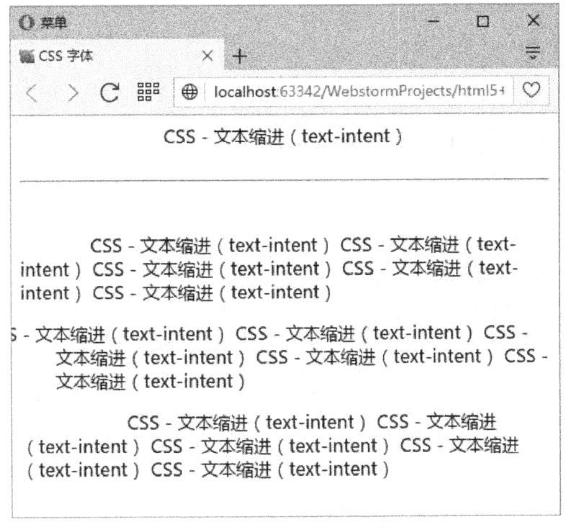

图 10.15　CSS 文本缩进效果

10.3.3　文本间隔

在 CSS 规范中，文本间隔包括字间隔和字母间隔两种类型。所谓字间隔就是指单词之间的间隔，而字母间隔则指字符或字母之间的间隔。字间隔通过“word-spacing”属性来定义，字母间隔则通过“letter-spacing”属性来定义。

在使用“word-spacing”属性和“letter-spacing”属性时，可以为其设定任意的数值，包括正值、零和负值，具体描述如下：

- 正值：增加间隔。
- 零：正常的标准间隔，相当于 normal。
- 负值：缩小间隔。

下面看一段使用 CSS 文本间隔的代码示例（详见源代码 ch10/ch10-css-text-spacing.html 文件）。

【代码 10-13】

```
<style type="text/css">
p.p-word-spacing-positive {
    word-spacing: 32px;
}
p.p-word-spacing-negative {
    word-spacing: -0.5em;
}
p.p-letter-spacing-positive {
    letter-spacing: 4px;
}
p.p-letter-spacing-negative {
    letter-spacing: -4px;
}
</style>
……
<p class="p-word-spacing-positive">
CSS - 字间隔（word-spacing）
</p>
<p class="p-word-spacing-negative">
CSS - 字间隔（word-spacing）
</p>
<p class="p-letter-spacing-positive">
CSS - 字母间隔（letter-spacing）
</p>
<p class="p-letter-spacing-negative">
CSS - 字母间隔（letter-spacing）
</p>
```

- p-word-spacing-positive 为<p>标签定义了正值的字间隔（word-spacing: 32px;）。
- p-word-spacing-negative 为<p>标签定义了负值的字间隔（word-spacing: -0.5em;）。
- p-letter-spacing-positive 为<p>标签定义了正值的字母间隔（letter-spacing: 4px;）。
- p-letter-spacing-negative 为<p>标签元素定义了负值的字间隔（letter-spacing: -4px;）。

运行测试页面，效果如图 10.16 所示。可以看到，字间隔仅对单词起作用，由于“word-spacing”中间有连字符，因此被当作是一个单词，从而没有增加间隔。而字母间隔会对字符和字母起作用，因此“letter-spacing”的间隔被增加和缩小了。

图 10.16　CSS 字间隔和字母间隔

10.3.4　文本修饰

在 CSS 规范中，通过“text-decoration”属性来定义文本修饰方式。在使用“text-decoration”属性时，可以为其设定不同的属性值，具体描述如下：

- none：正常文本，没有修饰。
- underline：下划线修饰。
- overline：上划线修饰。
- line-through：贯穿线修饰。
- blink：文本闪烁修饰。

下面看一段使用 CSS 文本修饰的代码示例（详见源代码 ch10/ch10-css-text-decoration.html 文件）。

【代码 10-14】

```
<style type="text/css">
p.p-text-decoration-none {
    text-decoration: none;
}
p.p-text-decoration-underline {
    text-decoration: underline;
}
p.p-text-decoration-overline {
    text-decoration: overline;
}
p.p-text-decoration-line-through {
    text-decoration: line-through;
}
p.p-text-decoration-blink {
    text-decoration: blink;
```

```
}
</style>
......
<p class="p-text-decoration-none">
 CSS - 文本修饰（text-decoration）
</p>
<p class="p-text-decoration-underline">
 CSS - 文本修饰（text-decoration）
</p>
<p class="p-text-decoration-overline">
 CSS - 文本修饰（text-decoration）
</p>
<p class="p-text-decoration-line-through">
 CSS - 文本修饰（text-decoration）
</p>
<p class="p-text-decoration-blink">
 CSS - 文本修饰（text-decoration）
</p>
```

- p-text decoration-none 定义了一个没有修饰的文本修饰（text-decoration: none;）。
- p-text decoration-underline 定义了一个下划线的文本修饰（text-decoration: underline;）。
- p-text decoration-overline 定义了一个上划线的文本修饰（text-decoration: overline;）。
- p-text decoration-line-through 定义了一个贯穿线的文本修饰（text-decoration: line-through;）。
- p-text decoration-blink 定义了一个文本闪烁的文本修饰（text-decoration: blink;）。

运行测试页面，效果如图 10.17 所示。

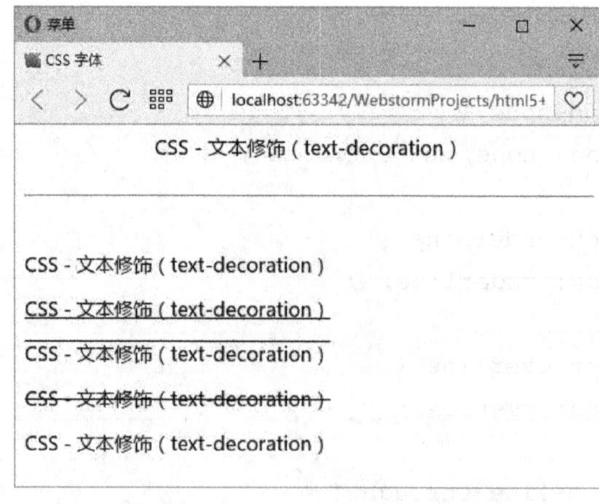

图 10.17　CSS 文本修饰

10.3.5　文本方向

在 CSS 规范中，通过“direction”属性来定义文本方向，所谓文本方向就是“从左开始”或“从右开始”的文本。在使用“direction”属性时，可以为其设定不同的属性值，具体描述如下：

- 左方向（ltr）：从左开始的文本方向。
- 右方向（rtl）：从右开始的文本方向。

下面看一段使用 CSS 文本方向的代码示例（详见源代码 ch10/ch10-css-text-direction.html 文件）。

【代码 10-15】

```
<style type="text/css">
p.p-direction-ltr {
    direction: ltr;
}
p.p-direction-rtl {
    direction: rtl;
}
</style>
……
<p class="p-direction-ltr">
CSS - 文本方向
</p>
<p class="p-direction-rtl">
CSS - 文本方向
</p>
```

- p-direction-ltr：定义了一个从左开始的文本方向（direction: ltr;）。
- p-direction-rtl：定义了一个从右开始的文本方向（direction: rtl;）。

运行测试页面，效果如图 10.18 所示。

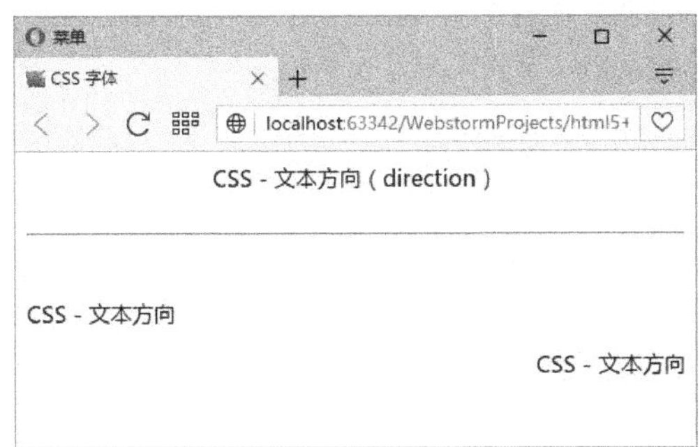

图 10.18　CSS 文本方向

10.3.6 处理文本空白符

在 CSS 规范中，通过“white-space”属性来定义文本空白符的处理方式。在使用“white-space”属性时，可以为其设定不同的属性值，具体描述如下：

- normal：使用该值会将换行字符（回车）转换为空格，会将一行中多个空格的序列也会转换为一个空格。
- pre：使用该值会保留原文本中的空白符和换行字符（回车）。
- nowrap：使用该值会阻止原文本进行换行。

下面看一段使用 CSS 处理文本空白符的代码示例（详见源代码 ch10/ch10-css-white-space.html 文件）。

【代码 10-16】

```
<style type="text/css">
}
p.p-white-space-normal {
    white-space: normal;
}
p.p-white-space-pre {
    white-space: pre;
}
p.p-white-space-nowrap {
    white-space: nowrap;
}
</style>
......
<p class="p-white-space-normal">
CSS  -   处理文本
空  白  符
(white-space)
</p>
<p class="p-white-space-pre">
CSS  -   处理文本
空  白  符
(white-space)
</p>
<p class="p-white-space-nowrap">
CSS  -   处理文本
空  白  符
(white-space)
</p>
```

- p-white-space-normal：定义了一个处理空白符属性（white-space: normal;），属性值

为“normal”。

- p-white-space-pre: 定义了一个处理空白符属性（white-space: pre;），属性值为“pre”。
- p-white-space-nowrap: 定义了一个处理空白符属性（white-space: nowrap;）。

运行测试页面，效果如图 10.19 所示。可以看到，“pre”属性值会保留原文本空白符的格式。“normal”属性会将原文本多余空白符删除，且将换行字符(回车)转换为空格。而“nowarp”属性会强制原文本进行换行。

图 10.19　CSS 处理文本空白符

10.4 文本美化

本节介绍 CSS3 规范中文本美化的内容，包括文本阴影、文本溢出和文本固定尺寸等方面的内容。

10.4.1 文本阴影

在 CSS3 规范中，通过“text-shadow”属性来定义文本阴影效果。关于“text-shadow”属性的语法如下：

```
text-shadow: h-shadow v-shadow blur color;
```

- h-shadow: 表示水平阴影，该值必选。
- v-shadow: 表示垂直阴影，该值必选。
- blur: 模糊距离，该值可选。
- color: 阴影颜色，该值可选。

下面看一段使用 CSS3 文本阴影的代码示例（详见源代码 ch10/ch10-css-text-shadow.html 文件）。

【代码 10-17】

```
<style type="text/css">
p.p-text-shadow-style1 {
    text-shadow: 0px 0px 8px #888;
}
p.p-text-shadow-style2 {
    color: white;
    text-shadow: 4px 4px 8px #666;
}
p.p-text-shadow-style3 {
    text-shadow: 0px 16px 0px #ccc;
}
p.p-text-shadow-style4 {
    text-shadow: 16px 0px 0px #ccc;
}
p.p-text-shadow-style5 {
    text-shadow: 16px 16px 0px #ccc;
}
</style>
……
<p class="p-text-shadow-style1">
CSS3 - 文本阴影效果（text-shadow）
</p>
<p class="p-text-shadow-style2">
CSS3 - 文本阴影效果（text-shadow）
</p>
<p class="p-text-shadow-style3">
CSS3 - 文本阴影效果（text-shadow）
</p>
<p class="p-text-shadow-style4">
CSS3 - 文本阴影效果（text-shadow）
</p>
<p class="p-text-shadow-style5">
CSS3 - 文本阴影效果（text-shadow）
</p>
```

运行测试页面，效果如图 10.20 所示。可以看到，本例一共定义了 6 种文本阴影效果（含页眉标题），每一种阴影效果都有各自特点，读者可以自行尝试不同风格测试一下。

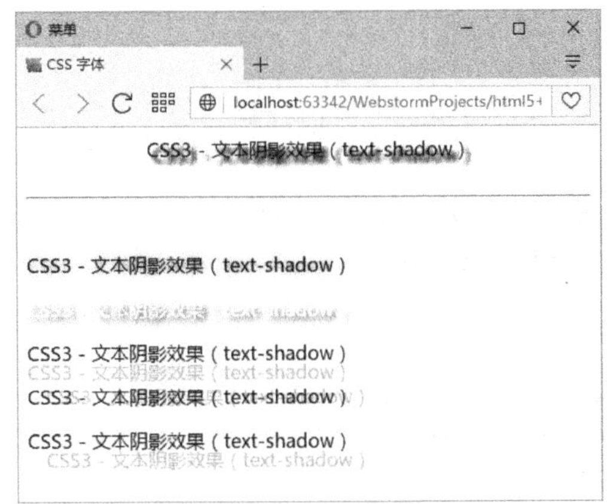

图 10.20　CSS3 文本阴影效果

10.4.2　文本溢出

在 CSS3 规范中，通过“text-overflow”属性来定义文本溢出效果。在使用“text-overflow”属性时，可以为其设定不同的属性值，具体描述如下：

- ellipsis：显示省略符号来代表被修剪的文本。
- clip：对文本进行修剪。
- string：使用给定的字符串来代表被修剪的文本。

下面看一段使用 CSS3 文本溢出的代码示例（详见源代码 ch10/ch10-css-text-overflow.html 文件）。

【代码 10-18】

```
<style type="text/css">
div.div-text-overflow-ellipsis {
    overflow: hidden;
    white-space: nowrap;
    width: 128px;
    text-overflow: ellipsis;
}
div.div-text-overflow-clip {
    overflow: hidden;
    white-space: nowrap;
    width: 128px;
    text-overflow: clip;
}
div.div-text-overflow-string {
    overflow: hidden;
    white-space: nowrap;
    width: 128px;
```

```
        text-overflow: "******";
    }
    </style>
    ……
    <div class="div-text-overflow-ellipsis">
    CSS3 - 文本溢出效果（text-overflow）
    </div>
    <br>
    <div class="div-text-overflow-clip">
    CSS3 - 文本溢出效果（text-overflow）
    </div>
    <br>
    <div class="div-text-overflow-string">
    CSS3 - 文本溢出效果（text-overflow）
    </div>
```

运行测试页面，效果如图 10.21 所示。可以看到，本例一共定义的三种文本溢出效果均显示出来了。

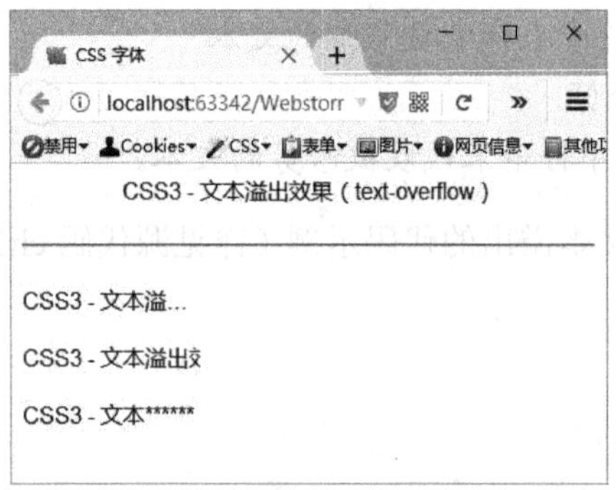

图 10.21　CSS3 文本溢出效果

各个厂家的浏览器可能对“text-overflow”属性支持程度不一，因此在使用文本溢出功能时要注意兼容性。

10.4.3　文本边框轮廓

在 CSS3 规范中，通过“outline”属性来定义文本边框轮廓效果。关于“outline”属性的语法如下：

```
text-outline: outline-color outline-style outline-width;
```

- outline-color：定义文本边框轮廓的颜色，“outline-color”可以直接作为属性使用。
- outline-style：定义文本边框轮廓的样式，“outline-style”可以直接作为属性使用，其属性值如下：

  - none：默认值，定义无边框轮廓。
  - dotted：定义点状的边框轮廓。
  - dashed：定义虚线边框轮廓。
  - solid：定义实线边框轮廓。
  - double：定义双线边框轮廓。

- outline-width：定义文本边框轮廓的宽度，“outline-width”可以直接作为属性使用，其属性值如下：
  - thin：定义细边框轮廓。
  - medium：默认值，定义中等的边框轮廓。
  - thick：定义粗的边框轮廓。
  - length：定义边框轮廓粗细的值。

下面看一段使用 CSS3 文本边框轮廓的代码示例（详见源代码 ch10/ch10-css-text-outline.html 文件）。

【代码 10-19】

```
<style type="text/css">
 p.p-outline-style1 {
     outline: #888 solid thin;
 }
 p.p-outline-style2 {
     outline: #888 solid medium;
 }
 p.p-outline-style3 {
     outline: #888 solid thick;
 }
 p.p-outline-style4 {
     outline: #888 dotted medium;
 }
 p.p-outline-style5 {
     outline: #888 dashed medium;
 }
 p.p-outline-style6 {
     outline: #888 double medium;
 }
</style>

<p class="p-outline-style1">
 CSS3 - 文本轮廓（text-outline）
</p>
<p class="p-outline-style2">
 CSS3 - 文本轮廓（text-outline）
</p>
<p class="p-outline-style3">
 CSS3 - 文本轮廓（text-outline）
</p>
<p class="p-outline-style4">
```

```
 CSS3 - 文本轮廓（text-outline）
</p>
<p class="p-outline-style5">
 CSS3 - 文本轮廓（text-outline）
</p>
<p class="p-outline-style6">
 CSS3 - 文本轮廓（text-outline）
</p>
```

运行测试页面，效果如图 10.22 所示。可以看到，本例一共定义了 6 种文本阴影效果，包括了不同样式和宽度的边框轮廓效果，读者可以自行尝试不同样式和宽度进行测试。

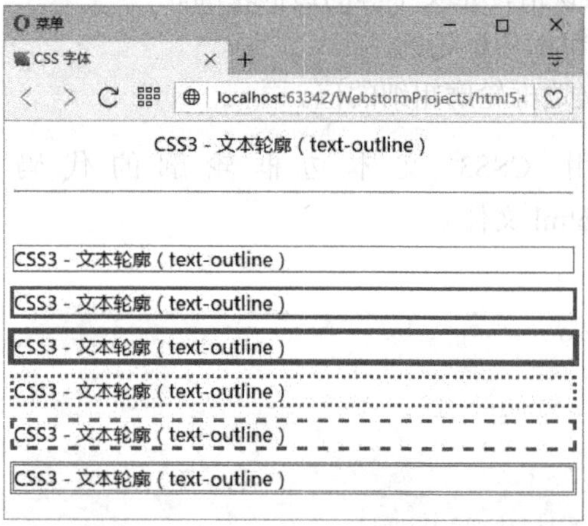

图 10.22　CSS 文本边框轮廓效果

10.5 颜色样式

本节介绍 CSS 颜色样式的内容，包括十六进制颜色、RGB 颜色、RGBA 颜色和透明属性等方面的内容。

10.5.1　十六进制颜色

在 CSS 规范中，十六进制颜色是最常用的一种定义方法，且能够兼容绝大多数的主流浏览器。关于十六进制颜色值定义的语法如下：

```
#RRGGBB;
```

其中，“#”符号表示十六进制数值，RR（红色）、GG（绿色）、BB（蓝色）十六进制整数表示颜色的组成，所有的颜色值必须介于#000000 与#FFFFFF 之间。

下面看一段使用 CSS 十六进制颜色值的代码示例（详见源代码 ch10/ch10-css-color-hex.html 文件）。

【代码 10-20】

```
<style type="text/css">
 p.p-color-hex-style1 {
      color: #686868;
      background-color: #e8e8e8;
 }
 p.p-color-hex-style2 {
      color: #808080;
      background-color: #d8d8d8;
 }
 p.p-color-hex-style3 {
      color: #a8a8a8;
      background-color: #c8c8c8;
 }
</style>
……
<p class="p-color-hex-style1">
 CSS - 颜色（十六进制）
</p>
<p class="p-color-hex-style2">
 CSS - 颜色（十六进制）
</p>
<p class="p-color-hex-style3">
 CSS - 颜色（十六进制）
</p>
```

运行测试页面，效果如图 10.23 所示。

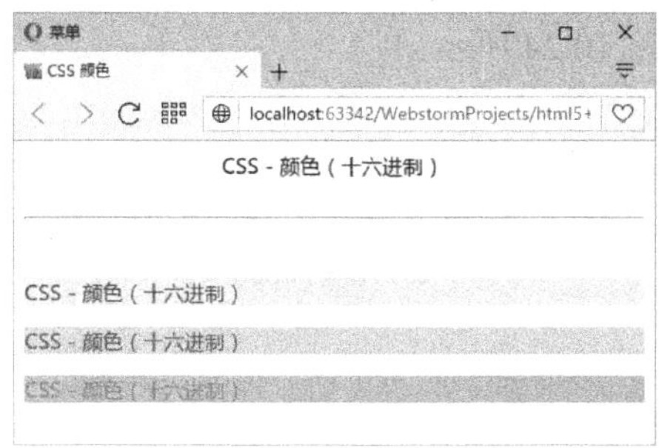

图 10.23 CSS 十六进制颜色

10.5.2 RGB 颜色

在 CSS 规范中，RGB 颜色是另一种最常用的定义方法，且同样能够兼容绝大多数的主流浏览器。关于 RGB 颜色值定义的语法如下：

```
rgb(red, green, blue);
```

其中，“rgb()”函数用于定义颜色值，red（红色）、green（绿色）、blue（蓝色）十进制整数表示颜色的组成，所有的颜色值必须介于 0 与 255 之间；或者介于 0%与 100%之间。

下面看一段使用 RGB 颜色值的代码示例（详见源代码 ch10/ch10-css-color-rgb.html 文件）。

【代码 10-21】

```
<style type="text/css">
p.p-color-rgb-style1 {
    color: rgb(64, 64, 64);
    background-color: rgb(240, 240, 240);
}
p.p-color-rgb-style2 {
    color: rgb(92, 92, 92);
    background-color: rgb(200, 200, 200);
}
p.p-color-rgb-style3 {
    color: rgb(128, 128, 128);
    background-color: rgb(160, 160, 160);
}
</style>
……
<p class="p-color-rgb-style1">
CSS - 颜色（RGB）
</p>
<p class="p-color-rgb-style2">
CSS - 颜色（RGB）
</p>
<p class="p-color-rgb-style3">
CSS - 颜色（RGB）
</p>
```

运行测试页面，效果如图 10.24 所示。

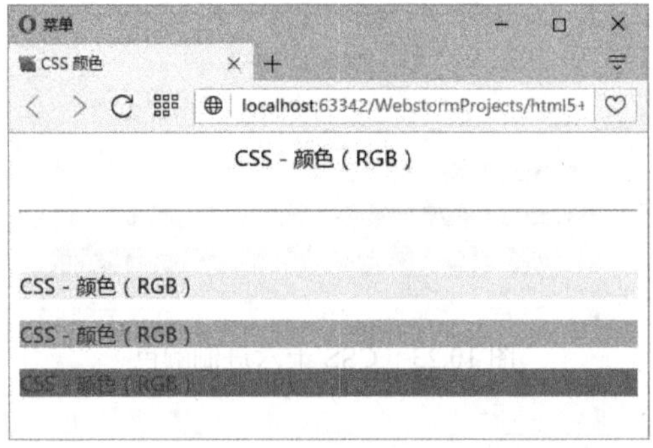

图 10.24　RGB 颜色

10.5.3　RGBA 颜色

在 CSS 规范中，RGBA 颜色是对 RGB 颜色的功能扩展，其增加了一个通道用于定义颜色的不透明度。关于 RGBA 颜色值定义的语法如下：

```
rgba(red, green, blue, alpha);
```

其中，“rgb()”函数用于定义颜色值。Red（红色）、green（绿色）、blue（蓝色）十进制整数表示颜色的组成，所有的颜色值必须介于 0 与 255 之间，或者介于 0%与 100%之间。alpha 参数是介于 0（完全透明）与 1.0（完全不透明）的数值。

下面看一段使用 RGBA 颜色值的代码示例（详见源代码 ch10/ch10-css-color-rgba.html 文件）。

【代码 10-22】

```
<style type="text/css">
 p.p-color-rgba-style1 {
     color: rgba(64, 64, 64, 0.5);
     background-color: rgba(240, 240, 240, 0.5);
 }
 p.p-color-rgba-style2 {
     color: rgba(92, 92, 92, 0.8);
     background-color: rgba(200, 200, 200, 0.2);
 }
 p.p-color-rgba-style3 {
     color: rgba(128, 128, 128, 0.75);
     background-color: rgba(160, 160, 160, 0.25);
 }
</style>
……
<p class="p-color-rgba-style1">
 CSS - 颜色（RGBA）
</p>
<p class="p-color-rgba-style2">
 CSS - 颜色（RGBA）
</p>
<p class="p-color-rgba-style3">
 CSS - 颜色（RGBA）
</p>
```

运行测试页面，效果如图 10.25 所示。

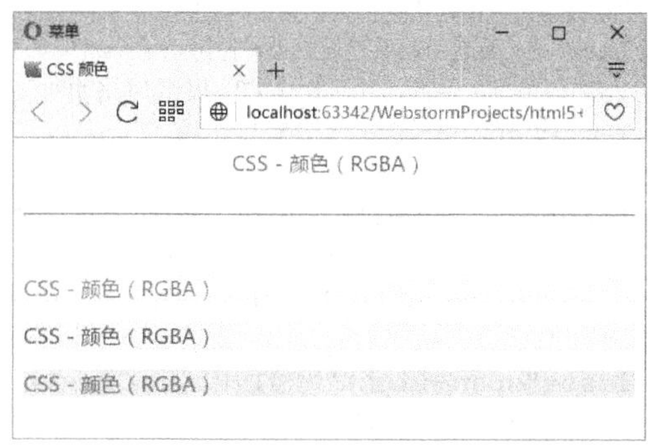

图 10.25　RGBA 颜色

10.6 项目实战：报纸风格页面

本节基于本章前面学习到的关于 CSS 样式的知识，实现一个 CSS 报纸风格的页面。希望通过本内容帮助读者加深理解 CSS 基础样式的使用方法。

首先来看 CSS 报纸风格的页面的源代码目录结构。新建一个“cssNewspaper”目录，用于存放本应用的全部源文件，如图 10.26 所示。“css”目录用于存放样式文件，“images”目录用于存放图片文件，“index.html”网页是 CSS 报纸风格的主页。

图 10.26　源代码目录

下面看看 CSS 选择器主页的代码（详见源代码 ch10/cssNewspaper/index.html 文件）。

【代码 10-23】

```
<!doctype html>
<html lang="en">
<head>
 <!-- 添加文档头部内容 -->
 <link type="text/css" rel="stylesheet" href="css/style.css" />
 <title>CSS 实战 - 报纸风格页面</title>
</head>
<body>
 <!-- 添加文档主体内容 -->
 <header>
     <div class="header-top">
         <span class="span-left">报业集团出品</span>
         <span class="span-center"></span>
         <span class="span-right"><img src="images/logo.png" alt="logo"/></span>
     </div>
     <div class="header-nav">
         <span class="span-nav-left">主刊</span>
         <span class="span-nav-center">报纸风格页面</span>
         <span class="span-nav-right">主编</span>
     </div>
     <div class="header-bottom">
         <span class="span-left">第 6 期</span>
         <span class="span-center">    应用 CSS 基础样式制作的报纸风格页面</span>
         <span class="span-right">20170505</span>
     </div>
 </header>
 <hr>
```

```
28 <div id="main">
29     <span class="span-bignews">
30         <p class="p-bigtitle">新闻标题</p>
31         <p class="p-author">by 编辑</p>
32         <p class="p-content">
33             新闻内容新闻内容新闻内容新闻内容新闻内容新闻内容新闻内容新闻内容新闻内容新闻内容新闻内容新闻内容新闻内容新闻内容新闻内容新闻内容新闻内容新闻内容新闻内容新闻内容新闻内容新闻内容新闻内容新闻内容新闻内容
34         </p>
35     </span>
36     <span class="span-news">
37         <p class="p-title">新闻标题</p>
38         <p class="p-author">by 编辑</p>
39         <p class="p-content">新闻内容新闻内容新闻内容新闻内容新闻内容新闻内容</p>
40     </span>
41     <span class="span-news">
42         <p class="p-title">新闻标题</p>
43         <p class="p-author">by 编辑</p>
44         <p class="p-content">新闻内容新闻内容新闻内容新闻内容新闻内容新闻内容新闻内容新闻内容新闻内容新闻内容</p>
45     </span>
46     <span class="span-news">
47         <p class="p-title">新闻标题</p>
48         <p class="p-author">by 编辑</p>
49         <p class="p-content">新闻内容新闻内容新闻内容新闻内容新闻内容新闻内容</p>
50     </span>
51     <span class="span-news-img">
52         <p class="p-title">图片新闻</p>
53         <p class="p-author">by 编辑</p>
54         <p class="p-img"><img src="images/news.jpg" alt="images" />图片新闻</p>
55     </span>
56     <span class="span-news-img">
57         <p class="p-title">图片新闻</p>
58         <p class="p-author">by 编辑</p>
59         <p class="p-img"><img src="images/news.jpg" alt="images" />图片新闻</p>
60     </span>
61 </div>
62 </body>
63 </html>
```

【代码解析】

（在下面的分析文字中，如无具体【代码编号】说明，均指【代码 10-23】内的代码行号）：

第 05 行代码通过<link>标签元素引用了 css 目录下的样式文件“style.css”，本例中应用的全部 CSS 选择器均定义在该样式文件中。

第 10～26 行代码通过<header>标签元素定义了报纸标题栏，其中通过<div>+<span>组合标签元素的形式定义了内容。以样式“class="span-nav-center"”为例（详见源代码ch10/cssNewspaper/css/style.css 文件）：

```
span.span-nav-center {
    margin: 4px;
    padding: 4px;
    font-family: "Microsoft YaHei UI", serif;
    font-size: x-large;
    letter-spacing: 16px;
    text-shadow: 0px 0px 8px #333;
    text-align: center;
}
```

第 28～61 行代码通过<div>标签元素定义了报纸内容部分，通过<span>+<p>标签元素的形式定义了新闻标题、新闻编辑和新闻内容。以样式“class="span-news"”为例（详见源代码ch10/cssNewspaper/css/style.css 文件）：

```
span.span-news {
    float: left;
    margin: 4px;
    padding: 2px;
    width: 30%;
    height: auto;
    border: 1px solid #fff;
}
```

运行测试页面，效果如图 10.27 所示。

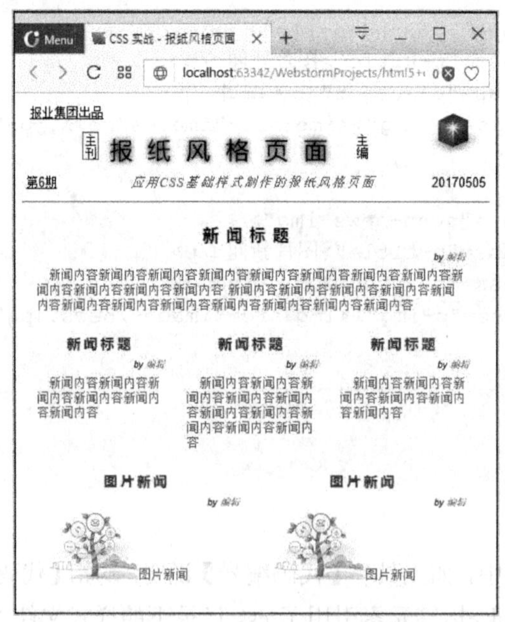

图 10.27　CSS 报纸风格页面

第 11 章

◀ CSS表格与列表 ▶

本章向读者介绍关于 CSS 表格与列表的内容，包括 CSS 表格边框、边距、对齐等样式的知识，以及列表类型、标记和属性等方面的知识。

11.1 CSS 表格

首先介绍 CSS 表格样式设计的方法，包括表格边框、边距、对齐等方面的知识。

11.1.1 表格边框

CSS 规范中使用“border”属性来设置表格边框，该属性可以在<table>、<th>和<td>等表格标签中使用。

关于表格边框“border”属性的语法如下：

```
border: border-width border-style border-color;
```

其中，“border”属性的 3 个子属性的描述如下：

- border-width 属性：用于规定边框的宽度。
- border-style 属性：用于规定边框的样式。
- border-color 属性：用于规定边框的颜色。

在实际 CSS 代码编写中，既可以直接使用“border”属性来定义表格边框样式，还可以分别使用上面的 3 个子属性来定义，两种方式所实现的效果是相同的。

下面看一段使用 CSS 设定表格边框的代码示例（详见源代码 ch11/ch11-css-table-border.html 文件）。

【代码 11-1】

```
<!doctype html>
<html lang="en">
<head>
 <style type="text/css">
     body {
          font: normal 14px/1.2em arial, verdana;
```

```
        }
        header {
            margin: 8px;
            padding: 8px;
        }
        nav {
            margin: 4px;
            padding: 4px;
            text-align: center;
        }
        table, td, th {
            border: 1px solid darkgray;
        }
    </style>
    <title>CSS 表格</title>
</head>
<body>
    <!-- 添加文档主体内容 -->
    <header>
        <nav>CSS - 表格（table）边框（border）</nav>
    </header>
    <hr>
    <!-- 添加文档主体内容 -->
    <table>
        <caption>通讯录</caption>
        <tr>
            <th>No.</th>
            <th>姓名</th>
            <th>性别</th>
            <th>年龄</th>
            <th>联系方式</th>
            <th>电子邮箱</th>
            <th>备注</th>
        </tr>
        <tr>
            <td>001</td>
            <td>张三</td>
            <td>男</td>
            <td>30</td>
            <td>12345678</td>
            <td>email@email.com</td>
            <td>填写备注内容</td>
        </tr>
```

```
50         <tr>
51             <td>002</td>
52             <td>王五</td>
53             <td>男</td>
54             <td>28</td>
55             <td>12345678</td>
56             <td>email@email.com</td>
57             <td></td>
58         </tr>
59         <tr>
60             <td>003</td>
61             <td>李七</td>
62             <td>女</td>
63             <td>25</td>
64             <td>12345678</td>
65             <td>email@email.com</td>
66             <td>填写备注内容</td>
67         </tr>
68         <tr>
69     </table>
70 </body>
71 </html>
```

【代码解析】

第 17～19 行代码中通过“border”属性为<table>、<td>和<th>标签元素定义了表格边框样式（border: 1px solid darkgray;）。注意，单独使用“border”属性定义的表格边框是一个双线框样式。

第 30～69 行代码通过<table>、<caption>、<th>和<td>标签元素定义了一个 4 行 7 列的表格。

运行测试页面，效果如图 11.1 所示。可以看到，使用“border”属性定义的表格边框是一个双线框，这是因为<table>、<th>和<td>标签元素都有自己独立的边框。如果想实现单线框的表格，就需要使用“border-collapse”属性，请继续阅读下一小节“折叠边框”的内容。

图 11.1　CSS 表格边框

11.1.2 表格折叠边框

CSS 规范中使用“border-collapse”属性来设置表格折叠边框，该属性可以将表格的双线框样式合并为单线框样式。

关于表格边框“border-collapse”属性的语法如下：

```
border-collapse: separate|collapse;
```

其中，“border-collapse”属性的属性值描述如下：

- separate：默认值，表格边框会被分开。
- collapse：表格边框会合并为一个单一的边框。

下面看一段使用 CSS 设定表格折叠边框的代码示例（详见源代码 ch11/ch11-css-table-border-collapse.html 文件）。

【代码 11-2】

```
<style type="text/css">
 table {
     border-collapse: collapse;
 }
 table, td, th {
     border: 1px solid darkgray;
 }
</style>
……
<table>
 <caption>通讯录</caption>
 <tr>
     <th>No.</th>
     <th>姓名</th>
     <th>性别</th>
     <th>年龄</th>
     <th>联系方式</th>
     <th>电子邮箱</th>
     <th>备注</th>
 </tr>
 <tr>
     <td>001</td>
     <td>张三</td>
     <td>男</td>
     <td>30</td>
     <td>12345678</td>
     <td>email@email.com</td>
     <td>填写备注内容</td>
```

```
    </tr>
    <tr>
        <td>002</td>
        <td>王五</td>
        <td>男</td>
        <td>28</td>
        <td>12345678</td>
        <td>email@email.com</td>
        <td></td>
    </tr>
    <tr>
        <td>003</td>
        <td>李七</td>
        <td>女</td>
        <td>25</td>
        <td>12345678</td>
        <td>email@email.com</td>
        <td>填写备注内容</td>
    </tr>
    <tr>
   </table>
```

【代码解析】

border-collapse 属性为<table>标签元素定义了表格折叠边框样式（border-collapse: collapse;）。

border 属性为<table>、<td>和<th>标签元素定义了表格边框样式（border: 1px solid darkgray;）。

运行测试页面，效果如图 11.2 所示。可以看到，CSS 折叠边框样式是我们最常使用到的一种网页表格样式，该样式类似于“单线框”的效果。

图 11.2　CSS 表格折叠边框

11.1.3 表格内边距

在 CSS 规范中，可以通过为表格标签设置“padding”属性来定义表格内边距，这样就使得表格内容不像图 11.2 中所示的那样紧凑了。

下面看一段使用 CSS 定义表格内边距的代码示例（详见源代码 ch11/ch11-css-table-padding.html 文件）。

【代码 11-3】

```
table {
    border-collapse: collapse;
}
table, td, th {
    border: 1px solid darkgray;
}
caption {
    padding: 16px;
}
th {
    padding: 8px;
}
td {
    padding: 8px;
}

<title>CSS 表格</title>
<caption>通讯录</caption>
<tr>
    <th>No.</th>
    <th>姓名</th>
    <th>性别</th>
    <th>年龄</th>
    <th>联系方式</th>
    <th>电子邮箱</th>
    <th>备注</th>
</tr>
<tr>
    <td>001</td>
    <td>张三</td>
    <td>男</td>
    <td>30</td>
    <td>12345678</td>
    <td>email@email.com</td>
    <td>填写备注内容</td>
```

```
    </tr>
    <tr>
        <td>002</td>
        <td>王五</td>
        <td>男</td>
        <td>28</td>
        <td>12345678</td>
        <td>email@email.com</td>
        <td></td>
    </tr>
    <tr>
        <td>003</td>
        <td>李七</td>
        <td>女</td>
        <td>25</td>
        <td>12345678</td>
        <td>email@email.com</td>
        <td>填写备注内容</td>
    </tr>
    <tr>
</table>
```

运行测试页面，效果如图 11.3 所示。

No.	姓名	性别	年龄	联系方式	电子邮箱	备注
001	张三	男	30	12345678	email@email.com	填写备注内容
002	王五	男	28	12345678	email@email.com	
003	李七	女	25	12345678	email@email.com	填写备注内容

图 11.3　CSS 表格内边距

11.1.4　表格宽度和高度

在 CSS 规范中，可以通过为表格标签设置“width”属性和“height”属性来定义表格宽度和高度。

下面看一段使用 CSS 设定来定义表格宽度和高度的代码示例（详见源代码 ch11/ch11-css-table-wh.html 文件）。

【代码 11-4】

```
<style type="text/css">
 table {
     border-collapse: collapse;
 }
 table, td, th {
     padding: 8px;
     border: 1px solid darkgray;
 }
 caption {
     padding: 16px;
 }
 th {
     width: auto;
     height: 64px;
 }
 td {
     width: auto;
     height: 32px;
 }
</style>

<table>
 <caption>通讯录</caption>
 <tr>
     <th>No.</th>
     <th>姓名</th>
     <th>性别</th>
     <th>年龄</th>
     <th>联系方式</th>
     <th>电子邮箱</th>
     <th>备注</th>
 </tr>
 <tr>
     <td>001</td>
     <td>张三</td>
     <td>男</td>
     <td>30</td>
     <td>12345678</td>
     <td>email@email.com</td>
     <td>填写备注内容</td>
 </tr>
 <tr>
```

```
        <td>002</td>
        <td>王五</td>
        <td>男</td>
        <td>28</td>
        <td>12345678</td>
        <td>email@email.com</td>
        <td></td>
    </tr>
    <tr>
        <td>003</td>
        <td>李七</td>
        <td>女</td>
        <td>25</td>
        <td>12345678</td>
        <td>email@email.com</td>
        <td>填写备注内容</td>
    </tr>
    <tr>
</table>
```

【代码解析】

width 属性和 height 属性为<th>标签元素定义了宽度和高度样式（width: auto; height: 64px;）。其中，宽度属性值为“auto”，表示<th>标签的宽度为根据浏览器计算出的实际宽度。

运行测试页面，效果如图 11.4 所示。可以看到，表格中单元格的宽度为实际宽度，单元格的高度为 CSS 代码定义的高度。

图 11.4　CSS 表格宽度和高度

11.1.5 表格文本对齐

CSS 规范中使用“text-align”属性和“vertical-align”属性来设置表格文本对齐方式。其中，“text-align”属性用于定义文本“左对齐”“居中”和“右对齐”，“vertical-align”属性用于定义文本“顶部对齐”“居中对齐”和“底部对齐”。

下面看一段使用 CSS 设定表格文本对齐方式的代码示例（详见源代码 ch11/ch11-css-table-align.html 文件）。

【代码 11-5】

```
<style type="text/css">
table {
    border-collapse: collapse;
}
table, td, th {
    border: 1px solid darkgray;
}
caption {
    padding: 16px;
}
th {
    padding-left: 32px;
    padding-top: 8px;
    padding-right: 32px;
    padding-bottom: 8px;
}
tr.th-center {
    text-align: center;
}
tr.td-left {
    text-align: left;
}
tr.td-right {
    text-align: right;
}
tr.td-top {
    height: 64px;
    vertical-align: top;
}
tr.td-middle {
    height: 64px;
    vertical-align: middle;
}
tr.td-bottom {
```

```
        height: 64px;
        vertical-align: bottom;
    }
</style>

<table>
 <caption>通讯录</caption>
 <tr class="th-center">
     <th>No.</th>
     <th>姓名</th>
     <th>性别</th>
     <th>年龄</th>
     <th>联系方式</th>
     <th>电子邮箱</th>
     <th>备注</th>
 </tr>
 <tr class="td-left">
     <td>001</td>
     <td>张三</td>
     <td>男</td>
     <td>30</td>
     <td>12345678</td>
     <td>email@email.com</td>
     <td>填写备注内容</td>
 </tr>
......
</table>
```

本例代码省略部分表格的行。运行测试页面，效果如图 11.5 所示。

图 11.5　CSS 表格文本对齐

11.2 CSS 列表

本节介绍 CSS 列表样式设计的方法，包括列表标记类型、列表标记位置和图标列表标记类型等方面的内容。

11.2.1 列表标记类型

CSS 规范中使用“list-style-type”属性来设置列表标记类型，该属性具有多个可用的属性值，下面列举几个比较常用的属性值：

- disc：默认值，标记是实心圆。
- circle：标记是空心圆。
- square：标记是实心方块。
- decimal：标记是数字。
- decimal-leading-zero：0 开头的数字标记，例如：01、02、03……
- lower-roman：小写罗马数字（i、ii、iii、iv、v……）
- upper-roman：大写罗马数字（I、II、III、IV、V……）
- lower-alpha：小写英文字母（a、b、c、d、e……）
- upper-alpha：大写英文字母（A、B、C、D、E……）
- none：无标记。

在 CSS 2.1 规范中，还定义了一部分列表标记类型，但在国内网站中不是很常用，感兴趣的读者可以参考官方文档了解一下。

下面看一段使用 CSS 列表标记类型的代码示例（详见源代码 ch11/ch11-css-list-style-type.html 文件）。

【代码 11-6】

```
<style type="text/css">
ul.disc {
    list-style-type: disc;
}
ul.circle {
    list-style-type: circle;
}
ul.square {
    list-style-type: square;
}
ul.decimal {
    list-style-type: decimal;
}
ul.decimal-leading-zero {
```

```
        list-style-type: decimal-leading-zero;
    }
    ul.lower-alpha {
        list-style-type: lower-alpha;
    }
    ul.upper-alpha {
        list-style-type: upper-alpha;
    }
    ul.lower-roman {
        list-style-type: lower-roman;
    }
    ul.upper-roman {
        list-style-type: upper-roman;
    }
    ul.none {
        list-style-type: none;
    }
</style>

<table>
    <tr>
        <td>
            <ul class="disc">
                <li>HTML</li>
                <li>CSS</li>
                <li>JavaScript</li>
            </ul>
            <ul class="circle">
                <li>HTML</li>
                <li>CSS</li>
                <li>JavaScript</li>
            </ul>
            <ul class="square">
                <li>HTML</li>
                <li>CSS</li>
                <li>JavaScript</li>
            </ul>
            <ul class="decimal">
                <li>HTML</li>
                <li>CSS</li>
                <li>JavaScript</li>
            </ul>
            <ul class="decimal-leading-zero">
```

```
                <li>HTML</li>
                <li>CSS</li>
                <li>JavaScript</li>
            </ul>
        </td>
……省略部分
        </tr>
</table>
```

【代码解析】

list-style-type 属性为<ul>列表标签元素定义了 10 个不同的 CSS 样式类，且每一种 CSS 样式类使用了不同的属性值。

运行测试页面，效果如图 11.6 所示。

图 11.6　CSS 列表标记类型

11.2.2　列表标记位置

CSS 规范中使用“list-style-position”属性来设置列表标记位置，所谓列表标记位置就是指在什么位置放置列表标记。该属性有两个可用的属性值，具体如下：

- inside：表示列表标记放置在文本以内，且环绕文本会依据标记进行对齐。
- outside：该值为默认值，用于保持标记位于文本的左侧，或列表标记放置在文本以外，且环绕文本不会根据标记对齐。

下面看一段使用 CSS 列表标记位置的代码示例（详见源代码 ch11/ch11-css-list-style-position.html 文件）。

【代码 11-7】

```
<style type="text/css">
 ul.inside {
     list-style-position: inside;
 }
 ul.outside {
```

```
    list-style-position: outside;
 }
</style>
……
<ul class="inside">
 <li>HTML</li>
 <li>CSS</li>
 <li>JavaScript</li>
</ul>
<br>
<ul class="outside">
 <li>HTML</li>
 <li>CSS</li>
 <li>JavaScript</li>
</ul>
```

list-style-position 属性为<ul>列表标签元素定义了两种不同的 CSS 样式类，其属性分别为“inside”和“outside”。

运行测试页面，效果如图 11.7 所示。

图 11.7　CSS 列表标记位置

11.2.3　图片列表标记

CSS 规范中使用“list-style-image”属性来设置图片列表标记，所谓图片列表标记就是指使用外部图片替代原始的列表标记。

下面看一段使用 CSS 图片列表标记的代码示例（详见源代码 ch11/ch11-css-list-style-image.html 文件）。

【代码 11-8】

```
<style type="text/css">
 ul.image00 {
     list-style-image: url("images/list00.png");
 }
```

```
    ul.image01 {
        list-style-image: url("images/list01.png");
    }
    ul.image02 {
        list-style-image: url("images/list02.png");
    }
</style>
……
<ul class="image00">
    <li>C</li>
    <li>C++</li>
    <li>C#</li>
</ul>
<br>
<ul class="image01">
    <li>HTML</li>
    <li>CSS</li>
    <li>JavaScript</li>
</ul>
<br>
<ul class="image02">
    <li>HTML 5</li>
    <li>CSS3</li>
    <li>jQuery</li>
</ul>
```

【代码解析】

list-style-image 属性为<ul>列表标签元素定义了三种不同的图片列表标记，其“url”属性值分别定义了三个不同的本地图片文件。

运行测试页面，效果如图 11.8 所示。可以看到，通过“url”属性为“list-style-image”属性定义的三个图片列表图片均成功显示出来了。

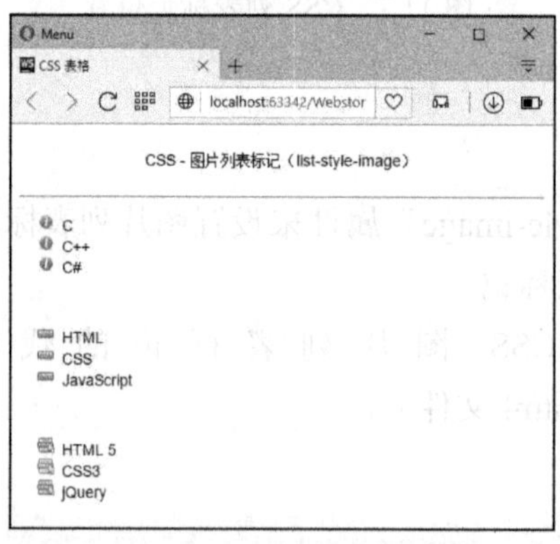

图 11.8　CSS 图片列表标记

11.3 项目实战：CSS 登录页面

本节基于本章前面学习到的关于 CSS 表格的知识，实现一个 CSS 登录页面。希望通过本小节的内容，帮助读者加深理解 CSS 基础样式的使用方法。

在源代码的 ch11 目录下新建一个“cssLogin”目录，用于存放本应用的全部源文件，具体如图 11.9 所示。“css”目录用于存放样式文件，“login.html”网页是 CSS 登录页面。

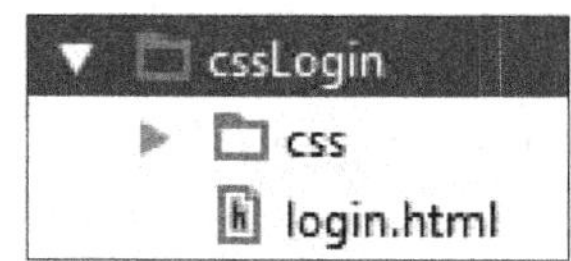

图 11.9 源代码目录

下面看看 CSS 登录页面的代码（详见源代码 ch11/cssLogin/login.html 文件）：

【代码 11-9】

```
<!DOCTYPE html>
<html lang="zh-cn">
<head>
    <link rel="stylesheet" type="text/css" href="css/style.css">
    <title>HTML5+CSS3</title>
</head>
<body>
    <!-- 添加文档主体内容 -->
    <header>
        <nav>HTML5+CSS3 - 登录页面</nav>
    </header>
    <hr>
    <form>
        <table cellspacing="8" cellpadding="8" style="border-collapse: collapse;">
            <caption>登录系统</caption>
            <tr>
                <td class="td-right">用户 ID：</td>
                <td>
                    <input type="text" id="userid" name="userid">
                </td>
                <td class="td-right">
                    <span id="id-span-userid"></span>
                </td>
            </tr>
            <tr>
```

```
26                 <td class="td-right">密码：</td>
27                 <td>
28                     <input type="password" id="password" name="password">
29                 </td>
30                 <td class="td-right">
31                     <span id="id-span-pwd"></span>
32                 </td>
33             </tr>
34             <tr>
35                 <td></td>
36                 <td class="td-right">
37                     <button type="reset" id="id-reset">重置</button>
38                     <button type="submit" id="id-submit">登录</button>
39                 </td>
40                 <td class="td-right"></td>
41             </tr>
42         </table>
43     </form>
44 </body>
45 </html>
```

【代码解析】

第 04 行代码通过<link>标签元素引用了 css 目录下的样式文件“style.css”，本例中应用的全部 CSS 选择器均定义在该样式文件中。

第 13～43 行代码通过<form>标签元素定义了登录表单，第 14～42 行代码通过<table>表格元素定义了登录表单中具体内容。以<table>表格样式为例（详见源代码 ch11/cssLogin/css/style.css 文件）：

```
table {
    position: relative;
    margin: 8px auto;
}
caption {
    margin: 8px;
    padding: 8px;
    font: bold 16px arial, sans-serif;
}
td {
    margin: 8px;
    padding: 8px;
}
td.td-right {
    text-align: right;
```

```
}
input {
    width: 128px;
}
```

运行测试页面，效果如图 11.10 所示。

图 11.10　CSS 登录页面

第 12 章 JavaScript概述

本章作为 JavaScript 的开篇，我们将向读者介绍 JavaScript 的基础知识，包括 JavaScript 的发展历史、标准、使用等方面的内容。JavaScript 是一种专门用来增强 HTML 网页功能的脚本语言，其简单易用、功能强大，深受广大开发者喜爱。因此，目前使用 HTML + CSS + JavaScript 方式进行 Web 开发是当前主流的设计模式。

12.1 了解 JavaScript 脚本语言

本节简单了解 JavaScript 的发展历史及设计标准，为读者学习 JavaScript 技术做好铺垫。

12.1.1 什么是 JavaScript 脚本语言

什么是 JavaScript 脚本语言呢？JavaScript 是直译式的脚本语言，是内置支持动态类型、弱类型、基于原型的语言。JavaScript 与所有直译式语言一样，都需要解释器来执行程序。而 JavaScript 的解释器有一个很响亮的名字 —— JavaScript 引擎，目前已经内置于浏览器之中。这里最著名的、最耳熟能详的、性能最强大的，就是 Google Chrome 浏览器内置的 V8 引擎了。

12.1.2 JavaScript 的发展历史

JavaScript 最初由 Netscape 的 Brendan Eich 于 1995 年推出，也就是在 Netscape 浏览器上设计实现的。JavaScript 的名字很有意思，拆开来就是“Java + Script”，Java 是 Sun 公司著名的产品，而 Script 是脚本的意思。这是因为 Netscape 与 Sun 进行合作，受 Java 启发而开发的脚本语言，故取名为 JavaScript。

JavaScript 发展初期并未确定所谓的标准，在这一时期除了 Netscape 的 JavaScript，还有微软的 Jscript 语言和 CEnvi 的 ScriptEase 语言，三种语言均可以在浏览器中运行。1997 年，在 ECMA（欧洲计算机制造商协会）的协调下，由 Netscape、Sun、微软、Borland 组成的工作组确定统一标准：ECMA-262，也就是大家所熟知的 ECMAScript。

其实，JavaScript 的主要设计原则源自 Self 和 Scheme。JavaScript 表面上看似与 Java 有很多接近的地方，其实二者本质上是完全不同的两类语言。不过 JavaScript 脚本语言功能十分强大、非常受欢迎，在这一点上倒是与 Java 语言相同。

12.1.3　JavaScript 组成与特点

完整的 JavaScript 脚本语言包含三个部分：ECMAScript、文档对象模型（DOM）、浏览器对象模型（BOM），具体如下：

- ECMAScript：描述了该语言的语法和基本对象。
- 文档对象模型（DOM）：描述处理网页内容的方法和接口。
- 浏览器对象模型（BOM）：描述与浏览器进行交互的方法和接口。

JavaScript 是一种应用于 Web 客户端开发的脚本语言，主要用来增强网页的动态功能，提高用户体验。当然，随着 JavaScript 的技术不断研发，目前已经有用于服务器端开发的脚本语言了。

下面，我们简单列举一下 JavaScript 脚本语言的主要特点：

- JavaScript 是一种解释性脚本语言（代码不进行预编译），需要解释器来执行。
- JavaScript 脚本语言通常是嵌入在 HTML 网页代码中来实现交互功能的。
- JavaScript 脚本语言具有很友好的跨平台特性（如 Windows、Linux、Mac、Android、iOS 等平台），绝大多数浏览器均支持。

JavaScript 脚本语言与其他编程语言一样，支持基本数据类型、表达式、算术运算符及基本程序框架。JavaScript 脚本语言提供了四种基本的数据类型和两种特殊数据类型用来处理数据和文字，而 JavaScript 表达式则可以完成较复杂的信息处理。

12.2　在网页中使用 JavaScript 脚本语言

本节介绍如何在网页中使用 JavaScript 脚本语言，具体包括嵌入 JavaScript 脚本和引入外部 JavaScript 文件等内容。

12.2.1　在网页中嵌入 JavaScript 脚本

在网页中使用 JavaScript 脚本语言最直接的方法就是将 JavaScript 脚本嵌入在网页代码中。设计人员可以在 HTML 网页中使用<script>标签定义嵌入式 JavaScript 脚本。嵌入式（Embedding）JavaScript 脚本的基本使用方法如下：

```
<script>
…
</script>
```

这里需要读者注意的是，如果是 HTML 5 版本的网页，则可以直接使用上面的写法，而对于 HTML 4.01 版本的网页，则必须使用以下的写法：

```
<script type="text/javascript">
…
</script>
```

上面的写法才是嵌入式 JavaScript 脚本的标准写法，只不过 HTML 5 版本的网页默认了“type="text/javascript"”属性，因此才可以省略。

下面看一段使用嵌入式 JavaScript 脚本的代码示例（详见源代码 ch12/ch12-js-embedding.html 文件）。

【代码 12-1】

```
01  <!doctype html>
02  <html lang="en">
03  <head>
12   <link rel="stylesheet" type="text/css" href="css/style.css">
13   <script type="text/javascript">
14       alert("JavaScript - 嵌入脚本");
15   </script>
16   <title>JavaScript 脚本语言</title>
17  </head>
18  <body>
19   <!-- 添加文档主体内容 -->
20   <header>
21       <nav>JavaScript - 嵌入脚本</nav>
22   </header>
23   <hr>
24   <!-- 添加文档主体内容 -->
25  </body>
26  </html>
```

【代码解析】

第 13～15 行代码通过<script>标签定义了嵌入式 JavaScript 脚本，第 14 行代码通过 alert()函数定义了一个弹出式警告提示框。

运行测试页面，效果如图 12.1 所示。浏览器加载页面过程中弹出了一个警告提示框，单击提示框的“确定”按钮，页面效果如图 12.2 所示。

图 12.1 嵌入式 JavaScript 脚本（一）

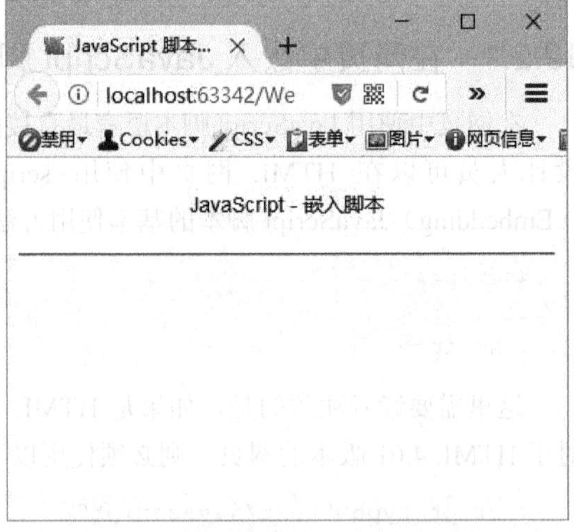

图 12.2 嵌入式 JavaScript 脚本（二）

由此可见，JavaScript 脚本语言的交互功能是不是很有意思，能够实现 HTML + CSS 语言所不能提供的功能。

12.2.2　引入外部 JavaScript 文件

在 HTML 网页中引入外部 JavaScript 文件是另一种使用 JavaScript 脚本语言的方法。该方法比较适用于 HTML 网页需要大量 JavaScript 脚本的情况，一般也可以称这种方法为外链式（Linking）JavaScript 脚本。

外链式（Linking）JavaScript 脚本的基本使用方法如下：

```
<script src="xxx.js"></script>
```

同样的，上面是 HTML 5 版本的网页的写法，而对于 HTML 4.01 版本的网页，则必须使用以下的写法：

```
<script type="text/javascript" src="xxx.js"></script>
```

这里，“src”属性用于定义外部 JavaScript 文件的路径地址。其中，路径可以为绝对路径或相对路径，这要看具体项目的情况了。

下面将【代码 12-1】的嵌入式 JavaScript 脚本稍加修改，按照外链式 JavaScript 脚本设计，具体代码如下（详见源代码 ch12/ch12-js-linking.html 文件）。

【代码 12-2】

```
01 <!doctype html>
02 <html lang="en">
03 <head>
04  <link rel="stylesheet" type="text/css" href="css/style.css">
05  <script type="text/javascript" src="js/ch12-js-linking.js"></script>
06  <title>JavaScript 脚本语言</title>
07 </head>
08 <body>
09  <!-- 添加文档主体内容 -->
10  <header>
11      <nav>JavaScript - 外部脚本</nav>
12  </header>
13  <hr>
14  <!-- 添加文档主体内容 -->
15 </body>
16 </html>
```

【代码解析】

第 05 行代码通过<script>标签定义了外链式 JavaScript 脚本，其中“src”属性定义了外部脚本的相对路径地址（"js/ch12-js-linking.js"）。

关于上面引入的外部脚本文件的具体代码如下（详见源代码 ch12/js/ch12-js-linking.html 文件）。

```
alert("JavaScript - 外部脚本");
```

运行测试页面，效果如图 12.3 所示。外链式 JavaScript 脚本与内嵌式 JavaScript 脚本实现的功能是完全一样的，只是定义手法不同而已。

图 12.3　外链式 JavaScript 脚本

12.3 创建并编辑 JavaScript 的工具

本小节我们介绍一下创建并编辑 JavaScript 脚本语言的工具，主要包括轻量级的代码编辑器以及集成开发平台。

1. EditPlus 编辑器

强大的 EditPlus 编辑器工具为 JavaScript 脚本语言提供了 JS 模板、语法支持与自动补全功能。读者可以到其官方网站（http://www.editplus.com）上下载相关资源文件。

2. Sublime 编辑器

Sublime 编辑器同样是一款与 EditPlus 功能相当的 JavaScript 开发工具，提供了对 JavaScript 很好的功能支持，诸如语法高亮、语法检查和代码补全等功能。用户可以通过 Sublime 编辑器所特有的“Package Control”功能进行在线更新。

3. 集成开发平台

支持开发 JavaScript 脚本语言的平台有很多，这里向读者推荐比较流行的 jetBrains WebStorm、Eclipse for JavaScript 和 Dreamweaver 这几款开发平台，这些集成开发平台均提供了强大的 JavaScript 脚本语言开发与调试功能。

12.4 JavaScript 脚本语言开发与调试

本节通过一个实例介绍 JavaScript 脚本语言开发与调试的基本方法，包括 JavaScript 脚本语言开发工具和调试工具的使用。

开发 JavaScript 脚本语言可供选择的工具有很多，如前文提到的代码编辑器 EditPlus 和 Sublime Text 就非常实用，而 Dreamweaver 和 jetBrains WebStorm 更是功能强大的集成开发平台。笔者这里选择的就是 jetBrains WebStorm 开发平台，其具有完善的源代码管理、开发和调试功能。

虽然 jetBrains WebStorm 开发平台具有一定的 JavaScript 脚本语言调试功能，不过更专业的做法是使用带有 js 调试功能的浏览器进行脚本代码调试。目前，诸如 Google Chrome、Safrai、Firefox、Opera developer、Microsoft Edge 等主流浏览器均内置有 js 调试功能，且各个版本浏览器的界面、功能和方法大同小异，读者可根据个人喜好自行选择一款浏览器进行测试。笔者这里选用的是 Firefox 浏览器，主要是因为 Firefox 是较早实现 js 调试功能的浏览器之一，且一直保持着更新。

下面通过一个具体的 JavaScript 脚本语言实例介绍 js 脚本开发与调试的基本方法。

12.4.1　使用 WebStorm 开发平台创建项目并编辑代码

打开 WebStorm 开发平台，新建一个 HTML5 网页，命名为 ch12-js-debug.html，如图 12.4 所示。

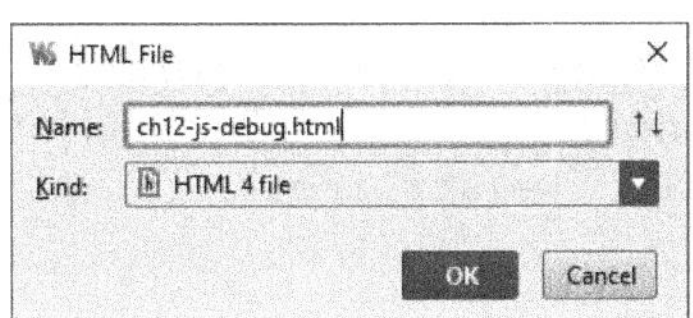

图 12.4　使用 WebStorm 创建 HTML 网页

在新建的 HTML5 网页中输入如下代码（详见源代码 ch12/ch12-js-debug.html 文件）。

【代码 12-3】

```
<!doctype html>
<html lang="en">
<head>
 <link rel="stylesheet" type="text/css" href="css/style.css">
 <title>JavaScript 脚本语言</title>
</head>
<body>
 <!-- 添加文档主体内容 -->
 <header>
     <nav>JavaScript - 脚本调试</nav>
 </header>
 <hr>
 <!-- 添加文档主体内容 -->
 <div id="id-div-i">
 </div>
</body>
<script type="text/javascript" src="js/ch12-js-debug.js"></script>
</html>
```

【代码解析】

第 17 行代码通过<script>标签引入了外部 JavaScript 脚本文件，其中“src”属性定义了外部脚本文件的相对路径地址（"js/ch12-js-debug.js"）。这里需要注意的是，我们将<script>标签放在了</body>和</html>标签之间，这样是为保证浏览器加载脚本之前，页面中的 DOM 元素已全部加载完毕。

下面，继续使用 WebStorm 开发平台创建【代码 12-3】中引入的名称为"ch12-js-debug.js"的脚本文件，如图 12.5 所示。

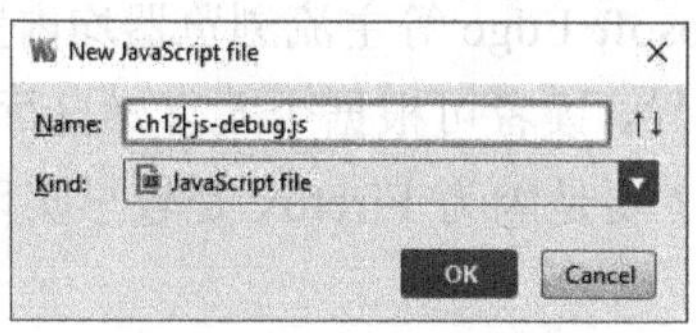

图 12.5　使用 WebStorm 创建 js 文件

然后，在新建的 js 文件中输入如下代码（详见源代码 ch12/js/ch12-js-debug.js 文件）。

【代码 12-4】

```
var v_id_div_i = document.getElementById("id-div-i");
var strLine;
for(var i=1; i<=3; i++) {
    strLine = "i=" + i.toString() + "<br>";
    console.log(strLine);
    v_id_div_i.innerHTML += strLine;
}
```

【代码 12-4】的主要功能就是向 HTML 网页中循环动态写入文本，每句代码的具体含义在此就不展开介绍了，读者在后文的章节中会逐步理解并掌握其功能用法。

下面在 WebStorm 开发平台中浏览一下新建的 js 文件（"ch12-js-debug.js"），如图 12.6 所示。

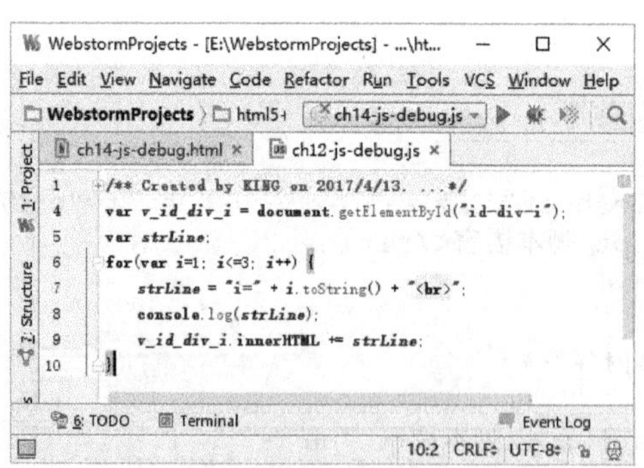

图 12.6　使用 WebStorm 编辑 js 文件

12.4.2　使用 Firefox 浏览器调试 js 脚本

使用 Firefox 浏览器运行前文创建的 HTML 网页（ch12-js-debug.html），并打开 Firefox 浏览器调试功能面板，如图 12.7 所示。

图 12.7　使用 Firefox 浏览器调试 js 脚本

在图 12.7 中，在调试面板中依次选择“调试器”“资源”“ch12-js-debug.js”脚本文件，并在右侧的代码窗口中为【代码 12-4】中的第 06 行脚本语句设置断点，如图 12.8 所示。然后，按 F5 键重新刷新页面，刷新后的页面效果如图 12.9 所示。

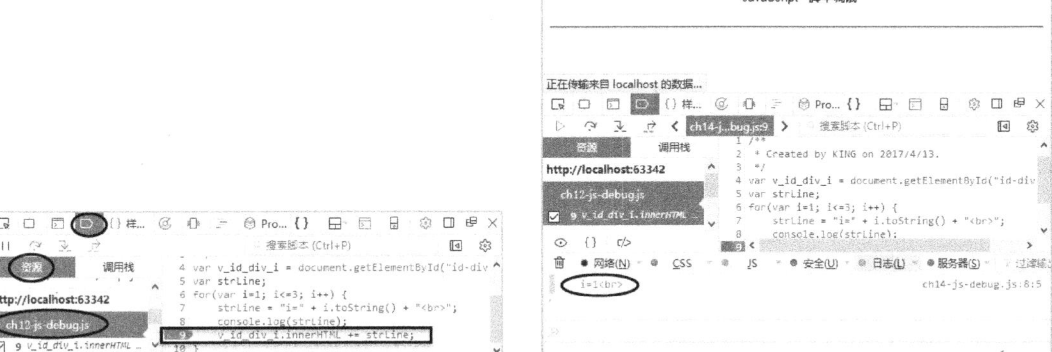

图 12.8　使用 Firefox 浏览器设置脚本语言断点　　　　图 12.9　使用 Firefox 浏览器刷新页面

在图 12.9 中，我们在调试面板的日志窗口中，看到了【代码 12-4】中的第 05 行脚本语句输出的第一次日志信息，并停在了设置的断点处。然后，继续按 F11 键单步执行脚本，如图 12.10 所示。看到了单步执行脚本后，【代码 12-4】中的第 06 行代码在浏览器页面输出了文本内容（“i=1”）。

下面继续按 F11 键单步执行脚本，也可以直接按 F5 键将脚本执行完毕。HTML 页面执行完毕后，可以在日志窗口查看输出的全部调试信息，如图 12.11 所示。

图 12.10　使用 Firefox 浏览器单步执行脚步

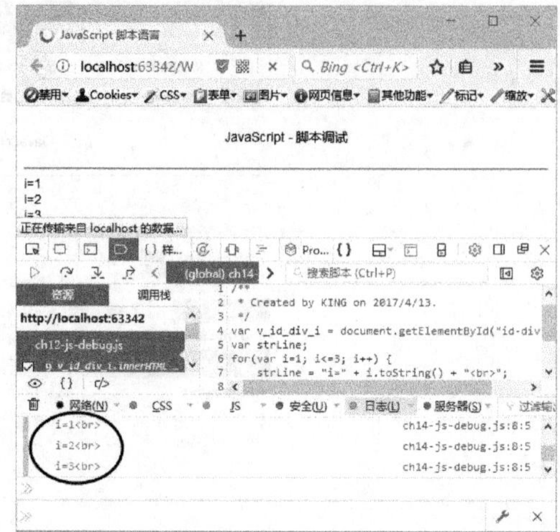

图 12.11　使用 Firefox 浏览器显示调试信息

第 13 章

◀ JavaScript语法 ▶

JavaScript 既是一种轻量级的脚本语言，更是一种功能强大的高级程序设计语言，其定义了严格的语法规则。本章的内容就是对 JavaScript 语法进行全面的、详细的介绍。如果读者有一定 Java 语言的基础，学习起来会相对轻松些。不过笔者这里还是要重申一点，本质上 JavaScript 与 Java 是两种完全不同的程序语言。

13.1 JavaScript 语法基础

本节介绍 JavaScript 的语法基础，目的是为了读者学习 JavaScript 语法打好基础。

13.1.1 JavaScript 语句

相信大多数读者以前在学习 C 语言、Basic 语言或 Java 语言时，最先要掌握的就是程序语句。一般来讲，每种程序语言的语句规则定义都有所区别。那么 JavaScript 脚本语言的语句规则是如何定义的呢？

JavaScript 语句的主要功能就是向浏览器客户端发出命令，通知浏览器客户端该做什么操作。通常，每一条 JavaScript 语句要以分号（;）来结束，分号（;）用来分割各条 JavaScript 语句。因此，使用分号（;）的另一个作用就是可以在一行中编写多条 JavaScript 语句，这一点与 Python 语言有明显区别。

当然，您也有可能看到不带有分号（;）的 JavaScript 代码，这是因为在 JavaScript 语法规则中，用分号（;）来结束语句是可选的。不过，大多数程序员还是老老实实写上分号（;）的，这样你写的代码会被大多数程序员所接受。

13.1.2 JavaScript 代码及执行

JavaScript 代码就是 JavaScript 语句组合而成的序列。另外，还有一个 JavaScript 代码块的概念，所谓代码块就是由左花括号开始、由右花括号结束的代码组合。JavaScript 代码块的作用是使语句序列一起执行，例如 JavaScript 函数就是一种典型的代码块。

关于 JavaScript 代码的执行顺序是一个非常重要的概念。根据 JavaScript 官方文档的解释，JavaScript 代码是按照顺序执行的。要理解以上这一点，首先要清楚 HTML 文档在浏览器中的解析过程。浏览器是按照 HTML 文档流从上到下逐步解析页面结构和信息的。JavaScript 脚本代码一般是通过<script>标签嵌入在 HTML 文档中的，因此 JavaScript 代码也是随着 HTML 文档流的解析顺序来执行的。

13.1.3 JavaScript 语法补充

1. 关于 JavaScript 代码大小写

JavaScript 语法规定对字母大小写是敏感的，也就是区分大小写的。例如：变量 v_id 与 v_Id 是不同的。同理，函数 getElementById()与 getElementbyID()也是不同的，写成 getElementbyID()是无法识别的。

2. 关于 JavaScript 代码中的空格

JavaScript 语法规定会忽略多余的空格。因此，依据这个特点可以通过添加空格对代码进行排版，从来提高代码的可读性。

3. 关于 JavaScript 代码折行

JavaScript 语法规定可以在文本字符串中使用反斜杠（\）对代码行进行换行。例如，下面的代码就是可以正确解析的。

```
document.write("Hello \
JavaScript!");
```

不过需要注意的是，代码折行限于文本字符串中。如果将上面的代码改写成下面的形式，代码是无法正确解析的。

```
document.write \
("Hello JavaScript!");
```

13.1.4 JavaScript 代码注释

JavaScript 代码注释分为单行注释和多行注释，被注释的 JavaScript 代码是不会被执行的。具体说明如下：

1. JavaScript 代码单行注释

单行注释以字符串“//”开头，例如：

```
document.write("Hello JavaScript!");   // 向浏览器输出字符串"Hello JavaScript!"
```

2. JavaScript 代码多行注释

多行注释以字符串“/*”开头，并以字符串“*/”结束，例如：

```
/*
* 向浏览器输出字符串"Hello JavaScript!"
*/
document.write("Hello JavaScript!");
```

13.2 JavaScript 变量与数据类型

本节介绍 JavaScript 变量与数据类型，开始接触到 JavaScript 语法的核心部分了。

13.2.1 JavaScript 变量

在学习高级编程语言的过程中，最先接触的重要概念应该就是变量了。所谓“变量”，一般意义上理解就是程序中用于存储数据信息的容器，或者可以理解为用于替代数据信息的符号。

JavaScript 规范中定义的变量既可以存储数据信息，也可以定义为替代表达式的符号。一般通过“var”关键字来定义的变量是局部变量，而不使用“var”关键字直接定义的变量是全局变量。

此外，在 JavaScript 规范中还规定了一些定义变量的准则，具体描述如下：

- JavaScript 变量需要以字母开头，大小写字母均可，且对大小写字母敏感（例如：a 和 A 是不同的变量）。
- JavaScript 变量也可以用“$”或“_”符号开头。
- JavaScript 变量分为全局变量和局部变量，且二者的定义方式、作用域及使用方法有明显区别。

下面看一段使用 JavaScript 变量的代码示例（详见源代码 ch13/ch13-js-variable.html 文件）。

【代码 13-1】

```
01 <script type="text/javascript">
02  var a = 1;
03  var b = 2;
04  var c = a + b;
05  console.log(c);
06 </script>
```

【代码解析】

第 01～06 行代码通过<script>标签定义了一段嵌入式 JavaScript 脚本。

第 02～03 行代码通过“var”关键字定义了两个变量（a、b），并进行了初始化赋值操作。

第 04 行代码通过“var”关键字定义了一个变量表达式（var c = a + b;），而表达式中的变量“a”和“b”正是第 02～03 行代码中定义的。

第 05 行代码通过 console.log()函数向控制台输出调试信息（表达式变量“c”计算得出的值）。

运行测试页面，并使用调试器查看控制台输出的调试信息，效果如图 13.1 所示。浏览器调试面板中打印输出了第 05 行代码定义的调试信息。

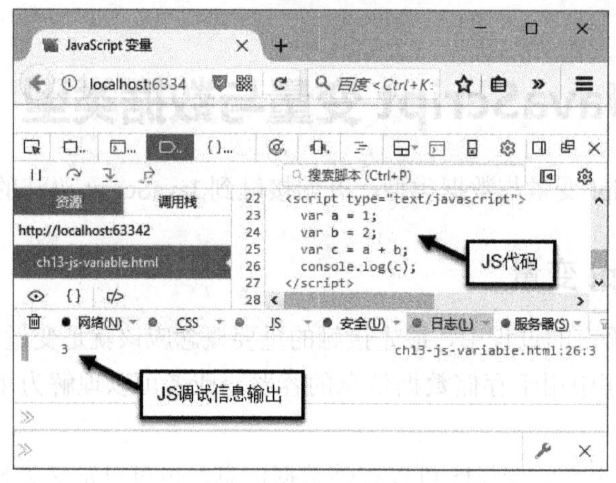

图 13.1 JavaScript 变量

13.2.2 JavaScript 数据类型

前一小节向读者介绍了关于 JavaScript 变量的内容，本小节接着介绍关于 JavaScript 数据类型的内容。对于高级编程语言而言，“变量”与“数据类型”好比是一对兄弟，二者之间有着紧密的血缘关系。如果把“变量”当作是一种符号或载体，而“数据类型”则就是符号所承载的具体内容。

JavaScript 规范中定义的数据类型包括很多种，譬如字符串、数字、布尔、数组、对象、Null、Undefined 等。另外，JavaScript 语言的一大特点就是支持动态数据类型。所谓“动态数据类型”指的就是同一变量可以接受不同的数据类型，这一点与当初学习的 C 语言略有不同。

下面看一段应用 JavaScript 字符串数据类型的代码示例（详见源代码 ch13/ch13-js-datatype.html 文件）。

【代码 13-2】

```
<script type="text/javascript">
var v_str_a = "Hello JavaScript!";
var v_str_b = "Hello 'JavaScript!'";
var v_str_c = 'Hello "JavaScript!"';
console.log(v_str_a);
console.log(v_str_b);
console.log(v_str_c);
</script>
```

【代码解析】

第 02～04 行代码通过“var”关键字定义了 3 个变量（v_str_a、v_str_b、v_str_c），并初始化了字符串。其中，第 03 行和第 04 行代码初始化的字符串中，演示了如何在字符串中加入单引号和双引号。

第 05～07 行代码通过一组 console.log()函数以调试信息的方式，向控制台输出了第 02～04 行代码定义的字符串。

运行测试页面，并使用调试器查看控制台输出的调试信息，效果如图 13.2 所示。

图 13.2　JavaScript 数据类型（一）

继续看一段应用 JavaScript 数值数据类型的代码示例（详见源代码 ch13/ch13-js-datatype.html 文件）。

【代码 13-3】

```
01  <script type="text/javascript">
02   var v_i = 20170308;
03   var v_d = 3.1415926;
04   console.log(v_i);
05   console.log(v_d);
06   var v_e_a = 123e3;
07   var v_e_b = 123e-3;
08   console.log(v_e_a);
09   console.log(v_e_b);
10  </script>
```

【代码解析】

第 02～03 行代码通过“var”关键字定义了两个变量（v_i、v_d），并分别初始化了整型数据和实数型数据。注意到 JavaScript 语法与传统 C 和 Java 语言语法的不同之处，这里并没有使用类似“int”或“double”的关键字来区别整型与实数型数据，因此也有人称 JavaScript 语言数据类型为弱类型的。

第 06～07 行代码通过“var”关键字定义了两个变量（v_e_a、v_e_b），并分别初始化了指数类型的数据。

运行测试页面，并使用调试器查看控制台输出的调试信息，效果如图 13.3 所示。

图 13.3　JavaScript 数据类型（二）

继续看一段应用 JavaScript 布尔类型的代码示例（详见源代码 ch13/ch13-js-datatype.html 文件），布尔类型也称逻辑类型，只有“true”和“false”两个取值，主要用于进行逻辑判断。

【代码 13-4】

```
01  <script type="text/javascript">
02  var v_bool_t = true;
03  var v_bool_f = false;
04  if(v_bool_t) {
05      console.log(v_bool_t);
06      console.log(v_bool_f);
07  }
08  if(v_bool_f) {
09      console.log(v_bool_f);
10      console.log(v_bool_t);
11  }
12  </script>
```

【代码解析】

第 02～03 行代码通过“var”关键字定义了两个布尔型变量（v_bool_t、v_bool_f），并分别初始化了布尔型数据（“true”和“false”）。

第 04～07 行和第 08～11 行代码分别通过 if 语句对这两个变量（v_bool_t、v_bool_f）进行了逻辑判断，并根据判断结果调整了调试信息输出顺序。

运行测试页面，并使用调试器查看控制台输出的调试信息，效果如图 13.4 所示。

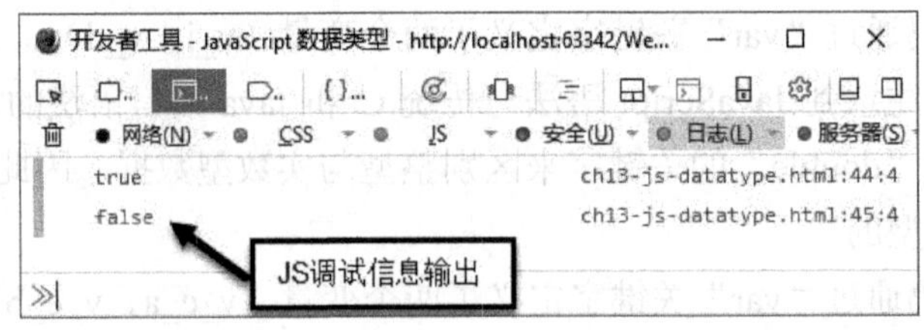

图 13.4　JavaScript 数据类型（三）

最后，看一段应用 JavaScript 数组类型的代码示例（详见源代码 ch13/ch13-js-datatype.html 文件）。

【代码 13-5】

```
01 <script type="text/javascript">
02   var v_arr_a = new Array();
03   v_arr_a[0] = "html";
04   v_arr_a[1] = "css3";
05   v_arr_a[2] = "JavaScript";
06   console.log(v_arr_a);
07   var v_arr_b = new Array("html", "css3", "JavaScript");
08   console.log(v_arr_b);
09 </script>
```

【代码解析】

第 02 行代码通过“var”关键字定义了第一个数组变量（v_arr_a），注意定义时使用了“new”关键字（new Array()）。

第 03～05 行对数组变量（v_arr_a）进行了初始化。

第 07 行代码通过“var”关键字定义了第二个数组变量（v_arr_b），注意在定义变量的同时就对其进行了初始化操作。

运行测试页面，并使用调试器查看控制台输出的调试信息，效果如图 13.5 所示。可以看到【代码 13-5】中的两种数组初始化方法的效果是一致的，即对数组先定义后初始化和定义同时就初始化，二者功能上是完全等同的。

图 13.5　JavaScript 数据类型（四）

13.2.3　JavaScript 对象

对于 JavaScript 而言，一切皆为对象。这句话该怎么理解呢？例如前一小节中介绍的各种数据类型（字符串、数字、数组等），都是 JavaScript 对象。在 JavaScript 规范中，对象就是拥有属性和方法的数据。

JavaScript 对象语法是通过花括号“{}”定义的。在花括号“{}”内部，对象的属性是通过“名称”和“值”对的形式（name : value）来定义的。其中，“名称”和“值”对是由冒号“:”来分隔的。

例如，下面是一个创建基本 JavaScript 对象的方法。

【代码 13-6】

```
var userinfo = {
    id : 001,
```

```
    username : "king",
    email : "king@email.com"
};
```

【代码解析】

这段代码创建了一个 JavaScript 对象，对象名称为“userinfo”。“userinfo”对象包含了三个属性，分别为“id”“username”和“id”。

另外，JavaScript 规范还允许将 JavaScript 对象的定义写成一行，所以【代码 13-6】还可以写成如下的形式：

```
var userinfo = { id : 001, username : "king", email : "king@email.com" };
```

下面看一段应用 JavaScript 对象的代码示例（详见源代码 ch13/ch13-js-obj.html 文件）。

【代码 13-7】

```
01  <script type="text/javascript">
02      var userinfo = {
03          id : 001,
04          username : "king",
05          email : "king@email.com"
06      }
07      console.log(userinfo);
08  </script>
```

【代码解析】

第 02～06 行代码通过“var”关键字定义了一个 JavaScript 对象（userinfo）。其中，第 03～05 行代码初始化了该对象。

第 07 行代码通过 console.log()函数以调试信息的方式，向控制台输出了第 02～06 行代码定义的 JavaScript 对象（userinfo）。

运行测试页面，并使用调试器查看控制台输出的调试信息，效果如图 13.6 所示。

图 13.6　JavaScript 对象（一）

在 JavaScript 规范中，对象的原型是 Object 类型。我们可以通过 Object 类型，创建 JavaScript 对象。下面将【代码 13-7】按照 Object 类型的方式，重新改写（详见源代码 ch13/ch13-js-object.html 文件）。

【代码 13-8】

```
<script type="text/javascript">
```

```
02  var userinfo = new Object();
03  userinfo.id = 002;
04  userinfo.username = "CiCi";
05  userinfo.email = "cici@email.com";
06  console.log(userinfo);
07  var len = Object.keys(userinfo);
08  console.log(len.length);
09 </script>
```

【代码解析】

第 02 行代码通过“var”关键字定义了一个 JavaScript 对象（userinfo）。注意，定义时使用“new”关键字和“Object”类型创建了该对象。

第 03～05 行代码依次对 JavaScript 对象（userinfo）进行了初始化操作。

第 06 行代码通过 console.log()函数以调试信息的方式，向控制台输出了第 02～05 行代码定义的 JavaScript 对象（userinfo）。

第 07 行代码中通过 Object 类型的 keys()方法获取了 JavaScript 对象（userinfo）的键值对数量，并保存在变量“len”中。

第 08 行代码通过“len”变量的“length”属性，向控制台输出了 JavaScript 对象（userinfo）的长度。

运行测试页面，并使用调试器查看控制台输出的调试信息，效果如图 13.7 所示。

图 13.7　JavaScript 对象（二）

13.2.4　null 与 undefined 数据类型

本小节介绍 JavaScript 中两个比较特殊的数据类型 —— null 与 undefined。

可以讲，null 与 undefined 数据类型是 JavaScript 语言规范中比较晦涩难懂的知识点。为什么呢？因为设计 undefined 数据类型的初衷其实就是一个美丽的错误，经过了修正后才沿用至今。本书作为基础入门型教材，我们不去细究其历史渊源，这里主要就是向读者介绍 null 与 undefined 数据类型的基本概念与用法。

关于 null 与 undefined 数据类型的基本概念，一直没有比较权威的解释。至于官方文档中的解释，笔者也是认为不能全面准确地概括其内涵。如果简单理解这两种数据类型，我们可以概括如下：

- null 可以理解为“空”对象。null 表示虽然没有实际值，但其仍是合法的对象（Object）。

- undefined 可以理解为“未定义”。例如：虽然声明了变量，但未初始化该变量，就是“未定义”。

上面的概括还是有点晦涩难懂，我们还是通过具体实例帮助读者学习理解 null 与 undefined 数据类型的概念与用法。

下面看第一段关于 null 与 undefined 数据类型的代码示例（详见源代码 ch13/ch13-js-null-undefined.html 文件）。

【代码 13-9】

```
01 <script type="text/javascript">
02  var v_null = null;
03  console.log(v_null);
04  var v_undefined;
05  console.log(v_undefined);
06 </script>
```

【代码解析】

第 03 行代码通过 console.log()函数以调试信息的方式，向控制台输出了第 02 行代码定义的 JavaScript 变量（v_null）。

第 04 行代码通过“var”关键字定义了一个 JavaScript 变量（v_undefined），但未初始化该变量。

第 05 行代码通过 console.log()函数以调试信息的方式，向控制台输出了第 04 行代码定义的 JavaScript 变量（v_undefined）。

运行测试页面，并使用调试器查看控制台输出的调试信息，效果如图 13.8 所示。

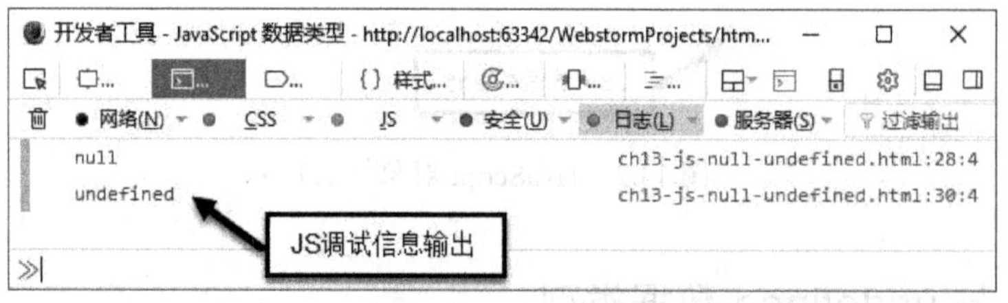

图 13.8　null 与 undefined 数据类型（一）

从图中可以看到，【代码 13-9】中第 02 行代码定义变量同时就进行了初始化操作，虽然变量值为 null，但控制台成功输出的该信息。而第 04 行代码定义变量同时未进行初始化操作，控制台输出的信息为“undefined”，表示该变量“未定义”。

下面继续看第二段关于 null 与 undefined 数据类型的代码示例（详见源代码 ch13/ch13-js-null-undefined.html 文件）。

【代码 13-10】

```
<script type="text/javascript">
 var v_null = null;
 if(v_null) {
```

```
        console.log("true");
    } else {
        console.log("false");
    }
    var v_undefined;
    if(v_undefined) {
        console.log("true");
    } else {
        console.log("false");
    }
</script>
```

【代码解析】

这段代码是基于【代码 13-9】改写的，主要就是判断一下 null 与 undefined 数据类型的布尔类型。

运行测试页面，并使用调试器查看控制台输出的调试信息，效果如图 13.9 所示。可以看到，null 与 undefined 数据类型的布尔类型值均为“false”，在这一点上二者是一致的。

图 13.9　null 与 undefined 数据类型（二）

有了上面的例子，继续看第三段关于 null 与 undefined 数据类型的代码示例（详见源代码 ch13/ch13-js-null-undefined.html 文件）。

【代码 13-11】

```
<script type="text/javascript">
    if(null == undefined) {
        console.log("true");
    } else {
        console.log("false");
    }
</script>
```

【代码解析】

这段代码主要就是判断一下 null 与 undefined 数据类型在逻辑判断上是否相等，并通过控制台输出判断结果的调试信息。

运行测试页面，并使用调试器查看控制台输出的调试信息，效果如图 13.10 所示。可以看到，null 与 undefined 数据类型的逻辑判断结果是“true”，看来 JavaScript 规范中规定了二者的逻辑判断值为真。

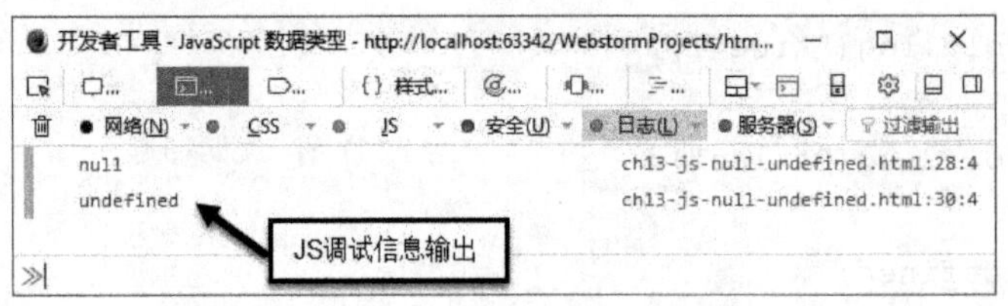

图 13.10　null 与 undefined 数据类型（三）

那么究竟二者是不是完全可以相互替代的呢？我们继续看第四段关于 null 与 undefined 数据类型的代码示例（详见源代码 ch13/ch13-js-null-undefined.html 文件）。

【代码 13-12】

```
<script type="text/javascript">
 if(null === undefined) {
     console.log("true");
 } else {
     console.log("false");
 }
</script>
```

【代码解析】

这段代码主要就是通过全等操作符（===）判断一下 null 与 undefined 数据类型是否相等，全等操作符（===）不但判断逻辑值，还判断变量类型。

运行测试页面，并使用调试器查看控制台输出的调试信息，效果如图 13.11 所示。可以看到，null 与 undefined 数据类型通过全等操作符（===）判断的结果是“false”，是不是很有趣呢？

图 13.11　null 与 undefined 数据类型（四）

既然 null 与 undefined 数据类型不完全等价，那么我们通过“typeof”操作符看一下问题出在什么地方。

下面继续看第五段关于 null 与 undefined 数据类型的代码示例（详见源代码 ch13/ch13-js-null-undefined.html 文件）。

【代码 13-13】

```
<script type="text/javascript">
 console.log(typeof null);
 console.log(typeof undefined);
</script>
```

【代码解析】

这段代码主要就是通过“typeof”操作符查看 null 与 undefined 数据类型返回值，看看二者是否相同？

运行测试页面，并使用调试器查看控制台输出的调试信息，效果如图 13.12 所示。

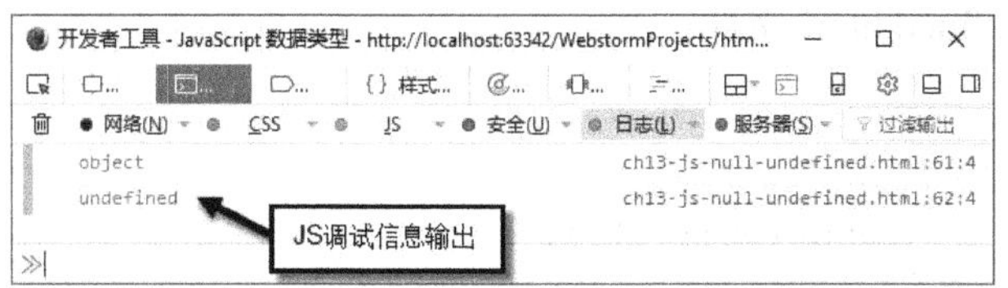

图 13.12 null 与 undefined 数据类型（五）

可以看到，“null”返回的是 object 对象类型，而“undefined”返回的就是 undefined 数据类型。因此，【代码 13-12】中使用全等操作符（===）判断 null 与 undefined 数据类型的结果是“false”。

下面继续看第六段关于 null 与 undefined 数据类型的代码示例（详见源代码 ch13/ch13-js-null-undefined.html 文件）。

【代码 13-14】

```
01 <script type="text/javascript">
02  console.log(Number(null));
03  console.log(Number(undefined));
04  console.log(String(null));
05  console.log(String(undefined));
06  console.log(2017 + null);
07  console.log("string" + null);
08 </script>
```

【代码解析】

这段代码主要就是对 null 与 undefined 数据类型进行了强制类型转换，并将转换结果的调试信息输出在控制台。

运行测试页面，并使用调试器查看控制台输出的调试信息，效果如图 13.13 所示。

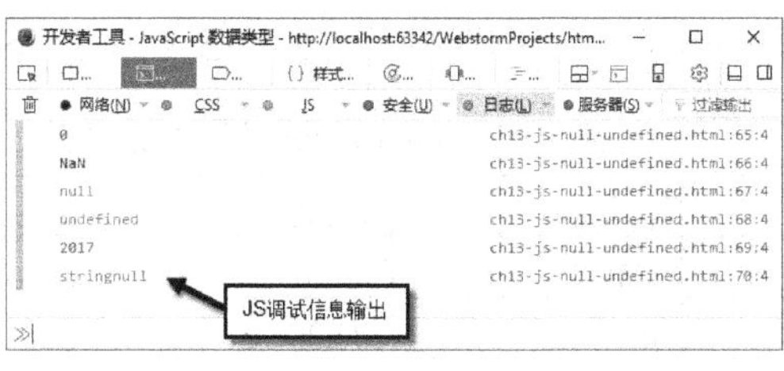

图 13.13 null 与 undefined 数据类型（六）

可以看到，“null”强制转化为 Number 类型后返回数值 0。“undefined”强制转化为 Number 类型后返回数值“NaN”，表示非数值类型。“null”强制转化为 String 类型后返回数值仍是“null”，而“undefined”强制转化为 String 类型后返回数值也仍是“undefined”。

所以，【代码 13-14】中第 06 行代码进行“2017 + null”相加操作时，“null”强制转换为数值 0，结果返回是数值 2017。而第 07 行代码进行“"string" + null”字符串操作时，“null”强制转换为字符串"null"，结果返回是字符串" stringnull"。

下面继续看最后一段关于 null 与 undefined 数据类型的代码示例（详见源代码 ch13/ch13-js-null-undefined.html 文件）。

【代码 13-15】

```
<script type="text/javascript">
 var v_func = (function(){})();
 console.log(v_func);
</script>
```

【代码解析】

这段代码主要就是定义了一个无返回值的函数，但强制将该函数赋给一个变量（v_func），然后通过 console.log()方法将该变量输出到控制台中。

运行测试页面，并使用调试器查看控制台输出的调试信息，效果如图 13.14 所示。

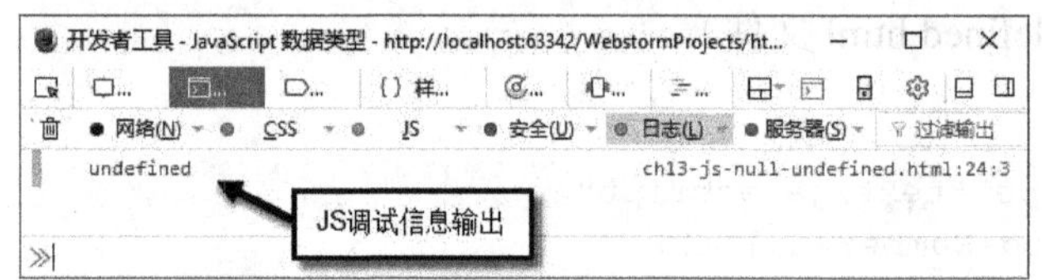

图 13.14　null 与 undefined 数据类型（七）

可以看到，如果函数无返回值，而此时强制将该函数赋给一个变量，则该变量为“未定义”。这里与【代码 13-9】中的第 04～05 行代码类似，均是声明了一个变量，但未对该变量进行初始化操作，此时变量就是“未定义”（undefined）。

13.2.5　JavaScript 保留关键字

在 JavaScript 规范中，规定了一些标识符是保留关键字，是不能用作变量名和函数名的。目前，JavaScript 的最新官方版本是 ECMAScript 5 版本，该版本已经被绝大多数主流浏览器所支持了。表 13-1 是 JavaScript 规范中定义的保留关键字，包含 ECMAScript 5 版本中新增的定义。

表 13-1　JavaScript 保留关键字

abstract	arguments	boolean	break	byte	case
catch	char	class*	const	continue	debugger
default	delete	do	double	else	enum*
export*	eval	extends*	false	final	finally
float	for	function	goto	if	implements
import*	in	instanceof	int	interface	let
long	native	new	null	package	private
protected	public	return	short	static	super*
switch	synchronized	this	throw	throws	transient
true	try	typeof	var	void	volatile
while	with	yield			

备注：表中带“*”号的是 ECMAScript 5 版本中新增的。

除了表 13-1 中的保留关键字，还有一些 JavaScript 定义的对象、属性和方法也是避免作为变量名和函数名来使用的，具体见表 13-2。

表 13-2 JavaScript 对象、属性和方法

Array	Date	eval	function	hasOwnProperty	Infinity
isFinite	isNaN	isPrototypeOf	length	Math	NaN
name	Number	Object	prototype	String	toString
undefined	valueOf				

13.3 JavaScript 运算符与表达式

本节介绍 JavaScript 运算符与表达式，具体包括算术运算符、赋值运算符、字符串运算符、比较运算符、位运算符以及表达式等方面的内容。

13.3.1 JavaScript 算术运算符及表达式

算术运算符用于执行变量之间、值之间或变量和值之间的算术运算。关于 JavaScript 规范中定义的算术运算符详见表 13-3。

表 13-3 JavaScript 算术运算符

运算符	描述	示例	结果
+	加	1+2	3
-	减	2-1	1
*	乘	2*2	4
/	除	2/1	2
%	取余（模）数（保留整数）	3%2	1
++	累加	++1	2
--	累减	--1	0

13.3.2 JavaScript 赋值运算符及表达式

所谓赋值运算符，顾名思义就是用于给变量进行赋值操作。关于 JavaScript 规范中定义的赋值运算符详见表 13-4。

表 13-4 JavaScript 赋值运算符

运算符	示例	等价于	结果	前提条件
=	x=y		x=1	y=1
+=	x+=y	x=x+y	x=2	x=1, y=1
-=	x-=y	x=x-y	x=0	x=1, y=1
*=	x*=y	x=x*y	x=2	x=1, y=2
/=	x/=y	x=x/y	x=1	x=2, y=1
%=	x%=y	x=x%y	x=1	x=3, y=2

13.3.3 JavaScript 比较运算符及表达式

比较运算符用于逻辑语句的判断，从而判定给定的两个变量或值是否相等。关于 JavaScript 规范中定义的比较运算符详见表 13-5。

表 13-5 JavaScript 比较运算符

运算符	描述	示例	结果	前提条件
==	等于	x==1	true	x=1
!=	不等于	x!=1	false	x=1
===	恒等于（值和类型均相等）	x===1	true	x=1
!==	不恒等于（值和类型均不相等）	x!== "1"	false	x="1"
>	大于	x>1	false	x=1
>=	大于等于	x>=1	true	x=1
<	小于	x<1	false	x=1
<=	小于等于	x<=1	true	x=1

13.3.4 JavaScript 逻辑运算符及表达式

逻辑运算符用来确定变量或值之间的逻辑关系。关于 JavaScript 规范中定义的逻辑运算符详见表 13-6。

表 13-6 JavaScript 逻辑运算符

运算符	描述	示例	结果	前提条件
&&	与	(x<=1)&&(y>=1)	true	x=1, y=1
||	或	(x<1)||(y>2)	true	x=0, y=2
!	非	!(x==y)	false	x=1, y=1

13.3.5 JavaScript 条件运算符及表达式

条件运算符用于基于条件的赋值运算。关于 JavaScript 规范中定义的条件运算符详见表 13-7。

表 13-7 JavaScript 条件运算符及表达式

语法	示例	结果	前提条件
变量 =(条件)? 值 1 : 值 2	var v = (x==y)? "true" : "false"	v="true"	x=1, y=1

13.3.6 JavaScript 位运算符及表达式

位运算符用于 32 位的数字的位操作，且操作结果均转换为 32 位的 JavaScript 数字。关于 JavaScript 规范中定义的位运算符详见表 13-8。

表 13-8 JavaScript 位运算符

运算符	描述	示例	二进制表达式	二进制结果	十进制结果	前提条件
&	与	x&y	0101 & 0001	0001	1	x=5, y=1
|	或	x|y	0101 | 0001	0101	5	x=5, y=1
~	取反	~x	~0101	1010	10	x=5
^	异或	x^y	0101 ^ 0001	0100	4	x=5, y=1
<<	左移	x<<1	0101 << 1	1010	10	x=5
>>	右移	x>>1	0101 >> 1	0010	2	x=5

13.3.7 JavaScript 字符串连接运算符

字符串连接运算符（+）可以将两个或多个字符串合并为一个字符串。关于 JavaScript 规范中定义的字符串连接运算符详见表 13-9。

表 13-9 JavaScript 字符串连接运算符

语法	示例	结果
+	var str = "Hello" + "JavaScript" + "!"	str="HelloJavaScript!"

13.3.8 JavaScript 运算符优先级

运算符优先级描述了在计算表达式时执行运算的顺序，具体来讲就是先执行具有较高优先级的运算，然后执行较低优先级的运算。关于 JavaScript 规范中定义的运算符优先级详见表 13-10（优先级由高至低）。

表 13-10 JavaScript 运算符优先级（优先级由高至低排列）

运算符	描述
++、--、!	一元运算符
*、/、%	乘法、除法、取模
+、-	加法、减法、字符串连接
<<、>>	移位
<、<=、>、>=	小于、小于等于、大于、大于等于
==、!=、===、!==	等于、不等于、严格相等、严格不相等
&	按位“与”
^	按位“异或”
|	按位“或”
&&	逻辑“与”
||	逻辑“或”
? :	条件
=	赋值

13.4 JavaScript 流程控制语句

本节介绍 JavaScript 流程控制语句，具体包括条件选择语句、循环语句以及块语句等内容。

13.4.1 if 语句

JavaScript 规范中定义的 if 语句是最基本的条件选择语句，相当于“如果...则...”条件选择。

关于 if 语句的语法格式如下：

```
if(条件) {
 仅当条件为 true 时，执行此处代码
}
```

下面看一段使用 if 语句的代码示例（详见源代码 ch13/ch13-js-if.html 文件）。

【代码 13-16】

```
01 <script type="text/javascript">
02  if(true) {
03       console.log("true");
04  }
05  if(true)
06       console.log("true");
07 </script>
```

【代码解析】

第 02～04 行代码通过 if 语句判断“true”是否为真，如果为真则通过第 03 行代码在控制台输出调试信息。

第 05～06 行代码是对第 02～04 行代码的省略写法，注意到第 02～04 行代码中语句块“{}”内的语句只有一行，因此也可以省略语句块“{}”的写法。

运行测试页面，并使用调试器查看控制台输出的调试信息，效果如图 13.15 所示。第 02～04 行与第 05～06 行代码控制台输出的调试信息是相同的。

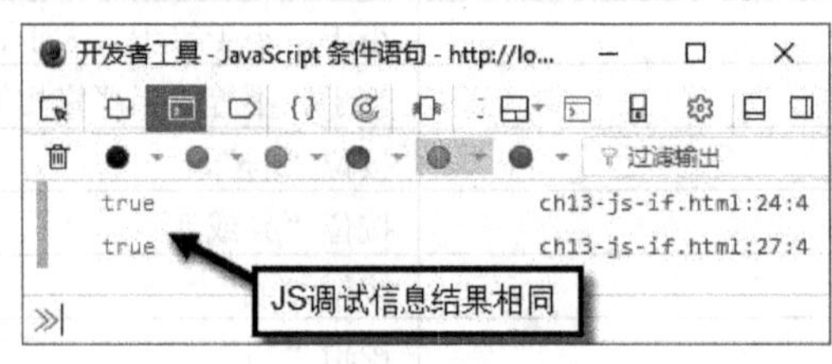

图 13.15 if 语句

13.4.2 if...else...语句

JavaScript 规范中定义的 if...else...语句是对 if 语句的增强，相当于“如果...则...，否则...”

条件选择。

关于 if...else...语句的语法格式如下：

```
if (条件) {
仅当条件为 true 时，执行此处代码
} else {
否则执行此处代码
}
```

下面看一段使用 if...else...语句的代码示例（详见源代码 ch13/ch13-js-if-else.html 文件）。

【代码 13-17】

```
01 <script type="text/javascript">
02  if(true) {
03       console.log("true");
04  } else {
05       console.log("false");
06  }
07 </script>
```

【代码解析】

第 02 行代码通过 if 语句判断“true”是否为真，如果为真则通过第 03 行代码在控制台输出调试信息。

第 04 行代码通过 else 语句表示，如果第 02 行代码通过 if 语句判断“true”不为真时，则通过第 05 行代码在控制台输出调试信息。

运行测试页面，并使用调试器查看控制台输出的调试信息，效果如图 13.16 所示。

假如我们将【代码 13-17】中第 02 行代码修改为，通过 if 语句判断“false”是否为真后，运行页面的效果如图 13.17 所示。从图 13.17 中可以看到，修改判断条件为“false”后，JavaScript 执行了 else 后面的语句块。

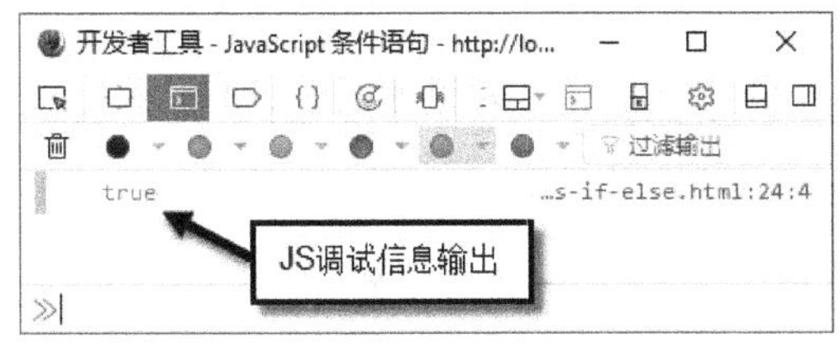

图 13.16　if...else...语句（一）

图 13.17　if...else...语句（二）

13.4.3　if...else if...else...语句

JavaScript 规范中定义的 if...else if...else...语句是条件判断语句的终极版本了，相当于“如果...则...，如果...则...，否则...”条件选择。

关于 if...else if...else...语句的语法格式如下：

```
if (条件 1) {
 仅当条件 1 为 true 时，执行此处代码
} else if (条件 2) {
 仅当条件 2 为 true 时，执行此处代码
} … {
 …
} else if (条件 n) {
 仅当条件 n 为 true 时，执行此处代码
} else {
 否则执行此处代码
}
```

下面看一段使用 if…else if…else…语句的代码示例（详见源代码 ch13/ch13-js-if-else-if.html 文件）。

【代码 13-18】

```
01 <script type="text/javascript">
02  if(true) {
03      console.log("if");
04  } else if(false) {
05      console.log("else if");
06  } else {
07      console.log("else");
08  }
09 </script>
```

【代码解析】

第 02 行代码通过 if 语句判断第一个条件“true”是否为真，如果为真则通过第 03 行代码在控制台输出调试信息。

第 04 行代码通过 else if 语句判断第二个条件“false”是否为真，如果为真则通过第 05 行代码在控制台输出调试信息。

第 06 行代码通过 else 语句表示，如果第 02 行和第 04 行代码判断条件不为真时，则通过第 07 行代码在控制台输出调试信息。

运行测试页面，并使用调试器查看控制台输出的调试信息，效果如图 13.18 所示。

图 13.18 if…else if…else…语句（一）

下面将【代码 13-18】中的判断条件稍作改动，具体如下（详见源代码 ch13/ch13-js-if-else-if.html 文件）。

【代码 13-19】

```
<script type="text/javascript">
```

```
if(false) {
    console.log("if");
} else if(true) {
    console.log("else if");
} else {
    console.log("else");
}
</script>
```

【代码 13-19】所定义的 HTML 页面运行效果如图 13.19 所示。

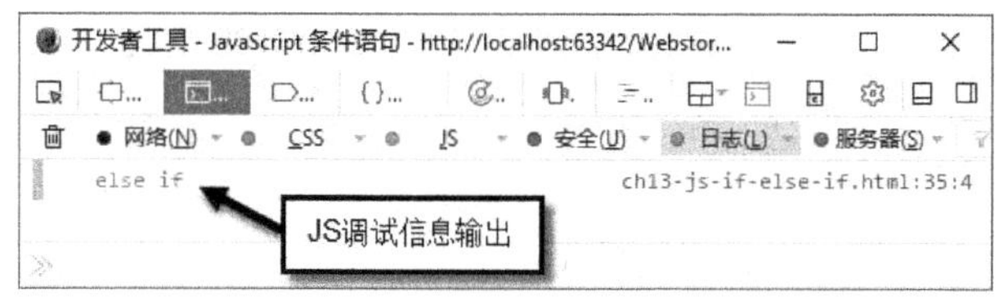

图 13.19 if…else if…else…语句（二）

最后将【代码 13-18】中的判断条件稍作改动，具体如下（详见源代码 ch13/ch13-js-if-else-if.html 文件）。

【代码 13-20】

```
<script type="text/javascript">
 if(false) {
    console.log("if");
 } else if(false) {
    console.log("else if");
 } else {
    console.log("else");
 }
</script>
```

【代码 13-20】所定义的 HTML 页面运行效果如图 13.20 所示。

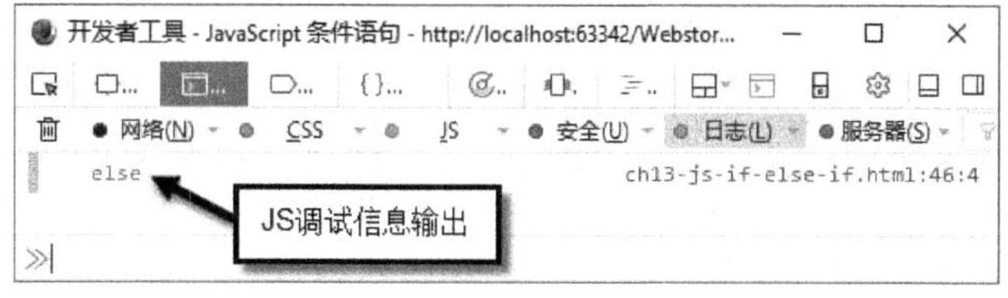

图 13.20 if…else if…else…语句（三）

13.4.4 switch 语句

JavaScript 规范中定义的 switch 语句也是条件选择语句，用于基于不同的条件来执行不同的操作。

关于 switch 语句的语法格式如下：

```
switch(n) {
case 1:
  执行代码块 1
  break;
case 2:
  执行代码块 2
  break;
……
case n:
  执行代码块 n
  break;
default:
  n 与 case 1 和 case 2 不同时执行的代码
}
```

其中，n 是用于选择的表达式（通常是一个变量）。然后，表达式的值依次与结构体中的每一个 case 值进行比较。如果存在匹配的 case 项，则执行该 case 项的代码块。如果不存在任何一个匹配的 case 项，则执行 default 项的代码块。另外，case 项与 case 项之间通过 break 来间隔，default 项通常写在全部 case 项之后。

下面看一段使用 switch 语句的代码示例（详见源代码 ch13/ch13-js-switch.html 文件）。

【代码 13-21】

```
<!-- 添加文档主体内容 -->
前端编程语言:  
<select id="id-select-switch" onchange="on_select_change(this.value);">
    <option value="HTML5">HTML 5</option>
    <option value="CSS3">CSS3</option>
    <option value="JavaScript">JavaScript</option>
</select>
<br><br>
<div id="id-div-switch">
    请选择您喜欢的前端编程语言：
</div>
<script type="text/javascript">
    var v_div = document.getElementById("id-div-switch");
    function  on_select_change(value) {
        console.log(value);
        switch(value) {
            case "HTML5":
                v_div.innerHTML = "您选择前端编程语言： " + value;
                break;
            case "CSS3":
                v_div.innerHTML = "您选择前端编程语言： " + value;
                break;
            case "JavaScript":
```

```
24                  v_div.innerHTML = "您选择前端编程语言: " + value;
25                  break;
26          }
27      }
28  </script>
```

【代码解析】

第 03～07 行代码通过<select>标签定义了一个下拉选择框控件，并添加了三个<option>选择项。其中，第 03 行代码中为该标签定义了“id”属性，并定义了“onchange”事件处理函数方法（on_select_change(this.value)），参数“this.value”代表<select>标签的选中值。有关于 JavaScript 事件处理的内容我们会在后续章节中详细介绍，此处只需要知道“onchange”事件是用于处理<select>标签发生用户选择变化的。

第 09～11 行代码通过<div>标签定义了一个层，是用于显示用户操作<select>标签结果信息的。

第 12～28 行代码通过<script>标签定义了一段嵌入式 JavaScript 脚本。

第 13 行代码通过 document.getElementById()方法获取了第 09～11 行代码定义的<div>标签的“id”值。

第 14～27 行代码定义了第 03 行代码中的“onchange”事件处理函数（on_select_change(value)），参数“value”为传递过来的<select>标签的选中值。

第 16～26 行代码通过 switch 语句对参数“value”进行了选择判断，其中每个 case 语句定义了根据不同选择所执行的代码，主要是通过“innerHTML”属性将用户的操作结果显示到第 09～11 行代码定义的<div>标签中。

运行测试页面，并使用调试器查看控制台输出的调试信息，效果如图 13.21 所示，操作后效果如图 13.22 所示。

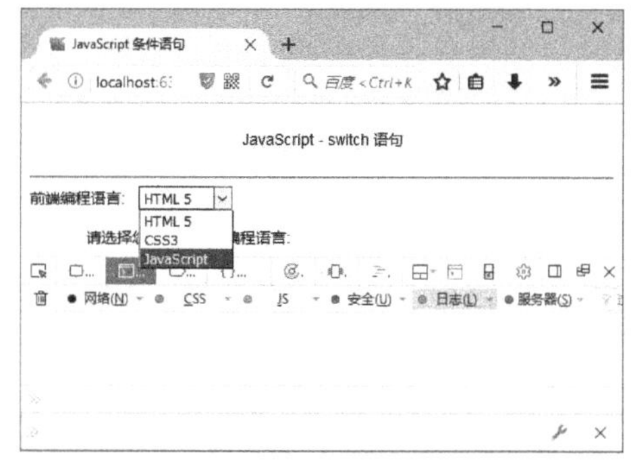

图 13.21 switch 语句（一）

图 13.22 switch 语句（二）

【代码 13-21】中应用到了一些超出本章内容的 JavaScript 语言的知识，后面的章节中读者会学习到这些内容。

13.4.5 for 语句

JavaScript 规范中定义的 for 语句是循环语句，主要用于一次一次地循环重复执行相同的代码，且每次执行代码时的自变量参数会按照规律递增或递减。

关于 for 语句的语法格式如下：

```
for (语句1; 语句2; 语句3) {
  被执行的代码块
}
```

其中，语句 1 是在循环（代码块）开始前执行，一般用于定义自变量参数初始条件。语句 2 定义运行循环（代码块）的条件，一般用于定义自变量参数结束条件。语句 3 在循环（代码块）已被执行之后执行，一般用于定义自变量变化规律。

下面看一段使用 for 语句的代码示例（详见源代码 ch13/ch13-js-for.html 文件）。

【代码 13-22】

```
01  <script type="text/javascript">
02  for(var i=1; i<=9; i++) {
03      console.log("i=", i);
04  }
05  </script>
```

【代码解析】

第 02～04 行代码通过 for 语句定义了一个循环体。其中，第 02 行代码定义了 for 语句的循环初始条件（var i=1;），循环结束条件（i<=9;），以及变化规律（i++）。该 for 循环相当于循环执行了 9 次，第 03 行代码定义了控制台调试信息输出功能。

运行测试页面，并使用调试器查看控制台输出的调试信息，效果如图 13.23 所示。

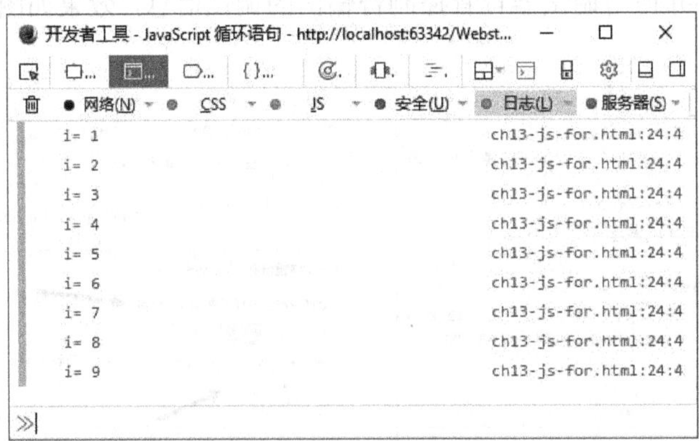

图 13.23　for 语句

笔者介绍到这里，忽然想起很早以前使用 Basic 语言打印九九乘法表的学习经历，当时还是在最早的 IBM 386 兼容机上通过 Basic 解释器实现的。实现打印九九乘法表，是学习使用 for 语句嵌套的必修课之一。

下面介绍如何使用 for 语句实现打印九九乘法表的代码示例（详见源代码 ch13/ch13-js-for-9x9.html 文件）。

【代码 13-23】

```
01 <script type="text/javascript">
02  for(var i=1; i<=9; i++) {
03      var v_line = "";
04      for(var j=1; j<=i; j++) {
05          v_line += j + "*" + i + "=" + j*i + " ";
06      }
07      console.log(v_line);
08  }
09 </script>
```

【代码解析】

这段代码主要通过 for 语句嵌套（双层 for 循环）实现了九九乘法表的打印。

第 02～08 行代码通过 for 语句定义了第一层循环体（或称外层循环体）。其中，自变量定义为“i”，循环次数是 9 次。

第 04～06 行代码通过 for 语句定义了第二层循环体（或称内层循环体）。其中，自变量定义为“j”，循环次数是依据变量“i”的取值定义的。第 05 行代码用于保存九九乘法表的每一行。

第 07 行代码用于通过调试信息，在控制台输出九九乘法表。

运行测试页面，并使用调试器查看控制台输出的调试信息，效果如图 13.24 所示。

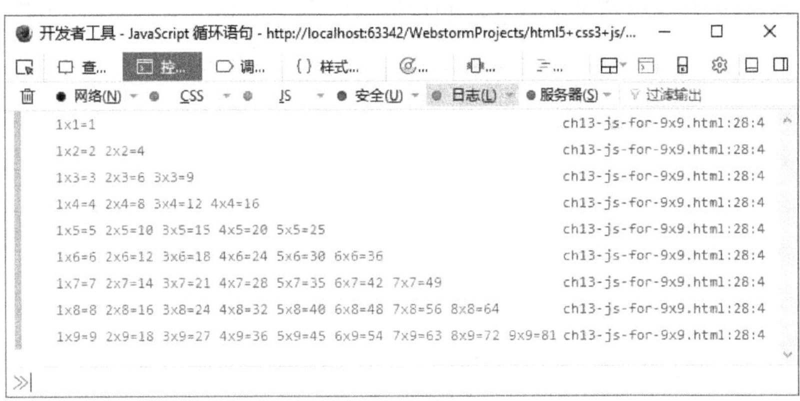

图 13.24 for 语句实现九九乘法表

13.4.6 while 语句

前一小节介绍的 for 语句用于定义有穷循环语句，而 while 语句则用来定义无穷循环语句（当然有循环结束条件）。

关于 while 语句的语法格式如下：

```
while (条件) {
  被执行的代码块
}
```

其中，当判断“条件”为真时则无限次执行循环体内的代码，只有当判断“条件”为假时才停止循环。

下面看一段将【代码 13-22】通过 while 语句来实现的代码示例（详见源代码 ch13/ch13-js-while.html 文件）。

【代码 13-24】

```
01  <script type="text/javascript">
02   var i = 1;
03   while(i <= 9) {
04       console.log("i=", i);
05       i++;
06   }
07  </script>
```

【代码解析】

第 03～06 行代码通过 while 语句定义了一个循环体。其中，第 03 行代码通过判断变量“i”的值是否小于等于数值 9，如果条件为真则执行第 04～05 行代码定义的循环体。而第 05 行代码执行变量“i”的自动累加。

当第 05 行代码被执行后，变量“i”的累加值大于数值 9 时，第 03 行代码则判断条件为假，从而结束第 03～06 行代码定义的 while 循环体。

运行测试页面，并使用调试器查看控制台输出的调试信息，效果如图 13.25 所示。

图 13.25　while 语句

15.4.7　break 语句

如果想根据指定条件结束循环体该怎么办呢？JavaScript 规范提供了一个 break 语句来实现该功能。JavaScript 规范中定义 break 语句用于跳出循环体，且跳出循环体后可继续执行该循环体之后的代码（如果有的话）。

关于 break 语句的语法格式如下：

```
循环体 {
```

```
  break;
}
```

下面看一段将【代码 13-22】通过 break 语句来改写的代码示例（详见源代码 ch13/ch13-js-break.html 文件）。

【代码 13-25】

```
01 <script type="text/javascript">
02  for(var i=1; i<=9; i++) {
03      if(i > 6)
04          break;
05      console.log("i=", i);
06  }
07 </script>
```

【代码解析】

这段代码主要就是对【代码 13-22】中定义的 for 语句循环体进行了改写。其中，【代码 13-22】输出了数值 1～9 的调试信息。而我们改写的目的就是想提前结束循环，当循环执行到一半时强行中断该循环体。

因此，第 03～04 行代码定义了一个 if 语句，判断自变量“i”是否大于数值 6，如果条件为真，则执行第 04 行代码定义的 break 语句终止循环。

运行测试页面，并使用调试器查看控制台输出的调试信息，效果如图 13.26 所示。

图 13.26 break 语句

15.4.8 continue 语句

如果仔细想想 break 语句的功能，会发现有些情况下该语句也会有问题，中断循环后其余的循环也随之被终止。如果想仅仅中断一次循环该如何操作呢？JavaScript 规范提供了一个 continue 语句来实现该功能。JavaScript 规范中定义 continue 语句中断循环体中的迭代，如果出现了指定的条件，然后继续循环体中的下一个迭代。

关于 continue 语句的语法格式如下：

```
循环体 {
  continue;
```

```
}
```

下面看一段将【代码 13-22】通过 continue 语句来改写的代码示例（详见源代码 ch13/ch13-js-continue.html 文件）。

【代码 13-26】

```
01 <script type="text/javascript">
02  for(var i=1; i<=9; i++) {
03      if((i == 4) || (i == 5) || (i == 7))
04          continue;
05      console.log("i=", i);
06  }
07 </script>
```

【代码解析】

这段代码主要就是对【代码 13-22】中定义的 for 语句循环体进行了改写。其中，【代码 13-22】输出了数值 1～9 的调试信息。而我们改写的目的就是想中断其中几次循环，但不是中断整个循环体。

因此，第 03～04 行代码定义了一个 if 语句，判断自变量“i”是否等于数值 4、5 和 7，如果条件为真，则执行第 04 行代码定义的 continue 语句中断本次循环。

运行测试页面，并使用调试器查看控制台输出的调试信息，效果如图 13.27 所示。可以看到，当循环执行到数值 4、5 和 7 时被中断了，第 05 行代码定义的调试信息输出没有被执行。而从显示的结果来看，其他数值均在控制台得到了有效的打印输出。

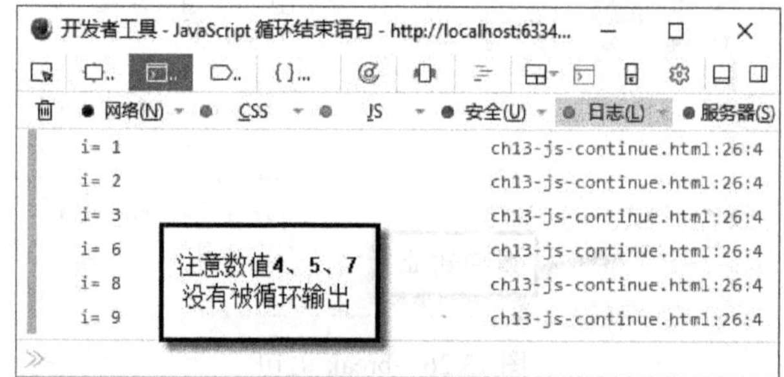

图 13.27　continue 语句

13.5 JavaScript 函数

本节介绍关于 JavaScript 函数的内容，具体包括如何定义函数、如何调用函数以及 JavaScript 内置函数等内容。

13.5.1 JavaScript 函数介绍

先来介绍一下编程中关于“函数”的概念。其实，所谓“函数”完全就是从英文单词“function”翻译而来的。我们知道，“function”在英文中更常用的词义是“功能”，而“函数”的词义是随着计算机编程才流行起来的。因此，编程中的“函数”本质上就是用来完成一定功能的模块。

在传统编程语言中（例如：C、C++、C#、Java 等），函数一般都是用关键字声明和定义后再进行调用，如果想把函数作为参数传给另一个函数，或是赋值给一个本地变量，又或是作为返回值进行返回，均需要通过函数指针（function pointer）、代理（delegate）等特殊方式来实现。

但对于 JavaScript 的函数而言，一切都变得简单而灵活了。JavaScript 函数不仅可以像传统函数的使用方式（声明、定义和调用）一样，还可以像简单值一样进行赋值、传递参数以及返回值的操作，故业内也将 JavaScript 函数称为“第一类函数（First-class Function）”。不但如此，JavaScript 函数既实现了类的构造函数的作用，又是一个 Function 类的实例（instance），因此 JavaScript 函数在 JavaScript 编程中是非常重要的概念。

13.5.2 JavaScript 函数声明、定义与调用

JavaScript 函数的声明与定义非常灵活，在 JavaScript 规范中定义了多种函数声明与定义的方式，下面详细进行介绍。

1. 函数声明定义方式

该方式是传统声明定义的方式，具体语法如下：

```
function 函数名(参数 1, 参数 2, ...) {
    // 函数体内定义的语句
}
```

下面看一个使用 JavaScript 函数声明定义方式的代码示例（详见源代码 ch13/ch13-js-func-define-a.html 文件）。

【代码 13-27】

```
<script type="text/javascript">
 /*
  * 定义 JavaScript 函数
  */
 function msgBox() {
     console.log("JavaScript 函数声明与定义传统方式");
     alert("JavaScript - 函数声明与定义!");
 }
 msgBox();   // 调用 JavaScript 函数
</script>
```

【代码解析】

第 05～08 行代码通过 function 关键字声明定义了函数（函数名为“msgBox()”），该方式与传统编程语言的函数定义方式完全一致，就是没定义参数。函数体通过大括号（“{}”）来定义，第 06～07 行代码为函数体内定义的语句。

第 09 行代码直接通过函数名“msgBox();”来调用函数。

运行测试页面，并使用调试器查看控制台输出的调试信息，效果如图 13.28 所示。函数“msgBox()”定义的控制台输出调试信息与消息警告框均成功显示出来了。

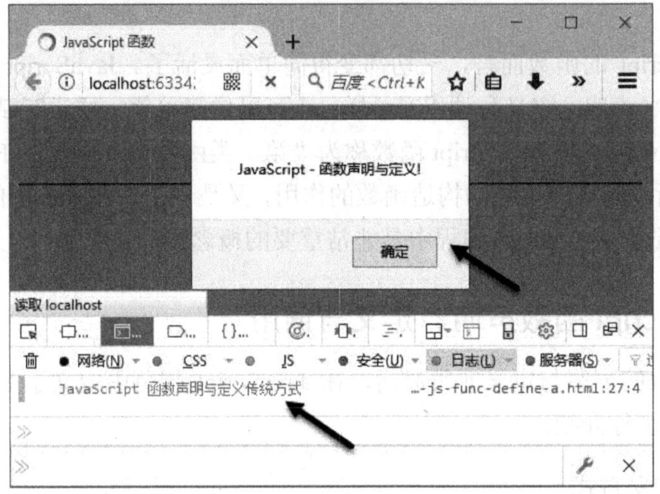

图 13.28　JavaScript 函数声明与定义（一）

下面继续看一个带参数的 JavaScript 函数声明定义方式的代码示例（详见源代码 ch13/ch13-js-func-define-b.html 文件）。

【代码 13-28】

```
01 <script type="text/javascript">
02  /*
03   * 定义 JavaScript 函数
04   */
05  function add(n1, n2) {
06      sum = n1 + n2;
07      console.log("summary = " + sum);
08  }
09  add(1, 2);  // 调用 JavaScript 函数
10 </script>
```

【代码解析】

第 05～08 行代码通过 function 关键字声明定义了函数（函数名为“add(n1, n2)”），该函数定义了两个参数（n1、n2），用于传递两个加数进行“和”运算。

第 09 行代码直接通过函数名“add(1, 2);”来调用函数，注意传递的两个参数数值（1 和 2）。

运行测试 HTML 页面，并使用调试器查看控制台输出的调试信息，效果如图 13.29 所示。第 09 行代码调用的函数“add(1, 2)”中所定义的参数被成功传递并进行了有效运算。

图 13.29　JavaScript 函数声明与定义（二）

最后看一个带参数和返回值的 JavaScript 函数声明定义方式的代码示例（详见源代码 ch13/ch13-js-func-define-c.html 文件）。

【代码 13-29】

```
01 <script type="text/javascript">
02  /*
03   * 定义 JavaScript 函数
04   */
05  function add(n1, n2) {
06      sum = n1 + n2;
07      // 返回值
08      return sum;
09  }
10  var v_sum = add(1, 2);  // 调用 JavaScript 函数
11  console.log("summary = " + v_sum);
12 </script>
```

【代码解析】

【代码 13-29】是在【代码 13-28】的基础上改写的，主要就是增加了返回值的定义。JavaScript 函数定义返回值时需要使用“return”关键字（见第 08 行代码），带返回值的函数就可以通过定义变量的方式获取返回值（见第 10 行代码）。

运行测试页面，并使用调试器查看控制台输出的调试信息，效果如图 13.30 所示。

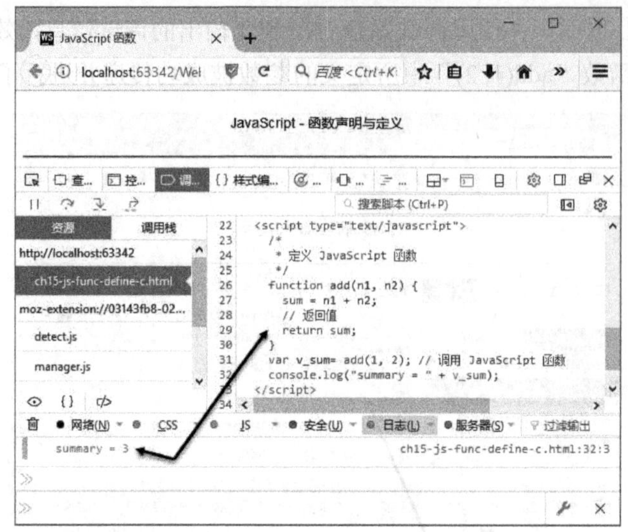

图 13.30　JavaScript 函数声明与定义（三）

2. 函数表达式方式

前文我们提到了声明定义 JavaScript 函数是非常灵活的，这是因为 JavaScript 规范中还定义了使用函数表达式方式来声明定义 JavaScript 函数。

对于传统编程语言来讲，表达式是最普通的一个概念，但没有人会想到将函数也写成表达式的方式。JavaScript 语言却可以实现将函数定义成表达式的方式，这也是 JavaScript 语言的一大特色。

之所以 JavaScript 语言有函数表达式的概念，这是源自在 JavaScript 语言中“一切均是对象”的思想。下面我们看一下函数表达式的基本语法：

```
var 函数名 = function(参数1, 参数2, ...){
   // 函数体内定义的语句
};
```

其中，函数名是函数声明语句必需的部分，其用途就如同变量一样，后面定义的函数对象会赋值给这个变量。另外，function 关键字后面的函数名是可选的，即使加上该函数名也不是前面传统声明定义方式中函数名了，二者功能完全不一样。

下面看一个使用 JavaScript 函数表达式方式的代码示例（详见源代码 ch13/ch13-js-func-define-d.html 文件）。

【代码 13-30】

```
<script type="text/javascript">
 /*
  * 定义 JavaScript 函数
  */
 var v_sum = function(n1, n2) {
      // 返回值
```

```
07         return n1 + n2;
08     };
09     console.log("v_sum(1, 2) = " + v_sum(1, 2));
10 </script>
```

【代码解析】

第 05～08 行代码通过 var 关键字定义了一个变量（“v_sum”），同时后面通过 function 关键字声明定义了函数（注意没有定义函数名），这就是 JavaScript 函数表达方式。函数体同样通过大括号（“{}”）来定义，第 06～07 行代码为函数体内定义的语句，这与传统声明定义函数的方法基本一致。

第 09 行代码直接通过变量名“v_sum();”来调用函数。

运行测试页面，并使用调试器查看控制台输出的调试信息，效果如图 13.31 所示。

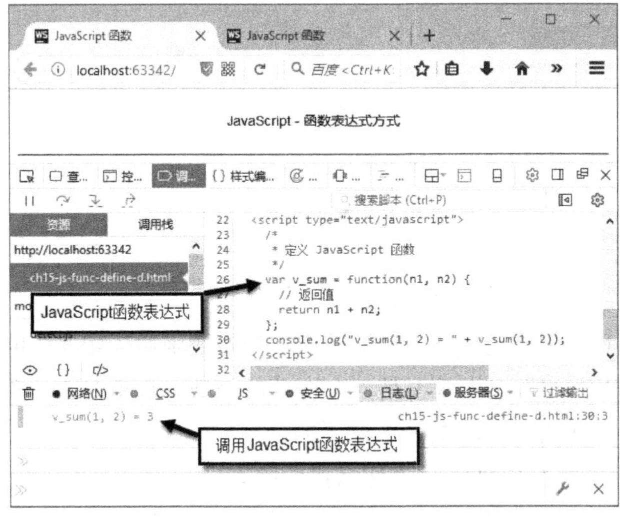

图 13.31　JavaScript 函数表达式（一）

如图 13.31 所示，调用 JavaScript 函数表达式定义的函数与 JavaScript 声明定义方式略有不同（见【代码 13-30】中第 09 行代码）。读者可能会想，JavaScript 声明定义函数的函数名去哪里了呢？

为了解答这个疑问，下面继续看一个带函数名的 JavaScript 函数表达式方式的代码示例（详见源代码 ch13/ch13-js-func-define-e.html 文件）。

【代码 13-31】

```
<script type="text/javascript">
 /*
  * 定义 JavaScript 函数
  */
 var v_sum = function add(n1, n2) {
     // 返回值
     return n1 + n2;
 };
```

```
09  console.log("add(1, 2) = " + add(1, 2));
10 </script>
```

【代码解析】

第 05～08 行代码通过 var 关键字定义了一个变量（“v_sum”），同时后面通过 function 关键字声明定义了函数，注意这里添加了函数名“add”。

第 09 行代码直接通过函数名“add(1, 2);”来调用函数。

运行测试页面，并使用调试器查看控制台输出的调试信息，效果如图 13.32 所示。

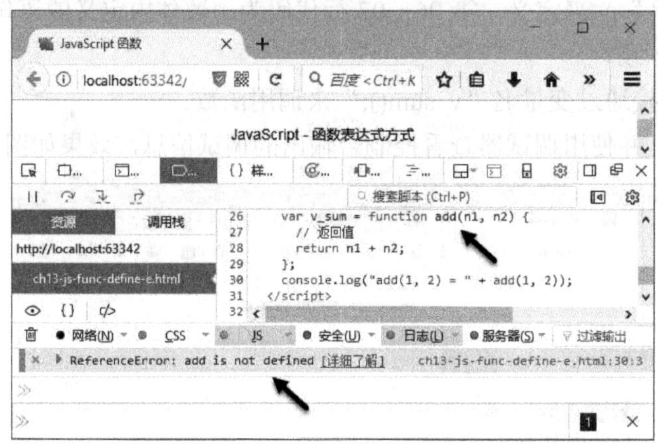

图 13.32　JavaScript 函数表达式（二）

页面并没有出现我们想要的效果，而是提示了“add”函数未定义，也就是说【代码 13-31】中第 05 行代码定义的“add”根本就不是一个有效的函数。这就是 JavaScript 函数表达式的特点，函数表达式是通过前面定义的变量来调用的。

那么，这里定义的“add”到底是个什么概念呢？

为了解答这个疑问，改写【代码 13-31】（详见源代码 ch13/ch13-js-func-define-f.html 文件）。

【代码 13-32】

```
01 <script type="text/javascript">
02  /*
03   * 定义 JavaScript 函数
04   */
05  var v_sum = function add(n1, n2) {
06       console.log(add);
07       // 返回值
08       return n1 + n2;
09  };
10  console.log("v_sum(1, 2) = " + v_sum(1, 2));
11 </script>
```

【代码解析】

第 06 行代码使用 console.log()方法在控制台输出“add”的调试信息。

第 10 行代码直接通过函数名“v_sum(1, 2);”来调用函数，主要目的是执行前面定义的第 06 行代码。

运行测试页面，并使用调试器查看控制台输出的调试信息，效果如图 13.33 所示。“add”是 function 类型的对象，还是有实际意义的。

图 13.33　JavaScript 函数表达式（三）

3. Function 构造函数方式

该方式是传统声明定义的方式，具体语法如下：

```
var 变量名 = new Function("参数 1", "参数 2", ..., "参数 n", "函数体");
```

其中，Function 构造函数可以接收任意数量的参数，最后一个参数为函数体，前面的参数则枚举出新函数的参数。

下面看一个使用 Function 构造函数方式声明定义 JavaScript 函数的代码示例（详见源代码 ch13/ch13-js-func-define-g.html 文件）。

【代码 13-33】

```
01 <script type="text/javascript">
02  /*
03   * 定义 JavaScript 函数
04   */
05  var v_sum = new Function("n1", "n2", "return n1+n2");
06  console.log("v_sum(1, 2) = " + v_sum(1, 2));
07 </script>
```

【代码解析】

第 05 行代码通过 var 关键字定义了一个变量（“v_sum”），同时后面通过 new 操作符和 Function 关键字声明定义了函数，这就是 Function 构造函数方式声明定义 JavaScript 函数的方法。

第 06 行代码直接通过函数名“v_sum(1, 2);”来调用函数。

运行测试页面，并使用调试器查看控制台输出的调试信息，效果如图 13.34 所示。

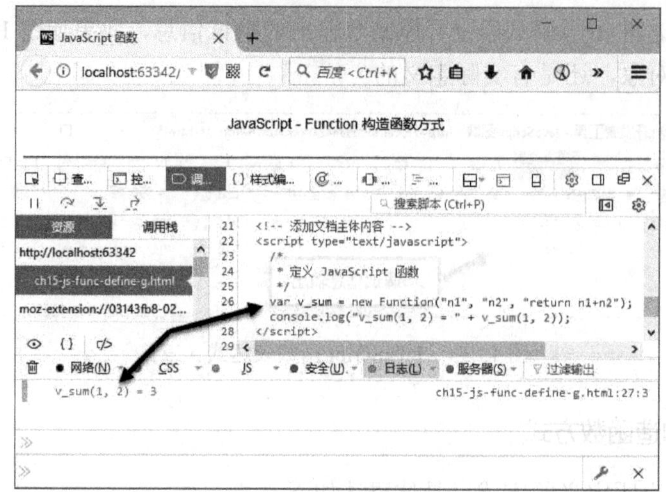

图 13.34　Function 构造函数方式

目前，通过 Function 构造函数方式声明定义 JavaScript 函数的方法不是很常用，主要是因为该方式定义的函数没有被马上解释（需要到运行时才被解释），这样便导致了性能的降低。

13.5.3　JavaScript 系统函数

JavaScript 规范中提供了多类系统函数（或称内置函数），这些函数无须设计人员声明或引用，可以直接进行使用（由浏览器提供支持）。大体来讲，JavaScript 系统函数可分为常规函数、字符串函数、数学函数、数组函数和日期函数五大类。下面我们逐一进行介绍。

1. 常规函数

JavaScript 规范中定义的常规函数主要包括以下几种：

- alert 函数：显示一个警告对话框，包括一个 OK 按钮。
- confirm 函数：显示一个确认对话框，包括 OK 和 Cancel 按钮。
- prompt 函数：显示一个输入对话框，提示等待用户输入。
- eval 函数：计算字符串的结果、执行 JavaScript 脚本代码（注意参数仅接受原始字符串）。
- parseInt 函数：将符串转换成整数形式（可指定几进制）。
- parseFloat 函数：将字符串转换成浮点数字形式。
- isNaN 函数：判断是否为数字。

下面通过几个具体实例介绍一下以上这些常规函数的基本使用方法。

先看一个综合使用警告框（alert）和确认框（confirm）的代码示例（详见源代码 ch13/ch13-js-alert-confirm.html 文件）。

【代码 13-34】

```
<script type="text/javascript">
var r_confirm = confirm("请确认您的选择！");
if(r_confirm) {
```

```
04        alert("ok");
05    } else {
06        alert("cancel");
07    }
08  </script>
```

【代码解析】

第 02 行代码通过 confirm()函数定义了一个确认框，并将返回值赋给变量“r_confirm”，此时该变量为一个布尔类型。

第 03～07 行代码通过判断变量“r_confirm”的真假布尔值，来选择弹出不同内容的警告框。其中，第 04 行和第 06 行代码通过 alert()函数定义了两个警告框。

运行测试，页面初始效果如图 13.35 所示。页面中弹出的是第 02 行代码定义的确认框。如果我们选择“确定”按钮，则页面执行后的效果如图 13.36 所示。

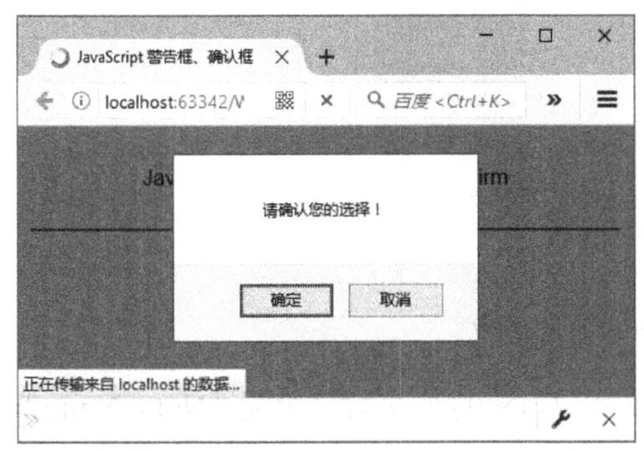

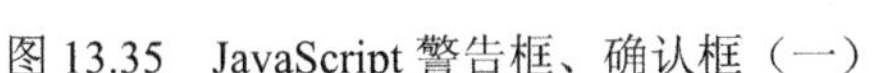
图 13.35　JavaScript 警告框、确认框（一）

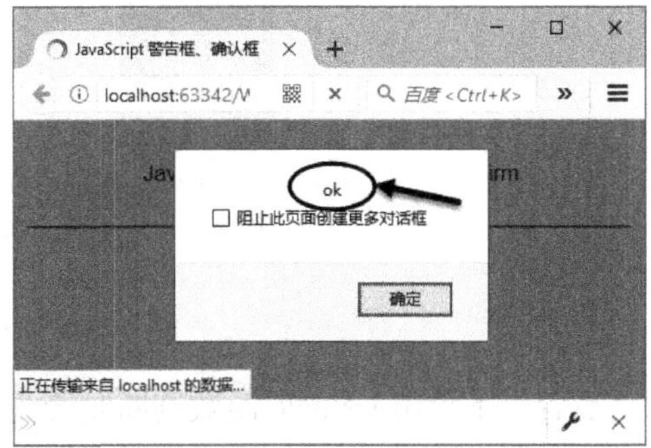

图 13.36　JavaScript 警告框、确认框（二）

如果在图 13.35 中选择“取消”按钮，则页面执行后的效果如图 13.37 所示。

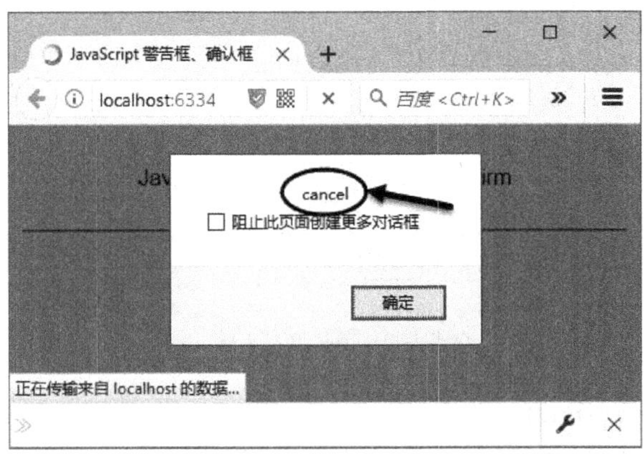

图 13.37　JavaScript 警告框、确认框（三）

下面看一个使用 eval()函数的代码示例（详见源代码 ch13/ch13-js-eval.html 文件）。

【代码 13-35】

```
<script type="text/javascript">
 eval("x=1;y=2;alert('x+y='+eval(x+y));");
```

```
03 </script>
```

【代码解析】

第 02 行代码通过 eval()函数执行了一段 JavaScript 代码，主要功能是计算表达式“1+2”的和，并通过 alert()函数显示计算结果。

注意，eval()函数内的参数是一段字符串。因为根据 JavaScript 规范要求，eval()函数内的参数必须是字符串，不论代码包含多少条语句。

本例中包含了三条语句，尤其是第三条使用 alert()函数显示计算结果的语句，由于参数中既包含字符串又包含表达式（x+y），因此嵌套了第二个 eval()函数来计算表达式（x+y）的值。

运行测试页面，效果如图 13.38 所示。

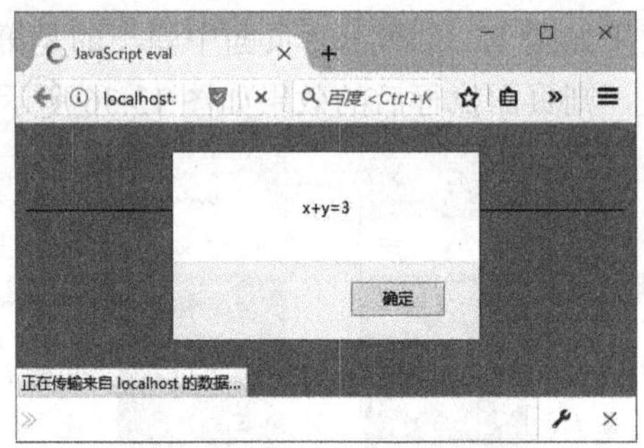

图 13.38　JavaScript eval 函数

最后看一下使用 isNaN()函数判断是否为非数字（NaN 的英文含义就是“Not a Nnumber”）的代码示例（详见源代码 ch13/ch13-js-isNaN.html 文件）。

【代码 13-36】

```
<script type="text/javascript">
if(isNaN(NaN)) {
    console.log("NaN return true.");
} else {
    console.log("NaN return false.");
}
if(isNaN(null)) {
    console.log("null return true.");
} else {
    console.log("null return false.");
}
if(isNaN(undefined)) {
    console.log("undefined return true.");
} else {
    console.log("undefined return false.");
}
if(isNaN(true)) {
    console.log("true return true.");
} else {
```

```
        console.log("true return false.");
    }
    if(isNaN(123)) {
        console.log("123 return true.");
    } else {
        console.log("123 return false.");
    }
    if(isNaN("123")) {
        console.log("'123' return true.");
    } else {
        console.log("'123' return false.");
    }
    if(isNaN("abc")) {
        console.log("'abc' return true.");
    } else {
        console.log("'abc' return false.");
    }
    if(isNaN("")) {
        console.log("'' return true.");
    } else {
        console.log("'' return false.");
    }
</script>
```

【代码解析】

这段代码主要就是通过 isNaN()函数判断一些 JavaScript 保留字、数字和字符串是否为非数字。

运行测试页面，效果如图 13.39 所示。通过 isNaN()函数判断保留字 NaN、undefined 均为非数字，字符串“abc”也是非数字。而 isNaN()函数判断 null、true 和空字符串均为数字，判断 123 和“123”也是数字。根据 JavaScript 规范中的定义，isNaN()函数是将 null、true 和空字符串当作 0 来处理的，因此会返回数字。

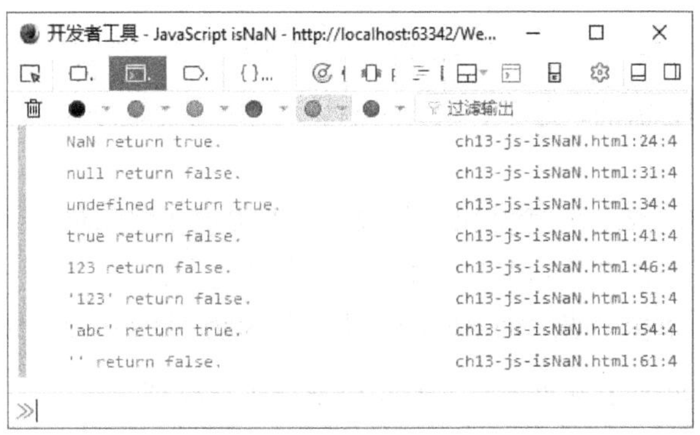

图 13.39　JavaScript isNaN 函数

2. 字符串函数

JavaScript 规范中定义的字符串函数主要包括以下几种：

- charAt 函数：返回字符串中指定的某个字符。

charAt 函数的语法如下：

```
stringObject.charAt(index)        //可返回指定位置的字符
```

其中，index 参数为必需的，表示字符在字符串中的下标数值。

- indexOf 函数：返回字符串中第一个查找到的下标 index，从字符串左边开始查找。
  indexOf 函数的语法如下：

```
stringObject.indexOf(searchvalue,fromindex) // 返回某个指定的字符串值在字符串中首次出现的位置
```

其中，searchvalue 参数是必需的，表示需检索的字符串值。

fromindex 参数是可选的整数值，规定在字符串中开始检索的位置。其合法取值是 0 到 stringObject.length-1。如省略该参数，则将从字符串的首字符开始检索。

- lastIndexOf 函数：返回字符串中第一个查找到的下标 index，从右边开始查找。

lastIndexOf 函数的语法如下：

```
stringObject.lastIndexOf(searchvalue,fromindex) // 返回一个指定的字符串值最后出现的位置，在一个字符串中的指定位置从后向前搜索
```

其中，searchvalue 参数是必需的，表示需检索的字符串值。

fromindex 参数是可选的整数值，规定在字符串中开始检索的位置。其合法取值是 0 到 stringObject.length-1。如省略该参数则将从字符串的最后一个字符开始检索。

- length 函数：返回字符串的长度。
- substring 函数：返回字符串中指定的几个字符（参数非负）。

substring 函数的语法如下：

```
stringObject.substring(start,stop)  // 用于提取字符串中介于两个指定下标之间的字符
```

其中，start 参数是必需的，为一个非负的整数，规定要提取子串的开始字符在 stringObject 中的位置。

stop 参数是可选的，表示一个非负的整数，比要提取子串的最后一个字符在 stringObject 中的位置多 1，如果省略该参数则返回的子串到字符串的结尾。

注意：如果定义了 stop 参数，则返回的子串包括 start 处的字符，但不包括 stop 处的字符。

- substr 函数：返回字符串中指定的几个字符（参数可负）。

substr 函数的语法如下：

```
stringObject.substr(start,length)          // 在字符串中抽取从 start 下标开始的指定长度的字符串
```

其中，start 参数是必需的，定义抽取子串的起始下标，必须是数值类型。如果是负数，那么该参数声明从字符串的尾部开始算起的位置。例如：-1 指字符串中最后一个字符、-2 指倒数第二个字符，以此类推。

Length 参数是可选的，定义子串的字符数，必须是数值类型。如果省略了该参数，那么返回从 start 开始位置到结尾的字符串。

注意：ECMAscript 标准中未对该方法进行标准化，因此不建议使用该函数。

- toLowerCase 函数：将字符串转换为小写。
- toUpperCase 函数：将字符串转换为大写。

下面通过一个具体实例介绍一下以上这些字符串函数的基本使用方法（详见源代码 ch13/ch13-js-func-string.html 文件）。

【代码 13-37】

```
01 <script type="text/javascript">
02  var str = "abcdefghijklmnopqrstuvwxyz";
03  console.log(str.charAt(0));
04  console.log(str.indexOf("b"));
05  console.log(str.lastIndexOf("b"));
06  console.log(str.length);
07  console.log(str.substring(23));
08  console.log(str.substring(23, 24));
09  console.log(str.toUpperCase());
10  console.log(str.toLowerCase(str.toUpperCase()));
11 </script>
```

【代码解析】

第 02 行代码定义了一个字符串变量“str”，初始化了 26 个英文小写字母。

第 03 行代码通过 charAt()函数获取了字符串变量“str”的第 1 个字符，注意下标数值为 0。

第 04 行代码通过 indexOf()函数获取了字符串变量“str”中字符“b”的下标数值。

第 05 行代码通过 lastIndexOf()函数同样是获取字符串变量“str”中字符“b”的下标数值。

第 06 行代码通过 length 方法获取了字符串变量“str”的字符长度。

第 07 行代码通过 substring()函数获取了字符串变量“str”中从下标数值为 23 开始到字符串结束的子字符串。

第 08 行代码通过 substring()函数获取了字符串变量“str”中从下标数值为 23 开始到下标数值为 24 的子字符串。

第 09 行代码通过 toUpperCase()函数将字符串变量“str”全部转换为大写字母。

第 10 行代码在第 09 行代码的基础上，通过 toLowerCase()函数将字符串变量“str”再次转换为小写字母。

运行测试 HTML 页面，效果如图 13.40 所示。

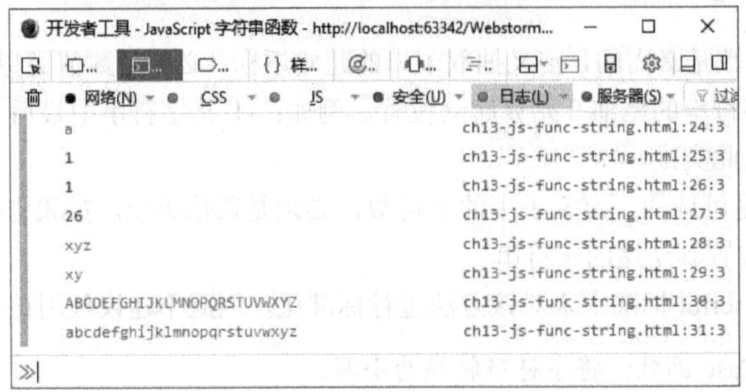

图 13.40　JavaScript 字符串函数

3. 数学函数

JavaScript 规范中定义的数学函数主要是通过 Math 对象来实现的，具体包括以下一些函数（按照字母顺序排列）：

- abs 函数：返回一个数字的绝对值。
- acos 函数：返回一个数字的反余弦值，结果为 0 ~ π 的弧度。
- asin 函数：返回一个数字的反正弦值，结果为-π/2 ~ π/2 的弧度。
- atan 函数：返回一个数字的反正切值，结果为-π/2 ~ π/2 的弧度。
- ceil 函数：返回一个数字的最小整数值（大于或等于）。
- cos 函数：返回一个数字的余弦值，结果为-1 ~ 1。
- exp 函数：返回 e（自然对数）的乘方值。
- floor 函数：返回一个数字的最大整数值（小于或等于）。
- log 函数：自然对数函数，返回一个数字的自然对数(e)值。
- max 函数：返回两个数的最大值。
- min 函数：返回两个数的最小值。
- pow 函数：返回一个数字的乘方值。
- random 函数：返回一个 0 ~ 1 的随机数值。
- round 函数：返回一个数字的四舍五入值，类型是整数。
- sin 函数：返回一个数字的正弦值，结果为-1 ~ 1。
- sqrt 函数：返回一个数字的平方根值。
- tan 函数：返回一个数字的正切值。

以上这些数学函数在关于纯数学计算方面的编程中是非常有用的，这里我们简单介绍几个常用的数学函数的基本使用方法。具体代码示例（详见源代码 ch13/ch13-js-math.html 文件）如下。

【代码 13-38】

```
<script type="text/javascript">
```

```
02  var a = 2;
03  var b = 3;
04  console.log(Math.max(a, b));
05  console.log(Math.min(a, b));
06  console.log(Math.ceil(a / b));
07  console.log(Math.floor(a / b));
08  console.log(Math.round(a / b));
09  console.log(Math.pow(a, b));
10  console.log(Math.random());
11 </script>
```

【代码解析】

第 02～03 行代码定义了两个整数型变量，并进行了初始化操作。

第 04～10 行代码分别通过一系列数学函数进行了相应运算，并在控制台输出了调试信息。

运行测试页面，效果如图 13.41 所示。

图 13.41　JavaScript 数学函数

4. 数组函数

JavaScript 规范中定义的常规函数主要包括以下几种：

- join 函数：转换并连接数组中的所有元素为一个字符串。

join 函数的语法如下：

```
arrayObject.join(separator)
```

其中，separator 参数为可选的，表示要使用的分隔符。如果省略该参数，则使用逗号作为分隔符。

- reverse 函数：将数组元素顺序颠倒。

reverse 函数的语法如下：

```
arrayObject.reverse()
```

注意：该函数仅仅改变原来的数组，但不会创建新数组。

- sort 函数：将数组元素重新排序。

sort 函数的语法如下：

```
arrayObject.sort(sortby)
```

其中，sortby 参数为可选的，用于规定排序顺序。如果使用该参数，则必须是一个比较函数。

- length 函数：返回数组的长度。

下面通过几个具体实例介绍一下以上这些数组函数的基本使用方法。

先看一个数组连接（join 函数）的代码示例（详见源代码 ch13/ch13-js-arr-join.html 文件）。

【代码 13-39】

```
01  <script type="text/javascript">
02  var arr = new Array('a', 'b', 'c');
03  console.log(arr);
04  console.log(arr.join());
05  console.log(arr.join('-'));
06  </script>
```

【代码解析】

第 02 行代码定义了一个数组变量（arr），并进行了初始化操作。

第 03 行代码直接在控制台输出了数组变量（arr）的调试信息。

第 04 行代码对数组变量（arr）使用了 join()函数，然后在控制台输出了该数组变量（arr）的调试信息。

第 05 行代码对数组变量（arr）使用了增加了分隔符（'-'）的 join()函数，然后在控制台输出了该数组变量（arr）的调试信息。

运行测试 HTML 页面，效果如图 13.42 所示。可以看到，第 04 行代码使用不带参数的 join()函数会默认添加逗号（'，'）作为分隔符。

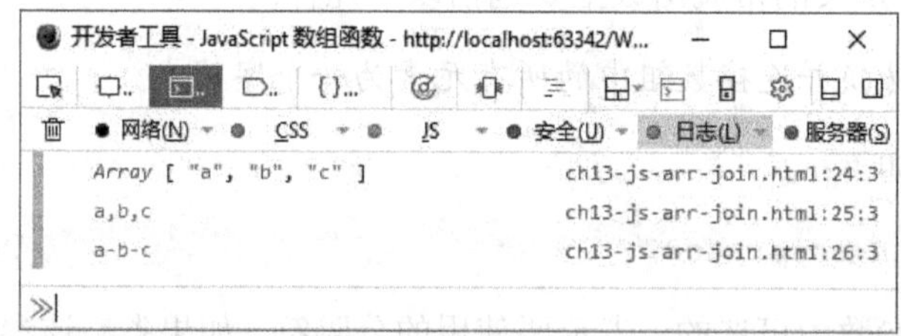

图 13.42　JavaScript join 数组函数

下面再看一个数组顺序颠倒（reverse 函数）的代码示例（详见源代码 ch13/ch13-js-arr-reverse.html 文件）。

【代码 13-40】

```
<script type="text/javascript">
var arr = new Array('a', 'b', 'c');
```

```
03  console.log(arr);
04  console.log(arr.reverse());
05 </script>
```

【代码解析】

第 02 行代码定义了一个数组变量（arr），并进行了初始化操作。

第 03 行代码直接在控制台输出了数组变量（arr）的调试信息。

第 04 行代码对数组变量（arr）使用了 reverse()函数进行了顺序颠倒操作，然后在控制台输出了该数组变量（arr）的调试信息。

运行测试页面，效果如图 13.43 所示。

图 13.43 JavaScript reverse 数组函数

最后看一个使用数组排序（sort 函数）和数组长度（length）的代码示例（详见源代码 ch13/ch13-js-arr-sort.html 文件）。

【代码 13-41】

```
01 <script type="text/javascript">
02  var arr01 = new Array('5', '3', '12', '1', '321', '55');
03  console.log(arr01.length);
04  console.log(arr01.sort());
05  var arr02 = new Array(5, 3, 12, 1, 321, 55);
06  console.log(arr02.length);
07  console.log(arr02.sort());
08  /*
09   * 定义用于 sort 函数进行排序的方法
10   */
11  function sortBy(a, b) {
12      return a - b;
13  }
14  console.log(arr02.sort(sortBy));
15 </script>
```

【代码解析】

第 02 行代码定义了第一个字符数组变量（arr01），并进行了初始化操作。

第 03 行代码对数组变量（arr01）使用了 length 方法获取了数组长度，然后在控制台输出了调试信息。

第 04 行代码对数组变量（arr01）使用了 sort()函数进行了排序操作，然后在控制台输出了数组变量（arr01）的调试信息。

第 05 行代码定义了第二个整数型数组变量（arr02），并进行了初始化操作。

第 06 行代码对数组变量（arr02）使用了 length 方法获取了数组长度，然后在控制台输出了调试信息。

第 07 行代码对数组变量（arr02）使用了 sort()函数进行了排序操作，然后在控制台输出了数组变量（arr02）的调试信息。

第 11～13 行代码定义了一个用于排序的函数（sortBy），该函数将作为 sort()函数的参数来使用。后面我们会详细介绍（sortBy）函数。

第 14 行代码对数组变量（arr02）使用了 sort()函数进行了排序操作，注意增加了排序参数（sortBy），然后再次在控制台输出了数组变量（arr02）的调试信息。

运行测试页面，效果如图 13.44 所示。可以看到，无论是字符数组或整数型数组，使用 sort()函数排序时均会将数组项视为字符来进行排序，这一点从第 04 行和第 07 行代码输出的结果就可以判断出来了。

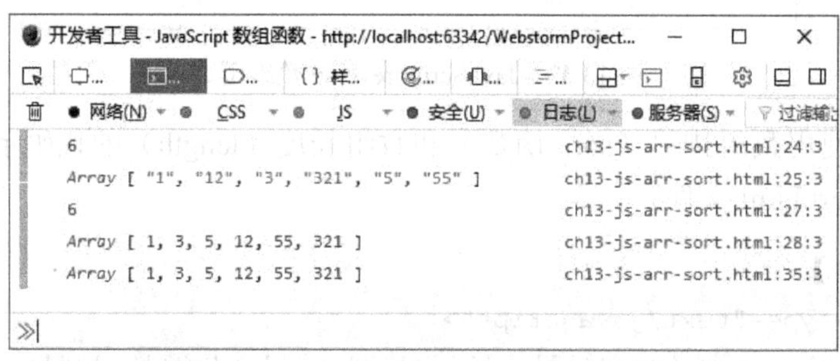

图 13.44　JavaScript sort 数组函数

因此，如果想让 sort()函数对整数型数组进行正常排序，则需要定义排序函数（sortBy）作为 sort()函数的参数来使用。其中，排序函数（sortBy）中的 a、b 参数用于定义排序规则，a 表示前一个数组项，b 表示后一个数组项。“a-b”的结果如果小于 0 则表示 a 小于 b，数组项顺序不变。“a-b”的结果如果大于 0 则表示 a 大于 b，数组项顺序颠倒。“a-b”的结果如果等于 0 则表示 a 等于 b，数组项不进行排序。所以，第 14 行代码使用了带（sortBy）参数的 sort()函数后，控制台输出了整数型数组（arr02）的正常排序顺序。

5. 日期函数

JavaScript 规范中定义了一组日期函数，比较常用的有以下几种：

- getYear 函数：返回日期的“年”部分，返回值以 1900 年为基数。
- getMonth 函数：返回日期的“月”部分，值为 0～11。
- getDay 函数：返回星期几，值为 0～6。其中，0 表示星期日、1 表示星期一、...、6 表示星期六。
- getDate 函数：返回日期的“日”部分，值为 1～31。
- getHours 函数：返回日期的“小时”部分，值为 0～23。

- getMinutes 函数：返回日期的“分钟”部分，值为 0 ~ 59。
- getSeconds 函数：返回日期的“秒”部分，值为 0 ~ 59。
- getTime 函数：返回系统时间，具体为 1970 年 1 月 1 日至今之间的毫秒数。

下面通过一个具体实例介绍一下以上这些日期函数的基本使用方法（详见源代码 ch13/ch13-js-date.html 文件）。

【代码 13-42】

```
<script type="text/javascript">
 var date = new Date();
 console.log("getYear() is " + date.getYear());
 var thisYear = 1900 + date.getYear();
 console.log("This year is " + thisYear);
 console.log("getMonth() is " + date.getMonth());
 var thisMonth = date.getMonth() + 1;
 console.log("This month is " + thisMonth);
 console.log("getDate() is " + date.getDate());
 var thisDate = date.getDate();
 console.log("This date is " + thisDate);
 console.log("getDay() is " + date.getDay());
 console.log("getHours() is " + date.getHours());
 console.log("getMinutes() is " + date.getMinutes());
 console.log("getTime() is " + date.getTime());
</script>
```

运行测试 HTML 页面，效果如图 13.45 所示。

图 13.45　JavaScript 时间函数

13.6 项目实战：简易在线 JavaScript 计算器

本节基于本章前面学习到的知识，设计实现一个简易的在线 JavaScript 计算器。希望通过本内容帮助读者尽快掌握 JavaScript 语法的相关知识。

下面是简易在线 JavaScript 计算器的 HTML 网页代码（详见源代码 ch13/jsCalculator\ch13-js-calculator.html 文件）：

【代码 13-43】

```
<!doctype html>
<html lang="en">
<head>
 <link rel="stylesheet" type="text/css" href="css/style.css">
 <title>JavaScript 在线计算器</title>
</head>
<body>
 <!-- 添加文档主体内容 -->
 <header>
      <nav>JavaScript - 在线计算器（Calculator）</nav>
 </header>
 <hr>
 <!-- 添加文档主体内容 -->
 <table>
      <tr>
      <td  colspan="1">
      <input type="text" id="id-input-text-calculator" />
      </td>
      <td colspan="1">
      <input type="button" id="id-input-btn-calculator" onclick="on_cal_click()" value="计算"/>
      </td>
      <td colspan="1">
      <div id="id-div-result"></div>
      </td>
      </tr>
      <tr>
      <td colspan="3">
      <button id="id-btn-1" onclick="on_btn_click(this.id)" value="1">1</button>
      <button id="id-btn-2" onclick="on_btn_click(this.id)" value="2">2</button>
      <button id="id-btn-3" onclick="on_btn_click(this.id)"
```

```
value="3">3</button>
        <button id="id-btn-add" onclick="on_btn_click(this.id)" value="+">+</button>
        </td>
        </tr>
        <tr>
        <td colspan="3">
        <button id="id-btn-4" onclick="on_btn_click(this.id)" value="4">4</button>
        <button id="id-btn-5" onclick="on_btn_click(this.id)" value="5">5</button>
        <button id="id-btn-6" onclick="on_btn_click(this.id)" value="6">6</button>
        <button id="id-btn-minus" onclick="on_btn_click(this.id)" value="-">&minus;</button>
        </td>
        </tr>
        <tr>
        <td colspan="3">
        <button id="id-btn-7" onclick="on_btn_click(this.id)" value="7">7</button>
        <button id="id-btn-8" onclick="on_btn_click(this.id)" value="8">8</button>
        <button id="id-btn-9" onclick="on_btn_click(this.id)" value="9">9</button>
        <button id="id-btn-times" onclick="on_btn_click(this.id)" value="*">&times;</button>
        </td>
        </tr>
        <tr>
        <td colspan="3">
        <button id="id-btn-0" onclick="on_btn_click(this.id)" value="0">0</button>
        <button id="id-btn-c" onclick="on_btn_click(this.id)" value="c">C</button>
        <button id="id-btn-equal" onclick="on_btn_click(this.id)" value="=">=</button>
        <button id="id-btn-divide" onclick="on_btn_click(this.id)" value="/">&divide;</button>
        </td>
        </tr>
    </table>
    <script type="text/javascript">
```

```
60        function on_cal_click() {
61            var v_cal = document.getElementById("id-input-text-calculator").value;
62            var v_result = eval(v_cal);
63            document.getElementById("id-div-result").innerText = " 结果： " + v_result;
64        }
65        function on_btn_click(thisid) {
66            var btn = document.getElementById(thisid);
67            btn.addEventListener('click', function(event) {
68                var v_value = event.target.value;
69                console.log(v_value);
70                if(v_value == "c") {
71                    document.getElementById("id-input-text-calculator").value="";
72                } else if(v_value == "=") {
73                    on_cal_click();
74                } else {
75                    document.getElementById("id-input-text-calculator").value+=v_value;
76                }
77            }, false);
78        }
79    </script>
80    </body>
81    </html>
```

【代码解析】

第 14～58 行代码通过<table>标签元素定义了简易在线 JavaScript 计算器的界面。其中，主要通过<button>标签元素实现了计算器的按键功能，并定义了“onclick”事件处理方法。

第 17 行代码通过<input>标签元素实现了一个文本输入框，支持用户可以手动方式输入计算表达式并进行计算。

第 20 行代码通过<input>标签元素实现了一个按钮，并定义了“onclick”事件处理方法（"on_cal_click()"）。

第 59～79 行代码通过<script>标签定义了一段嵌入式 JavaScript 脚本。

第 60～64 行代码是自定义函数 on_cal_click()的具体实现，用来处理第 20 行代码定义的功能键，主要是通过 eval()方法计算表达式结果。

第 65～76 行代码是自定义函数 on_btn_click()的具体实现，主要是通过 addEventListener()事件方法监听用户的按键单击操作，并将用户输入显示在第 17 行代码通过<input>标签元素定义的文本输入框中。

网页效果如图 13.46 所示。通过按键输入计算表达式（也可以直接在文本输入框中输入），如图 13.47 所示。单击“计算”按钮效果如图 13.48 所示。

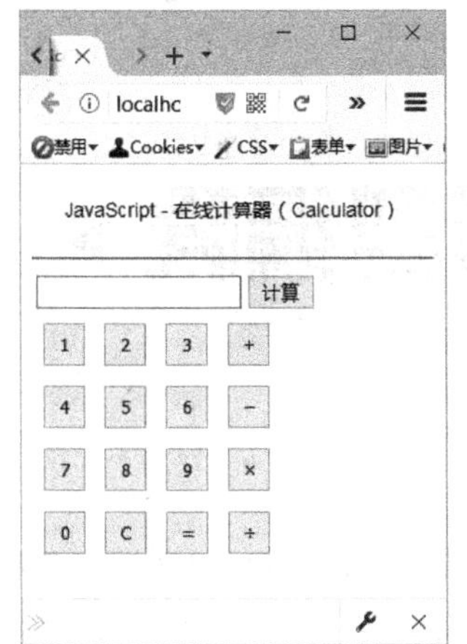

图 13.46　JavaScript 计算器（一）

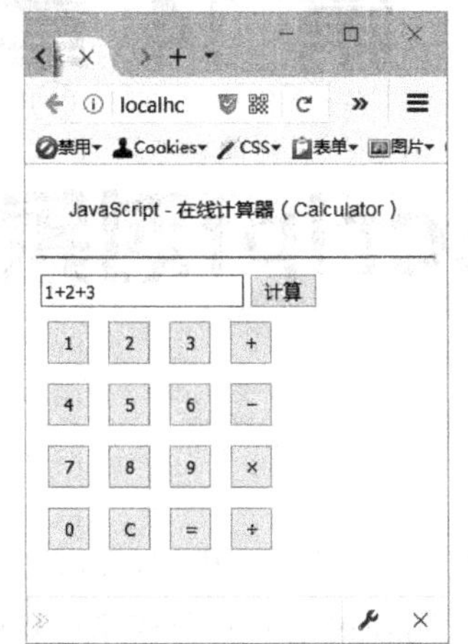

图 13.47　JavaScript 计算器（二）

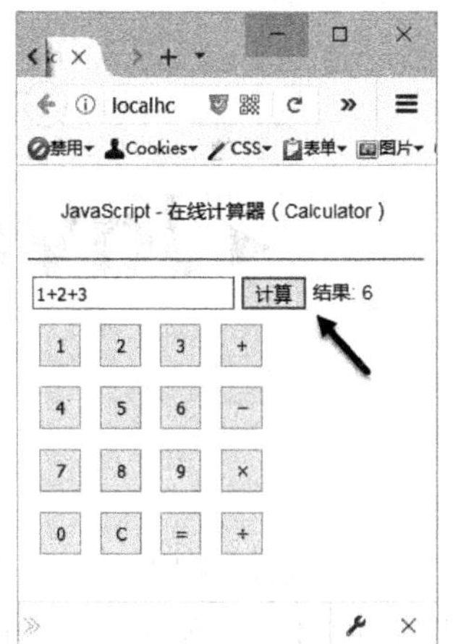

图 13.48　JavaScript 计算器（三）

第 14 章 JavaScript对象模型编程

JavaScript 脚本语言主要使用下面两种对象模型：浏览器对象模型（BOM）和文档对象模型（DOM）。本章就主要介绍关于 JavaScript 对象模型编程的知识。

14.1 对象模型编程基础

本节介绍对象模型编程基础，包括文档对象模型（DOM）基础、获取 DOM 对象的方法、窗口对象模型（BOM）基础以及事件驱动的概念。

文档对象模型（Document Object Model，简称 DOM）是 W3C 组织推荐的处理可扩展标记语言的标准编程接口。DOM 是一种与平台和语言均无关的应用程序接口（API），可以动态地访问程序和脚本，更新其内容、结构以及文档风格。

JavaScript 文档对象模型编程是 JavaScript 语言的核心内容之一，是实现 HTML 动态网页的基础。在 HTML 文档中，每一项内容均可视为 DOM 的一个节点，通过 JavaScript 脚本语言可以添加、修改、删除或重构 HTML DOM 中的这些节点，以实现对 HTML 文档的改变。

浏览器对象模型（Browser Object Model，简称 BOM）是指用于描述浏览器对象之间层次关系的模型，浏览器对象模型提供了独立于内容的、可以与浏览器窗口进行互动的对象结构。BOM 由多个对象组成，其中代表浏览器窗口的 Window 对象是 BOM 的顶层对象，其他对象都是该对象的子对象。

目前，关于浏览器对象模型（BOM）还没有一个统一的、正式的标准，均是由各大浏览器厂商提供具体的功能。因此，浏览器对象模型（BOM）不是本章的重点，后面我们会专门介绍以下比较常用的 Window 对象。

14.2 JavaScript 浏览器对象模型

本节介绍 JavaScript 浏览器对象模型（BOM），以及 JavaScript BOM 编程的有关知识。

通过浏览器对象模型，JavaScript 语言可以实现与浏览器的交互，可以完成对 Window 窗口对象、Screen 屏幕对象和 History 历史对象等功能对象的编程操作，具体包括以下一些内容：

- 关闭、移动浏览器及调整浏览器窗口大小。
- 弹出新的浏览器窗口。
- 提供浏览器详细信息的定位对象。
- 提供载入到浏览器窗口的文档详细信息的定位对象。
- 提供用户屏幕分辨率详细信息的屏幕对象。
- 提供对 Cookie 的支持。

Window 对象是浏览器对象模型（BOM）的核心内容，所有主流浏览器均实现了对 Window 对象的支持。顾名思义，Window 对象就是表示浏览器的窗口。

如果单独使用 Window 对象编程，最常用的应用就是获取浏览器窗口尺寸。下面看一段使用 Window 对象获取浏览器窗口尺寸的 JavaScript 代码示例（详见源代码 ch14/ch14-js-window.html 文件）。

【代码 14-1】

```
01 <div id="id-div-window-width">
02 </div>
03 <div id="id-div-window-height">
04 </div>
05 <!-- 添加文档主体内容 -->
06 <script type="text/javascript">
07  var width = window.innerWidth
08           ||document.documentElement.clientWidth
09           ||document.body.clientWidth;
10  console.log(width);
11  var height = window.innerHeight
12           ||document.documentElement.clientHeight
13           ||document.body.clientHeight;
14  console.log(height);
15 document.getElementById("id-div-window-width").innerText = "浏览器窗口宽度：" + width;
16  document.getElementById("id-div-window-height").innerText = "浏览器窗口高度：" + height;
17 </script>
```

【代码解析】

第 01～02 行代码和第 03～04 行代码分别通过<div>标签元素在页面中定义了两个区域，分别用于显示浏览器窗口宽度和高度的信息。

第 06～17 行代码通过<script>标签定义了一段嵌入式 JavaScript 脚本。

第 07～09 行代码通过“var”关键字定义了第一个变量（width），用于保存浏览器窗口的宽度尺寸。其中，“innerWidth”是 window 对象的属性，用于获取浏览器窗口的宽度尺寸。

第 11～13 行代码通过“var”关键字定义了第二个变量（height），用于保存浏览器窗口的高度尺寸。其中，“innerHeight”是 Window 对象的属性，用于获取浏览器窗口的高度尺寸。

第 15～16 行代码通过“innerText”属性将获取的浏览器窗口尺寸信息显示在第 01～02 行和第 03～04 行代码中定义的<div>标签元素内。

运行测试页面，效果如图 14.1 所示。浏览器窗口中输出了宽度和高度数据信息。调整浏览器窗口的大小尺寸后，再次刷新浏览器，页面输出的内容如图 14.2 所示。在调整了浏览器窗口大小尺寸后，获取的浏览器窗口宽度和高度数据也随之进行了更新。

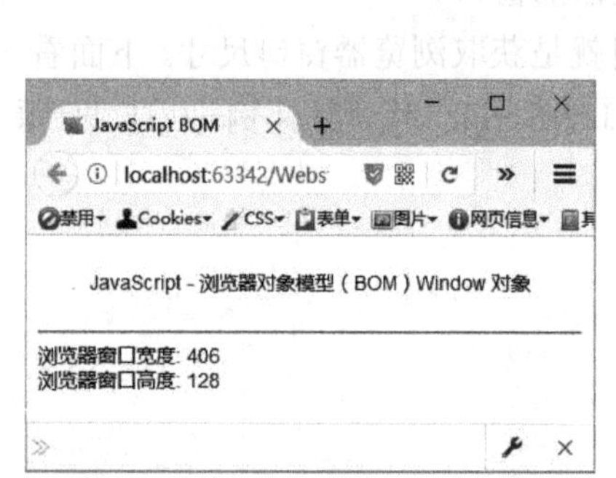

图 14.1　通过 Window 对象获取浏览器窗口尺寸（一）

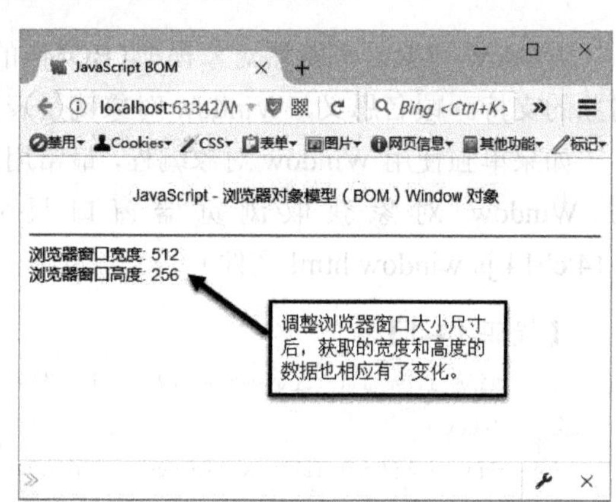

图 14.2　通过 Window 对象获取浏览器窗口尺寸（二）

另外，第 07～09 行代码和第 11～13 行代码中使用的“innerWidth”和“innerHeight”属性适用于如 IE9、Google Chrome、FireFox、Opera 和 Safari 等主流浏览器。而“document.documentElement.clientHeight”和“document.body.clientHeight”属性的写法是为了适用于老版本的 IE 浏览器而设计的，这样就保证了代码的最大兼容性。

14.3 JavaScript 文档对象模型

本节介绍 JavaScript 文档对象模型，以及 JavaScript DOM 编程的有关知识。

14.3.1　文档对象模型基础

我们所说的文档对象模型也就是 HTML DOM，具体一些就是 W3C 标准定义的 HTML 文档对象模型的英文缩写（Document Object Model for HTML）。

HTML DOM 定义了可用于 HTML 的一系列标准的对象，以及访问和处理 HTML 文档的标准方法。通过 HTML DOM 可以访问所有的 HTML 元素，以及这些元素所包含的文本和属性。通过 JavaScript 脚本语言，可以对这些 HTML 元素的内容进行修改和删除，同时还可以创建新的元素。

对于 HTML 标签元素，通常可以定义“id”属性、“name”属性、“class”属性、“value”属性、“style”属性等，通过元素名称及其属性，就可以实现对 HTML DOM 的访问、删除、更新和插入等功能操作。

14.3.2　通过 id 获取 DOM 元素对象

在前文中有过介绍，HTML DOM 提供了一个 getElementById()方法，用于通过指定的 id 属性值来获取对第一个相应的 DOM 元素对象的引用，该方法的语法形式如下：

```
document.getElementById(id);
```

其中，id 参数就是指定元素的 id 属性值。

下面看一个通过 id 属性使用 getElementById()方法获取 DOM 元素对象的代码示例（详见源代码 ch14/ch14-js-getElementById.html 文件）。

【代码 14-2】

```
01 <!-- 添加文档主体内容 -->
02 <p id="id-p">
03  第一段段落
04 </p>
05 <p id="id-p">
06  重复第一段段落
07 </p>
08 <!-- 添加 JavaScript 脚本内容 -->
09 <script type="text/javascript">
10  var v_id_p = document.getElementById("id-p");
11  console.log(v_id_p);
12  console.log(v_id_p.innerText);
13 </script>
```

【代码解析】

第 02～04 行代码通过<p>标签元素定义了第一段段落文本，且添加了“id”属性值("id-p")。

第 05～07 行代码通过<p>标签元素定义了第二段段落文本，且添加了同样的“id”属性值("id-p")。

注意，在 HTML 中 id 属性值是不能重复定义的，因为 id 属性的含义就是元素的唯一标识（不过即使这样定义了，也不会影响对 HTML 文档的解析）。

第 10 行代码通过“var”关键字定义了一个变量（v_id_p），并通过 getElementById()方法（使用参数"id-p"）获取了 id 属性值为"id-p"的<p>标签元素对象。

第 11 行代码直接在控制台输出变量（v_id_p）的具体内容。

第 12 行代码直接在控制台输出变量（v_id_p）的“innerText”属性内容。

运行测试页面，并使用调试器查看控制台输出的调试信息，效果如图 14.3 所示。

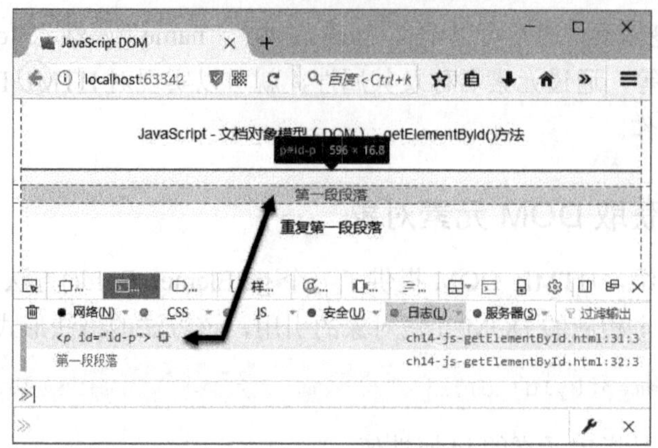

图 14.3　JavaScript 通过 id 获取元素对象的方法

如图 14.3 所示，通过 getElementById()方法，以 id 属性为参数获取 DOM 元素对象时，获取的是第一个标签元素对象。【代码 14-2】演示了即使定义了具有相同 id 属性值的标签元素，getElementById()方法仅仅获取其中的第一个元素。

14.3.3　通过 name 获取 DOM 元素对象

在前文中同样介绍过，HTML DOM 还提供了一个 getElementsByName()方法，用于通过指定的 name 属性值来获取对相应的 DOM 元素对象集合的引用，该方法的语法形式如下：

```
document.getElementsByName(name);
```

其中，name 参数就是元素定义的 name 属性值。注意，该方法返回一个对象集合。

下面看一个通过 name 属性使用 getElementsByName()方法获取 DOM 元素对象集合的代码示例（详见源代码 ch14/ch14-js-getElementsByName.html 文件）。

【代码 14-3】

```
<!-- 添加文档主体内容 -->
<p name="name-p">
 第一段段落
</p>
<p name="name-p">
 第二段段落
</p>
<p name="name-p">
 第三段段落
</p>
<!-- 添加 JavaScript 脚本内容 -->
<script type="text/javascript">
 var v_name_p = document.getElementsByName("name-p");
 console.log(v_name_p);
 var len = v_name_p.length;
```

```
16  for(i=0; i<len; i++)
17      console.log(v_name_p[i].innerText);
18  </script>
```

【代码解析】

第 02～04 行代码通过<p>标签元素定义了第一段段落文本，且添加了“name”属性值（"name-p"）。

第 05～07 行代码通过<p>标签元素定义了第二段段落文本，也添加了同样的“name”属性值（"name-p"）。

第 08～10 行代码通过<p>标签元素定义了第三段段落文本，也添加了同样的“name”属性值（"name-p"）。

注意，与 id 属性值是不能重复定义的不同，name 属性值是可以重复定义的。

第 13 行代码通过“var”关键字定义了一个变量（v_name_p），并通过 getElementsByName()方法（使用参数"name-p"）获取了 name 属性值为"name-p"的<p>标签元素对象集合。注意，getElementsByName()方法返回的是对象的集合（NodeList 类型）。

第 14 行代码直接在控制台输出变量（v_name_p）的具体内容。

第 15 行代码通过“length”属性获取了变量（v_name_p）的长度。

第 16～17 行代码通过 for 循环在控制台输出了全部<p>标签元素对象所定义的文本内容。

运行测试页面，并使用调试器查看控制台输出的调试信息，效果如图 14.4 所示。通过 getElementsByName()方法，以 name 属性为参数获取 DOM 元素对象时，获取的是一个对象集合（NodeList 类型），从第 14 行代码输出的结果可以判断出来。

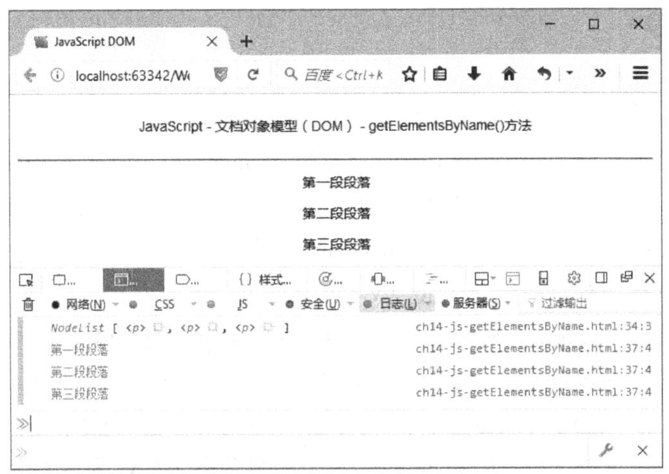

图 14.4　JavaScript 通过 name 获取元素对象的方法

14.3.4　通过 tag 标签获取 DOM 元素对象

在前文中还介绍过，HTML DOM 还提供了一个 getElementsByTagName()方法，用于通过对指定的 tag 标签元素来获取对相应的 DOM 元素对象集合的引用，该方法的语法形式如下：

```
document.getElementsByTagName(tagname);
```

其中，tagname 参数就是标签元素。注意，该方法返回一个对象集合。

下面看一个通过“tagname”属性并使用 getElementsByTagName()方法获取 DOM 元素对象集合的代码示例（详见源代码 ch14/ch14-js-getElementsByTagName.html 文件）。

【代码 14-4】

```
01 <!-- 添加文档主体内容 -->
02 <p>
03  第一段段落
04 </p>
05 <p>
06  第二段段落
07 </p>
08 <p>
09  第三段段落
10 </p>
11 <!-- 添加 JavaScript 脚本内容 -->
12 <script type="text/javascript">
13  var v_tag_p = document.getElementsByTagName("p");
14  console.log(v_tag_p);
15  var len = v_tag_p.length;
16  for(i=0; i<len; i++)
17      console.log(v_tag_p[i].innerText);
18 </script>
```

【代码解析】

第 02～04 行、第 05～07 行和第 08～10 行代码通过<p>标签元素分别定义了三段段落。

第 13 行代码通过“var”关键字定义了一个变量（v_tag_p），并通过 getElementsByTagName()方法（使用参数"p"）获取了标签元素为<p>的对象集合。注意，getElementsByTagName()方法返回的是标签元素的对象集合（HTMLCollection 类型）。

第 14 行代码直接在控制台输出变量（v_tag_p）的具体内容。

第 15 行代码通过“length”属性获取了变量（v_tag_p）的长度。

第 16～17 行代码通过 for 循环在控制台输出了全部<p>标签元素对象所定义的文本。

运行测试页面，并使用调试器查看控制台输出的调试信息，效果如图 14.5 所示。通过 getElementsByTagName()方法、以 tag 标签元素为参数获取 DOM 元素对象时，获取的是一个对象集合（HTMLCollection 类型），从第 14 行代码输出的结果可以判断出来。

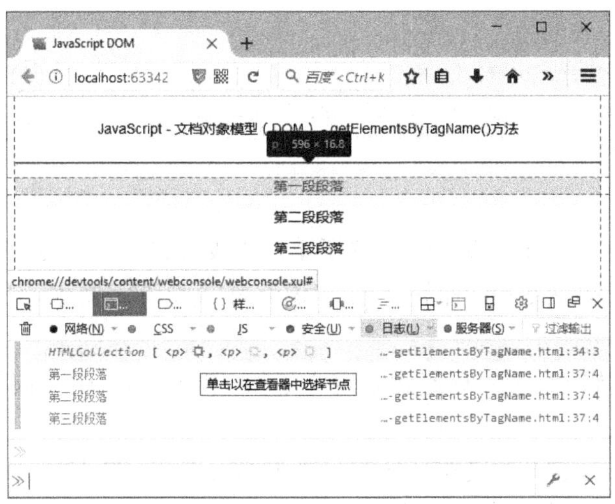

图 14.5　JavaScript 通过 tag 标签元素获取元素对象的方法

14.3.5　通过 class 获取 DOM 元素对象

我们知道为同类标签元素添加同一样式类（Class）的方法，在 HTML 文档中也是比较常用的。为此，HTML DOM 专门提供了一个 getElementsByClassName()方法（注意该方法是 HTML 5 版本新增的），用于通过指定的 class 类名来获取对相应元素对象集合的引用，该方法的语法形式如下：

```
document.getElementsByClassName(classname);
```

其中，classname 参数就是定义的类名。注意，该方法返回一个对象集合。

下面看一个通过类名使用 getElementsByClassName()方法获取 DOM 元素对象集合的代码示例（详见源代码 ch14/ch14-js-getElementsByClassName.html 文件）。

【代码 14-5】

```
<!-- 添加文档主体内容 -->
<p class="class-p">
 第一段段落
</p>
<p class="class-p">
 第二段段落
</p>
<p class="class-p">
 第三段段落
</p>
<!-- 添加 JavaScript 脚本内容 -->
<script type="text/javascript">
 var v_class_p = document.getElementsByClassName("class-p");
 console.log(v_class_p);
```

```
15  var len = v_class_p.length;
16  for(i=0; i<len; i++)
17      console.log(v_class_p[i].innerText);
18  </script>
```

【代码解析】

第 02～04 行代码通过<p>标签元素定义了第一段段落文本，且添加了样式类名("class-p")。

第 05～07 行代码通过<p>标签元素定义了第二段段落文本，同样添加了样式类名（"class-p"）。

第 08～10 行代码通过<p>标签元素定义了第三段段落文本，同样也添加了样式类名（"class-p"）。

另外，类名（"class-p"）定义在“css”目录下的 style.css 文件中。

第 13 行代码通过“var”关键字定义了一个变量（v_class_p），并通过 getElementsByClassName()方法（使用参数"class-p"）获取了类名为"class-p"的<p>标签元素对象集合。注意，getElementsByClassName()方法返回的是对象集合（HTMLCollection 类型）。

第 14 行代码直接在控制台输出变量（v_class_p）的具体内容。

第 15 行代码通过“length”属性获取了变量（v_class_p）的长度。

第 16～17 行代码通过 for 循环在控制台输出了全部<p>标签元素对象所定义的文本。

运行测试页面，并使用调试器查看控制台输出的调试信息，效果如图 14.6 所示。通过 getElementsByClassName()方法、以类名为参数获取 DOM 元素对象时，获取的是一个对象集合（HTMLCollection 类型），从第 14 行代码输出的结果可以判断出来。

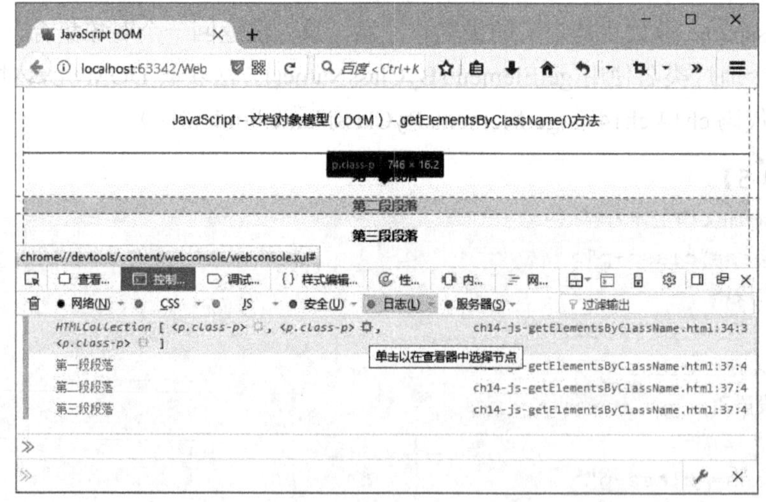

图 14.6　JavaScript 通过 class 获取元素对象的方法

14.4 JavaScript 表单对象模型

本节介绍 JavaScript 表单（Form）对象模型，以及 JavaScript 表单对象模型编程的有关知识。

14.4.1 表单（Form）对象模型

表单（Form）对象模型就是表示 HTML 表单，在 HTML 文档中通过<form>标签元素实现。在HTML文档中可以定义多个表单元素，而且每定义一次<form>标签元素，就会创建一个Form对象。

HTML 表单（Form）通常包含有卷标<label>标签元素、输入框<input>标签元素（例如：文本输入框、密码框、单选框、复选框、重置按钮和提交按钮等）、下拉菜单<select>标签元素、文本输入域<textarea>标签元素、分组框<fieldset>标签元素和按钮<button>标签元素等。另外，HTML 5 表单还增加了许多全新的元素和特性，极大地丰富了表单编程的功能。当然，无论 HTML 表单如何定义，其功能总是不变的，主要就是用于向服务端提交数据。

下面，关于表单<form>标签元素常用的属性及其功能描述如下：

- id 属性：设置表单的 id。
- name 属性：设置表单名称。
- action 属性：设置表单的提交地址（一般为服务器端地址）。
- method 属性：设置表单发送到服务器的 HTTP 方式（“GET”或“POST”）。
- target 属性：设置表单提交到服务器后的页面打开方式。
- acceptCharset 属性：设置服务器可接受的字符集。
- enctype 属性：设置表单编码内容的 MIME 类型。

另外，表单<form>标签元素常用的方法描述如下：

- reset()方法：把表单中所有的输入元素重置为默认值。
- submit()方法：提交表单。

14.4.2 获取表单（Form）元素对象属性

这一小节介绍获取表单（Form）元素对象属性的方法。下面看一段获取表单（Form）元素对象属性的 JavaScript 代码示例（详见源代码 ch14 目录中 ch14-js-form.html 文件）。

【代码 14-6】

```
<!-- 添加文档主体内容 -->
<form id="id-form" name="name-form" action="#" method="get" target="_blank">
 <label>空白表单</label>
</form>
<!-- 添加 JavaScript 脚本内容 -->
```

```
06 <script type="text/javascript">
07  var frm = document.forms["name-form"];
08  console.log("Form's id : " + frm.id);
09  console.log("Form's name : " + frm.name);
10  console.log("Form's action : " + frm.action);
11  console.log("Form's method : " + frm.method);
12  console.log("Form's target : " + frm.target);
13 </script>
```

【代码解析】

第 02～04 行代码通过<form>标签元素定义了一个表单，且依次添加了“id”属性（"id-form"）、“name”属性（"name-form"）、“action”属性（"#"）、“method”属性（"get"）和“target”属性（"_blank"）。

第 07 行代码通过“var”关键字定义了一个变量（frm），并使用 document.forms["name-form"]方法（通过表单 name 属性）获取了表单元素对象。

第 08～12 行代码依次在控制台输出了表单元素对象的“id”属性、“name”属性、“action”属性、“method”属性和“target”属性。

运行测试页面，并使用调试器查看控制台输出的调试信息，效果如图 14.7 所示。

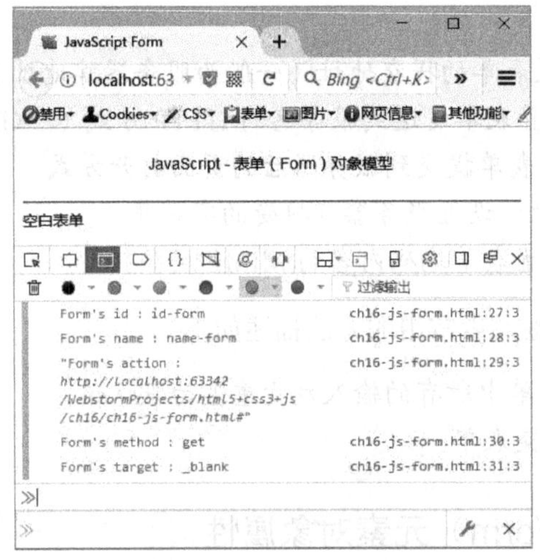

图 14.7　获取表单（Form）元素对象属性

14.4.3　获取表单（Form）内元素的方法

本小节介绍获取表单（Form）内元素的方法。下面看一段获取表单（Form）内元素的 JavaScript 代码示例（详见源代码 ch14 目录中 ch14-js-form-elements.html 文件）。

【代码 14-7】

```
<!-- 添加文档主体内容 -->
<form id="id-form" name="name-form" action="#" method="get"
```

```
target="_blank">
03  <label>用户名: </label>
04  <input type="text" value="king"/><br><br>
05  <label>密码: </label>
06  <input type="password" value="123456"/><br><br>
07  <input type="reset" value="重置" />
08  <input type="submit" value="提交" />
09 </form>
10 <!-- 添加 JavaScript 脚本内容 -->
11 <script type="text/javascript">
12  var frm = document.forms["name-form"];
13  var len = frm.length;
14  console.log("Form's length : " + len);
15  for(var i=0; i<len; i++)
16      console.log("Form's element : " + frm.elements[i].value);
17 </script>
```

【代码解析】

第 02～09 行代码通过<form>标签元素定义了一个表单，且依次添加了几个<input>标签元素。

第 12 行代码通过“var”关键字定义了一个变量（frm），并使用 document.forms["name-form"]方法（通过表单 name 属性）获取了表单元素对象。

第 13 行代码通过“length”属性获取了表单（frm）对象的长度，并在第 14 行代码中在控制台进行了输出。

第 15～16 行代码通过 for 语句依次在控制台输出了表单（frm）内元素的“value”属性值。

运行测试页面，并使用调试器查看控制台输出的调试信息，效果如图 14.8 所示。

图 14.8　获取表单（Form）内元素对象

14.5 项目实战：动态操作 DOM 元素

本节介绍一个使用 JavaScript 脚本语言动态操作 HTML DOM 元素的应用。其中，HTML DOM 提供了对元素对象的新建、插入、修改、删除和克隆等动态操作方法，关于这些方法的说明如下：

- createElement()方法：用于创建新元素对象。
- appendChild()方法：用于添加子节点。
- insertBefore(newNode, relNode)方法：用于插入新节点。
- replaceChild(newNode, oldNode)方法：用于替换原有旧节点。
- removeChild(node)方法：执行删除节点操作。
- cloneNode()方法：完成克隆节点操作。其中，如果使用“true”参数代表深度克隆，如果使用“false”参数代表浅度克隆。

下面看一个通过以上方法动态操作 DOM 元素对象的 JavaScript 代码示例（详见源代码 ch14/jsDynDom\jsDynDom.html 文件）。

【代码 14-8】

```
<!-- 添加文档主体内容 -->
<button onclick="on_create_ele()">动态创建元素</button>
<button onclick="on_insert_ele()">动态插入元素</button>
<button onclick="on_replace_ele()">动态替换元素</button>
<button onclick="on_remove_ele()">动态移除元素</button><br>
<button onclick="on_clone_ele()">动态克隆元素</button>
<button onclick="on_clone_div_deep()">动态深克隆</button>
<button onclick="on_clone_div_no_deep()">动态浅克隆</button>
<div id="id-div"></div>
<!-- 添加 JavaScript 脚本内容 -->
<script type="text/javascript">
var v_div = document.getElementById("id-div");
function on_create_ele() {
 var v_p1 = document.createElement("p");
 v_p1.innerText = "第一段段落";
 v_div.appendChild(v_p1);
 var v_p2 = document.createElement("p");
 v_p2.innerText = "第二段段落";
 v_div.appendChild(v_p2);
 var v_p3 = document.createElement("p");
 v_p3.innerText = "第三段段落";
 v_div.appendChild(v_p3);
}
function on_insert_ele() {
```

```
25  var v_new_p1 = document.createElement("p");
26  v_new_p1.innerText = "动态插入段落 1";
27  v_div.insertBefore(v_new_p1, v_div.firstChild);
28  var v_new_p2 = document.createElement("p");
29  v_new_p2.innerText = "动态插入段落 2";
30  v_div.insertBefore(v_new_p2, v_div.lastChild);
31 }
32 function on_replace_ele() {
33  var v_replace_p1 = document.createElement("p");
34  v_replace_p1.innerText = "动态替换段落 1";
35  v_div.replaceChild(v_replace_p1, v_div.firstChild);
36  var v_replace_p2 = document.createElement("p");
37  v_replace_p2.innerText = "动态替换段落 2";
38  v_div.replaceChild(v_replace_p2, v_div.lastChild);
39 }
40 function on_remove_ele() {
41  v_div.removeChild(v_div.firstChild);
42  v_div.removeChild(v_div.lastChild);
43 }
44 function on_clone_ele() {
45  var v_clone_first_node = v_div.firstChild.cloneNode(true);
46  console.log(v_clone_first_node);
47  var v_clone_last_node = v_div.lastChild.cloneNode(true);
48  console.log(v_clone_last_node);
49  v_div.appendChild(v_clone_first_node);
50  v_div.appendChild(v_clone_last_node);
51 }
52 function on_clone_div_deep() {
53  var v_clone_div_deep = v_div.cloneNode(true);
54  console.log(v_clone_div_deep);
55  v_div.appendChild(v_clone_div_deep);
56 }
57 function on_clone_div_no_deep() {
58  var v_clone_div_no_deep = v_div.cloneNode(false);
59  console.log(v_clone_div_no_deep);
60  v_div.appendChild(v_clone_div_no_deep);
61 }
62 </script>
```

【代码解析】

第 02～08 行代码通过一组<button>标签元素定义了执行相关动态操作 DOM 元素对象的功能按钮。

第 09 行代码通过<div>标签元素定义了一个空的区域，且为<div>标签元素定义了 id 属性

（id="id-div"）。

第 12 行代码通过“var”关键字定义了一个变量（v_div），并通过 getElementById()方法（使用参数"id-div"）获取了 id 值为"id-div"的<div>标签元素对象。

第 13～23 行代码定义了第一个 JavaScript 函数“on_create_ele()”。其中，主要使用 createElement()方法创建了一组<p>标签元素对象，并分别使用 appendChild()方法将新创建的<p>标签元素对象追加到<div>标签元素对象中。

第 24～31 行代码定义了第二个 JavaScript 函数“on_insert_ele()”。其中，主要使用 createElement()方法新建了一个<p>标签元素对象，并使用 insertBefore()方法将新创建的<p>标签元素对象分别插入到<div>标签元素的第一个子节点和最后一个子节点之前。

第 32～39 行代码定义了第三个 JavaScript 函数“on_replace_ele()”。其中，主要使用 createElement()方法新建了一个<p>标签元素对象，并使用 replaceChild()方法将新创建的<p>标签元素对象分别替换了<div>标签元素的第一个子节点和最后一个子节点。

第 40～43 行代码定义了第四个 JavaScript 函数“on_remove_ele()”。其中，主要使用 removeChild()方法移除了<div>标签元素的第一个子节点和最后一个子节点。

第 44～51 行代码定义了第五个 JavaScript 函数“on_clone_ele()”。其中，主要使用 cloneNode()克隆了<div>标签元素的第一个子节点和最后一个子节点，并分别使用 appendChild()方法将克隆的对象追加到<div>标签元素对象中。

第 52～56 行代码定义了第六个 JavaScript 函数“on_clone_div_deep()”，主要用于执行深度克隆对象操作，既克隆对象及其全部子对象。

第 57～61 行代码定义了第七个 JavaScript 函数“on_clone_div_no_deep()”，主要用于执行浅度克隆对象操作，既仅仅克隆对象本身。

运行测试页面，页面初始效果如图 14.9 所示。单击第一个“动态创建元素”按钮，执行第 13～23 行代码所定义的“on_create_ele()”函数，效果如图 14.10 所示。

图 14.9　JavaScript 动态操作元素对象的方法（一）

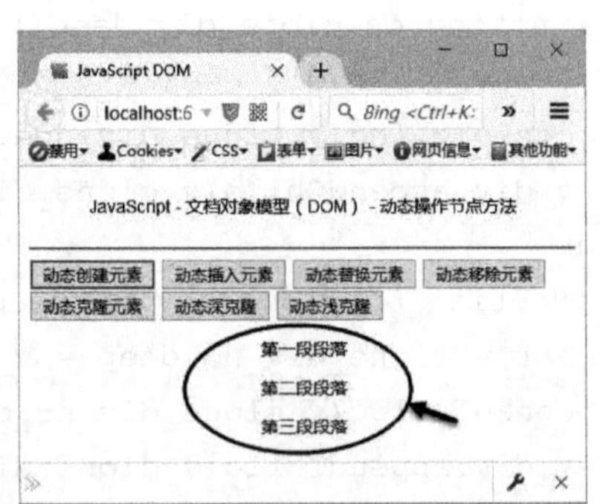

图 14.10　JavaScript 动态操作元素对象的方法（二）

如图 14.10 所示，通过“on_create_ele()”函数动态创建的 DOM 元素在页面中成功显示出来了。再单击第二个“动态插入元素”按钮，执行第 24～31 行代码所定义的“on_insert_ele()”函数，效果如图 14.11 所示。通过“on_insert_ele()”函数动态插入的 DOM 元素在页面中成功显示出来了。我们继续尝试单击第三个“动态替换元素”按钮，执行第 32～39 行代码所定义的“on_replace_ele()”函数，效果如图 14.12 所示。

图 14.11 JavaScript 动态操作元素对象的方法（三）

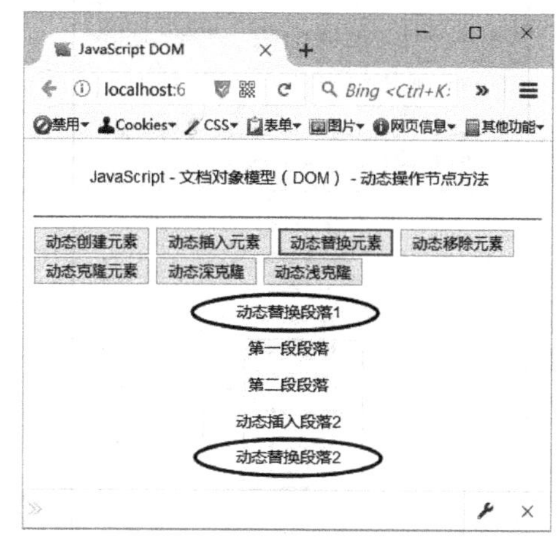

图 14.12 JavaScript 动态操作元素对象的方法（四）

如图 14.12 所示，通过“on_replace_ele()”函数动态替换的 DOM 元素在页面中成功显示出来了。我们继续尝试单击第四个“动态移除元素”按钮，执行第 40～43 行代码所定义的“on_remove_ele()”函数，效果如图 14.13 所示。通过“on_remove_ele()”函数动态移除的 DOM 元素的效果在页面中成功显示出来了。我们继续尝试单击第五个“动态克隆元素”按钮，执行第 44～51 行代码所定义的“on_clone_ele()”函数，效果如图 14.14 所示。

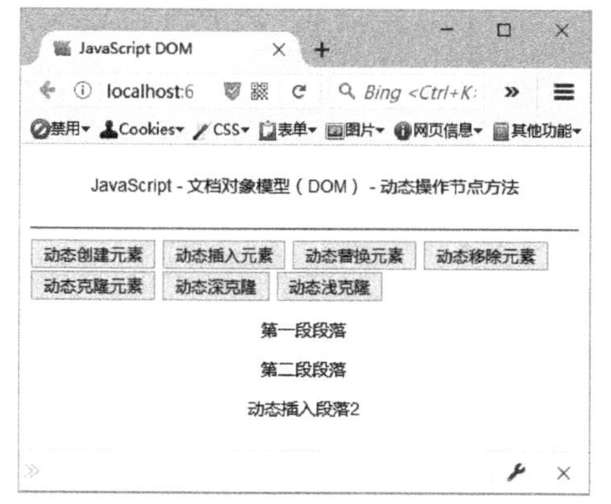

图 14.13 JavaScript 动态操作元素对象的方法（五）

图 14.14 JavaScript 动态操作元素对象的方法（六）

如图 14.14 所示，通过“on_clone_ele()”函数动态克隆的 DOM 元素的效果在页面中成功显示出来了。我们继续尝试单击第六个“动态深克隆”按钮，执行第 52～56 行代码所定义的“on_clone_div_deep()”函数，效果如图 14.15 所示。通过“on_clone_div_deep()”函数动态深克隆的 DOM 元素的效果在页面中成功显示出来了。

最后，我们尝试单击第七个“动态浅克隆”按钮，执行第 57～61 行代码所定义的“on_clone_div_no_deep()”函数，效果如图 14.16 所示。通过“on_clone_div_no_deep()”函数动态浅克隆的 DOM 元素，在页面中并没有效果变化，但通过控制台输出的调试信息可以看到，是因为仅仅克隆了<div>标签元素自身。

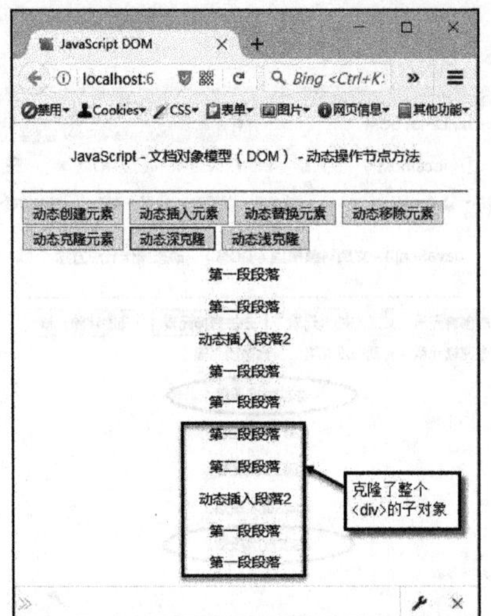

图 14.15　JavaScript 动态操作元素对象的方法（七）

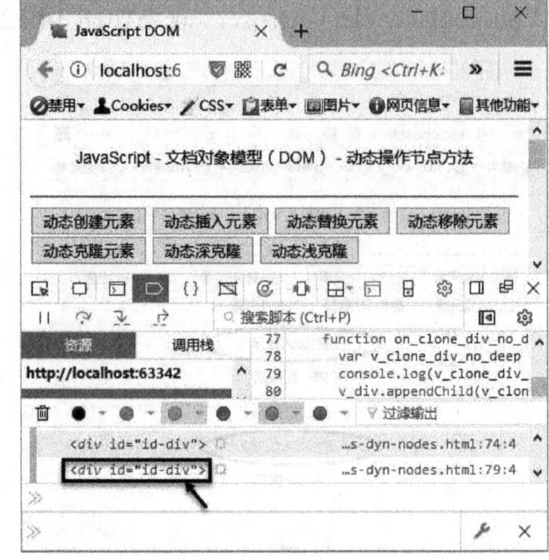

图 14.16　JavaScript 动态操作元素对象的方法（八）

第 15 章

◂ JavaScript事件 ▸

JavaScript 事件是一个比较大的命题，可以不夸张地说，真的可以单独用一本书来讲解它的前世今生了。本书作为一本入门教材，就用最简单的方式介绍关于 JavaScript 事件的基础知识以及一些基本的应用范例。

15.1 JavaScript 事件基础

本节介绍 JavaScript 事件的基础知识，包括 HTML 事件的基本知识、DOM 事件规范、DOM 事件类型以及 Event 对象等方面的内容。

15.1.1 HTML 事件

其实，我们所说的 JavaScript 事件指的是 JavaScript 事件的处理机制，具体说就是处理 HTML 事件的机制。我们知道 JavaScript 语言有创建动态页面的能力，具体就是指监听、捕获或处理在 HTML 文档对象上所定义的事件的行为。

例如，当浏览器页面在加载过程中会触发一个“onload”事件，而我们可以针对该事件编写一个 JavaScript 事件处理函数，来执行自己需要的用户代码，如下代码：

【代码 15-1】

```
document.body.onload = function(e) {
 // TODO
 // 自定义代码
}
```

在上面这段中包含了很多有用的知识点，我们具体说明一下。

- 事件名称：表示 HTML 事件的名称。例如，【代码 15-1】中的“onload”就是事件名称。
- 事件类型：表示 HTML 事件的类型。例如，【代码 15-1】中的“onload”事件为窗口（Window）事件类型。

- 事件目标：表示 HTML 事件发生关系的目标对象。例如，【代码 15-1】中的“body”就是事件目标。
- 事件处理函数（或方法）：表示 HTML 事件触发后调用的函数方法。例如，【代码 15-1】中 function 函数方法。
- 事件对象：表示 HTML 事件发生时的状态。例如，【代码 15-1】中 function 函数方法内的参数“e”就是事件对象。

15.1.2 DOM 事件类型

HTML DOM 事件按照属性类别，大致可以划分为以下几类：

1. 窗口事件（Window Event）

窗口事件仅在<body>和<frameset>标签元素中有效，具体见表 15-1。

表 15-1　HTML DOM 窗口事件

名称	说明
onload	表示当整个 HTML 文档被载入时的事件

2. 表单事件（Form Event）

表单事件仅在<form>标签元素中有效，具体见表 15-2。

表 15-2　HTML DOM 表单事件

名称	说明
onsubmit	表示当表单被提交时的事件
Onreset	表示当表单被重置时的事件
onchange	表示当表单元素改变时的事件
Onselect	表示当元素被选中时的事件
Onfocus	表示当元素获得焦点时的事件
Onblur	表示当元素失去焦点时的事件

3. 键盘事件

键盘事件通过操作键盘触发事件，具体见表 15-3。

表 15-3　HTML DOM 键盘事件

名称	说明
onkeydown	表示当键盘被按下时的事件
onkeyup	表示当键盘被释放时的事件
onkeypress	表示当键盘被按下后又松开时的事件

4. 鼠标事件

鼠标事件通过鼠标触发事件，具体见表 15-4。

表 15-4　HTML DOM 鼠标事件

名称	说明
onclick	表示当鼠标被单击时的事件
ondblclick	表示当鼠标被双击时的事件
onmousedown	表示当鼠标按钮被按下时的事件
onmousemove	表示当鼠标指针移动时的事件
onmouseup	表示当鼠标按钮被松开时的事件
onmouseover	表示当鼠标指针悬停于某元素之上时的事件
onmouseout	表示当鼠标指针移出某元素时的事件

15.2 JavaScript 窗口事件

本节介绍 JavaScript 窗口（Window）事件处理的内容，主要包括窗口加载事件的处理方法。

15.2.1 窗口（Window）加载事件

窗口（Window）加载事件名称为“onload”，该事件会在页面加载完成后被立即触发，通常在<body>标签元素内进行定义。

下面看一段使用“onload”事件的 JavaScript 代码示例（详见源代码 ch15/ch15-js-event-onload-a.html 文件）。

【代码 15-2】

```
01 <body onload="on_page_load()">
02  <!-- 添加 JavaScript 脚本内容 -->
03  <script type="text/javascript">
04      function on_page_load() {
05          console.log("onload 窗口加载事件");
06      }
07  </script>
08 </body>
```

【代码解析】

第 01 行代码在<body>标签元素中定义了“onload”事件，事件处理方法名称为“on_page_load()”。

第 04～06 行代码是“on_page_load()”事件处理方法的具体定义，其中第 05 行代码在控制台中输出了一行调试信息。

运行测试，效果如图 15.1 所示。

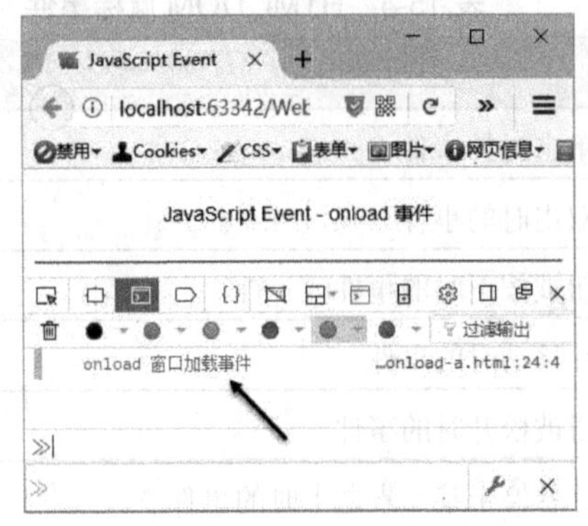

图 15.1　窗口（Window）加载事件（一）

15.2.2　窗口（Window）加载多个事件

下面看一段同时定义多个“onload”事件的 JavaScript 代码示例（详见源代码 ch15/ch15-js-event-onload-b.html 文件）。

【代码 15-3】

```
01 <body onload="on_load_a();on_load_b();on_load_c()">
02  <!-- 添加 JavaScript 脚本内容 -->
03  <script type="text/javascript">
04      function on_load_a() {
05          console.log("onload 窗口加载事件 - a");
06      }
07      function on_load_b() {
08          console.log("onload 窗口加载事件 - b");
09      }
10      function on_load_c() {
11          console.log("onload 窗口加载事件 - c");
12      }
13  </script>
14 </body>
```

【代码解析】

第 01 行代码在<body>标签元素中定义了多个“onload”事件，事件处理方法名称依次为“on_load_a();on_load_b();on_load_c()”。

第 04～06 行代码、第 07～09 行代码和第 10～12 行代码是以上多个“onload”事件处理方法的具体定义，其中每个事件处理方法均在控制台中输出了一行调试信息。

运行测试页面，效果如图 15.2 所示。

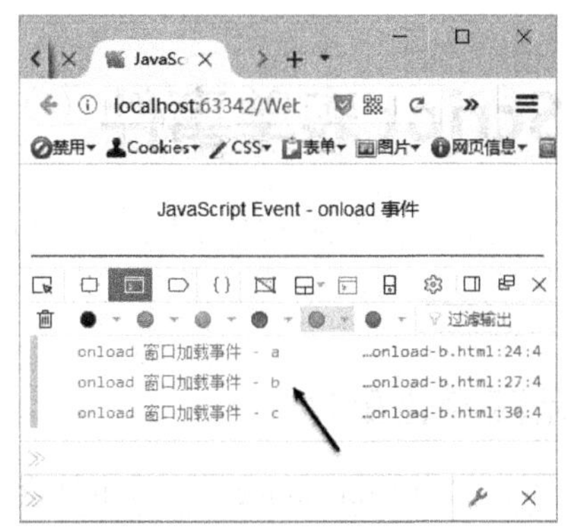

图 15.2　窗口（Window）加载事件（二）

15.2.3　窗口（Window）加载事件（JS 方式）

可以通过 JavaScript 语言的方式直接定义“onload”事件（详见源代码 ch15/ch15-js-event-onload-c.html 文件）。

【代码 15-4】

```
01 <body>
02  <!-- 添加 JavaScript 脚本内容 -->
03  <script type="text/javascript">
04      window.onload = function() {
05          console.log("window.onload 窗口加载事件");
06      }
07  </script>
08 </body>
```

【代码解析】

第 04～06 行代码直接通过 window 对象定义了“onload”事件处理方法（匿名函数方式），其中第 05 行代码在控制台中输出了一行调试信息。

运行测试页面，效果如图 15.3 所示。

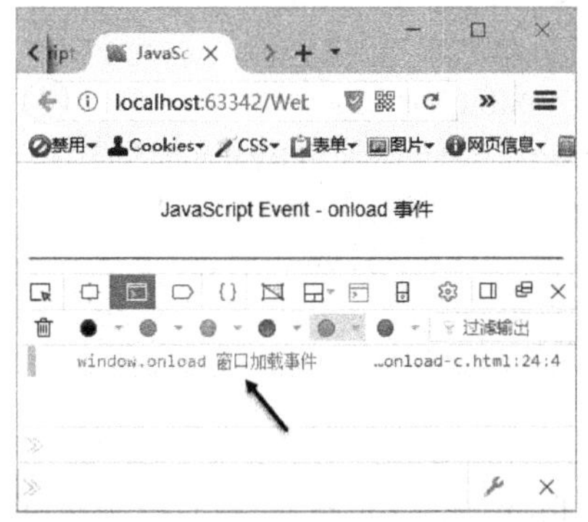

图 15.3　窗口（Window）加载事件（三）

15.3 JavaScript 表单事件

本节介绍 JavaScript 表单（Form）事件处理的内容，主要包括表单变化、重置和提交事件的处理方法。

15.3.1 表单（Form）元素变化事件

表单（Form）元素变化事件名称为“onchange”，该事件会在表单内元素的内容发生变化时被触发。

下面看一段使用“onchange”事件的 JavaScript 代码示例（详见源代码 ch15/ch15-js-event-form-onchange.html 文件）。

【代码 15-5】

```
01 <!-- 添加文档主体内容 -->
02 <form id="id-form" name="name-form" action="#" method="get">
03  <label>User Name : </label>
04  <input type="text" id="id-username" value="" onchange="on_username_change(this.id)" />
05  <br><br>
06  <label>Gender : </label>
07  <select id="id-gender" onchange="on_gender_change(this.id)">
08      <option value="male">male</option>
09      <option value="female">female</option>
10  </select>
11  <br><br>
12 </form>
13 <!-- 添加 JavaScript 脚本内容 -->
14 <script type="text/javascript">
15  function on_username_change(thisid) {
16      var id = document.getElementById(thisid);
17      console.log("username is changed to " + id.value);
18  }
19  function on_gender_change(thisid) {
20      var id = document.getElementById(thisid);
21      console.log("gender is changed to " + id.options[id.options.selectedIndex].value);
22  }
23 </script>
```

【代码解析】

第 02～12 行代码通过<form>标签元素定义了一个表单，且添加了“name”属性值（"name-form"）。

第 04 行代码通过<input>标签元素在表单内添加了第一个文本输入框，且定义了“onchange”事件处理方法，该方法的函数名为"on_username_change(this.id)"，并添加了“this.id”参数用于传递<input>标签元素的“id”属性值。

第 07～10 行代码通过<select>标签元素在表单内添加了第二个下拉选择框，且定义了“onchange”事件处理方法，该方法的函数名为"on_gender_change(this.id)"，并添加了“this.id”参数用于传递<select>标签元素的“id”属性值。

第 15～18 行代码是"on_username_change()"方法的具体实现，当用户改变第 04 行代码定义的<input>文本输入框的内容后，会将内容输出到控制台中显示。

第 19～22 行代码是"on_gender_change()"方法的具体实现，当用户改变第 07～10 行代码定义的<select>下拉选择框的选项后，会将修改后选项输出到控制台中显示。

运行测试页面，效果如图 15.4 所示。我们尝试在页面表单中的文本输入框和下拉选择框中做一些改变，页面效果如图 15.5 所示。可以看到，“onchange”事件被触发后，事件处理函数成功将调试信息输出到控制台中了。

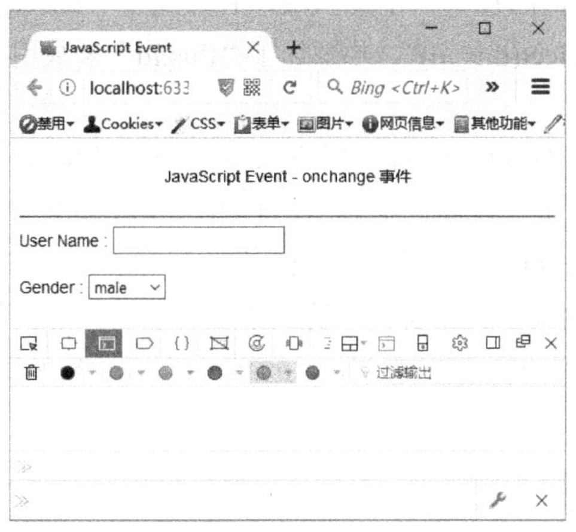

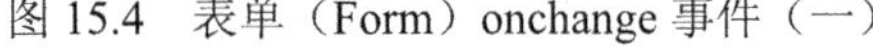

图 15.4 表单（Form）onchange 事件（一）

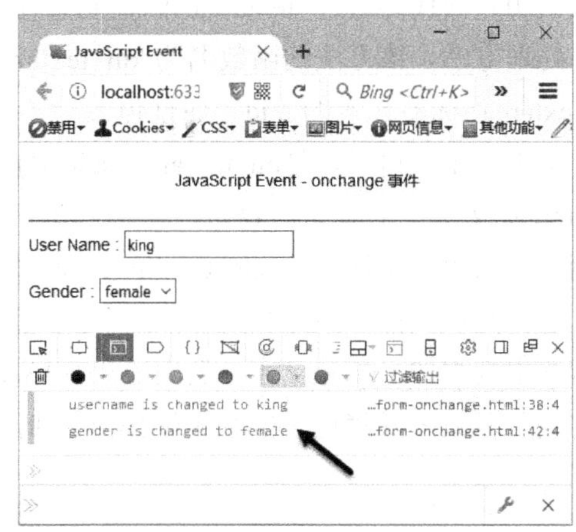

图 15.5 表单（Form）onchange 事件（二）

15.3.2 表单（Form）元素被选中事件

表单（Form）元素被选中事件名称为“onselect”，该事件会在表单元素内的文本内容被选中时触发。

下面看一段使用“onselect”事件的 JavaScript 代码示例（详见源代码 ch15/ch15-js-event-form-onselect.html 文件）。

【代码 15-6】

```
<!-- 添加文档主体内容 -->
<form id="id-form" name="name-form" action="#" method="get">
 <label for="id-textarea">Text Area : </label>
 <br>
 <textarea                                    id="id-textarea"
```

```
onselect="on_textarea_select(this.id)"></textarea>
  06  <br><br>
  07 </form>
  08 <!-- 添加 JavaScript 脚本内容 -->
  09 <script type="text/javascript">
  10  function on_textarea_select(thisid) {
  11      var id = document.getElementById(thisid);
  12      var selectedTxt = id.value.slice(id.selectionStart, id.selectionEnd)
  13      console.log("selected value : " + selectedTxt);
  14  }
  15 </script>
```

【代码解析】

第 02～07 行代码通过<form>标签元素定义了一个表单，且添加了“name”属性值（"name-form"）。

第 05 行代码通过<textarea>标签元素在表单内添加了一个文本域，且定义了“onselect”事件处理方法，该方法的函数名为"on_textarea_select(this.id)"，并添加了“this.id”参数用于传递<textarea>标签元素的“id”属性值。

第 10～14 行代码是"on_textarea_select()"方法的具体实现，当用户选中第 05 行代码定义的<textarea>文本中的某些内容后，会将选中内容输出到控制台中显示。其中，获取选中文本的开始点和结束点是通过“selectionStart”和“selectionEnd”属性实现的。

运行测试页面，效果如图 15.6 所示。我们尝试在页面表单中的文本域中输入一些内容，然后选中其中的一部分文本，页面效果如图 15.7 所示。可以看到，“onselect”事件被触发后，事件处理函数成功将选中的文本输出到控制台中了。

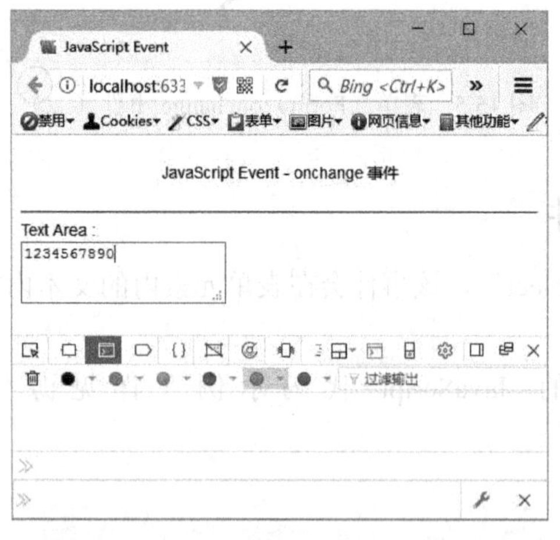

图 15.6 表单（Form）onselect 事件（一）

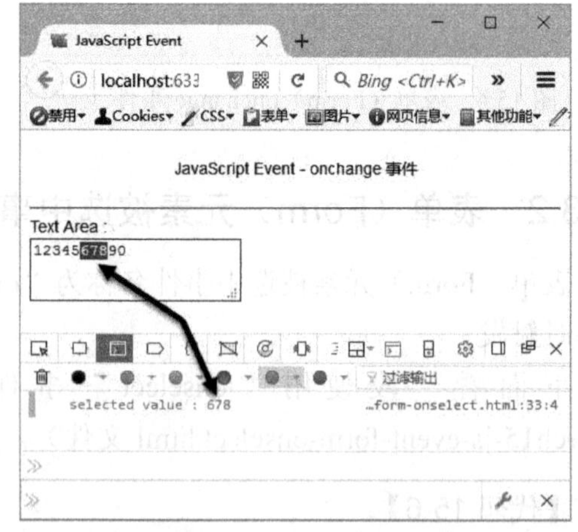

图 15.7 表单（Form）onselect 事件（二）

15.3.3 表单（Form）元素焦点事件

表单（Form）元素获取焦点和失去焦点事件名称分别为“onfocus”和“onblur”，这两个事件会在表单内元素获取焦点和失去焦点时被触发。

下面看一段使用“onfocus”和“onblur”事件的 JavaScript 代码示例（详见源代码 ch15/ch15-js-event-form-focus.html 文件）。

【代码 15-7】

```
01 <!-- 添加文档主体内容 -->
02 <form id="id-form" name="name-form" action="#" method="get">
03  <label>焦点事件 : </label>
04  <input type="text" id="id-focus" value=""
05       onfocus="on_focus(this.id)" onblur="on_blur(this.id)" />
06  <br><br>
07 </form>
08 <!-- 添加 JavaScript 脚本内容 -->
09 <script type="text/javascript">
10  function on_focus(thisid) {
11       var id = document.getElementById(thisid);
12       console.log("id-focus get focus.");
13  }
14  function on_blur(thisid) {
15       var id = document.getElementById(thisid);
16       console.log("id-focus lose focus.");
17  }
18 </script>
```

【代码解析】

第 02～07 行代码通过<form>标签元素定义了一个表单，且添加了“name”属性值（"name-form"）。

第 04～05 行代码通过<input>标签元素在表单内添加了一个文本输入框，且定义了“onfocus”和“onblur”事件处理方法，方法的函数名分别为"on_focus(this.id)"和"on_blur(this.id)"，并添加了“this.id”参数用于传递<input>标签元素的“id”属性值。

第 10～13 行代码是"on_focus(this.id)"方法的具体实现，当第 04～05 行代码定义的<input>标签元素获取焦点后，第 12 行代码会将调试信息输出到控制台中。

第 14～17 行代码是"on_blur(this.id)"方法的具体实现，当第 04～05 行代码定义的<input>标签元素失去焦点后，第 16 行代码会将调试信息输出到控制台中。

运行测试页面，然后使得<input>标签元素获取用户焦点，页面效果如图 15.8 所示。我们再次尝试使得<input>标签元素失去用户焦点，页面效果如图 15.9 所示。

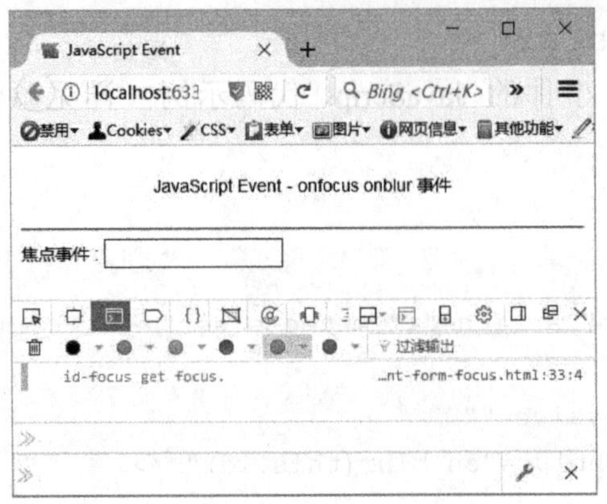

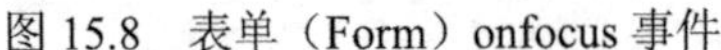
图 15.8　表单（Form）onfocus 事件

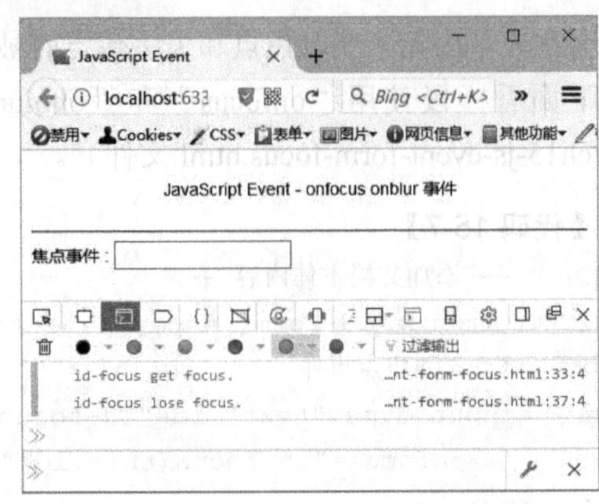

图 15.9　表单（Form）onblur 事件

15.3.4　表单（Form）重置与提交事件

表单（Form）元素重置和提交事件名称分别为“onreset”和“onsubmit”，这两个事件会在表单内单击 reset 和 submit 按钮时被触发。

下面看一段使用“onreset”和“onsubmit”事件的 JavaScript 代码示例（详见源代码 ch15/ch15-js-event-form-reset-submit.html 文件）。

【代码 15-8】

```
01 <!-- 添加文档主体内容 -->
02 <form id="id-form" name="nform" action="#"
03  onreset="on_reset()" onsubmit="on_submit()">
04  <label>Text : </label>
05  <input type="text" id="id-text" name="ntext" value="" />
06  <br><br>
07  <input type="reset" value="重置" />
08  <input type="submit" value="提交" />
09  <br><br>
10 </form>
11 <!-- 添加 JavaScript 脚本内容 -->
12 <script type="text/javascript">
13  function on_reset() {
14      console.log("form reset : " + nform.ntext.value);
15  }
16  function on_submit() {
17      console.log("form submit : " + nform.ntext.value);
18  }
19 </script>
```

【代码解析】

第 02～10 行代码通过<form>标签元素定义了一个表单，且添加了“name”属性值

("nform")。

第 03 行代码为表单定义了“onreset”和“onsubmit”事件处理方法，方法的函数名分别为"on_reset()"和"on_submit()"。

第 05 行代码通过<input>标签元素在表单内添加了一个文本输入框。

第 07 行代码通过<input>标签元素在表单内添加了一个“重置”按钮。

第 08 行代码通过<input>标签元素在表单内添加了一个“提交”按钮。

第 13～15 行代码是"on_reset()"方法的具体实现，其中第 14 行代码通过"nform"属性值获取了第 05 行代码定义的<input>标签元素中内容，并将调试信息输出到控制台中。

第 16～18 行代码是 on_submit()"方法的具体实现，其中第 17 行代码通过"nform"属性值获取了第 05 行代码定义的<input>标签元素中内容，并将调试信息输出到控制台中。

运行测试页面，然后依次单击“重置”和“提交”按钮，页面效果如图 15.10 和图 15.11 所示。

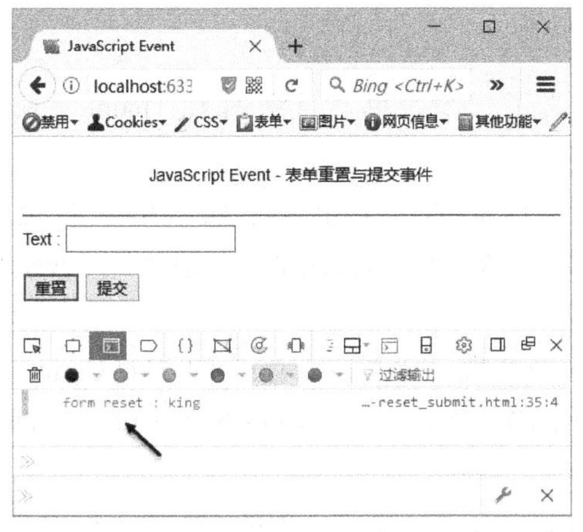

图 15.10 表单（Form）onreset 事件

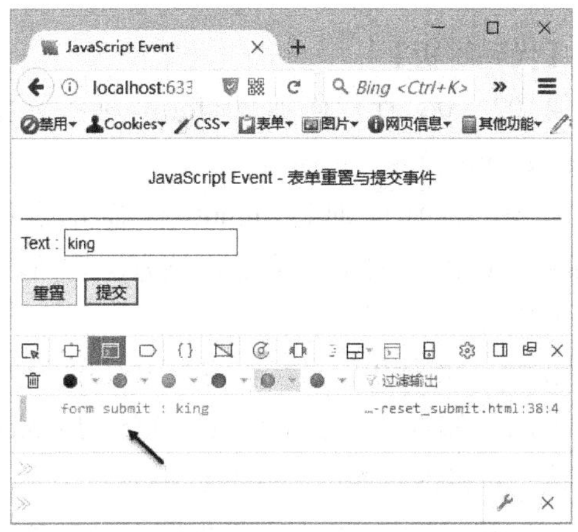

图 15.11 表单（Form）onsubmit 事件

15.4 JavaScript 键盘事件

本节介绍 JavaScript 键盘事件处理的内容，键盘按键按下事件名称为“onkeydown”，该事件发生在用户在表单中按下一个键盘按键时被触发。

下面看一段使用“onkeydown”事件的 JavaScript 代码示例（详见源代码 ch15/ch15-js-event-onkeydown.html 文件）。

【代码 15-9】

```
<!-- 添加文档主体内容 -->
<form id="id-form" name="name-form" action="#" method="get">
 <label>键盘事件 onkeydown : </label>
 <input type="text" onkeydown="on_keydown(event)" />
```

```
05  <br><br>
06 </form>
07 <!-- 添加 JavaScript 脚本内容 -->
08 <script type="text/javascript">
09  function on_keydown(e) {
10      var keynum;
11      var keychar;
12      if(window.event) {
13          keynum = e.keyCode; // IE
14      } else if(e.which) {
15          keynum = e.which;   // Netscape/Firefox/Opera
16      }
17      console.log(keynum);
18      keychar = String.fromCharCode(keynum);
19      console.log(keychar);
20  }
21 </script>
```

【代码解析】

第 02～06 行代码通过<form>标签元素定义了一个表单，且添加了“name”属性值（"name-form"）。

第 04 行代码通过<input>标签元素在表单内添加了一个文本输入框，且定义了“onkeydown”事件处理方法，该方法的函数名为"on_keydown(event)"，并添加了“event”参数用于传递事件对象。

第 09～20 行代码是"on_keydown(e)"方法的具体实现，通过参数“e”的“keyCode”属性和“which”属性获取了用户按下按键的 Unicode 编码，然后通过“fromCharCode()”方法转换成字符，并将内容输出到控制台中显示。

运行测试页面，页面效果如图 15.12 所示。我们尝试在页面表单中的文本输入框中输入字符“1A2B”，在控制台中随之输出了该字符的 Unicode 编码及其字符。

图 15.12　键盘按下 onkeydown 事件

15.5 JavaScript 鼠标事件

本节介绍 JavaScript 鼠标事件处理的内容，主要包括鼠标单击、双击和悬停等事件的处理方法。

15.5.1 鼠标单击事件

鼠标单击事件名称为“onclick”，该事件发生在用户使用鼠标单击一个对象时被触发。需要读者注意的是，这个单击事件是指鼠标按键按下后又释放的过程，是特指这个连贯动作（主要是与鼠标按键按下相区别）。

下面看一段使用“onclick”事件的 JavaScript 代码示例（详见源代码 ch15/ch15-js-event-onclick.html 文件）。

【代码 15-10】

```
01 <!-- 添加文档主体内容 -->
02 <div id="id-div" onclick="on_click(this.id)">
03   div - onclick 事件
04 </div>
05 <span id="id-span1" onclick="on_click(this.id)">
06   span1 - onclick 事件
07 </span>
08 <span id="id-span2" onclick="on_click(this.id)">
09   span2 - onclick 事件
10 </span>
11 <span id="id-span3" onclick="on_click(this.id)">
12   span3 - onclick 事件
13 </span>
14 <p id="id-p" onclick="on_click(this.id)">
15   p - onclick 事件
16 </p>
17 <!-- 添加 JavaScript 脚本内容 -->
18 <script type="text/javascript">
19   function on_click(thisid) {
20       var val = document.getElementById(thisid).innerText;
21       console.log(val);
22   }
23 </script>
```

【代码解析】

第 02～16 行代码通过<div>、<span>和<p>标签元素定义了多个页面元素，且均添加了“id”属性，并均定义了“onclick”事件处理方法，该方法的函数名为"on_click(this.id)"。

第 19～22 行代码是"on_click(thisid)"方法的具体实现，通过参数“thisid”获取了标签元素内定义的文本内容，并将内容输出到控制台中显示。

运行测试页面，页面效果如图 15.13 所示。我们尝试在页面中的<div>、<span>和<p>标签元素内单击鼠标按键，在控制台中随之输出了通过事件处理方法获取的各个标签元素内定义的内容。

图 15.13　鼠标 onclick 事件

15.5.2　鼠标双击事件

鼠标双击事件名称为“ondblclick”，该事件发生在用户使用鼠标双击一个对象时被触发。注意，这里双击是指连续两次间隔时间很短的单击动作。如果间隔时间稍长，可能就会变成两次单击操作了。

下面看一段使用“ondblclick”事件的 JavaScript 代码示例（详见源代码 ch15/ch15-js-event-ondblclick.html 文件）。

【代码 15-11】

```
<!-- 添加文档主体内容 -->
<p id="id-p1" onclick="on_click(this.id)">
 p1 - only onclick event
</p>
<p id="id-p2" ondblclick="on_dblclick(this.id)">
 p2 - only ondblclick event
</p>
<p id="id-p3" onclick="on_click(this.id)" ondblclick="on_dblclick(this.id)">
 p3 - both onclick & ondblclick event
</p>
```

```
11 <!-- 添加 JavaScript 脚本内容 -->
12 <script type="text/javascript">
13  function on_click(thisid) {
14      console.log(thisid + " onclick event.");
15  }
16  function on_dblclick(thisid) {
17      console.log(thisid + " ondblclick event.");
18  }
19 </script>
```

【代码解析】

第 02～04 行代码通过<p>标签元素定义了第一个段落文本，同时添加了“id”属性，并定义了“onclick”鼠标单击事件处理方法，该方法的函数名为"on_click(this.id)"。

第 05～07 行代码通过<p>标签元素定义了第二个段落文本，同时添加了“id”属性，并定义了“ondblclick”鼠标双击事件处理方法，该方法的函数名为"on_dblclick(this.id)"。

第 08～10 行代码通过<p>标签元素定义了第三个段落文本，同样添加了“id”属性，并同时定义了“onclick”鼠标单击和“ondblclick”鼠标双击两个事件处理方法。

第 13～15 行代码是"on_click(thisid)"方法的具体实现，通过参数“thisid”获取了标签元素的“id”属性值，并将内容输出到控制台中显示。

第 16～18 行代码是"on_dblclick(thisid)"方法的具体实现，通过参数“thisid”获取了标签元素的“id”属性值，并将内容输出到控制台中显示。

运行测试页面，效果如图 15.14 所示。我们先尝试在页面中进行分别单击和双击“p1”标签元素的操作，控制台中输出了通过事件处理方法生成的调试信息，页面效果如图 15.15 所示。然后，在图 15.15 中继续单击“p1”标签元素后控制台输出了调试信息，而双击“p1”标签元素后控制台没有任何输出。

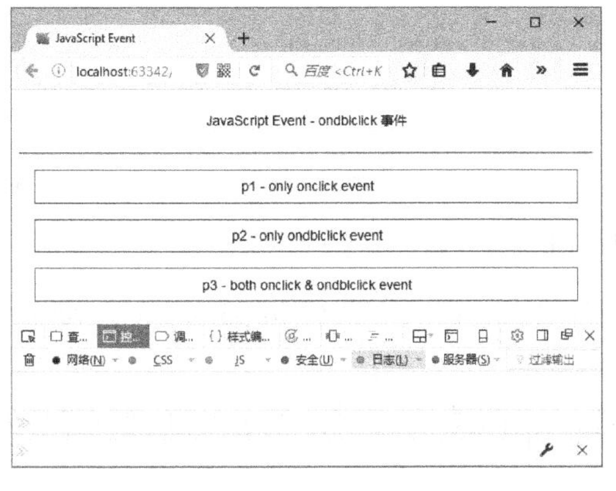

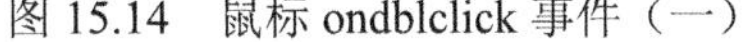

图 15.14　鼠标 ondblclick 事件（一）

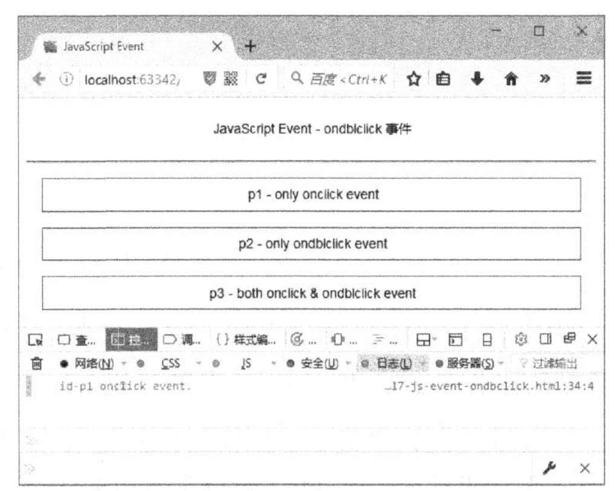

图 15.15　鼠标 ondblclick 事件（二）

下面，我们再次尝试在页面中进行分别单击和双击“p2”标签元素的操作，控制台中输出了通过事件处理方法生成的调试信息，页面效果如图 15.16 所示。

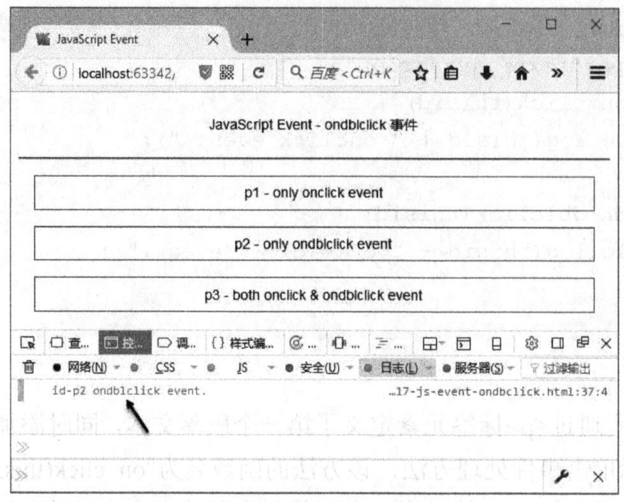

图 15.16　鼠标 ondblclick 事件（三）

如图 15.16 所示，单击“p2”标签元素后控制台没有任何输出，而双击“p2”标签元素后控制台输出了调试信息。下面再次在页面中进行单击“p3”标签元素的操作，控制台中输出了通过事件处理方法生成的调试信息，页面效果如图 15.17 所示。

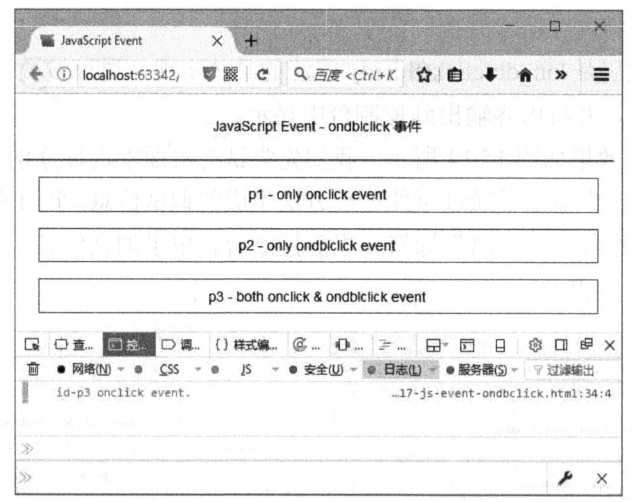

图 15.17　鼠标 ondblclick 事件（四）

如图 15.17 所示，单击“p3”标签元素后控制台输出了调试信息（“id-p3 onclick evernt”），表示单击事件方法处理了用户的单击操作。

当我们再次尝试在页面中进行双击“p3”标签元素的操作，控制台中输出了通过事件处理方法生成的调试信息，页面效果如图 15.18 所示。

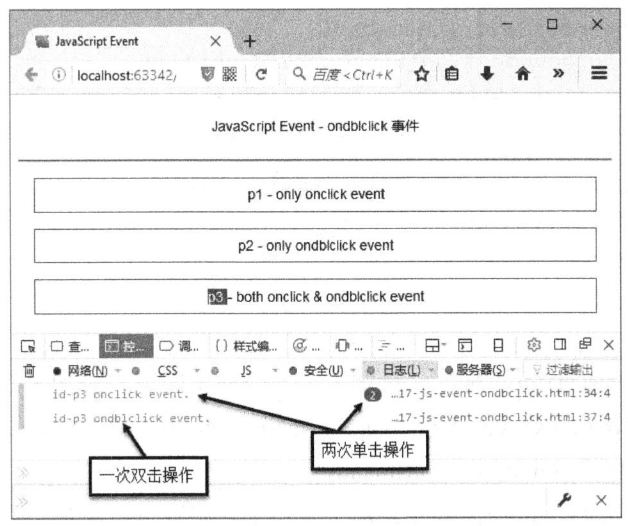

图 15.18　鼠标 ondblclick 事件（五）

如图 15.18 所示，双击“p3”标签元素后控制台输出了调试信息（“id-p3 onclick evernt”），并注意后面的数字表示“2”，表示用户执行了两次单击事件操作。同时，控制台还输出了调试信息（“id-p3 ondblclick evernt”），表示用户执行了一次双击事件操作。由此可见，如果同时定义了“onclick”鼠标单击和“ondblclick”鼠标双击两个事件，那么一次双击操作同时也会被单击事件处理方法捕获并当作是两次单击操作。

15.5.3　鼠标悬停与移出事件

鼠标悬停事件名称为“onmouseover”，该事件发生在用户将鼠标指针移动到指定的对象范围上时被触发。而鼠标移出事件名称为“onmouseout”，该事件发生在用户将鼠标指针移出指定的对象范围后时被触发。

悬停事件“onmouseover”与鼠标移出事件“onmouseout”是一对相关的鼠标事件，当鼠标指针移动到指定的元素上时会触发“onmouseover”事件，而当鼠标指针离开该指定的元素上时又会触发“onmouseout”事件。

下面看一段使用“onmouseover”与“onmouseout”事件的 JavaScript 代码示例（详见源代码 ch15/ch15-js-event-onmouseover-onmouseout.html 文件）。

【代码 15-12】

```
<!-- 添加文档主体内容 -->
<div id="id-div-outer" class="div-outer"
  onmouseover="on_mouseover(this.id)" onmouseout="on_mouseout(this.id)">
 <div id="id-div-inner" class="div-inner"
       onmouseover="on_mouseover(this.id)"
onmouseout="on_mouseout(this.id)">
 </div>
</div>
<!-- 添加 JavaScript 脚本内容 -->
<script type="text/javascript">
```

```
10  function on_mouseover(thisid) {
11      var id = document.getElementById(thisid);
12      console.log("mouse over " + id.id);
13  }
14  function on_mouseout(thisid) {
15      var id = document.getElementById(thisid);
16      console.log("mouse out " + id.id);
17  }
18  </script>
```

【代码解析】

第 02～07 行代码通过<div>标签元素定义了一个外层区域，添加了“id”属性。其中，第 03 行代码定义了“onmouseover”和“onmouseout”事件处理方法，方法的函数名分别为"on_mouseover(this.id)"和"on_mouseout(this.id)"。

第 04～06 行代码通过<div>标签元素定义了一个内层区域，添加了“id”属性。其中，第 05 行代码定义了“onmouseover”和“onmouseout”事件处理方法，方法的函数名分别为"on_mouseover(this.id)"和"on_mouseout(this.id)"。

第 10～13 行代码是"on_mouseover(thisid)"方法的具体实现，通过参数“thisid”获取了标签元素对象，并将调试信息输出到控制台中显示。

第 14～17 行代码是"on_mouseout(thisid)"方法的具体实现，通过参数“thisid”获取了标签元素对象，并将调试信息输出到控制台中显示。

运行测试 HTML 页面，页面效果如图 15.19 所示。我们尝试在页面中的外层<div>标签元素与内层<div>标签元素之间移动鼠标指针位置时，控制台中随之输出了通过事件处理方法提示的鼠标悬停与移出的调试信息。

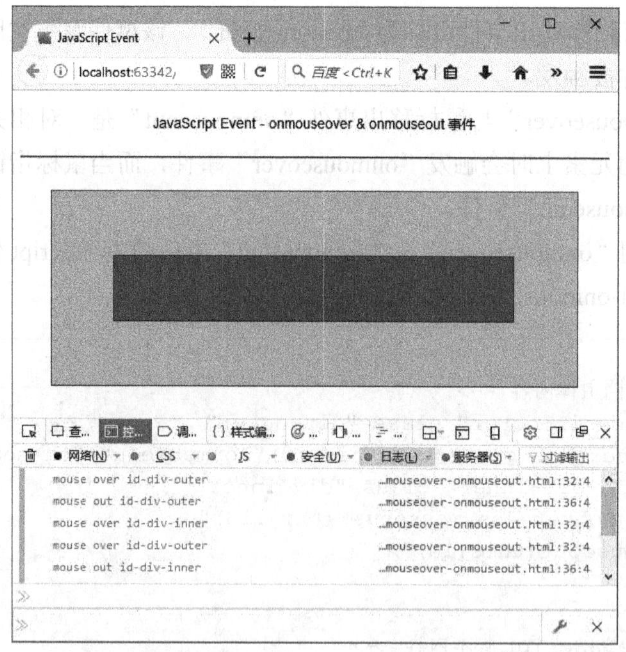

图 15.19　鼠标 onmouseover 和 onmouseout 事件

15.6 项目实战：鼠标坐标位置应用

实际应用中，鼠标悬停“onmouseover”事件经常可以用来获取鼠标在屏幕或浏览器客户端的位置坐标。下面看一段通过“onmouseover”事件获取鼠标坐标位置的 JavaScript 应用（详见源代码 ch15/jsMousePos\jsMousePos.html 文件）。

【代码 15-13】

```
01 <body onmouseover="on_mouseover(event)" onclick="on_click(event)">
02  <!-- 添加文档主体内容 -->
03  <div id="id-div-screen" class="div-pos"></div>
04  <div id="id-div-client" class="div-pos"></div>
05  <div id="id-div-click" class="div-pos"></div>
06  <!-- 添加 JavaScript 脚本内容 -->
07  <script type="text/javascript">
08  function on_mouseover(e) {
09      var v_screen_pos =
10          "currnt mouse screen pos is " + "X=" + e.screenX + " : " + "Y=" + e.screenY;
11      var v_client_pos =
12          "currnt mouse client pos is " + "X=" + e.clientX + " : " + "Y=" + e.clientY;
13      document.getElementById("id-div-screen").innerText = v_screen_pos;
14      document.getElementById("id-div-client").innerText = v_client_pos;
15  }
16  function on_click(e) {
17      document.getElementById("id-div-click").innerText =
18          "click mouse screen pos is " + e.screenX + " : " + e.screenY + "\r\n" +
19          "click mouse client pos is " + e.clientX + " : " + e.clientY + "\r\n";
20  }
21  </script>
22 </body>
```

【代码解析】

第 01 行代码为<body>标签元素定义了“onmouseover”事件和“onclick”事件，并添加了“event”参数。

第 03～05 行代码通过<div>标签元素定义了一组区域，分别用于显示鼠标的屏幕位置、浏览器客户端位置和鼠标单击位置。

第 08～15 行代码是"on_mouseover(e)"方法的具体实现，通过参数“e”获取了鼠标的屏幕位置坐标（screenX 和 screenY）和浏览器客户端位置坐标（clientX 和 clientY），并将位置坐标信息输出到第 03～04 行代码定义的<div>标签元素中。

第 16～20 行代码是"on_click(e)"方法的具体实现，同样通过参数“e”获取了鼠标的屏幕位置坐标和浏览器客户端位置坐标，并将位置坐标信息输出到第 05 行代码定义的<div>标签元素中。

运行测试页面，页面效果如图 15.20 所示。通过使用屏幕位置属性（screenX 和 screenY）和浏览器客户端位置属性（clientX 和 clientY），在鼠标悬停“onmouseover”事件和鼠标单击“onclick”事件处理方法中成功输出了鼠标的位置信息。

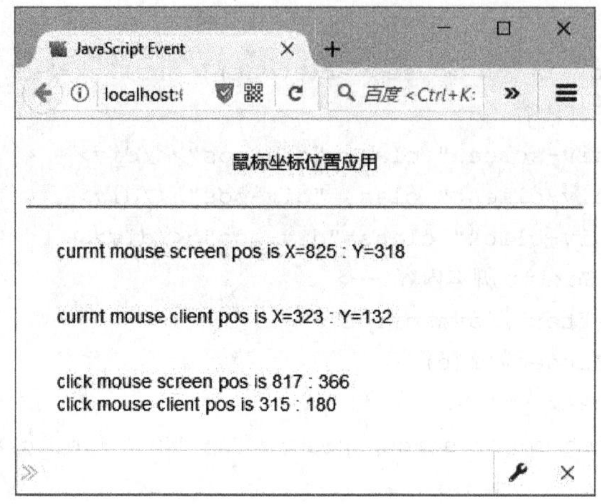

图 15.20　鼠标坐标位置应用

第 16 章

项目实战——自适应Web主页

本章介绍基于 HTML5 + CSS3 + JavaScript 实现的项目实战（一）—— 自适应 Web 主页。目前，随着移动应用的迅速崛起，用户浏览网页不再单单局限于在台式机屏幕上了，笔记本电脑、平板电脑、移动手机等客户端上访问量在成倍地增长。因此，设计出能够满足各种屏幕尺寸的自适应网页，已经是 Web 技术的重要课题之一了。通过本书前面章节中介绍的内容，相信读者对 HTML5、CSS3 和 JavaScript 技术有了一定的了解。下面就基于这几项技术实现一个简单的自适应 Web 主页。

16.1 自适应 Web 主页介绍

本章的内容是基于 HTML5 + CSS3 + JavaScript 实现的自适应 Web 主页，下面就大概介绍一下该项目的主要特点：

（1）主要应用 HTML5、CSS3 和 JavaScript 这几项技术，未使用任何 Web 框架，简单地讲是纯 HTML5 + CSS3 + JavaScript 技术。

（2）实现了 Web 主页的大部分页面元素，包括：顶部工具条导航菜单、登录链接、左侧导航菜单、右侧边栏、左侧菜单项与页面主体内容的联动和页面页脚等。

（3）实现了自适应 Web 主页媒体查询功能，可以根据浏览器分辨率大小自动调整页面元素的布局。

下面我们先睹为快，看看自适应 Web 主页的整体效果，如图 16.1 所示。

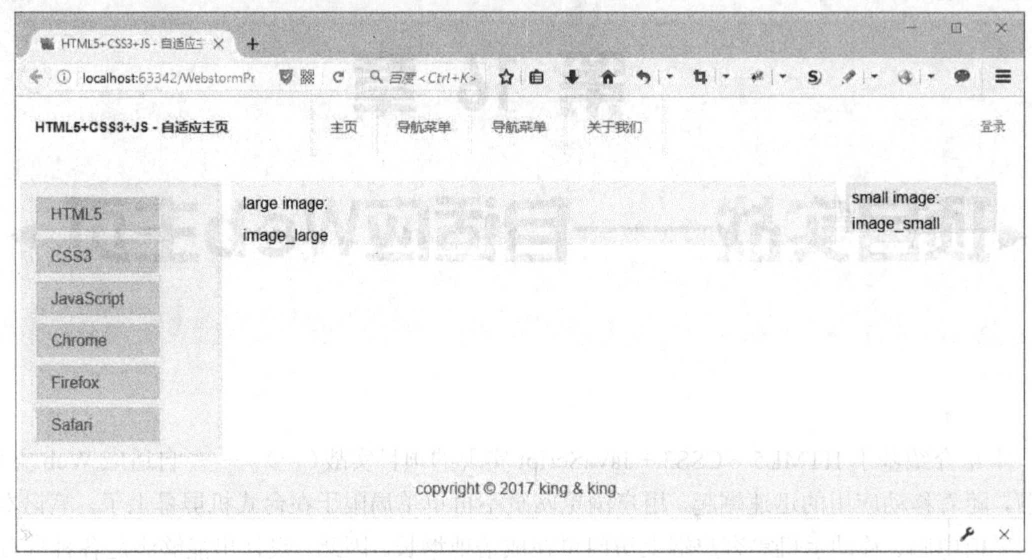

图 16.1　自适应 Web 主页整体效果

从图 16.1 中可以看到，自适应 Web 主页设计了顶部工具条导航菜单、左侧导航菜单、右侧边栏、页面主体内容和页面页脚等区域，下面逐一详细介绍。

16.2 自适应 Web 主页模块

本节介绍自适应 Web 主页的各个页面模块的实现过程。该项目的相关源码可以参考本书中的名称为“ch16”的源代码目录。

16.2.1　页面框架

首先看看自适应 Web 主页的页面框架 HTML 代码（参看源代码 ch16/index.html 文件）。

【代码 16-1】

```
<!doctype html>
<html lang="en">
<head>
 <link rel="stylesheet" type="text/css" href="css/style.css">
 <title>HTML5+CSS3+JS - 自适应主页</title>
</head>
<body>
 <!-- 添加文档主体内容 -->
 <header>
 </header>
 <br>
 <!-- content -->
```

```
13  <div class="content">
14  </div>
15  <!-- FOOTER -->
16  <footer>
17  </footer>
18  <!-- 添加文档主体内容 -->
19  <script type="text/javascript" src="js/index.js"></script>
20  </body>
21  </html>
```

【代码解析】

第 04 行代码通过<link>标签元素引用了页面所需的样式文件（"css/style.css"）。

第 09～10 行代码通过<header>标签元素定义了页面头部（顶部导航菜单）。

第 13～14 行代码通过<div>标签元素定义了页面主体内容部分。

第 16～17 行代码通过<footer>标签元素定义了页面底部（页脚）。

第 19 行代码通过<script>标签元素引用了页面所需的 JS 脚本文件（"js/index.js"）。

此时，代码【代码 16-1】所定义的页面还是一个空页面，没有任何具体内容。下面我们就一步步地完善该页面。

16.2.2　页面头部导航工具条

本小节看看自适应 Web 主页的页面头部导航工具条的 HTML 代码（参看源代码 ch16/index.html 文件）。

【代码 16-2】

```
<header>
 <div id="navmenu">
     <span class="title">HTML5+CSS3+JS - 自适应主页</span>
     <span class="loginleft"><a href="#">登录</a></span>
     <ul>
         <li class="borderleft"><a href="#" target="_blank">主页</a></li>
         <li><a href="#" target="_blank">导航菜单</a></li>
         <li><a href="#" target="_blank">导航菜单</a>
             <ul>
                 <li  class="top"><a  href="#"  target="_blank">导航菜单</a></li>
                 <li><a href="#" target="_blank">导航菜单</a></li>
                 <li><a href="#" target="_blank">导航菜单</a></li>
             </ul>
         </li>
         <li><a href="#" target="_blank">关于我们</a>
             <ul>
                 <li  class="top"><a  href="#"  target="_blank">关于我们
```

```
</a></li>
18                  <li><a href="#" target="_blank">关于我们</a></li>
19                  <li><a href="#" target="_blank">关于我们</a></li>
20              </ul>
21          </li>
22      </ul>
23      <span class="login"><a href="#">登录</a></span>
24  </div>
25  </header>
```

【代码解析】

第 01～25 行代码通过<header>标签元素定义了页面头部，用于实现页面顶部导航菜单。

第 02～24 行代码通过<div>标签元素定义了一个层块，相当于一个容器，且添加了“id”属性值（id="navmenu"）。其中，第 03、04 和 23 行代码通过<span>标签元素定义了几个行内区域块，用于显示主页标题和登录链接。第 05～22 行代码通过<ul>和<li>组合标签元素定义了页面顶部多级导航菜单。

在上面的【代码 16-2】中还有很多样式定义，下面看看具体的实现（参看源代码 ch16/css\style.css 文件）。

【代码 16-3】

```
header {
    display: flex;
    width: 100%;
    background: #fff;
}
#navmenu {
    float: none;
    position: relative;
    margin: 0 auto;
    width: 100%;
    height: auto;
    font-family: helvetica;
    font-size: 14px;
    color: #666;
    background-color: #f8f8f8;
}
#navmenu span.title {
    float: left;
    position: relative;
    width: auto;
    height: auto;
    margin: 0 auto;
    padding: 20px;
```

```
    font-family: helvetica;
    font-size: 14px;
    font-weight: bold;
    color: #333;
    text-align: center;
}
#navmenu span.loginleft {
    float: left;
    position: relative;
    width: auto;
    height: auto;
    margin: 0 auto;
    padding: 20px;
    font-family: helvetica;
    font-size: 12px;
    color: #666;
    text-align: center;
    visibility: hidden;
}
#navmenu ul {
    list-style-type: none;
}
#navmenu ul li {
    float: left;
    position: relative;
}
#navmenu ul li a {
    border-right: 1px solid #e9e9e9;
    padding: 20px;
    display: block;
    color: #666;
    text-decoration: none;
    text-align: center;
}
#navmenu ul li a:hover {
    background: #c0c0c0;
    color: #fff;
}
#navmenu ul li ul {
    display: none;
}
#navmenu ul li:hover ul {
    display: block;
```

```
    position: absolute;
    top: 56px;
    min-width: 190px;
    left: 0;
}
#navmenu ul li:hover ul li a {
    display: block;
    background: #c0c0c0;
    color: #fff;
    width: 110px;
    text-align: center;
    border-bottom: 1px solid #f2f2f2;
    border-right: none;
}
#navmenu ul li:hover ul li a:hover {
    background: #c0c0c0;
    color: #fff;
}
.borderleft {
    border-left: 1px solid #e9e9e9;
}
.top {
    border-top: 1px solid #f2f2f2;
}
#navmenu span.login {
    float: right;
    position: relative;
    width: auto;
    height: auto;
    margin: 0 auto;
    padding: 20px;
    font-family: helvetica;
    font-size: 12px;
    color: #666;
    text-align: center;
    visibility: visible;
}
#navmenu span.login a {
    font-size: 12px;
    color: #888;
}
```

【代码解析】

第 01～05 行代码定义了<header>标签元素的样式，对应【代码 16-2】中第 01～25 行代码定义的<header>标签元素。其中，“display”属性值为“flex”，表示页面支持多栏多列布局。

第 06～16 行代码定义了标签“id”值为“#navmenu”的样式，对应【代码 16-2】中第 02～24 行代码定义的<div>标签元素。其中，第 07 行代码定义了浮动样式（float: none;），表示不浮动。第 08 行代码定义了位置样式（position: relative;），表示相对定位。

第 17～42 行代码和第 91～103 行代码定义了三种<span>标签元素的样式，分别对应【代码 16-2】中第 03、04 和 23 行代码定义的<span>标签元素。其中，第 17～42 行代码定义了浮动样式（float: left;），表示向左浮动。第 91～103 行代码定义了浮动样式（float: right;），表示向右浮动。

第 43～90 行代码定义了<ul>和<li>标签元素的样式，对应【代码 16-2】中第 05～23 行代码定义的多级导航菜单。其中，第 44 行代码定义的（list-style-type: none）样式表示<ul>和<li>列表标签不带列表项符号。

下面运行页面，效果如图 16.2 所示。当把鼠标移动到“导航菜单”项上时，二级导航菜单会显示自动弹出的效果。

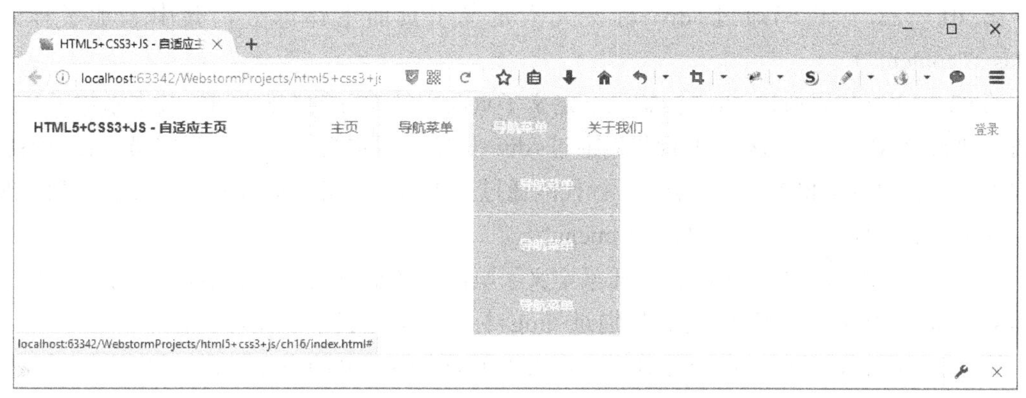

图 16.2　自适应 Web 主页顶部导航菜单

16.2.3　页面主体部分

本小节继续看看自适应 Web 主页的页面主体部分的 HTML 代码（参看源代码 ch16/index.html 文件）。

【代码 16-4】

```
<div class="content">
 <div class="leftBox">
     <div class="navleft">
         <ul class="navleftmenu">
             <li><a onclick="on_html5_click();">HTML5</a></li>
             <li><a onclick="on_css3_click();">CSS3</a></li>
```

```
07              <li><a onclick="on_js_click();">JavaScript</a></li>
08              <li><a onclick="on_chrome_click();">Chrome</a></li>
09              <li><a onclick="on_firefox_click();">Firefox</a></li>
10              <li><a onclick="on_safari_click();">Safari</a></li>
11          </ul>
12      </div>
13  </div>
14  <div class="middleBox">
15      <p>large image:</p>
16      <img id="id-image-large" src="" alt="image_large" />
17  </div>
18  <div class="rightBox">
19      <p>small image:</p>
20      <img id="id-image-small" src="" alt="image_small" />
21  </div>
22 </div>
```

【代码解析】

第 01～22 行代码通过<div>标签元素定义了页面主体部分，其中添加了样式类（class="content"）。

第 02～13 行代码通过<div>标签元素定义了页面主体部分的左侧容器，其中添加了样式类（class="leftBox"）。第 03～12 行代码通过<div>标签元素定义了左侧导航容器，其中添加了样式类（class="navleft"）。第 04～11 行代码通过< ul>和<li>组合标签元素定义了左侧导航菜单，其中添加了样式类（class="navleftmenu"）。

第 14～17 行代码通过<div>标签元素定义了页面主体部分的中间容器，其中添加了样式类（class="middleBox"）。第 16 行代码通过<img>标签元素定义了大图片内容。

第 18～21 行代码通过<div>标签元素定义了页面主体部分的右侧容器，其中添加了样式类（class="rightBox"）。第 20 行代码通过<img>标签元素定义了小图片内容。

在上面的【代码 16-4】中同样有很多样式定义，下面看看具体的实现（参看源代码 ch16/css\style.css 文件）：

【代码 16-5】

```
.content {
    zoom:1;
}
.content:after {
    content: ".";
    display: flex;
    height: 0;
    clear: both;
    visibility: hidden;
}
```

```
.content .leftBox {
   float: left;
   width: 20%;
   min-width: 192px;
   height: auto;
   margin: 5px;
   background: #e8e8e8;
   display: inline;
   -webkit-transition: width 1s ease;
   -moz-transition: width 1s ease;
   -o-transition: width 1s ease;
   -ms-transition: width 2s ease;
   transition: width 1s ease;
}
.content .middleBox {
   float: left;
   width: 60%;
   min-width: 320px;
   height: auto;
   margin: 5px;
   background: #f0f0f0;
   display: inline;
   -webkit-transition: width 1s ease;
   -moz-transition: width 1s ease;
   -o-transition: width 1s ease;
   -ms-transition: width 1s ease;
   transition: width 1s ease;
}
.content .middleBox p {
   margin: 8px;
   padding: 4px;
}
.content .middleBox img {
   margin: 8px;
   padding: 4px;
}
.content .rightBox {
   float: left;
   width: 15%;
   min-width: 128px;
   height: auto;
   margin: 5px;
   background: #e8e8e8;
```

```
    display: inline;
    -webkit-transition: width 1s ease;
    -moz-transition: width 1s ease;
    -o-transition: width 1s ease;
    -ms-transition: width 2s ease;
    transition: width 1s ease;
}
.content .rightBox p {
    margin: 4px;
    padding: 2px;
}
.content .rightBox img {
    margin: 4px;
    padding: 2px;
}
.navleft {
    float: left;
}
.navleft ul {
    list-style-type: none;
}
ul.navleftmenu {
    width: auto;
    padding: 8px 16px 8px 16px;
}
ul.navleftmenu li {
    margin: 8px 0 8px 0;
}
ul.navleftmenu li a {
    background: #cbcbcb;
    color: #666;
    padding: 7px 15px 7px 15px;
    width: 96px;
    display: block;
    text-decoration: none;
}
ul.navleftmenu li a:hover {
    background: #a8a8a8;
    color: #fff;
    padding: 7px 20px 7px 26px;
}
```

【代码解析】

第 01～03 行代码定义了类名为“.content”的样式，对应【代码 16-4】中第 01～22 行代码定义的<div>标签元素。其中，缩放比例“zoom”属性值为 1，主要是为了兼容老版的 IE 浏览器。

第 04～10 行代码为类名为“.content”的样式定义了“:after”伪类。

第 11～24 行代码定义了类名为“.leftBox”的样式，对应【代码 16-4】中第 02～13 行代码定义的左侧容器。

第 25～38 行代码定义了类名为“.middleBox”的样式，对应【代码 16-4】中第 14～17 行代码定义的中间容器。第 43～46 行代码为<img>标签元素定义了样式，对应【代码 16-4】中第 16 行代码定义的图片内容。

第 47～60 行代码定义了类名为“.rightBox”的样式，对应【代码 16-4】中第 18～21 行代码定义的右侧容器。第 65～68 行代码为<img>标签元素定义了样式，对应【代码 16-4】中第 20 行代码定义的图片内容。

第 69～94 行代码定义了类名为“.navleft”和“navleftmenu”的样式，对应【代码 16-4】中第 03～12 行代码定义的左侧导航菜单。

运行页面，效果如图 16.3 所示。页面主体中左、中、右分栏布局的效果成功显示出来了。

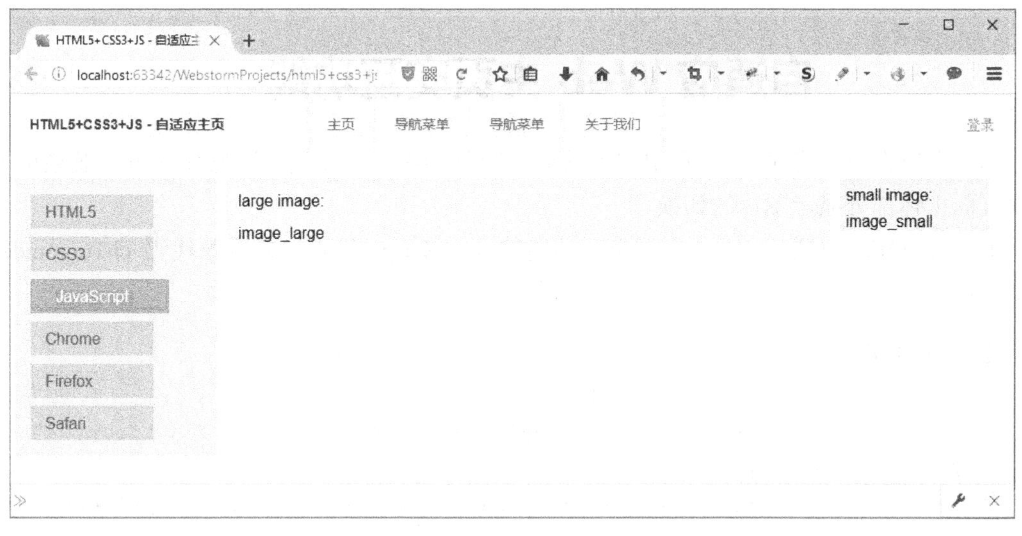

图 16.3　自适应 Web 主页主体部分

16.2.4　页面页脚部分

最后看看自适应 Web 主页的页面页脚部分的 HTML 代码（参看源代码 ch16/index.html 文件）。

【代码 16-6】

```
<footer>
<p> copyright &copy; 2017 king &amp; king.</p>
```

```
03 </footer>
```

【代码解析】

第 01～03 行代码通过<footer>标签元素定义了页面页脚，功能比较简单。

下面看看关于页面页脚的样式定义（参看源代码 ch16/css\style.css 文件）：

【代码 16-7】

```
footer {
   clear: both;
   position: relative;
   width: 100%;
   margin: auto;
   padding: 16px 0 16px 0;
   bottom: 0;
   text-align: center;
   color: #666;
   background-color: #eee;
}
```

16.3 自适应 Web 主页交互功能

本节介绍在自适应 Web 主页中实现的简单交互功能，主要是通过操作左侧导航菜单项，实现页面主体部分显示图片的切换。

下面看看实现自适应 Web 主页交互功能的 JavaScript 代码（参看源代码 ch16/js\index.js 文件）：

【代码 16-8】

```
function on_html5_click() {
         document.getElementById("id-image-large").setAttribute("src", "images/html5-256x256.png");
         document.getElementById("id-image-small").setAttribute("src", "images/html5-64x64.png");
}
function on_css3_click() {
         document.getElementById("id-image-large").setAttribute("src", "images/css3-256x256.png");
         document.getElementById("id-image-small").setAttribute("src", "images/css3-64x64.png");
}
function on_js_click() {
         document.getElementById("id-image-large").setAttribute("src",
```

```
"images/js-256x256.png");
            document.getElementById("id-image-small").setAttribute("src",
"images/js-64x64.png");
}
```

【代码解析】

这段代码主要是通过左侧导航菜单，使用 setAttribute()方法设置图片标签的“src”属性值的方式，达到切换显示图片的效果。

运行完整的页面主页 index.html 文件，然后单击左侧导航菜单的“HTML5”菜单项，页面效果如图 16.4 所示。

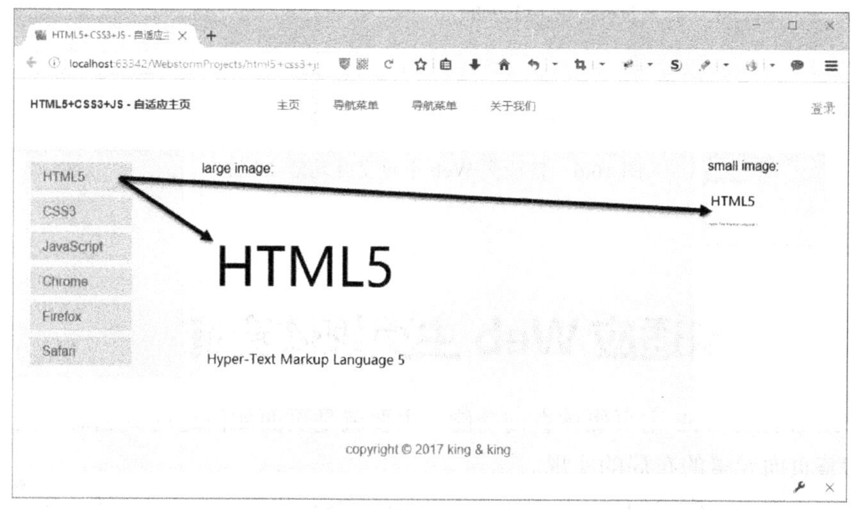

图 16.4　自适应 Web 主页交互功能（一）

如图 16.4 所示，页面主体中间栏和右侧栏区域分别显示出了大图和小图。然后，单击左侧导航菜单的“CSS3”菜单项，页面效果如图 16.5 所示。

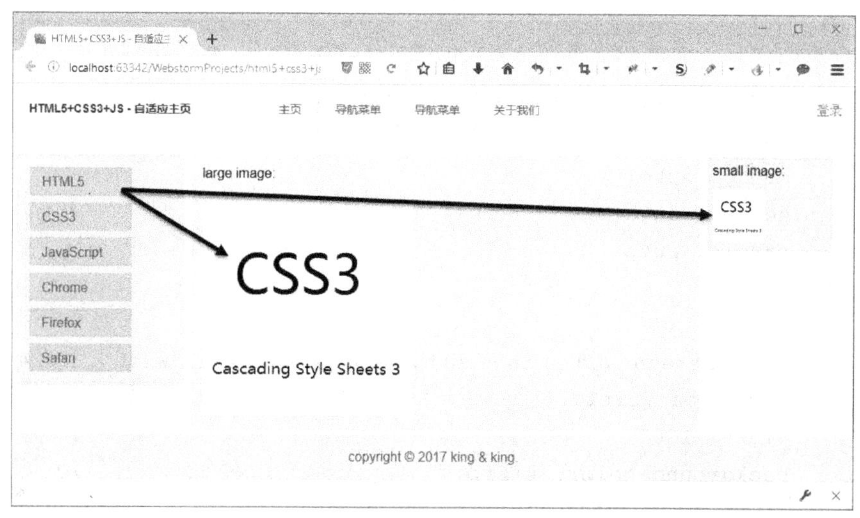

图 16.5　自适应 Web 主页交互功能（二）

最后，单击左侧导航菜单的“JavaScript”菜单项，页面效果如图 16.6 所示。

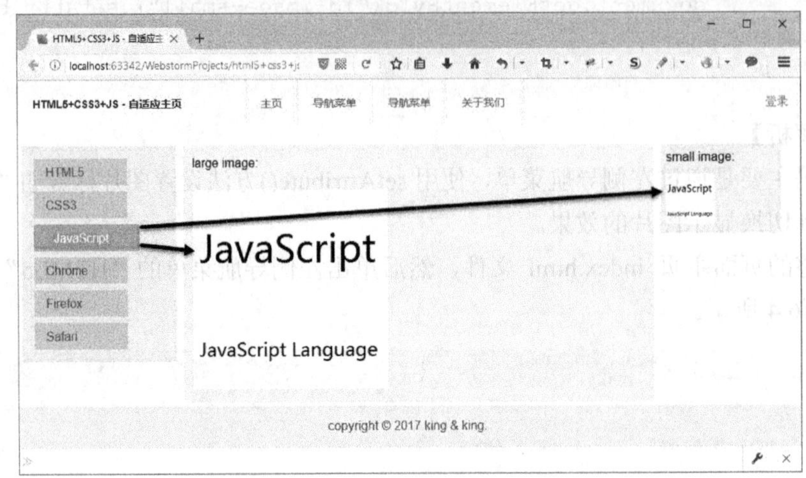

图 16.6　自适应 Web 主页交互功能（三）

16.4 自适应 Web 主页媒体查询

本节介绍自适应 Web 主页媒体查询功能，主要就是页面如何适应浏览器不同的分辨率大小，自动调整页面元素的布局的实现。

下面看看实现自适应 Web 主页媒体查询功能的 CSS 代码（参看源代码 ch16/css\style.css 文件）。

【代码 16-9】

```
/*
 * media screen queries
*/
@media only screen and (min-width: 1024px) {
    .content{
        width: auto;
        height: auto;
        margin: auto
    }
}
@media only screen and (min-width: 800px) and (max-width: 1024px) {
    #navmenu span.title {
        width: 100%;
        background-color: #fff;
    }
    #navmenu span.loginleft {
```

```
        visibility: visible;
    }
    #navmenu span.login {
        visibility: hidden;
    }
    .content{
        width: 100%;
        height: auto;
    }
    .leftBox {
        width: 30%;
    }
    .middleBox {
        width: 65%;
    }
    .rightBox {
        visibility: hidden;
        width: 0;
    }
}
@media only screen and (min-width: 400px) and (max-width: 800px) {
    #navmenu span.title {
        width: 100%;
        margin: auto;
        background-color: #fff;
    }
    #navmenu span.loginleft {
        width: 100%;
        margin: auto;
        visibility: visible;
        background-color: #fff;
    }
    #navmenu span.login {
        visibility: hidden;
    }
    .content{
        width: 100%;
        height: auto;
    }
    .leftBox {
        width: 30%;
    }
    .middleBox {
```

```
60            width: auto;
61        }
62        .rightBox {
63            visibility: hidden;
64            width: 0;
65        }
66    }
67    @media only screen and (max-width: 400px) {
68        .leftBox, .middleBox, .rightBox {
69            float: left;
70            position: relative;
71            width: 98%;
72            height: auto;
73        }
74    }
```

【代码解析】

这段代码主要是通过媒体查询功能（Media Screen Queries），根据屏幕分辨率的大小，实现自动调整页面元素的布局的效果。

其中，第 04～10 行代码通过（min-width: 1024px）定义了屏幕宽度大于 1024px 时的布局样式。

第 11～36 行代码通过（(min-width: 800px) and (max-width: 1024px)）定义了屏幕宽度介于 800px 和 1024px 尺寸之间时的布局样式。

第 37～66 行代码通过（(min-width: 400px) and (max-width: 800px)）定义了屏幕宽度介于 400px 和 800px 之间时的布局样式。

第 67～74 行代码通过（max-width: 400px）定义了屏幕宽度小于 400px 时的布局样式。

下面运行完整的页面主页 index.html 文件，然后通过调整浏览器窗口尺寸大小，查看媒体查询功能效果。其中，浏览器全屏时的页面效果如图 16.7 所示。

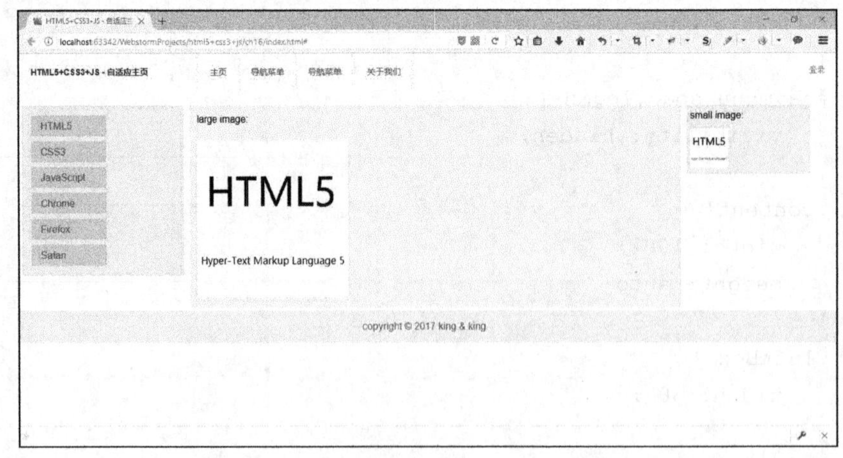

图 16.7　自适应 Web 主页媒体查询功能（一）

然后，尝试缩小浏览器窗口宽度，页面效果如图 16.8 所示。可以看到，页面标题单独成为一行了，“登录”链接移到顶部导航栏左侧了，页面主体的右侧容器也消失了。该页面效果对应【代码 16-9】中第 11～36 行代码定义的样式内容。

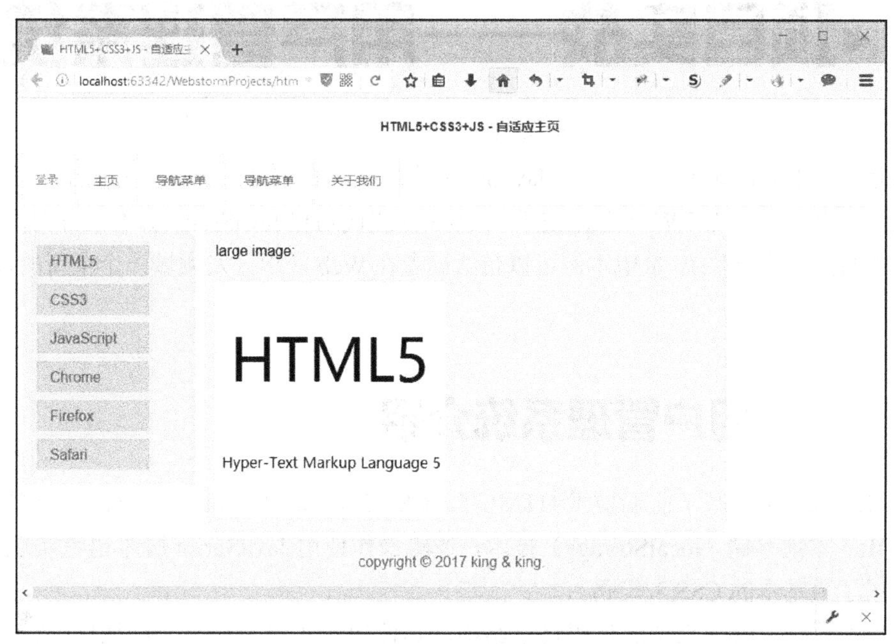

图 16.8　自适应 Web 主页媒体查询功能（二）

然后，尝试缩小浏览器窗口宽度，页面效果如图 16.9 所示。可以看到，“登录”链接也单独成为一行了。该页面效果对应【代码 16-9】中第 37～66 行代码定义的样式内容。

然后，继续尝试缩小浏览器窗口宽度，页面效果如图 16.10 所示。从中可以看到，页面主体的右侧容器又重新显示出来了。该页面效果对应【代码 16-9】中第 67～74 行代码定义的样式内容。

图 16.9　自适应 Web 主页媒体查询功能（三）

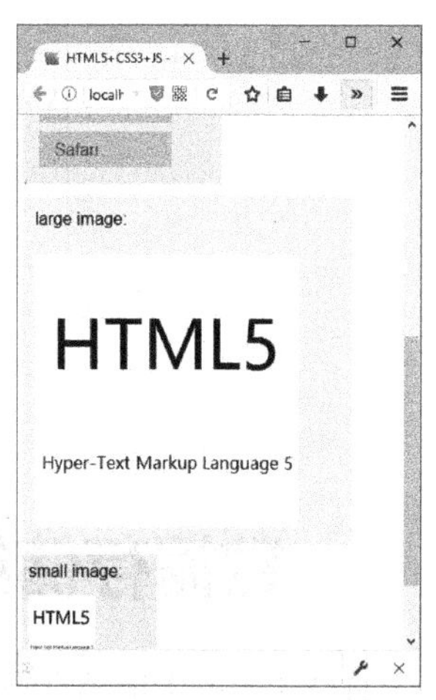

图 16.10　自适应 Web 主页媒体查询功能（四）

第 17 章

◂项目实战——用户管理系统▸

本章介绍基于 HTML 5 + CSS 3 + JavaScript 实现的项目实战（二） —— 用户管理系统。该系统综合应用了 HTML 5 Web 存储技术、CSS 3 样式代码和 JavaScript 脚本语言构建了一个基于 HTML 5 的用户管理系统。希望本例可以带给读者在 Web 应用开发领域一个全新的技术体验。

17.1 用户管理系统介绍

用户管理系统全部基于前端技术 HTML 5、CSS 3 和 JavaScript 语言设计，数据存储功能采用 HTML 5 本地存储（localStorage）技术，逻辑操作使用 JavaScript 脚本语言实现，样式表现部分使用了最基本的 CSS 3 代码。

下面先看看用户管理系统的代码目录结构，具体如图 17.1 所示。应用根目录下包含了若干 HTML 文档、CSS 样式文件目录、JS 脚本文件目录和图片文件目录等。

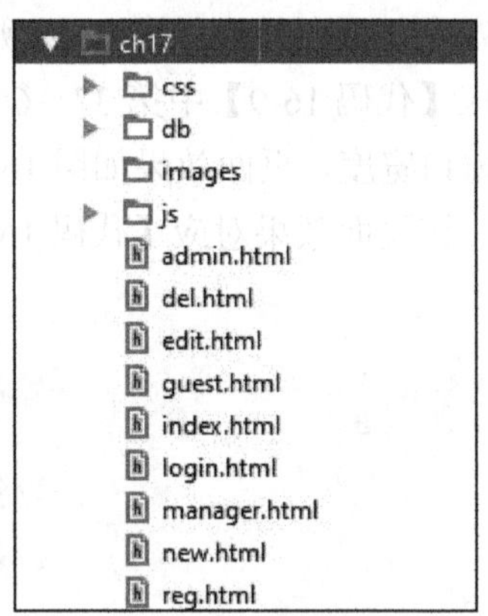

图 17.1 用户管理系统代码目录结构

17.2 数据存储结构

本项目基于 HTML 5 的本地储存技术来实现数据存储，使用 localStorage 技术的好处是在本地就可以对数据进行持久化操作，即使浏览器被关闭后，数据信息还是被保持在本地长时间有效。

用户管理系统的具体数据结构如下：

- id（唯一标识）：用于标识数据信息的唯一键值。
- 用户 id（userid）：用户唯一的标识。
- 密码（pwd）：该密码保存为明码。
- md5 加密密码（pwdmd5）：将明码经过 md5 算法加密后的密码。
- 用户名（name）：用户姓名（全名）。
- 用户角色等级（level）：分为系统管理员（admin）、一般管理员（manager）和一般用户（guest）三个等级。
- 用户权限（reserved）：用整数 1、2、3 进行标识，其中系统管理员（admin）为 1、一般管理员（manager）为 2、一般用户（guest）为 3。

那么，如何通过 HTML 5 的本地储存技术来实现数据存储呢？下面看看具体代码示例（参看源代码 ch17/db\db-init.html 文件）。

【代码 17-1】

```
01 <script type="text/javascript">
02 $(function() {
03     var u_admin = {};
04     u_admin.id = '1001';
05     u_admin.userid = 'king';
06     u_admin.pwd = '123456';
07     u_admin.pwdmd5 = $.md5('123456');
08     u_admin.name = 'God King';
09     u_admin.level = 'admin';
10     u_admin.reserved = "1";
11     localStorage.setItem(u_admin.id, JSON.stringify(u_admin));
12 });
13 </script>
```

【代码解析】：

第 03 行代码先定义了一个数据结构（u_admin）。

第 04～10 行代码依次为每一个数据项进行初始化赋值操作。

最后，第 11 行代码使用 localStorage.setItem()函数方法在本地存储中增加键值对（{key, value}）。其中，localStorage.setItem()函数方法包含两个参数，第一个参数为键 key，第二个参数为数值 value。

HTML 5 本地存储技术中除了 setItem()函数方法，还包括 getItem()函数方法和 removeItem()函数方法。setItem()函数方法用于存储键值对，getItem()函数方法用于获取键值对，removeItem()函数方法用于移除键值对。另外，还有一个 clear()函数方法用于清除全部存储信息。

17.3 浏览器本地存储

我们知道 HTML 5 的本地储存技术是通过浏览器功能实现的，那么本地储存技术在浏览器中具体是如何应用的呢？其实，各大浏览器厂商对本地储存技术均提供了支持，且实现手法也大同小异，下面以 Opera 浏览器为例简单介绍。

下面打开 Opera 浏览器查看 localStorage 功能菜单的位置，操作过程依次是单击浏览器菜单（Menu）、开发者（Developer）菜单项、开发者工具（Developer Tools）子菜单项，具体如图 17.2 所示。

图 17.2　Opera 浏览器 localStorage 功能（一）

开发者工具（Developer Tools）窗口打开后的效果如图 17.3 所示。

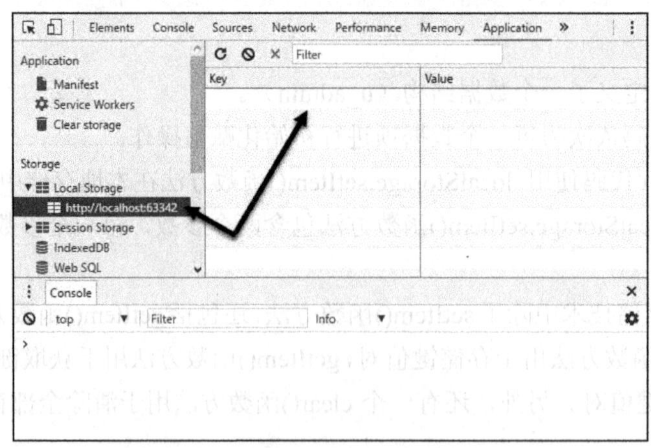

图 17.3　Opera 浏览器 localStorage 功能（二）

如图 17.3 所示，此时本地存储窗口中的数据为空。下面运行数据库初始化页面（参看源代码 ch17/db\db-init.html 文件），然后再查看本地存储窗口中的内容，具体效果如图 17.4 所示。此时本地存储窗口中已经有初始化的数据了。

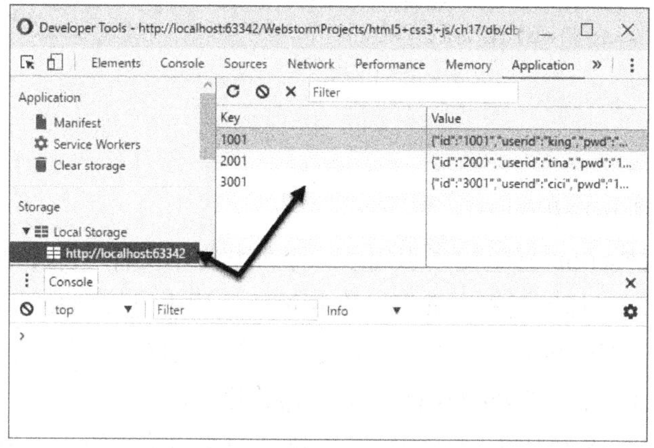

图 17.4　Opera 浏览器 localStorage 功能（三）

17.4 用户管理系统功能模块

本节介绍用户管理系统的各个功能模块的实现过程。该项目的相关源码可以参考本书中的名称为“ch17”的源代码目录。

17.4.1 用户管理系统主页

先看看用户管理系统主页的 HTML 代码（参看源代码 ch17/index.html 文件）。

【代码 17-2】

```
<!DOCTYPE html>
<html lang="zh-cn">
<head>
    <link rel="stylesheet" type="text/css" href="css/style.css">
    <script type="text/javascript" src="js/md5/jquery.js"></script>
    <script type="text/javascript" src="js/md5/jquery.md5.js"></script>
    <script type="text/javascript" src="js/index.js"></script>
    <title>HTML 5+CSS 3+JS</title>
</head>
<body>
    <!-- 添加文档主体内容 -->
    <header>
        <span class="login"><a href="login.html">登录</a></span>
        <nav>HTML 5+CSS 3+JS - 用户信息管理系统</nav>
```

```
15     </header>
16     <hr>
17     <table id="id-user-info" border="1" cellspacing="8" cellpadding="8" style="border-collapse: collapse;">
18     </table>
19 </body>
20 </html>
```

关于【代码 17-2】中分析如下：

第 07 行代码通过<script>标签元素引用了一个外部脚本文件（"js/index.js"）。

第 13 行代码通过<a>标签元素定义了一个超链接，用于链接到登录页面（"login.html"）。

第 17～18 行代码通过<table>标签元素定义了一个空表格，用于显示用户信息。另外，该空表格是通过外部脚本文件（"js/index.js"）动态初始化的。

下面看看为第 17～18 行代码定义的空表格执行动态初始化的 JavaScript 脚本代码（参看源代码 ch17/js\index.js 脚本文件）。

【代码 17-3】

```
$(document).ready(function() {
    /*
     * init user info
     */
    var no = 0;
    document.getElementById("id-user-info").innerHTML =
        "<tr>" +
        "<th>" + "No." + "</th>" +
        "<th>" + "id" + "</th>" +
        "<th>" + "userid" + "</th>" +
        "<th>" + "pwd" + "</th>" +
        "<th>" + "name" + "</th>" +
        "<th>" + "level" + "</th>" +
        "<th>" + "manual" + "</th>" +
        "</tr>";
    for(var i=0; i<localStorage.length; i++) {
        var data = JSON.parse(localStorage.getItem(localStorage.key(i)));
        no += 1;
        document.getElementById("id-user-info").innerHTML +=
            "<tr>" +
            "<td>" + no + "</td>" +
            "<td>" + data.id + "</td>" +
            "<td>" + data.userid + "</td>" +
            "<td>" + data.pwd + "</td>" +
            "<td>" + data.name + "</td>" +
            "<td>" + data.level + "</td>" +
```

```
27              "<td>" + "" + "</td>" +
28              "</tr>";
29      }
30  });
```

【代码解析】

第 05 行代码定义了一个计数器变量（no），并初始化为数值 0。

第 06～15 行代码在通过 getElementById()方法获取了表格 id（"id-user-info"）后，动态初始化了表格的表头。

第 16～29 行代码通过 for 循环动态初始化了表格数据。其中，第 17 行代码通过 localStorage.getItem()方法获取了本地存储中的数据，并使用 JSON.parse()方法进行了 JSON 格式解析操作。

下面运行页面（参看源代码 ch17/index.html 文件），具体效果如图 17.5 所示。页面表格中显示的就是将本地存储中的数据进行解析后的用户信息了。

No.	id	userid	pwd	name	level	manual
1	1001	king	123456	God King	admin	
2	2001	tina	123456	Tina Wang	manager	
3	3001	cici	123456	Cici Wang	guest	

图 17.5　用户管理系统主页

17.4.2　登录页面

下面看看登录页面的 HTML 代码（参看源代码 ch17/login.html 文件）。

【代码 17-4】

```
<!DOCTYPE html>
<html lang="zh-cn">
<head>
    <link rel="stylesheet" type="text/css" href="css/style.css">
    <script type="text/javascript" src="js/md5/jquery.js"></script>
    <script type="text/javascript" src="js/md5/jquery.md5.js"></script>
    <script type="text/javascript" src="js/login.js"></script>
    <title>HTML 5+CSS 3+JS</title>
</head>
```

```
<body>
    <!-- 添加文档主体内容 -->
    <header>
        <nav>HTML 5+CSS 3+JS - 用户信息管理系统（登录）</nav>
    </header>
    <hr>
    <form name="frm-login" onsubmit="return on_login_submit();">
        <table cellspacing="8" cellpadding="8" style="border-collapse: collapse;">
            <caption>登录系统</caption>
            <tr>
                <td class="td-right">
                    用户 ID:
                </td>
                <td>
                    <input type="text" id="userid" onblur="on_userid_blur(this.id);">
                </td>
                <td class="td-right">
                    <span id="id-span-userid"></span>
                </td>
            </tr>
            <tr>
                <td class="td-right">
                    密码:
                </td>
                <td>
                    <input type="password" id="password" onblur="on_pwd_blur(this.id);">
                </td>
                <td class="td-right">
                    <span id="id-span-pwd"></span>
                </td>
            </tr>
            <tr>
                <td>
                </td>
                <td class="td-right">
                <button type="submit" id="id-submit" disabled="disabled">登录</button>
                </td>
                <td class="td-right">
                    <a href="reg.html">新用户注册</a>
```

```
49                  </td>
50              </tr>
51          </table>
52      </form>
53  </body>
54  </html>
```

【代码解析】

第 07 行代码通过<script>标签元素引用了一个外部脚本文件（"js/login.js"）。

第 16～52 行代码通过<form>标签元素定义了一个登录表单，包括一个用户 ID 输入框、一个密码输入框和一个登录按钮。同时，还通过“onblur”事件为用户 ID 和密码定义了有效性验证机制，详见第 07 行代码引用的外部脚本。

第 16 行代码为<form>标签元素定义了“onsubmit”事件处理方法，用于提交验证登录表单。

第 48 行代码定义了一个<a>标签元素，用于链接到“新用户注册”页面。

下面看看第 07 行代码引用的外部 JavaScript 脚本文件（参看源代码 ch17/js\login.js 脚本文件）。

【代码 17-5】

```
/*
 * 定义全局变量
 */
var g_userid, g_pwd, g_reserved;
var v_validata_userid = false;
var v_validata_pwd = false;
/*
 * 遍历 localStorage 键值
 */
function foreach_userid(thisid) {
    var v_userid = document.getElementById(thisid).value;
    for(var i=0; i<localStorage.length; i++) {
        var data = JSON.parse(localStorage.getItem(localStorage.key(i)));
        if(v_userid == data.userid) {
            g_userid = v_userid;
            v_validata_userid = true;
            break;
        } else {
            v_validata_userid = false;
        }
    }
    return v_validata_userid;
}
/*
 * 验证用户 id
 */
```

```
function on_userid_blur(thisid) {
    var v_userid = document.getElementById(thisid).value;
    if(v_userid == "") {
            document.getElementById('id-span-userid').innerHTML = "please enter user id.";
    } else {
        if(foreach_userid(thisid)) {
               document.getElementById('id-span-userid').innerHTML = "your user id is right.";
        } else {
            document.getElementById(thisid).value = '';
     document.getElementById('id-span-userid').innerHTML = "please check your user id.";
        }
    }
}
/*
 * 遍历 localStorage 键值
 */
function foreach_pwd(pwd, userid) {
    var v_userid = document.getElementById(userid).value;
    var md5_password = $.md5(pwd);
    for(var i=0; i<localStorage.length; i++) {
        var data = JSON.parse(localStorage.getItem(localStorage.key(i)));
        if((v_userid == data.userid) && (md5_password == data.pwdmd5)) {
            g_userid = data.userid;
            g_pwd = data.pwdmd5;
            g_reserved = data.reserved;
            v_validata_pwd = true;
            break;
        } else {
            v_validata_pwd = false;
        }
    }
    return v_validata_pwd;
}
/*
 * 验证用户密码
 */
function on_pwd_blur(thisid) {
    var v_password = document.getElementById(thisid).value;
    if(v_password == "") {
document.getElementById('id-span-password').innerHTML = "please enter user
```

```
password.";
67        } else {
68            if(foreach_pwd(v_password, "userid")) {
69        document.getElementById('id-span-pwd').innerHTML = "your user password
is right.";
70                document.getElementById(thisid).value = g_pwd;
71
document.getElementById("id-submit").removeAttribute("disabled");
72            } else {
73                document.getElementById(thisid).value = '';
74    document.getElementById('id-span-pwd').innerHTML = "please check your user
password.";
75                document.getElementById("id-submit").setAttribute("disabled",
"disabled");
76            }
77        }
78    }
79    /*
80     * 页面跳转
81     */
82    function on_login_submit() {
83        if(g_reserved == "1") {
84                document.location.href = "admin.html?userid=" + g_userid +
"&password=" + g_pwd;
85        } else if(g_reserved == "2") {
86              document.location.href = "manager.html?userid=" + g_userid +
"&password=" + g_pwd;
87        } else if(g_reserved == "3") {
88                document.location.href = "guest.html?userid=" + g_userid +
"&password=" + g_pwd;
89        } else{
90            document.location.href = "about.html";
91        }
92        return false;
93    }
```

【代码解析】

第 27～39 行代码定义的 on_userid_blur()方法函数用于验证用户 ID 信息，并通过第 10～23 行代码定义的 foreach_userid()方法函数遍历本地存储（localStorage）中数据信息，判断用户 ID 是否有效，然后将判断结果保存在第 04～06 行定义的全局变量中。

第 63～78 行代码定义的 on_pwd_blur()方法函数用于验证密码信息，并通过第 43～59 行代码定义的 foreach_pwd()方法函数遍历本地存储（localStorage）中数据信息，判断密码是否与用户名匹配，然后将判断结果保存在第 04～06 行定义的全局变量中。

第 82～93 行代码定义的 on_login_submit()方法函数用于执行表单验证操作，并根据用户级别执行页面跳转操作。

下面运行页面（参看源代码 ch17/login.html 文件），或者单击图 17.5 中左上角的“登录”链接，页面初始效果如图 17.6 所示。我们尝试在页面中输入用户名和密码，检查脚本验证功能，效果如图 17.7 所示。如果用户输入的用户名和密码信息正确，页面中会有相关提示信息，同时“登录”按钮也会被激活。

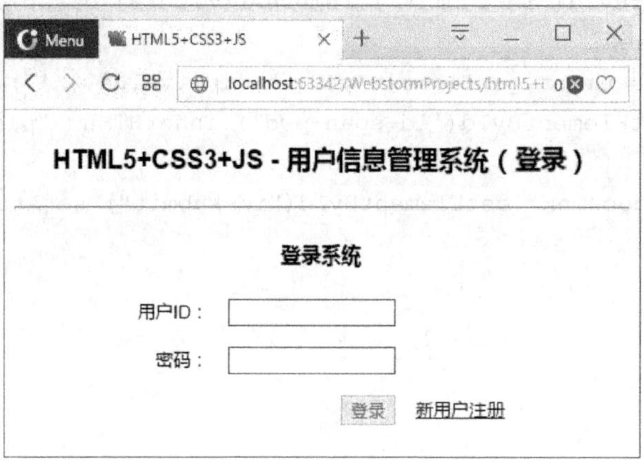

图 17.6　用户管理系统登录页面（一）

图 17.7　用户管理系统登录页面（二）

17.4.3　用户管理页面（用户权限）

在【代码 17-5】中的第 82～93 行代码中，定义了根据用户等级进行页面跳转的操作。下面就先看看在图 17.7 中，使用“系统管理员”权限登录后的页面（参看源代码 ch17/admin.html 文件）。

【代码 17-6】

```
<!DOCTYPE html>
```

```
02 <html lang="zh-cn">
03 <head>
04     <link rel="stylesheet" type="text/css" href="css/style.css">
05     <script type="text/javascript" src="js/md5/jquery.js"></script>
06     <script type="text/javascript" src="js/md5/jquery.md5.js"></script>
07     <script type="text/javascript" src="js/admin.js"></script>
08     <title>HTML 5+CSS 3+JS</title>
09 </head>
10 <body>
11     <!-- 添加文档主体内容 -->
12     <header>
13         <span id="id-span-login" class="login">管理员: </span>
14         <span id="id-span-logout" class="logout"><a href="login.html">退出 </a></span>
15         <nav>HTML5+CSS3+JS - 用户信息管理系统（管理员）</nav>
16     </header>
17     <hr>
18      <table id="id-user-info" border="1" cellspacing="8" cellpadding="8" style="border-collapse: collapse;">
19     </table>
20 </body>
21 </html>
```

【代码解析】

第 07 行代码通过<script>标签元素引用了一个外部脚本文件（"js/admin.js"）。

第 18～19 行代码通过<table>标签元素定义了一个空表格，用于显示用户信息。另外，该空表格是通过外部脚本文件（"js/admin.js"）动态初始化的。

下面看看为第 18～19 行代码定义的空表格执行动态初始化的 JavaScript 脚本代码（参看源代码 ch17/js/admin.js 脚本文件）。

【代码 17-7】

```
/*
 * 定义全局变量
 */
var g_adminid;
$(document).ready(function() {
    g_adminid = GetQueryString("userid");
    document.getElementById("id-span-login").innerText += g_adminid;
    /*
     * init user info
     */
    init_info_admin();
});
/*
 * GetQueryString
```

```
15   */
16  function GetQueryString(name) {
17      var reg = new RegExp("(^|&)" + name + "=([^&]*)(&|$)","i");
18      var r = window.location.search.substr(1).match(reg);
19      if (r != null) return (r[2]); return null;
20  }
21  /*
22   * initial user info
23   */
24  function init_info_admin() {
25      var no = 0;
26      document.getElementById("id-user-info").innerHTML =
27          "<tr>" +
28          "<th>" + "No." + "</th>" +
29          "<th>" + "id" + "</th>" +
30          "<th>" + "userid" + "</th>" +
31          "<th>" + "pwd" + "</th>" +
32          "<th>" + "name" + "</th>" +
33          "<th>" + "level" + "</th>" +
34          "<th>" + "manual" + "</th>" +
35          "</tr>";
36      for(var i=0; i<localStorage.length; i++) {
37          var data = JSON.parse(localStorage.getItem(localStorage.key(i)));
38          var uid = data.id;
39          no += 1;
40          document.getElementById("id-user-info").innerHTML +=
41              "<tr>" +
42              "<td>" + no + "</td>" +
43              "<td>" + data.id + "</td>" +
44              "<td>" + data.userid + "</td>" +
45              "<td>" + data.pwd + "</td>" +
46              "<td>" + data.name + "</td>" +
47              "<td>" + data.level + "</td>" +
48              "<td>" +
49                  "<a href='new.html?adminid=" + g_adminid + "'>New</a>" +
"  " +
50  "<a href='edit.html?adminid=" + g_adminid + "&uid=" + uid + "'>Edit</a>"
+ "  " +
51                  "<a href='del.html?adminid=" + g_adminid + "&uid=" + uid +
"'>Del</a>" +
52              "</td>" +
53              "</tr>";
54      }
55  }
```

【代码解析】

第 16～20 行代码定义的 GetQueryString()方法函数用于获取页面 url 链接中各个字段的值。

第 24～55 行代码定义的 init_info_admin()方法函数用于初始化“系统管理员”权限的页面数据。

在图 17.7 的登录页面，使用“系统管理员”权限登录，测试页面（参看源代码 ch17/admin.html 文件），效果如图 17.8 所示。

管理员: king　HTML5+CSS3+JS - 用户信息管理系统（管理员）　退出

No.	id	userid	pwd	name	level	manual
1	1001	king	123456	God King	admin	New Edit Del
2	2001	tina	123456	Tina Wang	manager	New Edit Del
3	3001	cici	123456	Cici Wang	guest	New Edit Del

图 17.8　用户管理系统“系统管理员”页面

如果在图 17.7 的登录页面中，使用“一般管理员”权限登录，就会跳转到“一般管理员”页面（参看源代码 ch17/manager.html 文件），效果如图 17.9 所示。

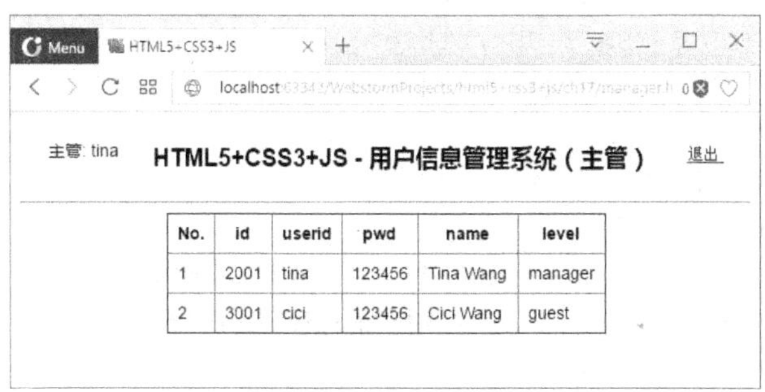

No.	id	userid	pwd	name	level
1	2001	tina	123456	Tina Wang	manager
2	3001	cici	123456	Cici Wang	guest

图 17.9　用户管理系统“一般管理员”页面

同样的，如果在图 17.7 的登录页面中，使用“一般用户”权限登录，就会跳转到“一般用户”页面（参看源代码 ch17/guest.html 文件），效果如图 17.10 所示。

图 17.10　用户管理系统“一般用户”页面

由图 17.8、图 17.9 和图 17.10 的对比可以看到，根据不同的用户权限登录跳转后，页面的内容与功能是根据用户权限定义的，显然“系统管理员”的功能是最全的。

17.4.4 新建用户信息

在图 17.8 中，我们看到“系统管理员”页面的用户信息表格中有新建（New）链接。下面就先看看“新建”用户信息的功能页面（参看源代码 ch17/new.html 文件）。

【代码 17-8】

```
<!DOCTYPE html>
<html lang="zh-cn">
<head>
    <link rel="stylesheet" type="text/css" href="css/style.css">
    <script type="text/javascript" src="js/md5/jquery.js"></script>
    <script type="text/javascript" src="js/md5/jquery.md5.js"></script>
    <script type="text/javascript" src="js/new.js"></script>
    <title>HTML 5+CSS 3+JS</title>
</head>
<body>
    <!-- 添加文档主体内容 -->
    <header>
        <span id="id-span-login" class="login">管理员: </span>
        <nav>HTML 5+CSS 3+JS - 用户信息管理系统（管理员） - 新增</nav>
    </header>
    <hr>
    <form name="frm-login" onsubmit="return on_new_submit();">
        <table cellspacing="8" cellpadding="8" style="border-collapse: collapse;">
            <caption>新增用户</caption>
            <tr>
                <td class="td-right">
                    用户 ID(User ID)*:
                </td>
                <td>
                    <input type="text" id="id-userid" onblur="on_userid_blur(this.id);">
                </td>
                <td class="td-right">
                    <span id="id-span-userid"></span>
                </td>
            </tr>
            <tr>
                <td class="td-right">
```

```
                    密码(Password)*:
                </td>
                <td>
                    <input type="password" id="id-password" onblur="on_pwd_blur(this.id);">
                </td>
                <td class="td-right">
                    <span id="id-span-pwd"></span>
                </td>
            </tr>
            <tr>
                <td class="td-right">
                    再次输入密码(Password)*:
                </td>
                <td>
<input type="password" id="id-repassword" onblur="on_repwd_blur(this.id, 'id-password');">
                </td>
                <td class="td-right">
                    <span id="id-span-repwd"></span>
                </td>
            </tr>
            <tr>
                <td class="td-right">
                    用户全名(Full Name)*:
                </td>
                <td>
                    <input type="text" id="id-username" onblur="on_username_blur(this.id);">
                </td>
                <td class="td-right">
                    <span id="id-span-username"></span>
                </td>
            </tr>
            <tr>
                <td class="td-right">
                    用户界级别(Level)*:
                </td>
                <td>
                    <select id="id-level" onchange="on_level_change(this.id);">
                        <option value="0" selected>请选择...</option>
                        <option value="1">admin</option>
```

```
72                              <option value="2">manager</option>
73                              <option value="3">guest</option>
74                          </select>
75                      </td>
76                      <td class="td-right">
77                          <span id="id-span-level"></span>
78                      </td>
79                  </tr>
80                  <tr>
81                      <td class="td-right">
82                          注：带*为必填项.
83                      </td>
84                      <td class="td-right">
85                      <button type="submit" id="id-submit" disabled="disabled">新增</button>
86                      </td>
87                      <td class="td-right">
88                          <span id="id-span-submit"></span>
89                      </td>
90                  </tr>
91              </table>
92          </form>
93      </body>
94      </html>
```

【代码解析】

第 07 行代码通过<script>标签元素引用了一个外部脚本文件（"js/new.js"）。

第 17～92 行代码通过<form>标签元素定义了一个新建用户信息表单，包括全部用户信息字段。同时，还通过“onblur”事件为这些字段定义了有效性验证机制，详见第 07 行代码引用的外部脚本。

第 17 行代码为<form>标签元素定义了“onsubmit”事件处理方法，用于提交新建用户信息表单。

下面看看第 07 行代码引用的外部 JavaScript 脚本文件（参看源代码 ch17/js\new.js 脚本文件）。

【代码 17-9】

```
/*
 * 定义全局变量
 */
var g_userid;
var b_userid = false;
var g_pwd;
var b_pwd = false;
```

```
var g_username;
var b_username = false;
var g_level, g_reserved;
var b_level = false;
$(document).ready(function() {
    var uid = GetQueryString("adminid");
    document.getElementById("id-span-login").innerText += uid;
});
/*
 * check user id
 */
function on_userid_blur(thisid) {
    var v_userid = document.getElementById(thisid).value;
    if(v_userid != "") {
        g_userid = v_userid;
        b_userid = true;
    } else {
            document.getElementById("id-span-userid").innerText = "please enter user id.";
    }
    validate_all_info();
}
/*
 * check user pwd
 */
function on_pwd_blur(thisid) {
    var v_pwd = document.getElementById(thisid).value;
    if(v_pwd == "") {
    document.getElementById("id-span-pwd").innerText = "please enter user password.";
    }
    validate_all_info();
}
/*
 * check user password
 */
function on_repwd_blur(thisid, idpwd) {
    var v_pwd = document.getElementById(idpwd).value;
    var v_repwd = document.getElementById(thisid).value;
    if(v_pwd == v_repwd) {
          document.getElementById("id-span-repwd").innerText = "re-enter password correct.";
        g_pwd = v_repwd;
        b_pwd = true;
    } else {
        document.getElementById(idpwd).value = "";
        document.getElementById(thisid).value = "";
```

```
         document.getElementById("id-span-pwd").innerText = "please re-enter your password.";
             document.getElementById("id-span-repwd").innerText = "re-enter password not match.";
        }
        validate_all_info();
    }
    /*
     * check user name
     */
    function on_username_blur(thisid) {
        var v_username = document.getElementById(thisid).value;
        if(v_username != "") {
            g_username = v_username ;
            b_username = true;
        } else {
        document.getElementById("id-span-username").innerText = "please enter user name.";
        }
        validate_all_info();
    }
    /*
     * on level change
     */
    function on_level_change(thisid) {
        var id = document.getElementById(thisid);
        var v_value = id.options[id.options.selectedIndex].value;
        console.log("level is changed to " + v_value);
        switch(v_value) {
            case "1":
                g_level = "admin";
                g_reserved = v_value;
                b_level = true;
                break;
            case "2":
                g_level = "manager";
                g_reserved = v_value;
                b_level = true;
                break;
            case "3":
                g_level = "guest";
                g_reserved = v_value;
                b_level = true;
                break;
            default :
                g_level = "";
                g_reserved = v_value;
```

```
96              b_level = false;
97              document.getElementById("id-span-level").innerText = "please select user level.";
98              break;
99      }
100     validate_all_info();
101 }
102 /*
103  * check all info
104  */
105 function validate_all_info() {
106     var b_valid = false;
107     if(b_userid && b_pwd && b_username && b_level) {
108         b_valid = true;
109         document.getElementById("id-span-submit").innerText = "all info correct.";
110         document.getElementById("id-submit").removeAttribute("disabled");
111     } else {
112         document.getElementById("id-span-submit").innerText = "please check your info.";
113         document.getElementById("id-submit").setAttribute("disabled", "disabled");
114     }
115     return b_valid;
116 }
117 /*
118  * user info submit
119  */
120 function on_new_submit() {
121     var u_new_user = {};
122     u_new_user.id = foreach_id();
123     u_new_user.userid = g_userid;
124     u_new_user.pwd = g_pwd;
125     u_new_user.pwdmd5 = $.md5(g_pwd);
126     u_new_user.name = g_username;
127     u_new_user.level = g_level;
128     u_new_user.reserved = g_reserved;
129     localStorage.setItem(u_new_user.id, JSON.stringify(u_new_user));
130     window.history.back(-1);
131 }
```

【代码解析】

第 19～28 行代码定义的 on_userid_blur()方法函数用于操作用户名信息。

第 32～38 行代码定义的 on_pwd_blur()方法函数用于操作密码信息。

第 42～56 行代码定义的 on_repwd_blur()方法函数用于验证两次输入的密码信息是否一致有效。

第 60～69 行代码定义的 on_username_blur()方法函数用于操作用户姓名信息。

第 73～101 行代码定义的 on_level_change()方法函数用于操作用户角色权限信息。

第 105～116 行代码定义的 validate_all_info()方法函数用于验证用户输入全部信息的有效性。

第 120～131 行代码定义的 on_new_submit()方法函数用于执行新建用户信息表单提交操作，提交成功后返回“系统管理员”页面。注意，第 125 行代码使用了 MD5 算法对用户密码进行了加密处理，$.md5()加密方法引用自【代码 17-8】中第 06 行代码引入的“jquery.md5.js”脚本文件。

下面通过在图 17.8 的“系统管理员”页面中，单击 New 链接，测试页面（参看源代码 ch17/new.html 文件），效果如图 17.11 所示。

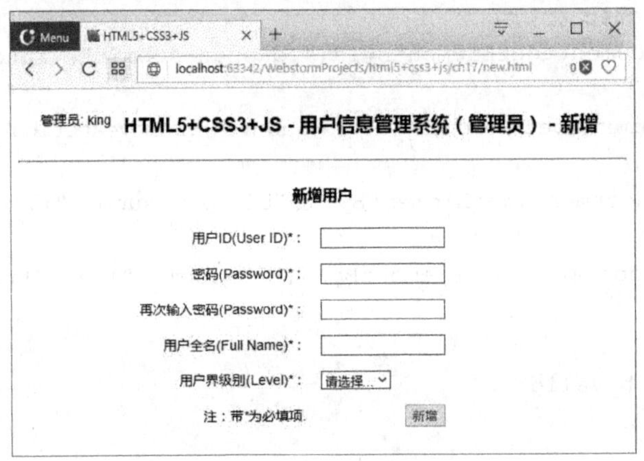

图 17.11　新建用户信息页面（一）

尝试输入一些用户信息，页面效果如图 17.12 所示。

Menu
HTML5+CSS3+JS
localhost:63342/WebstormProjects/html5+css3+js/ch17/new.html
管理员: king
HTML5+CSS3+JS - 用户信息管理系统（管理员）- 新增
新增用户
用户ID(User ID)*：laoyu
密码(Password)*：••••••
再次输入密码(Password)*：•••••• re-enter password correct.
用户全名(Full Name)*：Lao Yu
用户界级别(Level)*：guest
注：带*为必填项. 新增 all info correct.

图 17.12　新建用户信息页面（二）

尝试单击“新增”按钮，页面效果如图 17.13 所示。我们看到新增的用户信息（“userid=laoyu”）显示在页面中了，说明提交的用户信息成功了。

图 17.13　新建用户信息页面提交成功

17.4.5　编辑用户信息

在图 17.13 中，继续单击用户信息表格中的编辑（Edit）链接，就会跳转到用户信息的“编辑”功能页面（参看源代码 ch17/edit.html 文件）。

【代码 17-10】

```
<!DOCTYPE html>
<html lang="zh-cn">
<head>
    <link rel="stylesheet" type="text/css" href="css/style.css">
    <script type="text/javascript" src="js/md5/jquery.js"></script>
    <script type="text/javascript" src="js/md5/jquery.md5.js"></script>
    <script type="text/javascript" src="js/edit.js"></script>
    <title>HTML5+CSS3+JS</title>
</head>
<body>
    <!-- 添加文档主体内容 -->
    <header>
        <span id="id-span-login" class="login">管理员: </span>
        <nav>HTML5+CSS3+JS - 用户信息管理系统（管理员） - 编辑</nav>
    </header>
    <hr>
    <form name="frm-edit" onsubmit="return on_edit_submit();">
           <table cellspacing="8" cellpadding="8" style="border-collapse: collapse;">
            <caption>编辑用户</caption>
            <tr>
                <td class="td-right">
                    id(readable only):
                </td>
                <td>
                       <input type="text" id="id-id" name="userid" value="" readonly>
```

```
                </td>
                <td class="td-right">
                    <span id="id-span-id">只读（不可编辑）</span>
                </td>
            </tr>
            <tr>
                <td class="td-right">
                    用户 ID(User ID)*:
                </td>
                <td>
                    <input type="text" id="id-userid" onblur="on_userid_blur(this.id);">
                </td>
                <td class="td-right">
                    <span id="id-span-userid"></span>
                </td>
            </tr>
            <tr>
                <td class="td-right">
                    密码(Password)*:
                </td>
                <td>
                    <input type="password" id="id-password" onblur="on_pwd_blur(this.id);">
                </td>
                <td class="td-right">
                    <span id="id-span-pwd"></span>
                </td>
            </tr>
            <tr>
                <td class="td-right">
                    再次输入密码(Password)*:
                </td>
                <td>
<input type="password" id="id-repassword" onblur="on_repwd_blur(this.id, 'id-password');">
                </td>
                <td class="td-right">
                    <span id="id-span-repwd"></span>
                </td>
            </tr>
            <tr>
                <td class="td-right">
```

```
                    用户全名(Full Name)*:
                </td>
                <td>
                    <input type="text" id="id-username" onblur="on_username_blur(this.id);">
                </td>
                <td class="td-right">
                    <span id="id-span-username"></span>
                </td>
            </tr>
            <tr>
                <td class="td-right">
                    用户界级别(Level)*:
                </td>
                <td>
                    <select id="id-level" name="level" onchange="on_level_change(this.id);">
                        <option value="0" selected>请选择...</option>
                        <option value="1">admin</option>
                        <option value="2">manager</option>
                        <option value="3">guest</option>
                    </select>
                </td>
                <td class="td-right">
                    <span id="id-span-level"></span>
                </td>
            </tr>
            <tr>
                <td class="td-right">
                    注：带*为必填项.
                </td>
                <td class="td-right">
                <button type="submit" id="id-submit" disabled="disabled">编辑</button>
                </td>
                <td class="td-right">
                    <span id="id-span-submit"></span>
                </td>
            </tr>
        </table>
    </form>
</body>
</html>
```

【代码解析】

第 07 行代码通过<script>标签元素引用了一个外部脚本文件（"js/edit.js"）。

第 17～103 行代码通过<form>标签元素定义了一个编辑用户信息表单，包括全部用户信息字段。同时，还通过“onblur”事件为这些字段定义了有效性验证机制，详见第 07 行代码引用的外部脚本。

第 17 行代码为<form>标签元素定义了“onsubmit”事件处理方法，用于提交编辑用户信息表单。

下面看看第 07 行代码引用的外部 JavaScript 脚本文件（参看源代码 ch17/js\edit.js 脚本文件）。

【代码 17-11】

```
/*
 * 定义全局变量
 */
var g_id;
var g_userid;
var b_userid = true;
var g_pwd;
var b_pwd = true;
var g_username;
var b_username = true;
var g_level, g_reserved;
var b_level = true;
/*
 * on document ready
 */
$(document).ready(function() {
    /*
     * page load
     */
    var uid = GetQueryString("adminid");
    document.getElementById("id-span-login").innerText += uid;
    var id = GetQueryString("uid");
    g_id = id;
    document.getElementById("id-id").value = id;
    for(var i=0; i<localStorage.length; i++) {
        var data = JSON.parse(localStorage.getItem(localStorage.key(i)));
        if(id == data.id) {
            g_userid = data.userid;
            document.getElementById("id-userid").value = g_userid;
            g_pwd = data.pwd;
            document.getElementById("id-password").value = g_pwd;
```

```
                document.getElementById("id-repassword").value = g_pwd;
                g_username = data.name;
                document.getElementById("id-username").value = g_username;
                g_level = data.level;
                g_reserved = data.reserved;
            document.getElementById("id-level").options[parseInt(g_reserved)].selected = true;
                break;
            }
        }
});
/*
 * check user id
 */
function on_userid_blur(thisid) {
    var v_userid = document.getElementById(thisid).value;
    if(v_userid != "") {
        g_userid = v_userid;
        b_userid = true;
    } else {
            document.getElementById("id-span-userid").innerText = "please enter user id.";
        b_userid = false;
    }
    validate_all_info();
}
/*
 * check user pwd
 */
function on_pwd_blur(thisid) {
    var v_pwd = document.getElementById(thisid).value;
    if(v_pwd == "") {
    document.getElementById("id-span-pwd").innerText = "please enter user password.";
    }
    validate_all_info();
}
/*
 * check user password
 */
function on_repwd_blur(thisid, idpwd) {
    var v_pwd = document.getElementById(idpwd).value;
    var v_repwd = document.getElementById(thisid).value;
```

```
    if(v_pwd == v_repwd) {
        document.getElementById("id-span-repwd").innerText = "re-enter password correct.";
        g_pwd = v_repwd;
        b_pwd = true;
    } else {
        document.getElementById(idpwd).value = "";
        document.getElementById(thisid).value = "";
        document.getElementById("id-span-pwd").innerText = "please re-enter your password.";
        document.getElementById("id-span-repwd").innerText = "re-enter password not match.";
        b_pwd = false;
    }
    validate_all_info();
}
/*
 * check user name
 */
function on_username_blur(thisid) {
    var v_username = document.getElementById(thisid).value;
    if(v_username != "") {
        g_username = v_username ;
        b_username = true;
    } else {
    document.getElementById("id-span-username").innerText = "please enter user name.";
        b_username = false;
    }
    validate_all_info();
}
/*
 * on level change
 */
function on_level_change(thisid) {
    var id = document.getElementById(thisid);
    var v_value = id.options[id.options.selectedIndex].value;
    console.log("level is changed to " + v_value);
    switch(v_value) {
        case "1":
            g_level = "admin";
            g_reserved = v_value;
            b_level = true;
```

```
            break;
        case "2":
            g_level = "manager";
            g_reserved = v_value;
            b_level = true;
            break;
        case "3":
            g_level = "guest";
            g_reserved = v_value;
            b_level = true;
            break;
        default :
            g_level = "";
            g_reserved = v_value;
            b_level = false;
            document.getElementById("id-span-level").innerText = "please select user level.";
            break;
    }
    validate_all_info();
}
/*
 * check all info
 */
function validate_all_info() {
    var b_valid = false;
    if(b_userid && b_pwd && b_username && b_level) {
        b_valid = true;
         document.getElementById("id-span-submit").innerText = "all info correct.";
document.getElementById("id-submit").removeAttribute("disabled");
    } else {
           document.getElementById("id-span-submit").innerText = "please check your info.";
           document.getElementById("id-submit").setAttribute("disabled", "disabled");
    }
    return b_valid;
}
/*
 * user info submit
 */
```

```
149 function on_edit_submit() {
150     var u_edit_user = {};
151     u_edit_user.id = g_id;
152     u_edit_user.userid = g_userid;
153     u_edit_user.pwd = g_pwd;
154     u_edit_user.pwdmd5 = $.md5(g_pwd);
155     u_edit_user.name = g_username;
156     u_edit_user.level = g_level;
157     u_edit_user.reserved = g_reserved;
158     localStorage.setItem(u_edit_user.id, JSON.stringify(u_edit_user));
159     window.history.back(-1);
160 }
```

【代码解析】

第 20～40 行代码用于初始化用户信息到编辑表单中。

第 45～55 行代码定义的 on_userid_blur()方法函数用于操作用户 ID 信息。

第 59～65 行代码定义的 on_pwd_blur()方法函数用于操作密码信息。

第 69～84 行代码定义的 on_repwd_blur()方法函数用于验证两次输入的密码信息是否一致有效。

第 88～98 行代码定义的 on_username_blur()方法函数用于操作用户姓名信息。

第 102～130 行代码定义的 on_level_change()方法函数用于操作用户界级别信息。

第 134～145 行代码定义的 validate_all_info()方法函数用于验证用户输入全部信息的有效性。

第 149～160 行代码定义的 on_edit_submit()方法函数用于执行编辑用户信息表单提交操作，提交成功后返回“系统管理员”页面。

下面通过在图 17.13 的“系统管理员”页面中，任选一行用户信息单击编辑（Edit）链接，测试页面（参看源代码 ch17/edit.html 文件），效果如图 17.14 所示。

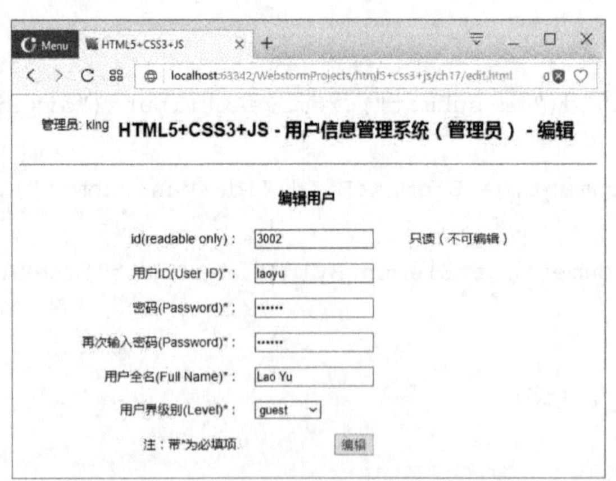

图 17.14　编辑用户信息页面（一）

尝试修改某些字段的用户信息，页面效果如图 17.15 所示。

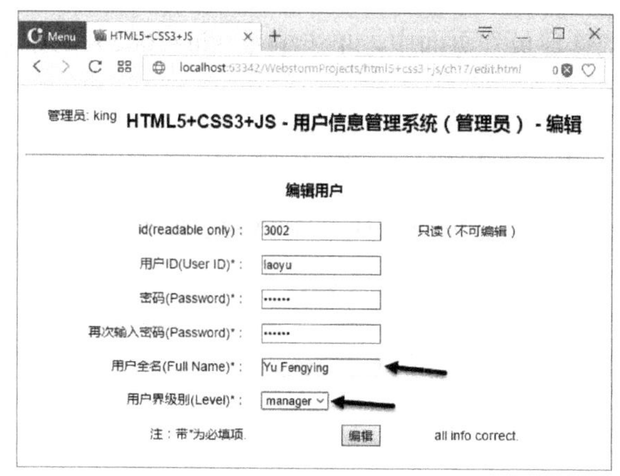

图 17.15　编辑用户信息页面（二）

尝试单击“编辑”按钮，页面效果如图 17.16 所示。我们看到编号（id=3002）的用户姓名和用户界级别信息修改成功了。

No.	id	userid	pwd	name	level	manual
1	1001	king	123456	God King	admin	New Edit Del
2	2001	tina	123456	Tina Wang	manager	New Edit Del
3	3001	cici	123456	Cici Wang	guest	New Edit Del
4	3002	laoyu	123456	Yu Fengying	manager	New Edit Del

图 17.16　编辑用户信息页面提交成功

17.4.6　删除用户信息

在图 17.16 中，我们看到“系统管理员”页面的用户信息表格中还有删除（Del）链接。而删除本地存储（localStorage）数据信息也是通过 JavaScript 脚本语言实现的（参看源代码 ch17/js\del.js 脚本文件）。

【代码 17-12】

```
01  /*
02   * user info submit
03   */
04  function on_del_submit() {
05      localStorage.removeItem(g_id);
06      window.history.back(-1);
07  }
```

【代码解析】

第 05 行代码通过 localStorage.removeItem()方法删除了指定“id”数值的用户信息。

在图 17.16 的“系统管理员”页面中，单击编号（id=3002）的删除（“Del”）链接，页面效果如图 17.17 所示。

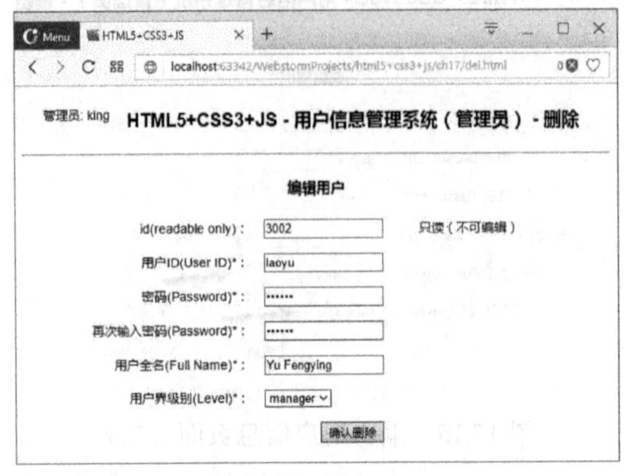

图 17.17　删除用户信息页面（一）

确认用户信息无误后，单击“确认删除”按钮，页面效果如图 17.18 所示，刚刚选中的用户信息被成功删除了。

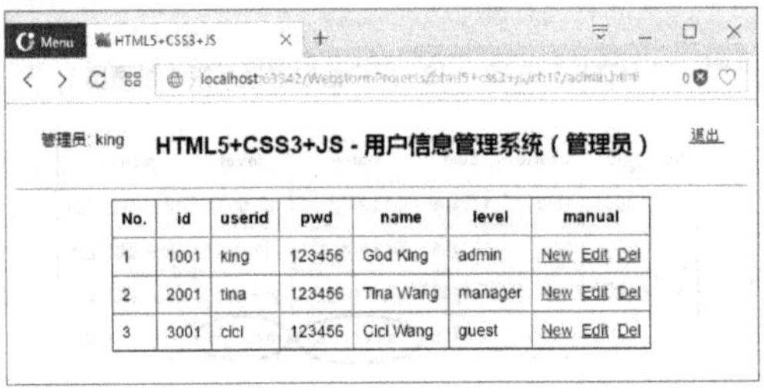

管理员: king　HTML5+CSS3+JS - 用户信息管理系统（管理员）　退出

No.	id	userid	pwd	name	level	manual
1	1001	king	123456	God King	admin	New Edit Del
2	2001	tina	123456	Tina Wang	manager	New Edit Del
3	3001	cici	123456	Cici Wang	guest	New Edit Del

图 17.18　删除用户信息页面（二）

17.4.7　新用户注册

最后，看看新用户注册的功能界面（参看源代码 ch17/reg.html 文件），如图 17.19 所示。

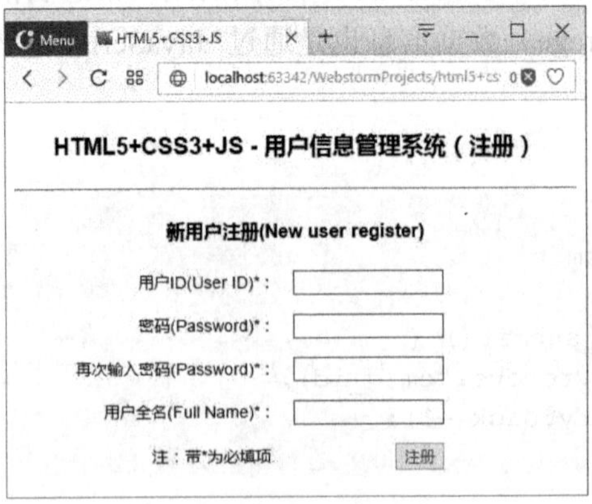

HTML5+CSS3+JS - 用户信息管理系统（注册）

新用户注册(New user register)

用户ID(User ID)*：

密码(Password)*：

再次输入密码(Password)*：

用户全名(Full Name)*：

注：带*为必填项　注册

图 17.19　新用户注册页面（一）

在“新用户注册”功能中，仅仅开放了“一般用户”的注册权限，而级别更高的“新用户注册”功能是通过前面“系统管理员”功能模块实现的。下面看看实现“新用户注册”功能的 JavaScript 代码（参看源代码 ch17/js\reg.js 脚本文件）。

【代码 17-13】

```
01 function on_reg_submit() {
02     var u_guest = {};
03     u_guest.id = foreach_id();
04     u_guest.userid = g_userid;
05     u_guest.pwd = g_pwd;
06     u_guest.pwdmd5 = $.md5(g_pwd);
07     u_guest.name = g_username;
08     u_guest.level = 'guest';
09     u_guest.reserved = "3";
10     localStorage.setItem(u_guest.id, JSON.stringify(u_guest));
11 }
```

【代码解析】

第 08～09 行代码为用户角色和权限定义了固定值（"guest"和"3"），由此可见该页面仅仅支持“一般用户”的注册权限。